Thomas Miedaner

Kulturpflanzen

Botanik – Geschichte – Perspektiven

Thomas Miedaner
Landessaatzuchtanstalt
Universität Hohenheim
Stuttgart, Deutschland

ISBN 978-3-642-55292-2   ISBN 978-3-642-55293-9 (eBook)
DOI 10.1007/978-3-642-55293-9

Die Deutsche Nationalbibliothek verzeichnet diese Publikation in der Deutschen Nationalbibliografie;
detaillierte bibliografische Daten sind im Internet über http://dnb.d-nb.de abrufbar.

Springer Spektrum
© Springer-Verlag Berlin Heidelberg 2014

Gedruckt auf säurefreiem und chlorfrei gebleichtem Papier.

Springer Spektrum ist eine Marke von Springer DE. Springer DE ist Teil der Fachverlagsgruppe Springer
Science+Business Media
www.springer-spektrum.de

Vorwort

Wenn wir heute von Innovationen sprechen, denken wir in erster Linie an technische Neu-heiten: Auto, Telefon, Waschmaschine, Computer, Handy, Tablet. Aber auch unsere Kulturpflanzen waren zu ihrer Zeit etwas völlig Neues. So waren die ersten Getreide, Weizen und Gerste, kleinkörnige Wildgräser, die ihre Ährchen schon vor der Ernte abwarfen und nur wenig produktiv waren. Roggen und Hafer wurden überhaupt erst in Europa als Kulturpflanzen entdeckt, als die Landwirtschaft sich aus dem Mittelmeerraum in kühle und unwirtliche Gebiete verbreitete. Die Knollen wilder Kartoffeln waren durchwegs giftig und konnten ohne besondere Vorsichtsmaßnahmen überhaupt nicht verzehrt werden und der Vorfahr des Mai-ses, die Teosinte, hatte ihre wenigen Samen in steinharte Kapseln eingeschlossen, die nur mühsam geöffnet werden konnten. Das Öl des Rapses taugte früher nur als Lampenöl und Er-satz für Waltran, weil es bitter schmeckte und schnell ranzig wurde. Zuckerrübe und Triticale schließlich sind echte Designerpflanzen, die überhaupt erst vom Menschen erfunden wurden, die Zuckerrübe aus der Runkelrübe, Triticale aus der Kreuzung von Weizen und Roggen.

Von diesen Entwicklungen erzählt das vorliegende Buch. Es erzählt aber auch, welche Ver-änderungen im gesellschaftlichen und sozialen Leben der Menschen durch Kulturpflanzen verursacht wurden. Der Besitz von Getreide hat die Weltgeschichte zu allen Zeiten mehr be-einflusst als alle Heerführer, Könige und Kaiser zusammen. So war der Import großer Weizen-mengen aus den damaligen Kornkammern Sizilien, Nordafrika und Ägypten eine beständige Sorge der römischen Kaiser und die Expansion der Inka war durch den Erwerb von Land für den Maisanbau befeuert.

Wussten Sie zum Beispiel, dass Roggen einmal unser wichtigstes Nahrungsmittel darstellte, fehlendes Brot die Französische Revolution auslöste, Zuckerrohr, Baumwolle und Tabak die Ursachen der Sklaverei waren, es ohne Kartoffel keine Industrialisierung gäbe und Mais die Verelendung ganzer italienischer Landstriche bewirkte? Die Kontinentalsperre Napoleons war Anlass für den Aufbau einer europäischen Zuckerindustrie und im Zweiten Weltkrieg wurde Hanf als Rohstoffquelle wieder eingeführt. Auch die mit den Pflanzen verbundenen Krankheiten machten Geschichte. So starben in Irland wegen einer einzigen Kartoffelmiss-ernte rund eine Million Menschen, Mitte des 19. Jahrhunderts wäre die Weinrebe bei uns fast ausgestorben und seit den 1990er Jahren bedroht ein giftiger Pilz die amerikanische Weizen-ernte. Die Kulturgeschichte von Weizen, Kartoffeln, Raps & Co. ist zugleich die Geschichte unserer Kultur. Und dazu gehört auch die Geschichte der besonderen Lebensmittel, die uns Kulturpflanzen bis heute zuverlässig und günstig auf den Tisch liefern: Weißbrot, Bier, Whisky, Müsli, Cornflakes, Pellkartoffeln, Pommes und Chips.

Auch heute verändern Pflanzen immer noch unsere Welt. Wir machen neuerdings aus Mais und Raps Bioenergie, verarbeiten Kartoffeln zu Kunststoff, Mais wird widerstandsfähig gegen Insekten, Rapsöle und Kartoffelstärke gibt es maßgeschneidert, Gerste wird noch trockento-leranter und mit gentechnisch veränderten Tabakpflanzen werden Impfstoffe hergestellt. Die heftigen Diskussionen um Gentechnik, Bioenergie, Landhunger und Agrarhandel belegen die Aktualität des Themas.

Nach dem Lesen dieses Buches sollte klar sein, dass auch unsere neun wichtigsten Kulturpflanzen Weizen, Roggen, Gerste, Hafer, Triticale, Mais, Raps, Zuckerrübe und Kartoffel in jedem Einzelfall bedeutende Innovationen darstellen ohne die unser Leben nicht so satt, zufrieden und günstig wäre wie es heute ist. Pflanzenzüchter und Biotechnologen sorgen noch heute dafür, dass unsere Kulturpflanzen immer wieder neu erfunden werden.

Thomas Miedaner
Stuttgart-Hohenheim, 21.08.2014

Kurze Erläuterungen:

Maßeinheiten:
dt = Dezitonne = 0,1 t = 100 kg
ha = Hektar = 100 Ar = 10.000 m²

Botanische Namen:
Seit Carl von Linné werden jedem Organismus zwei lateinische Namen zugeordnet, den Gattungs- und den Artbegriff, z. B. für Gerste *Hordeum vulgare*. Alle Formen, die mit dieser Art kreuzbar sind und fruchtbare Nachkommen ergeben, gelten als identische Art. Deshalb zählen die meisten Botaniker heute die Wildform einer Kulturpflanze zur selben Art wie die Kulturart und versehen beide mit einer unterschiedlichen Bezeichnung, der Unterart (*subspecies*, ssp.), z. B. bei der Kulturgerste *Hordeum vulgare* ssp. *vulgare*, bei der Wildgerste, ihrem Vorfahr, *Hordeum vulgare* ssp. *spontaneum*. Die Wildart *Hordeum bulbosum* dagegen ergibt bei einer Kreuzung mit Kulturgerste unter normalen Bedingungen keine fruchtbaren Nachkommen und gilt deshalb als eigene Art. Früher ging man nicht so konsequent vor und gab den Wildformen von Kulturpflanzen häufig eine andere Artbezeichnung. Hier ein Beispiel für eine moderne taxonomische Einteilung:

Gattung:	*Hordeum*
Art	*Hordeum vulgare* (Gerste)
Unterart	*Hordeum vulgare* ssp. *vulgare* (Mehrzeilige Kulturgerste)
Sorte	*Hordeum vulgare* ssp. *vulgare* „Trixi"

Etwas komplizierter wird es bei einigen Kulturpflanzen, wo es durch jahrhundertelange Selektion so viele Varianten gibt, dass weitere Klassen eingeführt werden müssen, z. B. bei der Zuckerrübe:

Gattung:	*Beta*
Art	*Beta vulgaris* (Gemeine Rübe)
Unterart	*Beta vulgaris* ssp. *vulgaris* (Kulturrübe)
Varietas	*Beta vulgaris* ssp. *vulgaris* var. *altissima* (Zuckerrübe)
Sorte	*Beta vulgaris* ssp. *vulgaris* var. *altissima* „Alabama"

Inhaltsverzeichnis

Entstehung der Kulturpflanzen

Thomas Miedaner

T. Miedaner, *Kulturpflanzen,*
DOI 10.1007/978-3-642-55293-9_1, © Springer-Verlag Berlin Heidelberg 2014

Die ersten Kulturpflanzen entstanden mit dem Beginn der Landwirtschaft vor rund 10.000 Jahren in verschiedenen Teilen der Welt. Beide Phänomene, Kulturpflanzen und Landwirtschaft, sind unabdingbar miteinander verbunden, denn erst durch die Kultivierung von Pflanzen wurden komplexe Anpassungsprozesse in Gang gesetzt, die nach einer langen Zeit der Entwicklung schließlich zur Landwirtschaft und den Kulturpflanzen führten, von denen wir uns heute ernähren.

1.1   Fünf Pflanzen ernähren die Welt

Das Wohlergehen der Menschheit hängt heute an wenigen Pflanzen (◘ Abb. 1.1). Obwohl weltweit rund 30.000 Pflanzenarten essbar sind, haben davon nur 150 Arten eine wirtschaftliche Bedeutung. Und von diesen machen die für die Welternährung wichtigsten Nahrungspflanzen nur ein knappes Dutzend aus. Von den größten Fünf, den *Big Five*, ernähren sich 75 % der Weltbevölkerung: Weizen, Mais, Reis, Sojabohne und Hirsen!

Auch in Deutschland stehen bei der Anbaufläche Weizen und Mais ganz vorne, Gerste und Raps sind bei uns ähnlich bedeutend wie weltweit. Aus historischen und klimatischen Gründen folgen dann in Deutschland von ihrer Anbaufläche her Roggen, Triticale, Zuckerrüben, Kartoffel und Hafer. Die neun für uns wichtigsten Kulturpflanzen, von denen dieses Buch handelt, bedecken rund 90 % der landwirtschaftlichen Nutzfläche in Deutschland. Ohne sie gäbe es kein Brot, kein Müsli, keine Nudeln und kein Bier, aber auch keine Schweineschnitzel, Rindersteaks oder Hähnchenschenkel, denn auch die Tierproduktion lebt weitgehend von Getreide als Stärkequelle.

Von unseren wichtigsten Kulturpflanzen stammen nur Raps, Triticale und Zuckerrübe aus Nord- oder Mitteleuropa und auch das sind erst Entwicklungen der letzten Jahrhunderte. Die viel älteren und die meisten wichtigen unserer Kulturpflanzen kommen aus Südwestasien oder Mittel- bzw. Südamerika (◘ Tab. 1.1). Sie wurden über einen Zeitraum von rund 7000 Jahren bei uns eingeführt, frühe Weizenformen (Einkorn, Emmer) und Gerste bereits mit dem Beginn der Landwirtschaft, Roggen und Hafer deutlich später. Weichweizen und Dinkel wurden erst mit den Römern populär. Im späten Mittelalter kam dann der Raps als Ölpflanze hinzu. Geradezu eine Revolution in der Landwirtschaft brachte das Zeitalter der Entdeckungen und die Einführung von Mais und Kartoffeln aus Amerika. Die Zuckerrübe wurde im 18. Jahrhundert aus der Futterrübe ausgelesen und Triticale als gezielte Kreuzung zwischen Weizen und Roggen entstand erstmals 1888, wobei der Anbau in Deutschland ab 1986 erfolgte.

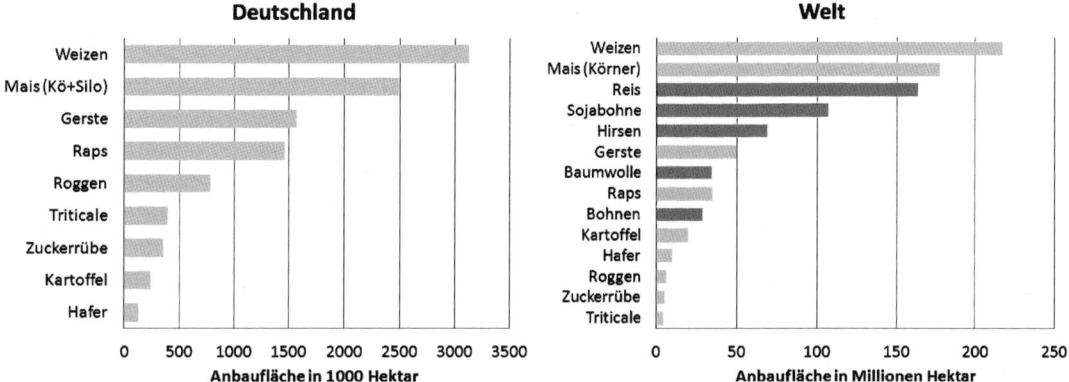

Abb. 1.1 Die wichtigsten Kulturpflanzen in Deutschland (2013) und der Welt (2012). *Kö* Körner. (Nach DESTATIS 2013 bzw. FAO 2013)

Tab. 1.1 Herkunft und Beginn des Anbaus unserer wichtigsten Kulturpflanzen

Kulturpflanze	Herkunft	Anbau in Deutschland
Einkorn, Emmer	Südwestasien	5600–5500 v. Chr.
Gerste	Südwestasien	5600–5500 v. Chr.
Nacktweizen	Südwestasien	4400–3400 v. Chr.
Dinkel	Südwestasien, Mitteleuropa	1100–800 v. Chr.
Roggen	Südwestasien	ca. 500 v. Chr
Hafer	Südwestasien	200 v. Chr.–Chr. Geb.
Raps	Nordwesteuropa	16. Jh.
Mais	Mittelamerika	16. Jh.
Kartoffel	Südamerika	17. Jh.
Zuckerrübe	Mitteleuropa	18. Jh.
Triticale	Mittel-, Osteuropa	1986

1.2 Genzentren – Wo alles begann

Dem russischen Botaniker und Pflanzenzüchter Nikolaj Ivanowic Vavilov (auch Wawilow geschrieben) fiel bei seinen weltweiten Forschungsreisen auf, dass bestimmte geographische Regionen eine große Mannigfaltigkeit von Wildformen der Kulturpflanzen besitzen. Aus dieser rein empirischen Beobachtung entwickelte er seine Theorie über die **Entstehungszentren der Kulturpflanzen (heute Genzentren)**, die er 1927 erstmals auf dem Fünften Internationalen Kongress für Vererbungswissenschaft in Berlin vorstellte. Diese Theorie war von außerordentlicher Bedeutung für die internationale Kulturpflanzenforschung. Wissenschaftler aus vielen Ländern führten in den folgenden Jahren

Expeditionen durch und sammelten in diesen Genzentren Saatgut von Kultur- und Wildpflanzen. Aus den Sammlungen Vavilovs entwickelte sich die heute weltweit größte Sammlung genetischer Ressourcen von Kulturpflanzen in dem zu seinen Ehren benannten Vavilov-Institut in Sankt Petersburg/Russland.

Definition

Als **Genzentrum**, auch **Mannigfaltigkeitszentrum** oder **Ursprungszentrum** genannt, werden Gebiete mit besonders großer genetischer Mannigfaltigkeit (Diversität) einer bestimmten Gattung oder Art bezeichnet. Es ist als eine geografische Region definiert, in der eine Gruppe von Organismen entweder domestiziert oder auch freilebend ihre unterschiedlichen Eigenschaften entwickelt hat.

Vavilov ermittelte aufgrund seiner Erfahrung und dem großen Reichtum an Formen, die er in einigen Gebieten vorfand, acht Genzentren. Er nahm an, dass diese Genzentren mit den Ursprungszentren unserer Kulturpflanzen gleichzusetzen sind und dass es neben diesen „Megazentren" der genetischen Vielfalt auch sekundäre Genzentren gibt. Auch diese Vorhersage hat sich bewahrheitet. Vavilovs Theorie wurde inzwischen zwar verändert und die Zahl der Genzentren erhöht, im Prinzip aber von allen Nachfolgern bestätigt.

Zehn der dreizehn Genzentren, die heute unterschieden werden, sind für Kulturpflanzen in Mitteleuropa bedeutsam (◘ Abb. 1.2); nur das tropische Südamerika, Südostasien und der Südpazifik lieferten aus klimatischen Gründen keine Nahrungspflanzen, die bei uns angebaut werden können. Der Anbau ehemals tropischer Pflanzen, wie etwa Mais und Kartoffeln, in unseren gemäßigten Breiten ist in erster Linie eine Kulturleistung der Pflanzenzüchtung. Gemeinsam ist allen Genzentren, dass sie eine vielfältige ökologische Struktur aufweisen, häufig durch Gebirgszüge, Flusstäler und Wälder sehr kleinräumig strukturiert sind, in günstigen Klimazonen liegen und eine Vielzahl von Wildpflanzen aufweisen, von denen einige domestiziert wurden.

Manche Kulturpflanzen werden mehreren Genzentren zugeordnet. Heute geht die Mehrheit der Forscher davon aus, dass die Kulturpflanzen jeweils nur einen einzigen Ursprung hatten (*monophyletisch*), also nur in einem klar abgegrenzten Gebiet erstmals domestiziert wurden, dem primären Genzentrum. Es gibt aber daneben auch Regionen, in denen die bereits domestizierten Pflanzen schon sehr früh aus dem Ursprungsgebiet eingeführt wurden und sich während des jahrtausendelangen Anbaus eine große Variation entwickelte, so genannte **sekundäre Genzentren**. Ein schönes Beispiel ist die Gerste. Sie stammt zweifelsfrei aus einem eng umgrenzten Gebiet im Genzentrum des Nahen Ostens („Fruchtbarer Halbmond", ◘ Abb. 1.2), es findet sich jedoch in Äthiopien (Afrika) und im tibetischen Hochland (Zentralasien) ebenfalls eine große genetische Variation. Dabei entwickelten sich je nach

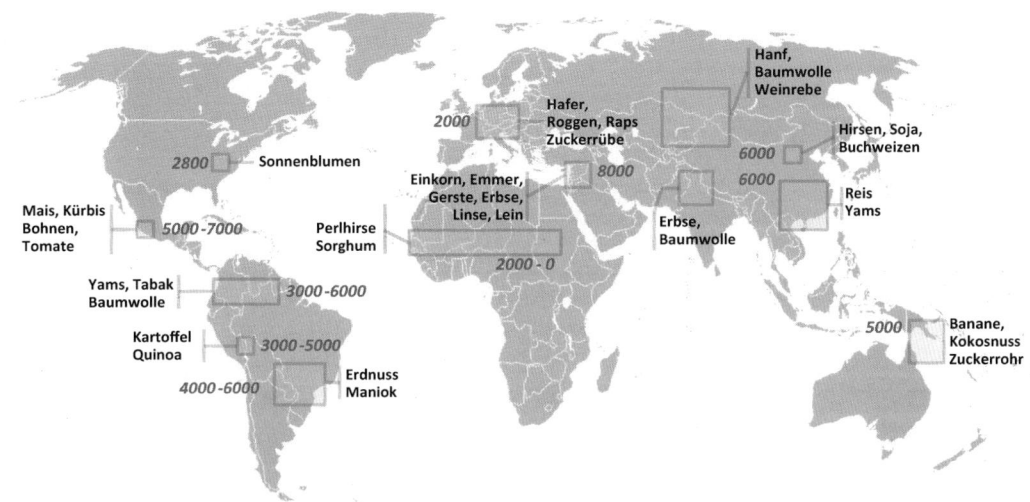

Abb. 1.2 Genzentren mit Beispielen der wichtigsten Kulturpflanzen. (Nach Vavilov 1928; ergänzt von Schwanitz 1967)

den kulturellen Gegebenheiten auch spezielle Formen, die es nur in dem jeweiligen Gebiet gibt. Deshalb sind diese Regionen als sekundäre Genzentren der Gerste anzusprechen.

Und noch eine Entdeckung machte Vavilov, die für die Entwicklung der Kulturpflanzen entscheidend ist. Er fand bei vielen verwandten Arten gleichartige Abänderungen, die er als „**Gesetz der homologen Reihen**" (1920) bezeichnete. Die heute so genannten Parallelvariationen finden sich in denselben Pflanzenfamilien immer wieder. So kommen z. B. bei allen Getreidearten Formen mit und ohne („nackte") Spelzen vor, mit und ohne Grannen, mit brüchiger und fester Ährenspindel. Die besondere Bedeutung dieses Gesetzes ist, dass es aufgrund bekannter Zusammenhänge möglich ist das Vorhandensein noch unentdeckter Pflanzenformen vorauszusagen. Wenn sich bei Hafer, bei dem normalerweise das Korn fest mit der Spelze verwachsen ist, auch nackte Formen finden, dann müsste es das bei der Gerste, die eine ähnliche Struktur des Korns besitzt, auch geben – man muss sie nur suchen. Und tatsächlich fanden sich nackte Gerstensorten in bestimmten Himalayaregionen im Anbau. Ähnlich ist es mit den Süßlupinen. Normale Lupinen enthalten Bitterstoffe (Alkaloide), deshalb sind sie nicht als Tierfutter geeignet. Erwin Baur initiierte 1927 die Suche nach Süßlupinen, er führte damals in seiner Vorlesung aus: „Die Stammpflanzen sehr vieler kultivierter Leguminosen sind alkaloidhaltig. Bei vielen von ihnen ist es in jahrtausendelanger Kultur gelungen, alkaloidfreie Mutanten zu finden. Es ist also sehr wahrscheinlich, dass man bei Bearbeitung eines genügend großen Materials auch bei den noch alkaloidhaltigen Lupinenarten solche Mutanten finden wird" (von Sengbusch 1934). Sein Schüler Reinhold von Sengbusch entwickelte, ausgehend von dieser Interpretation der Parallelvariation, für die in der Landwirtschaft wichtigsten Lupinenarten (*Lupinus luteus*, *Lupinus angustifolius* und *Lupinus albus*), alkaloidfreie, süße Sorten.

Es ist eine persönliche Tragödie, dass Vavilov aufgrund von haltlosen Anschuldigungen während der Stalinzeit 1940 seiner Ämter enthoben und im gleichen Jahre zum Tode verurteilt wurde. Dieses Urteil wurde zwar in 20 Jahre Haft umgewandelt, aber Vavilov verstarb 1943 im Alter von 55 Jahren im Gefängnis, geschwächt durch Hunger.

1.3 Domestizierung – Eine Kulturleistung ersten Ranges

Es ist allgemein bekannt: Wildtiere taugen nicht zur Haltung in Haus und Hof, sie müssen erst gezähmt werden. Das gilt für die Mustangs der amerikanischen Prärie genauso wie für die Wildschweine Europas oder die Bergziegen des Nahen Ostens. Schon weniger bekannt ist, dass auch Wildpflanzen domestiziert werden müssen, auch sie müssen ihre Eigenschaften grundlegend verändern, um als Kulturpflanzen zu taugen. Denn was in der Natur das Überleben sichert, ist für den Bauern oft hinderlich.

> **Definition**
>
> **Kultivierung** bedeutet Aussaat bzw. Pflanzen, Pflege und Ernte von nützlichen Pflanzen, gleich ob sie wild oder domestiziert sind.
> **Domestizierung** oder **Domestikation** ist ein genetischer Veränderungsprozess von Wildpflanzen (oder Wildtieren) als Ergebnis einer menschlichen Auslese auf geeignete Formen. Damit wird erst ein Zusammenleben mit dem Menschen bzw. eine planmäßige Nutzung, wörtlich: „in dessen Haus" (lat. *domus*), ermöglicht.
> **Acker-/Pflanzenbau** umfasst den Anbau von domestizierten Pflanzen (Kulturpflanzen) in einem Fruchtfolgesystem.

Die **Herkunft unserer Kulturpflanzen** ist auch nach über 100 Jahren Forschung noch nicht in jedem Fall zweifelsfrei geklärt (◨ Tab. 1.2). Nur die wenigsten Kulturpflanzen stammen direkt von einer nah verwandten Wildpflanze ab, die heute noch im Ursprungsgebiet vorkommt, wie Einkorn, Gerste oder Futterrübe. Komplizierter ist die Entwicklung von Weizen, Hafer und Raps. Sie entstanden durch Kreuzung von verschiedenen Wild- und Kulturarten und besitzen deshalb mehrere, unterschiedliche Genome. Ähnlich, aber bewusst von Menschen erzeugt, ist die Herkunft von Triticale; hier wurden sogar verschiedene Gattungen gekreuzt. Die Zuckerrübe ist dagegen keine eigene Art, sondern eine besonders zuckerreiche Auslese aus der Futterrübe.

Bei der Domestikation sind es an der Einzelpflanze vor allem drei Merkmale, die sich ändern müssen: die Brüchigkeit des Ernteorgans (Ähre, Hülse, Schote), die harten Schutzmechanismen des Samens (Spelzen, Schalen) und die Kleinheit von Samen oder Frucht.

☐ Tab. 1.2 Die wilden Vorfahren unserer Kulturpflanzen

Kulturpflanze	Abstammung
Einkorn (*Triticum monococcum*)	Wildeinkorn (*T. boeoticum*)
Emmer (*T. dicoccum*)	Wildemmer (*T. dicoccoides*)
Hartweizen (*T. durum*)	Kulturemmer (*T. dicoccum*)
Weichweizen (*T. aestivum*)	Kulturemmer x Wildgras (*T. dicoccum* x *T. tauschii*)
Gerste (*Hordeum vulgare*)	Wildgerste (*H. spontaneum*)
Roggen (*Secale cereale*)	Wildroggen (*S. vavilovii*)
Hafer (*Avena sativa*)	Taubhafer (*A. sterilis*)
Triticale (x *Triticosecale*)	Hartweizen x Roggen (*T. durum* x *S. cereale*)
Mais (*Zea mays*)	Teosinte (*Z. parviglumis*)
Raps (*Brassica napus*)	Kohl x Rübsen (*B. oleracea* x *B. rapa*)
Futterrübe (*Beta vulgaris*)	Wildrübe (*Beta maritima*)
Zuckerrübe (*Beta vulgaris*)	Futterrübe (*Beta vulgaris*)
Kartoffel (*Solanum tuberosum*)	Wildkartoffel (*S. andigena*)

Anmerkung: Die meisten Botaniker zählen heute die Wildart zur selben Art wie die Kulturart und versehen beide mit einer unterschiedlichen Bezeichnung der Unterart (*subspecies*, ssp.), z. B. beim Kulturmais – *Zea mays* ssp. *mays*, bei Teosinte – *Zea mays* ssp. *parviglumis*.

Alle Weizenarten, Roggen und Gerste besitzen Ähren (☐ Abb. 1.3). Eine Ähre ist ein zusammengesetzter Blütenstand mit einer gestreckten Hauptachse, der Ährenspindel. Die Einzelblüten sitzen in Ährchen, wie viele Ährchen pro Spindelstufe vorhanden sind, ist charakteristisch für die Getreideart. Einkorn bildet nur ein Ährchen, Weichweizen bis zu vier Ährchen aus. Jedes Ährchen besteht aus einem Blütchen und mehreren Hüllen, den Spelzen. Ein befruchtetes Blütchen bildet ein Korn. Häufig sitzt an der Spitze jedes Ährchens ein borstenförmiger Fortsatz, die Granne. Sie dient als Schutz vor Vogelfraß, eventuell auch als Schutz vor Austrocknung.

Die Brüchigkeit der Ähre beim Getreide (Spindelbrüchigkeit, ☐ Abb. 1.4a) oder der Hülse bei Leguminosen ist für Wildpflanzen lebensnotwendig, weil sie sich zur Fortpflanzung selbst aussäen müssen. Für Kulturpflanzen ist sie äußerst hinderlich, weil der Bauer den Erntezeitpunkt selbst bestimmen möchte und Samen und Früchte nicht vom Boden aufklauben, sondern die aufrecht stehenden Pflanzen mit Sichel, Sense oder Mähdrescher ernten möchte. Ähnliches gilt für die Schutzmechanismen des Samens, der oft in harte Kapseln eingeschlossen ist, die ihn vor Vogelfraß, vorzeitigem Verderb oder zu frühzeitigem Keimen schützt. Möchte man das Erntegut aber zur täglichen Ernährung nutzen, kostet es Mühe, Zeit und Kraft, an den essbaren Samen zu kommen. Nacktweizen, dessen Korn beim Dreschen von selbst frei gesetzt wird, ist hier das Erfolgsmodell (☐ Abb. 1.4b).

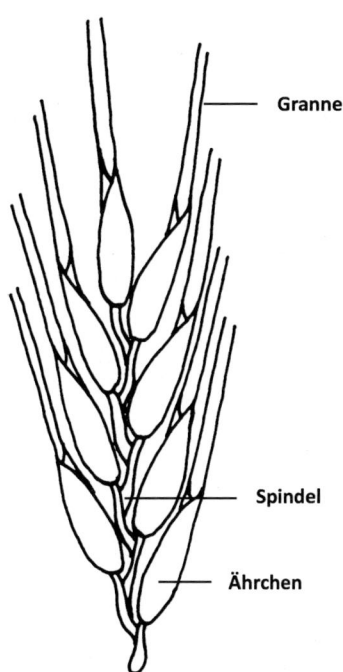

☐ Abb. 1.3 Schematischer Aufbau einer Getreideähre (Seitenansicht)

Granne

Spindel

Ährchen

▣ Abb. 1.4 Veränderungen von Pflanzen bei der Domestikation (*im Uhrzeigersinn*): **a** Wildroggen mit spindelbrüchiger Ähre, fest in den Spelzen eingeschlossenen Körnern mit langen Grannen und sehr kleinen Körnern (*links*) im Vergleich zu einer modernen Roggenähre mit großen, nackten Körnern (*rechts*). **b** Dinkelähre mit festen Spelzen (*links*) – die Körner werden erst in der Mühle freigesetzt – im Vergleich zur Ähre des Nacktweizens (*rechts*). **c** Primitivroggen (*links*) und moderne Zuchtsorte (*rechts*) **d** Teosinte, die Wildform von Mais mit zarter, kleiner Ähre und steinharten, kleinen Körnern (*links*) im Vergleich zu großen, freiliegenden, nackten Körnern bei modernem Mais (*rechts*). **e** Natürlicher Standort mit wilder Gerste (*vorne*) und wildem Hafer (*hinten*) an der portugiesischen Atlantikküste

Domestikationsmerkmale (= Domestikationssyndrom)

An der Einzelpflanze:

▬ Festigkeit des Ernteorgans (z. B. bei Getreide: zähe Spindel)

▬ Verringerter mechanischer Schutz (z. B. bei Getreide: weiche Spelzen)

▬ Erhöhte Samengröße/Fruchtbarkeit (z. B. Großkörnigkeit, sechszeilige Gerste)

▬ Verlust von Bitterstoffen/Giftigkeit (z. B. bei Kartoffelknollen)

Am Pflanzenbestand:

▬ Verlust/Verringerung der Keimruhe (= Keimverzug, Dormanz)

▬ Synchronisierte Blüte/Reife

▬ Anpassung an Tageslänge (Langtag-/Kurztagpflanzen)

◘ Tab. 1.3 Wichtige Gene, die bei verschiedenen Kulturpflanzen wesentlich zur Domestikation beitrugen (*Kleinbuchstaben* bedeuten, dass die Kultureigenschaft rezessiv vererbt wird)

Kulturpflanze	Gen(e)	Kultureigenschaft
Einkorn	*sog*	Weiche Spelzen
Emmer	*btr1, btr2*	Zähe Spindel
Hexaploider Weizen	*br*	Zähe Spindel
Nacktweizen	*tg1*	Weiche Spelzen
	Q	Freidreschend (nackt)
Gerste	*n*	Nacktes Korn
	bt1, bt2	Zähe Spindel
	v	Zeiligkeit
	l	Fertilität des äußeren Blütchens
Mais	*tb1*	Fehlende Verzweigung des Stängels
	tga1	Fehlende Samenhülle
Zuckerrübe	*BTC1*	Zweijährigkeit/Schossinduktion

Für Wildpflanzen ist die Samengröße nicht so wichtig, solange sie nicht so klein wird, dass die Keimung gefährdet ist. Wichtiger für das Überleben ist die Bildung sehr vieler Samen. Deshalb ist Kleinkörnigkeit oder Kleinfrüchtigkeit die Regel. Das zeigt sich heute noch bei den kleinen Zieräpfelchen im Garten oder den oft winzigen Samen von wilden Gräsern. Wer dagegen von selbst angebauten Pflanzen leben muss, wird schon von alleine auf große Samen und Früchte achten, damit er möglichst viel erntet. Deshalb sind große Ähren und Samen eine der wichtigsten Kultureigenschaften (◘ Abb. 1.4a, d).

Viele Merkmale, die zur Domestikation erforderlich sind (Domestikationssyndrom, ▶ Box), werden einfach vererbt und sind leicht selektierbar, da sie sich stabil ausprägen und auch bei einfachen Ackerbaugesellschaften auffallen. Interessanterweise sind die meisten dieser **Gene [▶ Gen]** (◘ Tab. 1.3), mit Ausnahme des Q-Locus, rezessiv vererbt. Sie stellen also in der natürlichen Umgebung eine Defektmutante dar, wurden aber durch die Domestizierung von Wildpflanzen einseitig selektiert und sind heute in unseren Kulturpflanzen fixiert. Deshalb sind viele Kulturpflanzen in der Natur kaum noch überlebensfähig, sondern vom Anbau durch den Menschen abhängig geworden. Am deutlichsten wird dies bei Mais (◘ Abb. 1.4d). Sein Vorfahr Teosinte hat eine kleine, einreihige Ähre, die bei der Reife von selbst zerfällt, die wenigen Körner sind in eine steinharte Fruchtschale eingeschlossen. Mais dagegen hat einen vielreihigen Kolben mit Hunderten von Körnern, die Samenschale ist zu einem dünnen Häutchen zurückgebildet. Der Kolben bleibt fest und würde als Ganzes zu Boden fallen, wenn man ihn nicht erntete. Die Hunderte von Körnern, die dann an

Gen: Abschnitt der DNS, der zu einem oder mehreren Eiweißmolekülen führt.

einem Fleck liegen bleiben, könnten aufgrund der großen Konkurrenz auf engstem Raum schon als Keimpflanzen nicht überleben. Hinzu kommt, dass Teosinte sich als Pflanze stark in viele, dünne Stängel mit je einer Ähre verzweigt, während Mais darauf selektiert wurde, nur einen kräftigen Stängel mit einem riesigen Kolben zu entwickeln. Diese Merkmale sind durch einige wenige, einzelne Gene vererbt (◘ Tab. 1.3). Dasselbe gilt für die erhöhte Fruchtbarkeit der sechszeiligen gegenüber der ursprünglich zweizeiligen Gerste (▶ Kap. 4). Diese wird erreicht, weil ursprünglich sterile Blütchen fertil wurden und deshalb statt zwei bis zu sechs Körnern an zwei gegenüberliegenden Spindelstufen reifen.

Bei Kartoffeln und Leguminosen kommt zu den Kulturmerkmalen noch der Verlust von Bitterkeit oder gar Giftigkeit der Ernteprodukte. So enthalten Wildkartoffeln auch in der Knolle giftige Alkaloide (Solanin), die sie vor Feinden schützen. Sie werden beim Kochen nicht vollständig abgebaut und führen dann zu einem Kratzen im Hals, das natürlich unerwünscht ist. Heutige Kartoffelsorten enthalten Solanine nur noch in den grünen Pflanzenteilen, die Knollen sind praktisch frei davon.

Hinzu kommen typische Eigenschaften, die den **ganzen Pflanzenbestand** betreffen und in der Mehrzahl komplex vererbt werden. Hier stehen die fehlende oder sehr stark reduzierte Keimruhe (Dormanz) von Kulturpflanzen, die Synchronisierung von Blüte und Reife und der Einfluss der Lichtperiode (Photoperiodismus) im Vordergrund. Üblicherweise entwickeln sich Bestände von Wildpflanzen sehr ungleichmäßig (◘ Abb. 1.4e), alle wichtigen Lebensprozesse einer Pflanze – Keimung, Blüte, Reife – sind ungleichzeitig und ziehen sich über Wochen hin. In der Natur ist dies sinnvoll, dadurch wird das Risiko vermindert, dass durch äußere Einflüsse, wie Frost, Trockenheit, Dürre, Sturm, Hagel oder Krankheiten gleich der ganze Bestand vernichtet wird. Bei Trockenheit etwa sind früh reifende Pflanzen im Vorteil, die ihren Lebenszyklus dann schon weitgehend abgeschlossen haben, einen Sturm können dagegen vor allem Pflanzen überleben, die noch nicht so weit entwickelt sind, deren Ähren noch nicht schwer von unreifen Körnern sind. Der Landwirt dagegen möchte seinen Bestand möglichst am gleichen Tag ernten. Auch wenn dies in frühen Ackerbaugesellschaften, in denen alles reine Handarbeit war, nicht dieselbe große Rolle spielte wie heute, war es trotzdem lästig und zeitraubend, wenn ein Feld mehrfach abgeerntet werden musste. Deshalb haben die Bauern sicherlich schon damals auf die zeitliche Synchronisation der Bestände geachtet. Dazu mussten genetisch komplex vererbte Merkmale, wie Blüh- und Reifezeit, beeinflusst werden. Die Auslese ist trotzdem recht einfach: Wenn beispielsweise ein Feld nur zu einem bestimmten Termin abgeerntet wird, dann kommen nur Pflanzen zur Wiederaussaat, die zu diesem Termin halbwegs reif sind.

Ähnlich ist es mit der Keimruhe (= Dormanz). In den Steppen Vorderasiens folgt auf die Reife der Getreide eine lange Trockenzeit. Es ist für die Pflanzen sinnvoll, dass die Samen nicht sofort nach der Reife bei dem ersten kurzen Regen keimen, sondern erst, wenn ausreichend Niederschläge fallen. Deshalb haben die meisten Wildarten eine ausgeprägte Keimruhe entwickelt, die mehrere Monate dauern kann. Für den Bauern ist das ungünstig, er entscheidet alleine über die Saatzeit und bewahrt zwischen Ernte und Aussaat seine Körner trocken in Schuppen und Scheunen auf. Die meisten Kulturpflanzen haben daher nur noch eine geringe Dormanz.

Der Photoperiodismus bestimmt, wann eine Pflanze zum Blühen kommt. Es gibt tagneutrale sowie **Langtag- [▶ Langtagpflanzen]** und **Kurztagpflanzen [▶ Kurztagpflanzen].**

Wenn Pflanzen aus fernen Regionen stammen, kann dies hinderlich sein. Bei uns ist der Sommer mit Langtag verbunden, der Winter mit Kurztag. Die Wildkartoffel bildet z. B. erst im Kurztag Knollen, bei uns würde die Knollenbildung also erst im Herbst beginnen und das ist für die frostempfindliche Kartoffel viel zu spät. Deshalb musste sie in Europa auf Tagneutralität ausgelesen werden. Diese entscheidenden, zum Teil komplex vererbten Eigenschaften, die wir heute als Domestikationssyndrom bezeichnen, wurden von den ersten Ackerbauern während Jahrtausende langer Prozesse selektiert.

Hinzu kommen dann noch ackerbauliche Eigenschaften, die die Arbeit des Landwirtes erleichtern, Kurzstrohigkeit gehört dazu. Seit das Stroh nicht mehr zum Dachdecken und Körbeflechten oder als Stalleinstreu verwendet wird, werden die modernen Sorten immer kürzer. Ein Primitivroggenbestand dagegen, der züchterisch noch nicht verändert wurde, ist gut um ein Drittel länger (◼ Abb. 1.4c), aber auch standschwächer und hat einen viel geringeren Kornertrag.

> **Langtagpflanzen:** Langtagpflanzen kommen nur zur Blüte, wenn eine kritische Tageslänge (meist 12 Stunden) überschritten ist.
>
> **Kurztagpflanzen:** Kurztagpflanzen blühen erst, wenn eine kritische Tageslänge unterschritten ist.

1.4 Die Entstehung der Kulturpflanzen in Südwestasien

Die genauesten Kenntnisse über den Beginn der Domestikation der einzelnen Kulturarten haben wir aus Südwestasien (◼ Tab. 1.4). Auffallend ist, dass bei Einkorn, Emmer, Gerste, Erbse und Linse die frühesten gesicherten Funde jeweils von derselben oder benachbarten Fundstellen stammen. Dies ist ein Hinweis darauf, dass nicht unterschiedliche Völker verschiedene Wildpflanzen kultivierten, sondern dass diese Pflanzen praktisch gleichzeitig kultiviert wurden und später „als Paket" weitergegeben wurden. Dazu passt auch, dass dieselben Wildpflanzen schon Jahrtausende früher als Nahrungsquelle gesammelt wurden. So gehen Funde von Wildlinsen in die mittlere Steinzeit zurück (Berg Karmel, 60.000–50.000 *cal* v. Chr.) und an der ergiebigen Fundstelle Ohalo II am See Genezareth in Israel (ca. 21.000 *cal* v. Chr.) fanden sich Wildemmer, Wildgerste, wilde Linse und wilde Erbse zusammen mit den Samen wilder Gräser und einigen Wildfrüchten, wie Mandeln, Oliven, Pistazien und Trauben. Die wilden Getreide wachsen in Südwestasien in kleinen Beständen am Rande von Wäldern, in Lichtungen, an Wegrändern oder auf Bergkuppen, so wie man auch heute in Südeuropa noch kleine Bestände wilder Gersten- und Haferformen findet (◼ Abb. 1.4e).

Die Erforschung der Domestikation – ein interdisziplinäres Kapitel der Wissenschaft

Als sich im 19. Jahrhundert die ersten Wissenschaftler über die Herkunft der Kulturpflanzen Gedanken machten, stand ihnen nicht viel mehr zur Verfügung als einige getrocknete Sammlungsexemplare, später auch frisch gesammelte Pflanzen. Sie versuchten diese Pflanzen nach ihren äußeren Merkmalen (morphologisch) zu ordnen und Verwandtschaftsbeziehungen aufzustellen. Dies war erfolgreich bei Kulturpflanzen, die noch so ähnlich aussahen wie ihre wilden Vorfahren, etwa bei der Gerste. Das Herkunftsgebiet vermutete man nach Vavilov dort, wo die größte Vielfalt an Formen herrschte, was aber auch nicht immer eindeutig ist. So findet man bei der Gerste in ihrem Herkunftsgebiet Südwestasien, aber auch in Äthiopien und Tibet eine große Mannigfaltigkeit. Heute gibt es zahlreiche weitere Methoden zur Erforschung der Domestikation:

Archäobotanische Funde

Funde von Pflanzenresten in archäologisch bearbeiteten Siedlungen sind die direktesten Nachweise. Die morphologische Bestimmung von Pflanzenresten (Samen, Früchte, Teile von Fruchtständen, auch Phytolithen und Stärkekörner) wird datiert durch die ^{14}C-Methode oder gleichzeitig gefundene Kulturgüter. Die Feststellung ihrer morphologischen Veränderungen in Zeit und Raum und ihrer Beziehung zu modernen Kulturpflanzen ermöglicht Rückschlüsse. Aus diesen Resten kann man unter günstigen Umständen auch Erbmaterial (DNS) extrahieren. Häufig ist es aber schwierig, Feinheiten zu unterscheiden, z. B. können die freidreschenden („nackten") Weizenarten nicht an den Körnern, sondern nur an den Spindelgliedern unterschieden werden, ebenso lassen sich nur wenige Domestikationsmerkmale archäologisch fassen.

Verwandtschaftsbeziehungen durch molekulare Marker

Molekulare Marker sind anonyme DNS-Abschnitte, deren Ort im Genom bekannt ist. Heute gibt es Markertypen, die in großer Zahl gleichmäßig über das Genom verteilt sind, und mit Mikrochips erfasst werden. Je ähnlicher sich zwei Individuen in ihren DNS-Abschnitten sind, desto näher sind sie verwandt, desto kleiner ist der Zeitraum, vor dem sie sich auseinander entwickelt haben. So gibt es drei Rassen des Wildeinkorns, aber nur eine davon ist direkt mit dem Kultureinkorn verwandt. Ähnliches gilt für die Verschiedenheit der DNS-Bausteine (Nukleotide) innerhalb einzelner Gene.

Bestimmung des Domestikationsgebietes

Mit molekularen Markern kann auch das Gebiet eingegrenzt werden, wo die Domestikation stattfand. Dazu untersucht man eine größere Zahl moderner Sorten aus möglichst allen Verbreitungsgebieten sowie Populationen der Wildart aus möglichst vielen Herkunftsgebieten mit demselben Satz an molekularen Markern. Die Wildpopulationen, die am nächsten mit den modernen Sorten verwandt sind, gelten als Ursprungspopulation und deren Verbreitungsgebiet als Domestikationszentrum. Auf diese Weise wurden beispielsweise die Karacadağ-Berge in der südöstlichen Türkei (▶ Abschn. 2.2) als Domestikationszentrum von Einkorn bestimmt. Dabei wird vorausgesetzt, dass die Population, die von den frühen Bauern domestiziert wurde, auch heute noch in ihrem ursprünglichen Gebiet existiert. Auch kann man mit diesen genetischen Methoden nur den Endpunkt der Domestikation feststellen, u. U. können Jahrtausende vorher schon Domestikationsereignisse stattgefunden haben, die durch nachfolgende Vermischungen zwischen Wild- und Kulturgetreide überdeckt wurden. Mit molekularen Markern können auch verschiedene Genvarianten (Allele) entdeckt werden, deren Verbreitung kartiert werden kann.

Heute werden Ansätze verfolgt, um mit einer Kombination von allen verfügbaren Daten zu schlüssigen Aussagen über die Domestikation zu kommen. Dazu gehören auch Pollenanalysen, die biogeographische Verbreitung der Wildarten und die Deutung archäologischer Funde, wie etwa Erntemesser, Mühlsteine, Mörser oder Speicherbauten.

„Im Jahre des Herrn" – Altersbestimmung archäologischer Funde

Die Radiokohlenstoffmethode oder ^{14}C-Datierung ist ein Verfahren zur Datierung von kohlenstoffhaltigen, insbesondere organischen Materialien mit einem Alter zwischen 300 und etwa 60.000 Jahren. Es beruht darauf, dass in abgestorbenen Lebewesen die Menge an gebundenen, leicht radioaktiven ^{14}C-Atomen gemäß dem Zerfallsgesetz abnimmt. Lebende Organismen sind von diesem Effekt nicht betroffen, da sie ständig neuen Kohlenstoff aus der Umwelt aufnehmen, der wieder den normalen Anteil an ^{14}C-Atomen einbringt.

Das in Jahren *before present* (BP) angegebene Datum eines ^{14}C-Labors bezieht sich nach einer internationalen Vereinbarung auf das Jahr 1950. Es hat zunächst keinen kalendarischen Wert, da der ^{14}C-Gehalt der Atmosphäre im Verlauf der Erdgeschichte erheblichen Schwankungen unterworfen ist. Daher werden heute alle ^{14}C-Rohdaten mit dem realen ^{14}C-Gehalt zu Lebzeiten des organischen Probenmaterials kalibriert, was zu Abweichungen von bis zu mehreren Tausend Jahren führen kann und den Vergleich mit der älteren Literatur schwierig macht. Wissenschaftlich werden heute möglichst nur noch kalibrierte Daten verwendet. In diesem Buch werden in den Tabellen möglichst beide Daten angegeben bzw. mit dem Zusatz cal gekennzeichnet, jeweils bezogen auf „v. Chr." oder „n. Chr.". Die Übertragung ist dabei nicht linear und der Abstand vergrößert sich mit zunehmendem Alter. Für kalibrierte Daten von 1000–2000 v. Chr. werden 200–400 Jahre addiert, für kalibrierte Daten zwischen 4000 und 7000 v. Chr.

werden bereits 700–1000 Jahre hinzugerechnet. Deshalb erscheinen die Domestizierungsereignisse in Südwestasien heute deutlich älter als bei den früher verwendeten, unkalibrierten Werten. International werden kalibrierte ^{14}C-Rohdaten mit *calBP* (*before present*) oder *calBC* (*before Christ*) bezeichnet. Ein *calBP*-Datum ist immer 1950 Jahre älter als das entsprechende *calBC*-Datum. Die Kalibrierung erfolgt meist nach Baumringkalendern (Dendrochronologie), die für jede Weltregion erstellt werden müssen. Der Hohenheimer Jahrringkalender für Mitteleuropa reicht beispielsweise lückenlos bis ins Jahr 10.461 v. Chr. zurück und ist der älteste der Welt. Die Zeit n. Chr. wird im Englischen oft als *AD* (= *Anno Domini*) angegeben.

◻ **Tab. 1.4** Früheste gesicherte Funde der einzelnen Kulturarten in Südwestasien sowie Gegenüberstellung der kalibrierten (*cal*) und unkalibrierten Zeiträume. (Nach Zohary et al. 2012)

Kulturart	Fundstelle	Zeitraum (*cal* v. Chr.)	Zeitraum (v. Chr.)
Einkorn	Çayönü, Türkei	8300–7600	7350–6650
Emmer	Çayönü, Türkei	8300–7600	7350–6650
Nacktweizen	Tell-Aswad, Syrien	8250-7600	7300–6650
Gerste (2-zeilig)	Tell-Aswad, Syrien	8250-7600	7300–6650
Gerste (6-zeilig)	Çatal Höyük, Türkei	7400–7000	6450–6050
Erbse	Tell-Aswad, Syrien	8550–8250	7550–7250
Linse	Yiftha'el, Israel	8150–7750	7200–6800
Lein, Flachs	Jericho, Israel	7950–7600	7000–6650

Spätestens seit dem 13. Jahrtausend v. Chr. waren in Südwestasien bereits Mikrolithen zum Schneiden und Reibsteine für das Mahlen wild wachsenden Getreides in Gebrauch. Derartige Ansätze führten zur Ausbildung der natufischen Kultur, auch Natufien (10.300–8200 v. Chr.) genannt, die von Dorothy A. E. Garrod 1928 entdeckt wurde. Heute sind ihre Überreste im Kerngebiet vom Jordantal bis zur israelischen Küste an rund 20 Fundstätten bekannt. Die Kultur strahlte aber aus bis nach

Jordanien, den Libanon und nach Syrien. Von besonderem Interesse war für die Archäologen von Anfang an, dass sich in den Überresten Sichelklingen, Sichelgriffe und sogar einige intakte Sicheln fanden. Die Klingen aus Flintstein hatten oft einen bestimmten Glanz, der als Zeichen ihres Einsatzes zum Schneiden von Pflanzen, wahrscheinlich Gräsern und Getreide, angesehen wird. Auch Werkzeuge, die zum Mahlen und Entspelzen des Getreides gedient haben könnten, wurden gefunden. Am Berg Karmel wurden Mörser entdeckt, die in soliden Fels gehauen waren und an der Fundstätte Mallaha fanden sich handwerklich perfekte, dekorierte Steinpistille zum Mörsern und gepflasterte Gruben als Lager. Andere Fundstätten gaben kleinere, tragbare Mörser und Stößel frei, die aus Basaltgestein geschliffen waren, Handmühlen und flache Schalen. Dies lässt darauf schließen, dass die Natufier schon zu dieser frühen Zeit sesshaft waren, denn so große und schwere Steingeräte entwickelt keine nomadische oder auch nur halbnomadische Kultur.

Aufgrund neuer Funde diskutieren einige Wissenschaftler die Möglichkeit, dass bestimmte Wildpflanzen schon lange vor ihrer eigentlichen Domestikation geschont oder in ihrem Wachstum gefördert worden sind, das bezeichnet man dann als „**Kultivierung**" (*pre-domestication cultivation*). Indizien dafür sind der Fund von großen Mengen an Wildgetreide, die allein durch Sammeln nur schwer zusammenkommen, und/oder das Vorkommen von Pflanzensamen in archäologischen Funden von Wildpflanzen, die keine Nahrungspflanzen darstellen, ungenießbar oder giftig sind und deshalb als Unkräuter gedeutet werden. Es gibt heute mindestens zehn archäologische Stätten aus der Zeit vor der Domestizierung von Kulturpflanzen (10.000 bis ca. 8500 *cal* v. Chr), auf die diese Kriterien zutreffen. Spektakulär war etwa ein Fund von einigen Kilo Wildgerste (260.000 Körner) und Wildhafer (120.000 Körner) in einem Haus aus Gilgal/Israel. Ähnlich wurden in einem Ort in der Nähe von Nazareth/Israel rund 1,4 Mio. Wildlinsensamen entdeckt, die versetzt waren mit einem Labkraut (*Galium tricornutum*), das heute noch als Unkraut in Linsen gilt. Eine solche Kultivierung von Wildpflanzen kann man sich auf verschiedene Weise vorstellen. Vielleicht haben die Menschen die Produktivität der in Israel und Syrien vorkommenden Wildpflanzenbestände erhöht, indem sie fremde Pflanzen ausrupften („jäten") oder nach der Ernte das Stroh abbrannten, was einer Düngung entspricht. Sie könnten auch mit einem Grabstock eine primitive Bodenbearbeitung durchgeführt haben, um die Keimrate zu erhöhen, und anschließend die unerwünschten Pflanzen gejätet haben. Es erscheint plausibel, dass es Übergangsformen zwischen dem reinen Wildbeutertum („Jäger und Sammler") und dem landwirtschaftlichen Anbau von Kulturpflanzen gab (◻ Abb. 1.5). So waren die späten Natufier zwar noch Sammler und jagten Gazellen, aber sie waren bereits sesshaft. Am Ende dieser Periode müssten die Menschen dann den nächsten Schritt zur Kultivierung gemacht haben, was später in eine Domestikation der Wildpflanzen mündete. Durch die reine Förderung von Wildpflanzen werden diese gar nicht oder nur wenig genetisch verändert. Erst wenn regelmäßig eine planmäßige Ernte und Aussaat erfolgt, kommt es zu

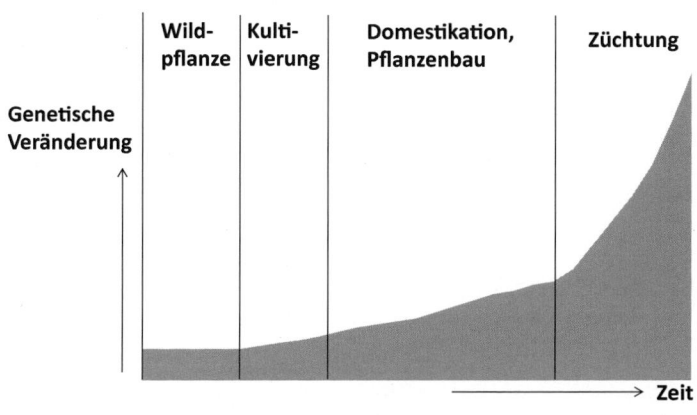

Vorgang	Sammeln, lagern	Land-bereitung	Abhängigkeit vom Pflanzenbau, verbesserte Anbau-, Erntemethoden	Planmäßige Ver-besserung
Archäolo-gischer Befund	Wildeigen-schaften	Unkräuter, Korngröße	Fixierung der Domestikations-merkmale	Erhöhte Erträge, Qualität, Resistenzen

◙ **Abb. 1.5** Entwicklung der Kulturpflanzen und ihre zunehmende genetische Veränderung, kulturelle Vorgänge und archäologischer Befund (zeitliche Abstände sind nicht maßstabsgerecht)

den beschriebenen Domestikationsereignissen mit ihren tiefgreifenden morphologischen Veränderungen. Der Beginn der Pflanzenzüchtung im 19. Jahrhundert führte dann zu einer rasch ansteigenden genetischen Veränderung der Kulturpflanzen bis zum heutigen Stand.

Warum im Gebiet des Fruchtbaren Halbmondes überhaupt Bauernvölker entstanden, ist heute auch in der Wissenschaft noch sehr umstritten. Eine gängige Hypothese hängt mit der Kälteperiode der Jüngeren Dryas zusammen, die angeblich die Nahrungsquellen unsicherer machte, zur Versteppung der Landschaft führte, die Herden von Wildtieren abwandern ließ und deshalb die Menschen zur Landwirtschaft „zwang". Dies erklärt einiges, aber nicht alles. Vor allem war die Jüngere Dryas schon vorbei als die ersten Reste von Kulturpflanzen auftraten. Und vor allem erklärt es nicht, warum in ganz anderen Teilen der Welt (Mittel- und Südamerika) etwa zur selben Zeit Menschen begannen, Landwirtschaft zu betreiben (▶ Abschn. 1.6). Stattdessen gilt heute die Ansicht, dass komplexe Wechselwirkungen verschiedener Kräfte die Domestizierung von Pflanzen ins Rollen brachten: Sesshaftigkeit und die beginnende Urbanisierung, kulturelle und religiöse Ansichten haben womöglich in einem sich selbst verstärkenden Kreislauf den Schwung erzeugt, der die alten Jäger-Sammler-Kulturen allmählich ablöste.

Die wichtigsten unserer Kulturpflanzen stammen aus dem Gebiet des **„Fruchtbaren Halbmondes"** (◙ Abb. 1.6, ▶ Definition). Hier kamen mehrere günstige Momente zusammen, die eine Entwicklung von Ackerbau und Viehzucht ermöglichten. In den Steppengebieten, auf den Lichtungen der Eichenmischwälder und in den bergigen Regionen Südwestasiens gab es zahlreiche wilde Grasarten, die zur Ernährung dienen konnten: Hafer, Roggen, Einkorn, Emmer und Gerste. Sie haben zusammengesetzte Ähren mit vielen, relativ großen Körnern pro

❏ Abb. 1.6 Der Bereich des „Fruchtbaren Halbmondes" mit den wichtigsten Fundstellen der frühen Jungsteinzeit in Südwestasien (die *gefärbte* Fläche kennzeichnet Wald oder Waldsteppe der damaligen Zeit)

Exkurs

Geografische Begriffe: Naher Osten, Vorderasien, Vorderer Orient, Levante, Südwestasien

Auch geografische Begriffe sind dem Wandel unterworfen. Deshalb sind viele ältere Bezeichnungen heute nicht mehr gebräuchlich bzw. gelten als zu unscharf oder eurozentrisch. Im Zusammenhang mit unserem Thema gilt dies vor allem für folgende Begriffe:

Naher Osten: Arabische Staaten Vorderasiens sowie Israel, insbesondere die Region des Fruchtbaren Halbmondes und die Arabische Halbinsel. Im Englischen sowie z. B. Arabischen, Hebräischen und Türkischen als „Mittlerer Osten" (*Middle East*) bezeichnet.

Vorderer Orient: In einem eher religiös-kulturellen Sinne entspricht dieser Begriff (Orient = Morgenland!) in etwa dem Nahen Osten.

Vorderasien umfasst die asiatischen Teile der Türkei (= Anatolien), das Kaukasusgebiet, die Arabische Halbinsel, den Irak und Iran.

Levante (italienisch für „Sonnenaufgang"): Küsten und Hinterland der Anrainerstaaten der östlichen Mittelmeerküste, also die heutigen Staaten Syrien, Libanon, Israel, Jordanien und die palästinensischen Autonomiegebiete.

In diesem Buch wird für die beschriebene Region grundsätzlich der neutrale geografische Begriff „**Südwestasien**" (engl. *Southwest Asia*) verwendet.

Ähre, die Ernte ging unter den damaligen Bedingungen relativ schnell. Ab ca. 8550 *cal* v. Chr. finden sich dann die ersten Zeichen von kultivierten Pflanzen. Ährenbruchstücke von Gerste, Einkorn und Emmer mit fester Spindel sind die sichersten Hinweise auf Ackerbau. Daneben kultivierten die Menschen damals Erbsen, Linsen, Kichererbsen, Bitterwicke und Lein, die deshalb zusammen mit den Getreiden **„Gründerpflanzen"** genannt werden. Ihre Wahl scheint aus heutiger Sicht wohl überlegt. Die Getreide liefern Stärke (Kohlenhydrate) und Mineralstoffe, Linsen, Linsenwicke und Erbsen in erster Linie Eiweiß und Lein liefert Fett und Fasern.

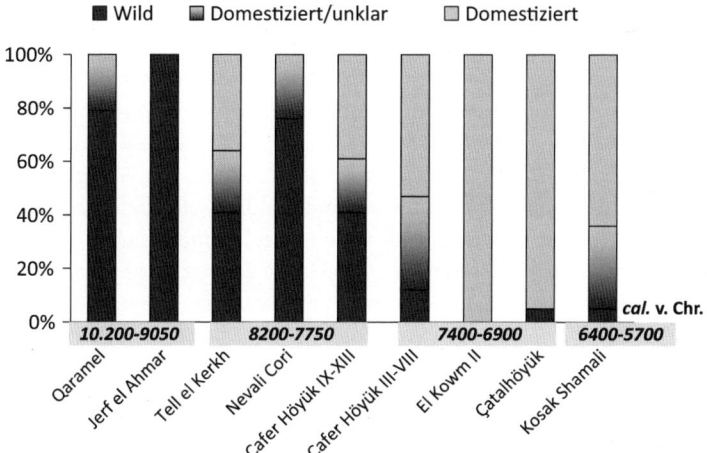

■ **Abb. 1.7** Anteil von Wild- und Kulturformen des Weizens in einigen Fundstätten Südwestasiens. (Nach Fuller 2007)

Fruchtbarer Halbmond ────────────────────────

Der Begriff „Fruchtbarer Halbmond" (engl. *Fertile Crescent*) wurde 1914/16 von dem amerikanischen Archäologen James Henry Breasted eingeführt. Es ist die Bezeichnung für das niederschlagsreiche Winterregengebiet nördlich der Syrischen Wüste bzw. im Norden der arabischen Halbinsel (**■** Abb. 1.6). Dieses umfasst Teile der heutigen Staaten Israel, Libanon, Türkei, Syrien, Jordanien, Irak und Iran.

Kontrovers wird noch der **Zeitraum der Domestikation** diskutiert. Wie lange dauerte es, bis aus Wildpflanzen vollständig domestizierte Pflanzen wurden? Die Archäobotaniker können die kultivierten Getreide anhand morphologischer Details von den Körnern der Wildgetreide unterscheiden, wenn auch nicht bei jedem einzelnen Korn. Es gibt nur wenige Fundstellen mit einer genügend großen Anzahl von Resten, um beurteilen zu können, ob eine Ansammlung von Pflanzen als domestiziert gelten kann. Früheste Funde fester Ährenspindeln von Weizenformen datieren etwa in die Mitte des 9. Jahrtausends v. Chr. (**■** Abb. 1.7). In etwas jüngeren Siedlungen wie Tell el Kerkh stammen bis zur Hälfte der geborgenen Getreidekörner von domestiziertem Weizen, aber erst weitere 1000 Jahre später, in El Kowm II, sind alle gefundenen Körner den Kulturformen zuzuordnen. Im selben Zeitraum sei den frühen Bauern im heutigen Syrien auch die Zähmung von Gerste gelungen, rechneten die Forscher Ken-ichi Tanno und George Willcox im renommierten Fachblatt *Science* vor (2006). „Die Ergebnisse zeigen, dass die Domestizierung von Getreide mehr als 1000 Jahre benötigte." Denn auch bei der Gerste zeigen die archäobotanischen Funde über diesen langen Zeitraum immer Mischungen zwischen Kultur- und Wildformen. Etwa zu dieser Zeit wurden auch wilde Ziegen, Schafe und Schweine zu Nutztieren. Die Jagd verlor an Bedeutung für die Versorgung mit Fleisch.

Warum dauerte der Domestikationsprozess so lange? Pflanzengenetiker neigten aufgrund der Einfachheit der Vererbung zahlreicher Domestikationsmerkmale (◘ Tab. 1.3) zu einer schnellen Entwicklung. Und in der Tat können einfach vererbte Merkmale von Wildgetreide, wie Spindelbrüchigkeit und harte Spelzen, bei Selbstbefruchtern in wenigen Jahren zugunsten der festen Spindel und weicher Spelzen selektiert werden. Dass es trotzdem so lange dauerte, wie die archäologischen Funde zeigen, könnte damit zusammenhängen, dass die Bauern gleichzeitig auch auf andere, komplex vererbte Merkmale achteten, wie etwa die Korngröße, die sehr umweltabhängig sind und deshalb bei den damaligen einfachen Auslesemethoden nur einen sehr langsamen Fortschritt zeigten. Vielleicht war auch die Arbeit der frühen Bauern gar nicht so ausschließlich auf Kulturpflanzen bezogen, wie bisher angenommen. Es gab vielleicht immer wieder Vermischungen mit den Wildformen, die als Unkraut in die Felder einwanderten. Auch könnten Missernten dazu geführt haben, dass die Bauern wieder Wildgetreide sammelten und erneut auf ihren Feldern aussäten. Dadurch erlitt die Auslese der Kulturform immer wieder Rückschläge und es kam erst dann zu dauerhaften Erfolgen, als die Wildart selten geworden oder überhaupt nicht mehr vorgekommen war. Eine andere Erklärungsmöglichkeit wäre, dass die damaligen Bauern die Ernte schon vor der Ährenreife durchführten, damit Verluste durch spindelbrüchige Ähren, die von selbst zerfallen, vermieden wurden. Auch dann würden sich Formen mit fester Ährenspindel kaum durchsetzen, weil die strenge Auslese fehlt.

Nach heutiger Erkenntnis war die Einführung des Ackerbaus also ein schleichender Prozess, es finden sich über Jahrtausende Ährenreste von Wild- und Kulturgetreiden gemeinsam in den archäologischen Fundstellen. Der Ackerbau war dann aber so erfolgreich, dass er in die umgebenden Gebiete exportiert wurde. Innerhalb von rund 1000 Jahren hat er sich von den frühen Zentren nach Süden Richtung Niltal und Osten bis ins südliche Zweistromland durchgesetzt.

1.5 Der Zug nach Mitteleuropa

Zuerst sickerten die Kenntnisse von Ackerbau und Viehzucht wohl aus der südwestasiatischen Kernzone in die angrenzenden Gebiete, zu denen bereits traditionell Kontakte bestanden, vor allem auf die großen Mittelmeerinseln Zypern und Kreta. Durch den Fund von Obsidianmessern in Zypern lassen sich direkte Handelsbeziehungen nach Anatolien und Nordsyrien nachweisen, weil es dieses vulkanische Glas auf Zypern nicht gibt. Neuerdings wurden an zwei Fundstellen in Zypern Reste von verkohlten Getreidearten gefunden, die von einigen Wissenschaftlern als domestiziert angesehen werden und genauso alt sind wie die ältesten Funde Südwestasiens (8700–7600 *cal* v. Chr.).

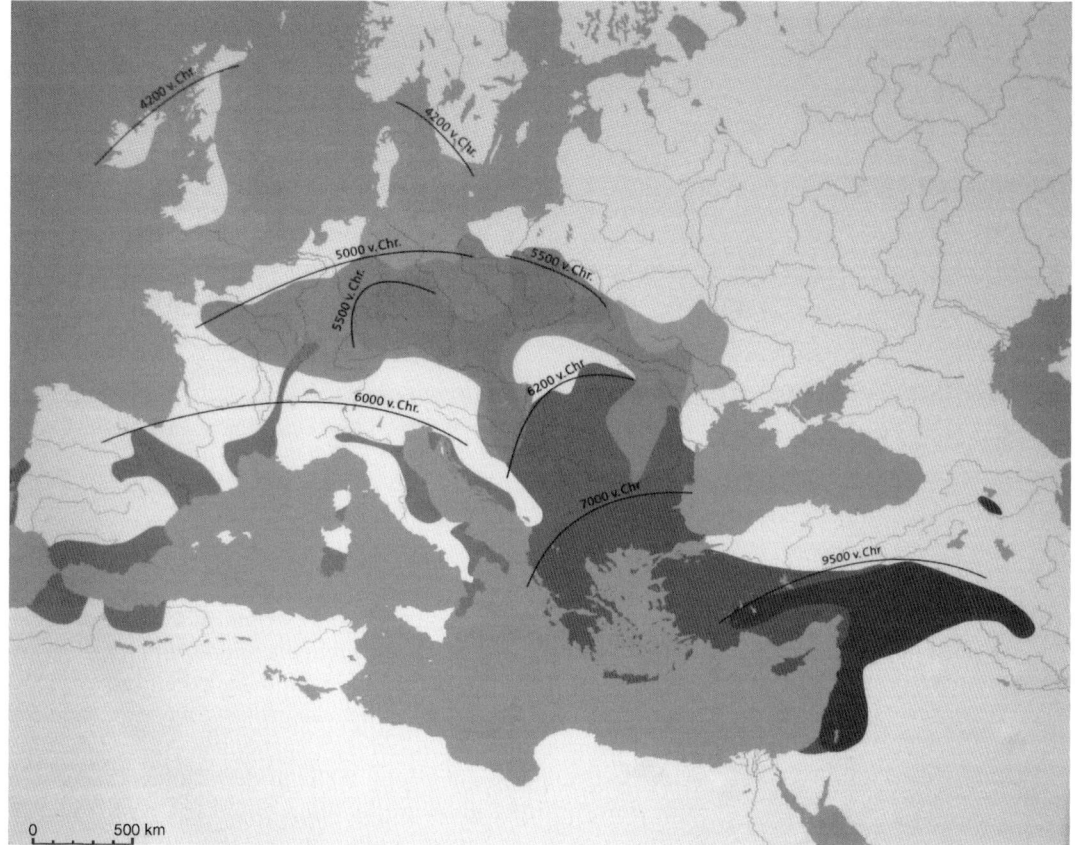

□ Abb. 1.8 Die Ausbreitung der Landwirtschaft aus ihrem Kerngebiet Vorderasiens nach Europa mit gerundeten Zeitangaben (Quelle: Christoph Duntze, LVR-LandesMuseum Bonn)

Ab dem 7. Jahrtausend *cal* v. Chr. finden sich landwirtschaftliche Siedlungen auf dem griechischen Festland (□ Abb. 1.8) und in den fruchtbaren Flusslandschaften im Norden und Westen der Schwarzmeerküste mit idealen Bedingungen für erfolgreichen Ackerbau. Ihre Bewohner fertigten Tongefäße, die mit linearen Ritzmustern verziert waren, wie sie uns später noch bei den Bandkeramikern begegnen werden.

Die ersten Ackerbausiedlungen auf dem kontinentalen Europa standen wohl nicht mehr in unmittelbarem Kontakt zu der südwestasiatischen Kernzone der Landwirtschaft. Sie befanden sich in einer fruchtbaren Flusslandschaft im heutigen Zentralbulgarien südlich der Donau (Fundorte Starçevo, Cucuteni) und im heutigen Griechenland in der makedonischen Ebene um Thessaloniki (Neo Nikomedeia, Sesklo) und in der thessalischen Ebene südlich des Olymps (Franchthi-Höhle). Diese Gegenden sind fruchtbare Schwemmlandschaften, umgeben von Gebirgen. Die von den Flüssen über Jahrtausende angeschwemmte Erde lässt sich mit einfachen Geräten leicht beackern, bietet genügend Wasser für einen ganzjährigen Pflanzenbau und erschöpft sich aufgrund ihrer natürlichen Bodenfruchtbarkeit auch bei fehlender Düngung nur sehr langsam. Die Lage in der Nähe der Mittelgebirge bot den ersten Ackerbauern auch die Möglichkeit, die vielfältigen Ressourcen des Waldes zu nutzen: Bau- und Brennholz, jagdbares Wild, Beeren, Pilze und Kräuter.

Die Kenntnisse von Ackerbau und Viehzucht kamen in das restliche Europa **auf zwei verschiedenen Wegen**, wahrscheinlich unabhängig voneinander, auf einer östlichen und einer südwestlichen Route (◨ Abb. 1.8). Letztere verläuft entlang der westlichen Mittelmeerküsten und die isolierten Lagen der ersten Ackerbauern lassen darauf schließen, dass sie mit Schiffen und Booten ankamen und das Nötigste mitbrachten. Diese frühen Bauernsiedlungen hatten zunächst noch nicht die Form von Dörfern, sondern fanden sich in Höhlen, die zuvor auch von Wildbeutern bewohnt waren. Dabei war von Anfang an die gesamte jungsteinzeitliche Palette an Ackerfrüchten und Tieren sowie die nötigen Werkzeuge vorhanden. Die Keramik dieser ersten Bauern ist häufig mit Abdrücken oder Schalen von Herzmuscheln (*Cardium edule*) verziert, deshalb werden sie als Kardialkeramiker (oder Impresso-Keramiker) bezeichnet. In späteren Schichten fanden sich auch hier Gerste, Knochen von Ziegen und Schweinen. Zusätzlich kultivierten die Kardialkeramiker Mohn, wahrscheinlich zur Ölgewinnung. Er gilt unter Botanikern als typische Pflanze des westlichen Mittelmeergebietes, wo es entlang der italienischen, südfranzösischen und spanischen Mittelmeerküste wilde Bestände gibt. Der Mohn fehlte in den frühen Fundstätten Südwestasiens und Südosteuropas völlig. Dies zeigt, dass schon die ersten europäischen Bauern das Prinzip der Domestikation auf neue Pflanzen übertragen haben.

Nach Mitteleuropa kam die früheste Landwirtschaft auf einer östlichen Route. Aus der Türkei wanderten ackerbautreibende Völker mit den neuen Techniken zuerst in die fruchtbaren Flusslandschaften im Norden und Westen der Schwarzmeerküste ein. Dort herrschten ideale Bedingungen für erfolgreichen Ackerbau. Von hier gelangte dann das ganze „Paket" von Gründerpflanzen und Anbaumethoden auf den Balkan, wo die Starčevo-Criş-Kultur in Südungarn, Nordserbien, Nordkroatien und Teilen Bosniens eine der ältesten bekannten europäischen Bauerngesellschaften darstellt. Die Menschen bauten in der Zeit um 6000 v. Chr. Gerste und Nacktweizen, Einkorn und Emmer, Linse, Linsenwicke, Kichererbse und Lein an. Diese Kultur hatte Beziehungen mit der Körös-Kultur Ostungarns und Rumäniens sowie mit lokalen Gruppierungen Makedoniens und Bulgariens und gilt als Vorläufer der (Linear-)**Bandkeramiker**. Dieses Bauernvolk brachte ab 5500 v. Chr. in einer großen Wanderungsbewegung die landwirtschaftlichen Kenntnisse aus dem Osten direkt nach Mittel- und Westeuropa. In der ersten Phase ihrer Ausbreitung folgten sie dem Lauf der Donau. Von Niederösterreich, Böhmen und Mähren stießen sie in nordwestliche Richtung vor, erreichten Süddeutschland und den Rhein rund 400 Jahre später und setzten ihre

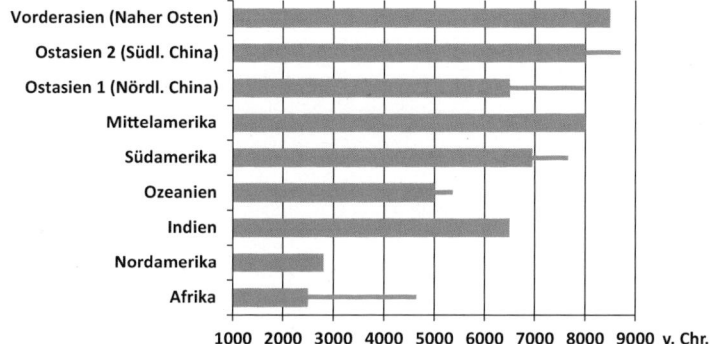

◘ Abb. 1.9 Zeithorizont der Domestizierung von Wildpflanzen in den verschiedenen Genzentren (unkalibrierte Daten). *Dünnere* Linien kennzeichnen Unsicherheiten der Datierung (nach Jacomet 2011)

Wanderung fort. Ihr Siedlungsgebiet reichte am Ende ihrer Verbreitung um 4900 v. Chr. bis an den Niederrhein und das Pariser Becken (◘ Abb. 1.8). Dabei blieben sie zunächst auf die Mittelgebirgsregion beschränkt. Die bandkeramische Landwirtschaft war eine typische Mischwirtschaft aus Ackerbau und Viehzucht. Die angebauten Pflanzenarten waren ein Ausschnitt derjenigen aus Südwestasien. Emmer stand an erster, Einkorn an zweiter Stelle der Wichtigkeit und Gerste wurde nur in den östlicheren Gebieten gefunden, dazu kamen Erbse, Linse und Lein.

Auch die Kardialkeramiker als westliche Ackerbauern waren sehr ausbreitungsfreudig und trugen die Landwirtschaft über ganz Frankreich bis in die Niederlande und vielleicht sogar auf die Britischen Inseln. In den Niederlanden, dem Rheinland und in der Schweiz trafen sie mit den Bandkeramikern zusammen. Und plötzlich findet man auch in jüngeren bandkeramischen Siedlungen Mohnsamen und -kapseln. Sie mussten diese vom Süden übernommen haben, denn in ihrem östlichen Herkunftsgebiet war diese Pflanze weder heimisch noch wurden dort jemals ihre Überreste gefunden. Mit der zunehmenden Ausbreitung nach Westen und Norden löste sich die anfängliche Einheitlichkeit des Stils allmählich auf und die bandkeramische Kultur wird von einer Vielzahl anderer, lokal begrenzter Gruppen abgelöst. Doch in rund 600 Jahren hatten die Bandkeramiker das Gesicht Mitteleuropas gründlich verändert. Alle nachfolgenden Kulturen sollten von der Landwirtschaft leben.

1.6 Entstehungsgebiete der anderen Kulturpflanzen

Die Kultivierung von Pflanzen und damit die Landwirtschaft ist in vielen Regionen der Welt unabhängig voneinander begonnen worden (◘ Abb. 1.9). Der Zeithorizont, der in den verschiedenen Genzentren für die Domestikation von Wildpflanzen angesetzt wurde, unterscheidet sich dabei deutlich. Am frühesten war die Entwicklung in Südwestasien, Mittelamerika und im südlichen China (um 8000 v. Chr.), danach folgten Südamerika, Indien und das nördliche China (um 6500 v. Chr.), wesentlich später kamen Nordamerika und Afrika hinzu (um 2500 v. Chr.). Allerdings sind diese Zentren der Domestikation unterschiedlich gut erforscht und dokumentiert. Hier kann sich mit fortschreitender Forschung noch einiges an den Zeithorizonten ändern.

China war ähnlich früh wie Südwestasien ein Zentrum früher Pflanzenkultivierung. Im Süden Chinas, am Yangtse-Fluss, wurde bereits vor mindestens 14.000 Jahren wilder Reis geerntet, so dass hier eine ähnliche Entwicklung wie in Südwestasien angenommen werden kann. Die ältesten Funde kultivierter Pflanzen sind hier rund 9500 Jahre alt und geregelter Ackerbau entstand spätestens vor 7000 Jahren, vermutlich unabhängig voneinander im Norden und Süden Chinas. Im Norden, am Huang-Ho-Fluss, wurde Kolbenhirse angebaut; im Süden Reis. Das Getreide wurde später durch Sojabohne und die Faserpflanze Hanf ergänzt.

Außerhalb dieser beiden Gebiete ist über die Entstehung der Landwirtschaft weit weniger bekannt: In Mittelamerika gibt es nur wenige Orte, die mit modernen archäologischen Methoden untersucht wurden. Die Landwirtschaft entstand hier südlich des Rio Grande; der genaue Zeitpunkt ist umstritten: Manche Autoren berichten, dass dort ab 8000 v. Chr. Kürbis und ab 7000 v. Chr. Mais domestiziert wurde; die meisten sehen die Entstehung jedoch vor etwa 5500 Jahren, also wesentlich später als in Vorderasien und China. Unumstritten ist, dass in Mexiko der Anbau mit Avocado, Tomaten, Mais, Kürbis und Paprika begann. Vor 5000 Jahren kamen Bohnen und vor 3500 Jahren Baumwolle hinzu. In Südamerika wurden in den nördlichen Anden ab 7000–6000 v. Chr. die getreideähnlichen Früchte der Fuchsschwanzgewächse Quinoa und Amaranth sowie einige Pflanzen mit Knollen, darunter die Kartoffel, kultiviert. Die genauere Geschichte der für uns wichtigen Kulturpflanzen Mais und Kartoffel wird in dem jeweiligen Kapitel geschildert.

Eindeutig belegt ist eine eigenständige Entwicklung der Landwirtschaft im Osten der heutigen USA vor rund 4500 Jahren; hier wurden erstmals Sonnenblumen kultiviert und Mais und Kürbisse aus Mexiko übernommen.

Literatur

DESTATIS (2013) Statistisches Bundesamt. Landwirtschaft. https://www.destatis.de/ DE/ZahlenFakten/Wirtschaftsbereiche/LandForstwirtschaftFischerei/LandForstwirtschaft.html

FAOSTAT (2013) Food and Agriculture Organization of the United Nations. http://faostat.fao.org/site/567/DesktopDefault.aspx?PageID=567#ancor

Fuller DQ (2007) Contrasting patterns in Crop Domestication and Domestication Rates: Recent Archaeobotanical Insights from the Old World. Ann Bot 100(5):903–924

Jacomet S (2011) Domestikationsgeschichte – Domestikation von Pflanzen und Tieren. Teil Pflanzendomestikation (IPNA, Universitat Basel). http://ipna.unibas.ch/archbot/pdf/2011_PflanzenDomestikationSkript_komplettinklLit_kompr.pdf. Zugegriffen 12. Jan 2014

Schwanitz F (1967) Die Evolution der Kulturpflanzen. Bayerischer Landwirtschaftsverlag, München, Basel, Wien

v. Sengbusch R (1934). Die Geschichte der „Süßlupinen". Die Naturwissenschaften 22:278–281

Tanno K, Willcox G (2006) How fast was wild wheat domesticated? Science 311:1886

Vavilov NI (1928) Geographische Genzentren unserer Kulturpflanzen. In: Verhandlungen des V. Internationalen Kongresses für Vererbungswissenschaft, Berlin 1927 1:342–369

Zohary D, Hopf M, Weiss E (2012) Domestication of Plants in the Old World, 4. Aufl. Oxford University Press, Oxford, S 243

Weiterführende Literatur

Abbo S, Lev-Yadun S, Heun M, Gopher A (2013) On the 'lost' crops of the neolithic Near East. J Exp Bot 64:815–822

Doebley JF, Gaut BS, Smith BD (2006) The molecular genetics of crop domestication. Cell 127:1309–1321

Fuller DQ, Asouti E, Purugganan MD (2012a) Cultivation as slow evolutionary entanglement: Comparative data on rate and sequence of domestication. Veg Hist Archaeobot 21:131–145

Fuller DQ, Willcox G, Allaby RG (2012b) Early agricultural pathways: moving outside the 'core area' hypothesis in Southwest Asia. J Exp Bot 63:617–633

Hancock JF (2012) Plant evolution and the origin of crop species. Cabi Publ, Wallingford, UK

Küster H (2013) Am Anfang war das Korn. CH Beck, München

Nürnberg U (1965) Biologie und Geschichte unserer Kulturpflanzen. Akademische Verlagsgesellschaft Geest & Portig KG, Leipzig

Riehl S, Benz M, Conard NJ, Darabi H, Deckers K, Nashli HF, Zeidi-Kulehparcheh M (2012) Plant use in three Pre-Pottery Neolithic sites of the northern and eastern Fertile Crescent: A preliminary report. Veg Hist Archaeobot 21:95–106

Salamini F, Özkan H, Brandolini A, Schäfer-Pregl R, Martin W (2002) Genetics and geography of wild cereal domestication in the Near East. Nat Rev Genet 3:429–441

Schiemann E (1948) Weizen, Roggen, Gerste. Systematik, Geschichte und Verwendung. G Fischer, Jena

Weiss E, Kislev ME, Hartmann A (2006) Autonomous cultivation before domestication. Science 312:1608–1610

Willcox G, Nesbitt M, Bittmann F (2012) From collecting to cultivation: transitions to a production economy in the Near East. Veg Hist Archaeobot 21:81–83

Zeller FJ, Hsam SLK (2010) Die Domestizierung der für die Menschheit wichtigsten Getreidearten Mais, Weizen, und Reis – Geschichte und Perspektiven. Natwiss Rundsch 63(5):229–239

Weizen – Erfolg durch Diversität

Thomas Miedaner

T. Miedaner, *Kulturpflanzen*,
DOI 10.1007/978-3-642-55293-9_2, © Springer-Verlag Berlin Heidelberg 2014

Die frühen Weizenformen Einkorn und Emmer gehören zu den ersten Fruchtarten, die der Mensch domestiziert hat. Weizen zählt heute neben Mais und Reis zu den weltweit wichtigsten Kulturpflanzen für die menschliche Ernährung und wird in praktisch allen Ländern der gemäßigten Zone angebaut. Rund ein Drittel der weltweiten Getreideanbaufläche entfällt auf Weizen. Es gibt viele Weizenarten, von denen mehrere als Nutzpflanzen kultiviert wurden. Bei kaum einer anderen Kulturart verfügen wir über so umfangreiche Kenntnisse der Evolution und Genetik wie beim Weizen. Das Wort „Weizen" kommt aus dem Germanischen und steht in Zusammenhang mit dem Adjektiv „weisz", nach dem weißen Mehl, das der Weizen liefert. Daraus wurden später einerseits „weisse, weize", andererseits „weize, weitze". Im Bayrischen ist der Begriff „Weißbier" heute noch gleichbedeutend mit „Weizenbier".

2.1   Einordnung in das Pflanzenreich

Die **Gattung Weizen (*Triticum* L.**) gehört, wie die anderen Getreidearten auch, zu den Süßgräsern (*Poaceae*). Der Wuchstyp der Gräser ist vor allem deshalb ein Erfolgsgeheimnis, weil er ein tiefgründiges, reich verzweigtes Wurzelwerk mit einem schlanken, hohen Halm verbindet, der sich zäh im Wind biegt und trotzdem bei der Ernte leicht zu schneiden ist. Die Körner liefern dem Menschen eine einfach verwertbare, stärke-, mineralstoff- und vitaminreiche Nahrung, die über Jahre hinweg haltbar ist, so lange nicht Mäuse, Schädlinge oder Feuchtigkeit sie verderben. Anders als bei Kartoffel oder Rübe, wo das Erntegut mühsam aus dem Boden gegraben werden muss, oder Raps, Lein, Mohn und Sonnenblume, deren Öl mit speziellen Techniken gewonnen wird, kann das Getreide einfach verwendet werden. Zur Mehlherstellung genügen zwei Steine, ein flacher, großer und ein kleiner, halbrunder. Dieses Erfolgsrezept machte die Gräser so beliebt als die Menschheit mit dem Ackerbau begann. Und fast alle menschlichen Hochkulturen basieren auf dem Anbau von Getreide: Emmer bei den Ägyptern, Hart- und Saatweizen bei den Römern, Gerste und Weizen in Nordchina, Reis im tropischen Asien, Mais in Mittel- und Südamerika, Hirse in Afrika sowie Weizen und Hirse in Indien. Eine Ausnahme stellen nur die frühen ackerbautreibenden Völker der Hohen Anden dar, sie kultivierten Kartoffeln als ihre Hauptnahrungsquelle.

Die Gattung *Triticum* ist äußerst vielgestaltig und besitzt **Formen mit drei verschiedenen Chromosomensätzen [▶ Chromosomensatz] (Ploidiestufen, ☐ Tab. 2.1**). Jeder Chromosomensatz enthält sieben **Chromosomen [▶ Chromosomen]**. Die diploide Reihe hat zwei Chromosomensätze (**Genom [▶ Genom]**: AA) und umfasst Einkorn, die tetraploide Reihe mit ihren vier Chromosomensätzen (AABB) besteht aus Emmer und den davon abgeleiteten Formen, wie etwa Hart- und Rauweizen. Die hexaploide Reihe mit sechs Chromosomensätzen enthält den weltweit verbreiteten Weichweizen und den regional in

Chromosomensatz: Körperzellen (2n) enthalten zwei gleiche Chromosomensätze, einen von der Mutter und einen vom Vater. Dann sind alle Chromosomen doppelt vorhanden (= diploid, $2n = 2x$, z. B. bei Einkorn $2n = 2x = 14$ Chromosomen). Manche Pflanzen haben jeden Chromosomensatz mehrfach (polyploid), z. B. vierfach (tetraploid, $2n = 4x$) oder sechsfach (hexaploid, $2n = 6x$).

Chromosomen sind Makromoleküle aus DNS, deren Struktur wie eine schraubig angeordnete Strickleiter (Doppelhelix) aussieht. Sie befinden sich im Zellkern.

Genom: Gesamtheit aller vererbbaren Informationen einer Zelle. Sie sind in der Desoxyribonukleinsäure (DNS, engl. DNA) niedergelegt und in bestimmten Abschnitten (Genen) organisiert. Die DNS liegt in einer speziellen Struktur vor, den Chromosomen.

◘ **Tab. 2.1** Die wichtigsten Wild- und Kulturformen der Gattung Weizen und ihre Genomzusammensetzung; *fett* gekennzeichnet sind die bespelzten Formen. (Nach Van Slageren 1994)

Arten und Unterarten (ssp.)	Genom	Gebräuchliche Namen
Diploide Reihe (2x):	AA	
Triticum monococcum		
ssp. *aegilopoides* (= ssp. *boeoticum*)		Wildeinkorn
ssp. *monococcum*		**Kultureinkorn**
Triticum urartu		**Wildeinkorn**
Tetraploide Reihe (4x):	AABB	
Triticum turgidum		
ssp. *dicoccoides*		Wildemmer
ssp. *dicoccum*		Kulturemmer
ssp. *durum*		Hartweizen
ssp. *turanicum*		Khorasanweizen
ssp. *turgidum*		Rauweizen
Hexaploide Reihe (6x):	AABBDD	
Triticum aestivum		
ssp. *aestivum*		Weichweizen
ssp. *compactum*		Zwerg-/Binkelweizen
ssp. *sphaerococcum*		Kugel-/Rundweizen
ssp. *spelta*		Dinkel
ssp. *macha*		Georgischer Dinkel
ssp. *vavilovii*		Vavilov-Weizen

Deutschland noch angebauten Dinkel (AABBDD, ◘ Abb. 2.1a). In den ersten beiden Reihen gibt es Wild- und Kulturformen, in der hexaploiden Reihe dagegen nur Kulturformen. Generell kann das Korn bei Weizen fest von Spelzen umgeben sein, die sich auch bei der Ernte nicht ablösen (bespelzt, Spelzweizen), oder freidreschend (nackt, Nacktweizen), dann werden nur die Körner geerntet (◘ Abb. 2.1b).

In großem Umfang werden heute nur Weichweizen und Hartweizen angebaut (◘ Abb. 2.1c, d). Weichweizen macht rund 90 % der weltweiten Ernte aus und wird für Backzwecke, aber auch als Futter-, Braugetreide und Rohstoff für die Stärkeindustrie verwendet. Hartweizen oder Durum stammt aus dem Mittelmeerraum und ist der bevorzugte Weizen für Nudeln (Pasta). Italienische Pasta besteht ausschließlich aus Hartweizengrieß. Regionale Anbaubedeutung hat noch der Dinkel in Belgien, Deutschland und der Schweiz, ein hexaploider Spelzweizen.

◘ Abb. 2.1 Evolution der Weizenformen (*im Uhrzeigersinn*): **a** Je zwei Ähren der wichtigsten Weizenformen (von *links* nach *rechts*): Einkorn, Emmer, Hartweizen, Dinkel, Weichweizen. **b** Hartweizen im Bestand kurz vor der Reife. **c** Feld von Weichweizen in der Milchreife, **d** Dinkel ist Spelzweizen, die Spelzen (Vesen) schließen das Korn auch nach dem Mähdrusch fest ein, auf dem Bild sind noch die Spindelglieder zu sehen (*links*), die Körner werden erst in einem speziellen Gerbgang in der Mühle freigesetzt (*rechts*).

Neben Einkorn, Emmer, Dinkel und Weichweizen wurden noch mehrere tetra- und hexaploide Weizenformen in den letzten zehntausend Jahren aus den ursprünglichen Formen entwickelt und irgendwann auch einmal angebaut. So waren Rauweizen (*T. turgidum*) und Zwergweizen (Binkel, *T. compactum*) in den kühleren Gebieten Mitteleuropas verbreitet, Orientalischer oder Khorasan-Weizen (*T. turanicum*) und so genannter Polnischer Weizen (Gammer, *T. polonicum*) wurden noch in historischer Zeit im Mittelmeergebiet kultiviert, Persischer Weizen (*T. carthlicum*) war im östlichen Mittelmeergebiet bis zur Südgrenze Russlands verbreitet, Timopheevi-Weizen (*T. timopheevii*), Macha-Weizen (*T. macha*) und Vavilov-Weizen (*T. vavilovii*) in den Kaukasusrepubliken, *T. aethiopicum* als Variante des Hartweizens in Äthiopien und Kugelweizen (*T. sphaerococcum*) im nördlichen Indien. Alle diese Arten spielen heute ökonomisch keine Rolle mehr, sie haben oft nur als kleine Proben in staatlichen Samensammlungen (Genbanken) überlebt.

Kreuzungen zwischen verschiedenen Pflanzenarten …

… sind in der Natur eigentlich nicht vorgesehen. Der Botaniker definiert als eigene Art ja gerade Pflanzen, die sich nicht mit anderen Arten kreuzen. Aber manchmal passiert es dann doch. Kreuzungen von Arten mit unterschiedlichen Chromosomensätzen führen aber nur dann zu fruchtbaren Nachkommen, wenn es nach der Befruchtung zu einer spontanen Chromosomenverdopplung kommt. Alle Weizenarten haben pro Chromosomensatz (A, B oder D) sieben Chromosomen. Eine Kreuzung von AA mit BB ergibt zunächst AB (◘ Abb. 2.2). Dieser Nachkomme ist aber unfruchtbar, weil die sieben Chromosomen des A-Genoms sich bei der Reifeteilung (Meiose) der F_1-Kreuzung nicht mit den sieben Chromosomen des B-Genoms paaren können. Dazu sind sie einfach zu verschieden. Es bilden sich keine Geschlechtszellen, die Pflanze bleibt steril und stirbt ohne Nachkommen. Erst bei einer spontanen Chromosomenverdopplung, etwa durch die Bildung unreduzierter, also diploider, **Gameten [▶ Gameten]** (Eizellen/Pollen), entsteht eine Pflanze mit der Genomzusammensetzung AABB. Diese kann sich nun selbst befruchten und in den Nachfolgegenerationen eine reguläre Reifeteilung durchmachen, es bilden sich Pollen bzw. Eizellen mit der Genomzusammensetzung AB, die nach der Befruchtung wieder eine tetraploide Pflanzenart (AABB) ergeben. Durch die Kreuzung mit anschließender Chromosomenverdopplung ist eine neue Art entstanden, die sich mit den beiden Elternarten unter natürlichen Bedingungen nicht mehr vermischen kann.

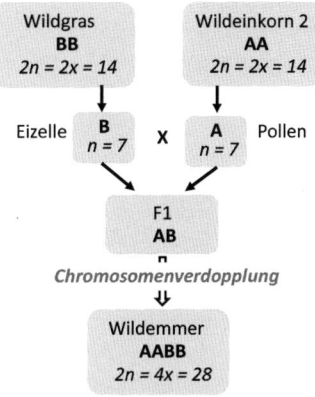

◘ **Abb. 2.2** Schema einer Artkreuzung mit Vervielfachung des Chromosomensatzes (=Polyploidie); *Buchstaben* geben die Genome, *Zahlen* die Anzahl der Chromosomen an; *x* Anzahl Chromosomensätze, *2n* diploid, *n* haploid

Genbank

Einrichtung zur Sammlung von Nutzpflanzen bzw. allgemein von gefährdeten Arten mit dem Ziel, deren genetische Vielfalt für künftige Zwecke zu bewahren. Die Pflanzen werden meist als Samen unter günstigen Bedingungen (kühl, trocken, vakuumiert) aufbewahrt und in regelmäßigen Zeitabständen vermehrt. Genbanken dienen damit der gezielten Nutzung der Artenvielfalt (Biodiversität).

Die deutsche Genbank ist eine Abteilung des Leibniz-Instituts für Pflanzengenetik und Kulturpflanzenforschung (IPK) in Gatersleben. Dort sind mehr als 150.000 Saat- und Pflanzgutmuster von über 3000 Nutzpflanzenarten und nahezu 800 Pflanzengattungen in Kühlhäusern sowie durch Nachbau erhalten und werden wissenschaftlich evaluiert, charakterisiert und dokumentiert (▶ http://www.ipk-gatersleben.de/abt-genbank/).

Gameten (= Geschlechtszellen): Zusammenfassender Begriff von Eizellen und Pollen; sie besitzen immer nur den einfachen Chromosomensatz (haploid, n).

2.2 Wilde Vorfahren und die Entstehung der Weizenformen

Die Aufklärung der **Entstehung der Weizenformen** dauert seit nun 100 Jahren an und ist zugleich eine große Erfolgsgeschichte der Wissenschaft. Heute arbeiten Archäobotaniker, Vegetationskundler, Taxono-

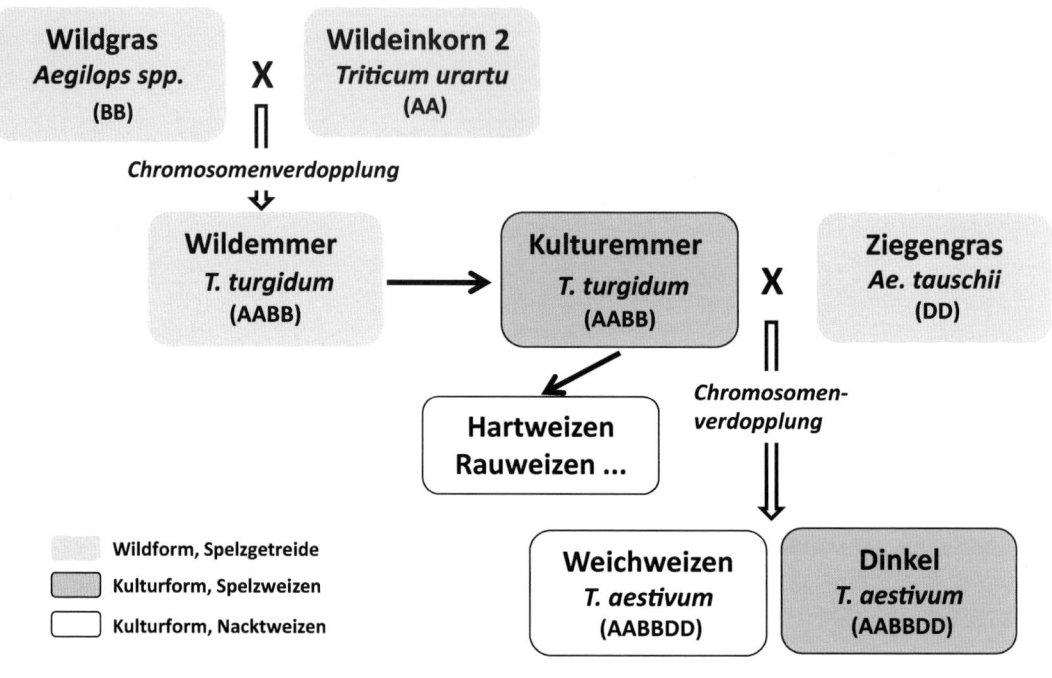

Abb. 2.3 Abstammung und Verwandtschaft der wichtigsten Weizenformen

men und Molekulargenetiker eng zusammen, um die letzten Geheimnisse zu klären. Aber immer noch gibt es offene Fragen und kontrovers diskutierte Meinungen. Schon früh vermutete man, dass zwischen den Weizenformen (◘ Abb. 2.1a) enge verwandtschaftliche Beziehungen bestehen müssen. Ausgehend von den diploiden Weizenformen ($2n = 2x = 14$) verdoppelt sich die **Chromosomenzahl [► Chromosomenzahl]** bei den tetraploiden Weizenformen ($2n = 4x = 28$) und erhöht sich noch einmal um diesen Betrag bei den hexaploiden Weizenformen ($2n = 6x = 42$). Diese so genannte Vervielfachung des **Chromosomensatzes [► Chromosomensatz]** (= Polyploidie) entstand durch Kreuzung verschiedener Weizenarten und das erregte schon früh das Interesse der Wissenschaftler.

Evolutionär am ältesten ist die **diploide Reihe mit den Wildeinkornformen** von *T. monococcum* und *T. urartu*, diese trennten sich vor weniger als einer Million Jahren von einer gemeinsamen Stammform und besaßen leichte Abwandlungen des A-Genoms (A^m bzw. A^u, hier A genannt). Aus ersterem entstand sehr viel später, als die Menschen anfingen, Ackerbau zu betreiben, das Kultureinkorn.

Das Wildeinkorn *T. urartu* (Genom AA) wurde zu einem direkten Vorfahren unseres Weichweizens (◘ Abb. 2.3). Es kreuzte sich vor rund einer halben Million Jahren natürlicherweise mit einem noch nicht identifizierten Wildgras der Gattung *Aegilops* (BB), das möglicherweise ausgestorben ist. Es entstand dadurch der **Wildemmer (AABB)** und damit eine tetraploide Art. Eine solche Kreuzung zwi-

Chromosomenzahl: Jeder Organismus hat eine festgelegte Chromosomenzahl, z. B. hat Einkorn sieben unterschiedliche Chromosomen.

Chromosomensatz: Gesamtheit der Chromosomen einer Zelle, einschließlich der gleichen (homologen) Chromosomen. In den Körperzellen finden sich jeweils zwei homologe Chromosomen (2n), Keimzellen haben immer nur den halben Chromosomensatz (n).

schen Arten ist nur möglich, wenn es zu einer spontanen Chromosomenvedopplung kommt (▶ Exkurs). Bei dieser Kreuzung war *Aegilops* die Mutter und *T. urartu* der Vater, so dass sich heute alle davon abgeleiteten Weizenformen, auch der weltweit verbreitete Weichweizen, in dem fremden *Aegilops*-**Cytoplasma [▶ Cytoplasma]** befinden. Vor rund 9000 Jahren, kurz nach dem Beginn der Landwirtschaft, kam es zu einer spontanen Kreuzung des Kulturemmers (Genom AABB) mit einer weiteren Wildart, dem Wildgras *Aegilops tauschii (= Triticum tauschii)*, das als Spender des D-Genoms identifiziert wurde. Wieder kann diese Kreuzung nur fruchtbare Nachkommen ergeben, wenn es zu einer spontanen Chromosomenverdopplung kommt: So entstand **Weizen mit einem hexaploiden Genom** (AABBDD). Diese Kreuzung ist tatsächlich erst mit dem Aufkommen des Ackerbaus entstanden, weil es in der hexaploiden Reihe keine Wildformen gibt. Kreuzungspartner muss also eine tetraploide, bereits kultivierte Art gewesen sein. Früher glaubte man, dass diese folgenreiche Kreuzung erst stattfand, nachdem sich der kultivierte Emmer mit dem Ackerbau vom Fruchtbaren Halbmond nach Osten in Richtung des heutigen, natürlichen Vorkommens von *Ae. tauschii* verbreitet hatte, wahrscheinlich in der Region südlich und westlich des Kaspischen Meeres. Heute zweifelt man allerdings daran, denn die frühesten Funde von hexaploidem Weizen gibt es gerade nicht aus dieser Region, sondern aus der südöstlichen Türkei bereits um 7250 v. Chr., wo auch Einkorn und Emmer entstanden. Außerdem zeigen genetische Untersuchungen von heutigen *Ae. tauschii*-Vorkommen, dass die Wildformen aus der Türkei und Syrien näher mit unserem heutigen Weizen verwandt sind als diejenigen aus der Region des Kaspischen Meeres. Wahrscheinlich reichte das ehemalige Verbreitungsgebiet der Wildart viel weiter nach Westen als heute die wenigen Vorkommen dort vermuten lassen. Und so entstand wohl auch der hexaploide Weichweizen in der südöstlichen Türkei.

Das zusätzliche D-Genom des Wildgrases hatte wesentliche Konsequenzen für den Weizen. Es brachte ihm seine überragende Backfähigkeit und seine große Anpassungsfähigkeit für das Wachstum in unterschiedlichen Klimazonen. Während die domestizierten tetraploiden Weizenformen sich eher in mediterranem Klima zu Hause fühlen (milde Winter, warme, regenarme Sommer), führte die Aufnahme des D-Genoms zu einer Anpassung an mehr kontinentale Klimagebiete mit kühleren Temperaturen und feuchten Sommern. Dies erleichterte die Verbreitung des Weizens in die heutigen Anbaugebiete des kontinentalen Asiens sowie Ost- und Mitteleuropas.

Einkorn (*T. monococcum*) ist das zierlichste, aber auch widerstandsfähigste Getreide (◘ Abb. 2.5a). Seine Wildform kann sich an vielerlei Verhältnisse anpassen und kommt von glutheißen, sommertrockenen Hängen im nördlichen Euphratbecken bis zur Hochebene von Anatolien, wo die Winter bitterkalt und die Sommer sehr feucht sind, vor. Die Wildformen wandern noch heute gerne in kultivierte Felder ein und machen sich als Unkraut breit. Kein Wunder, dass die ersten Anbauver-

Cytoplasma: Zellinhalt, besteht aus einem flüssigen Medium, festeren Bestandteilen und den Organellen (u. a. Mitochondrien, Chloroplasten), die eigene DNS besitzen.

Allele: Genvarianten, die sich an der gleichen Stelle im **Chromosom** befinden, sich aber leicht unterscheiden und deshalb zu einer veränderten Ausprägung (z. B. Blütenfarbe rot/weiß) führen können. Eine Pflanze mit zwei **Chromosomensätzen** hat für jedes Gen zwei Allele.

Exkurs

Die Entstehung des „nackten" tetraploiden Weizens

Nacktweizen entlässt, im Gegensatz zum Spelzweizen, beim Drusch unmittelbar seine Körner, die Spelzen sind weich und nachgiebig. Dazu sind bei den tetraploiden Formen Veränderungen (Mutationen) bei zwei Genen entscheidend, dem *Tg* (*tenacious glume*)- und dem *Q*-Gen. Das *Tg*-Gen kontrolliert die Spelzenhärte, während das *Q*-Gen die Spelzenform und -härte, aber auch die Ährenlänge, Pflanzenlänge und den Zeitpunkt des Ährenschiebens beeinflusst. Beide Gene kommen in zwei verschiedenen Varianten (**Allele [▶ Allele]**) vor: *Tg* = harte Spelzen, *tg* = weiche Spelzen; *Q* = Nacktweizen, *q* = Spelzweizen. Die beiden Gene beeinflussen sich in ihrer Wirkung gegenseitig, das *Tg*-Allel hebt die Wirkung des *Q*-Allels auf. Die Spelzform kann deshalb den Genotyp *qqTgTg* oder *QQTgTg* haben, die freidreschende Form muss den Genotyp *QQtgtg* besitzen. Es genügte eine einzige Mutation im *Tg*-Gen (*QQTgTg* → *QQtgtg*), um bei den tetraploiden Weizenarten Nacktformen zu entwickeln. Dies erklärt, warum es so viele freidreschende tetraploide Weizenformen gibt.

suche dieses ökologischen Anpassungskünstlers besonders lohnten und durch Domestikation (▶ Kap. 1) zum Kultureinkorn führten.

Der wilde Emmer (*T. turgidum* ssp. *dicoccoides*) ist nicht so weit verbreitet wie das Wildeinkorn. Am häufigsten findet man ihn heute im oberen Jordantal, wo er zusammen mit Wildgerste und Wildhafer dichte Bestände bildet. Aber auch auf Standorten in einem weiten Bogen von der südlichen Türkei bis hinunter in den südlichen Iran gedeiht heute noch wilder Emmer in steppenartiger Vegetation.

In der nördlichen Levante, der heute der früheste Ackerbau zugeordnet wird, findet sich in den ältesten Schichten der Siedlungen erster Ackerbauern, etwa in Tell Qaramel, nur Einkorn, Gerste und Roggen. Dazu passt, dass heutige Wildeinkornlinien aus den Karacadağ-Bergen in der südöstlichen Türkei am nächsten mit kultiviertem Einkorn verwandt sind. Auch Emmer erscheint erstmals in der heutigen Türkei, etwa in der Fundstelle von Çayönü (8300–7600 *cal* v. Chr.). Rund 1500 Jahre später war er das wichtigste Getreide in dieser Region, während Einkorn selten wurde. Ab dieser Zeit bestehen rund 90 % der Weizenfunde in Südwestasien aus Emmer. Genetische Untersuchungen legen nahe, dass sowohl Einkorn als auch Emmer erstmals in einem eng begrenzten Gebiet der südöstlichen Türkei bzw. des nördlichen Syriens (Karacadağ-Region) kultiviert wurden. Zumindest kam die Domestikation dort zu einem Ende, denn die heute noch dort vorkommenden Arten Wildeinkorn und Wildemmer sind den modernen Weizenformen genetisch am nächsten. In dieser Region befindet sich auch der Göbekli Tepe, eine frühe jungsteinzeitliche Fundstelle, die die heute ältesten bekannten Tempelanlagen aus dem 10. Jahrtausend v. Chr. beherbergt.

Einkorn und Emmer, aber auch Dinkel sind selbst in ihren kultivierten Formen Spelzweizen. Die Körner sind in den harten Spelzen geschützt, die sich auch bei der Reife nicht öffnen, nicht einmal während des Druschvorganges (■ Abb. 2.1d). Wenn die Ähre zerbricht, bleiben die Spindelglieder mit den Ährchen übrig. Ein einzelnes Spindelglied wird auch als Vese bezeichnet. Darin findet sich beim Einkorn typischerweise ein einzelnes Korn, das aus einer Blüte hervorgegangen ist, daher der Name. Beim Emmer, der in seiner lateinischen Bezeichnung *dicoccum*, also „Zweikorn" heißt, sind in der Regel zwei Ährchen und Körner je Spindelglied vorhanden. Die Vesen der Spelzgetreide werden auch in dieser Form gesät und keimen bei günstigen Bedingungen durch die Spelzen hindurch aus. Üblicherweise reduzieren sich während der Domestikation die Schutzvorrichtungen des Samens (s. ▶ Kap. 1). Es ist also erklärungsbedürftig, warum dies ausgerechnet beim Einkorn und Emmer nicht geschah. Die harten Spelzen gelten als Schutz gegen Vorratsschädlinge, und Archäologen gehen deshalb davon aus, dass unter den primitiven Lagerbedingungen der frühen Landwirtschaft Spelzgetreide einfacher und länger zu konservieren war. Solche Vorteile überwogen wohl den Nachteil der mühsamen Aufbereitung der Ernte. Die Verarbeitung von Spelzgetreide ist nämlich sehr viel aufwändiger als beim Nacktweizen: Die harten Spelzen müssen vor dem Verzehr bzw. dem Mahlen mechanisch entfernt werden, früher durch Stampfen in großen Mörsern, später dann durch den Gerbgang in der Mühle, der die Ährchen anquetscht und die Körner herauspresst. Interessanterweise werden sowohl die Spindelbrüchigkeit als auch die freidreschenden Körner nur durch drei dominant wirkende Gene vererbt. Diese Eigenschaften sind also einfach zu erkennen und somit konnten schon die ersten Bauern darauf selektieren.

Während des 5. Jahrtausends v. Chr. verbreitete sich der Anbau von kultiviertem Emmer aus der Kernregion ostwärts über die Mesopotamische Ebene bis nach Indien und westwärts über Anatolien nach Europa auf den bereits geschilderten Routen (▶ Kap. 1). Während dieser weiten geografischen Verbreitung der Kulturform entwickelte sich eine ganze Reihe freidreschender („nackter") tetraploider Formen (▶ Exkurs), wie etwa der heute noch angebaute Hartweizen oder der historisch wichtige Rauweizen.

Auch beim hexaploiden Weizen gibt es **bespelzte und nackte Formen**, die wichtigsten sind Dinkel und Weichweizen (■ Abb. 1.4b). Die Nacktweizenformen fanden historisch in Europa sehr viel später ihre Verbreitung in der Landwirtschaft als die Spelzweizen. In Mitteleuropa wurden sie erst in den Pfahldörfern des Bodenseeraums in der Bronzezeit verbreitet angebaut, wobei aus den Resten nicht erschlossen werden kann, um welche Nacktweizenformen es sich dabei gehandelt hat.

Allerdings liegt in der **Entstehung des hexaploiden Weizens** noch ein ungelöstes Problem (■ Abb. 2.4). Es gibt zwei grundlegend verschiedene hexaploide Weizenformen, den Spelzweizen Dinkel und den freidreschenden Weichweizen. Der nackte Weichweizen entwickelte sich nicht einfach aus dem bespelzten Dinkel, wie das bei den tetraploiden Formen der Fall war. Der Dinkel hat nämlich noch mehrere weitere Gene neben den genannten Hauptgenen *Tg* und *Q*, die für seine Spelzweizennatur sorgen, eine einzige Mutation führt hier nicht

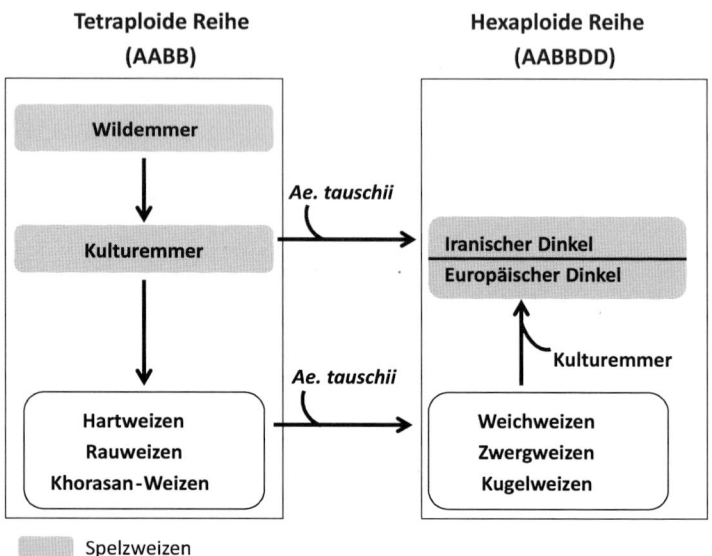

Tetraploide Reihe
(AABB)

Hexaploide Reihe
(AABBDD)

Wildemmer

Kulturemmer

Hartweizen
Rauweizen
Khorasan-Weizen

Ae. tauschii

Ae. tauschii

Iranischer Dinkel
Europäischer Dinkel

Kulturemmer

Weichweizen
Zwergweizen
Kugelweizen

Spelzweizen

□ **Abb. 2.4** Hypothesen zur Entstehung des hexaploiden Weizens; die bespelzten Formen sind *grau* gekennzeichnet. (Verändert nach Matsuoka 2011)

zu einer freidreschenden Form. Die einfachste Erklärung wäre, dass die Kreuzung zwischen einem tetraploiden Weizen (AABB) mit *Ae. tauschii* (DD) in der Natur zweimal passierte: Einmal mit dem bespelzten Kulturemmer als Kreuzungspartner, dies würde dann zu Dinkel führen, und einmal mit einem unbespelzten tetraploiden Weizen (▶ Exkurs), dies würde Weichweizen und andere nacktdreschende Formen ergeben.

Allerdings hat Dinkel zwei Untergruppen, iranischen und europäischen Dinkel. Genetisch sind die beiden so wenig miteinander verwandt, dass eine unterschiedliche Entstehung wahrscheinlich ist. Andererseits ist der europäische Dinkel sehr eng mit dem europäischen Emmer verwandt. Beide Befunde führten zu einer alternativen Erklärung zur Entstehung des Dinkels. Der iranische Dinkel könnte tatsächlich durch Kreuzung von Kulturemmer und *Ae. tauschii* entstanden sein, der europäische Dinkel aber, der seit dem Ende der Jungsteinzeit in Mitteleuropa auftritt, könnte erst zu einem späteren Zeitpunkt durch eine (Rück-)Kreuzung von Weichweizen mit (europäischem) Kulturemmer entstanden sein, als die Landwirtschaft in Mitteleuropa bereits gängige Praxis war. Archäobotanisch würde das mit der Fundsituation übereinstimmen. Es gibt keine eindeutigen Nachweise des Dinkels in den frühen Fundstellen Südwestasiens. Dafür gibt es schon sehr frühe Funde hexaploider Nacktweizenformen im Fruchtbaren Halbmond. Man beobachtet ein praktisch zeitgleiches Auftreten von tetraploiden und hexaploiden Nacktweizenformen um 8000 BC *cal* v. Chr.

Tab. 2.2 Erstes Erscheinen von kultiviertem Emmer in Europa. (Nach Zaharieva et al. 2010)	
Zeitraum (v. Chr)	**Land**
Um 6000	Zypern, Griechenland, Bulgarien
5500–5000	Sizilien, Süditalien
5000–4500	Norditalien, Frankreich, Spanien
4500–4000	Ungarn, Tschechien, Polen, Deutschland, Schweiz, Österreich, Belgien, Niederlande
3000–2500	Irland, England, Schottland
2400–2000	Dänemark, Norwegen, Portugal
1500–1400	Schweden, Finnland

2.3 Anbau und Verbreitung der „alten" Weizenformen

Einkorn scheint im Fruchtbaren Halbmond eher als Unkraut in den Feldern verbreitet gewesen zu sein, so wie man das heute noch in der Türkei beobachten kann. Dies änderte sich erst mit der Ausbreitung des Ackerbaus nach Europa und Zentralasien in unwirtlichere Gefilde, wo das zähere Einkorn Vorteile hat. Aber wo immer es ging, wurde damals schon der ertragreichere Emmer bevorzugt. Er war auch der „Weizen" des Zweistromlandes, Griechenlands und des pharaonischen Ägyptens, wo er auf fettem Nilschlamm regelmäßig Höchsterträge brachte. Hier wurde er bis um die Zeitenwende als einziges Getreide angebaut. Nach der Invasion Ägyptens durch Julius Cäsar erfolgten in großem Umfang Exporte von Emmer nach Rom. Der noch anspruchsvollere und ertragreichere Weichweizen setzte sich im Römerreich nur auf den besten Böden durch. Die ersten Funde von Kulturemmer in der jeweiligen europäischen Region zeigen sehr schön die Ausbreitung der Landwirtschaft nach Europa (◻ Tab. 2.2).

Die **Bandkeramiker** (▶ Abschn. 1.5) bauten Einkorn und Emmer (◻ Abb. 2.5a, b), wahrscheinlich in gemischter Form, auf dem Feld an, beides als Sommerkulturen, wie die mit den Körnern zusammen gefundenen Samen von Ackerunkräutern verraten. Sie besaßen Sicheln mit Feuersteinklingen. Da niederwüchsige **Unkräuter [▶ Unkräuter/Ungräser]** im Fundgut fast völlig fehlen, geht man von der Getreideernte im oberen Halmbereich aus. Das Stroh wurde in einem zweiten Arbeitsgang geborgen und war wichtiger Rohstoff. Die langfristige Lagerung der Spelzgetreide erfolgte in wasserdicht abgedeckten Erdgruben. Durch den Stoffwechsel der Körner wird Sauerstoff verbraucht und es reichert sich Kohlendioxid an, was das Wachstum von Pilzen oder Bakterien sowie das Eindringen von Schädlingen verhindert. In Mitteleuropa lassen sich in solchen Gruben Getreidevorräte in den Spelzen sicher und ohne Qualitätsverlust bis zu zehn Jahre

Unkräuter/Ungräser: Wildpflanzen, die auf Ackerflächen neben Kulturpflanzen vorkommen und ihnen Nährstoffe, Wasser und Licht streitig machen; im Umgangssprachlichen wird nicht zwischen „-kraut" und „-gras" unterschieden.

❏ **Abb. 2.5** Alte Weizenformen auf dem Feld (*im Uhrzeigersinn*). **a** Einkorn, **b** Emmer, **c** Dinkel, **d** Einkorn, Weichweizen, Dinkel im Vergleich (*von links nach rechts*). Man beachte den Längenunterschied der Pflanzen. **e** Brot- und Brötchenvielfalt (Quelle für **e**: E: Wikimedia Commons, Various grains.jpg. Peggy Greb, USDA-ARS)

aufbewahren. Zum Verzehr wurden Emmer und Einkorn zur Entspelzung im Holzmörser gestampft. Dies führt nur zu einem niedrigen Kornbruch von rund 5 %, wie Experimente zeigten. Innerhalb von 40 min konnten 1 kg entspelzte und unbeschädigte Körner gewonnen werden. Anschließend wurde das Korn von der Spreu und den Unkrautresten durch Sieben und Worfeln getrennt. Beim Worfeln wird das Erntegut gegen den Wind geworfen, um die schweren Körner von der leichteren Spreu und den meisten Unkrautsamen abzutrennen. Entspeltes Getreide lagerten die Bauern bis zur Nahrungsbereitung in Tongefäßen, Körben oder auch hölzernen Behältern in den Häusern. Mit den gefundenen einfachen Mühlen kann relativ feines und auch weißes Mehl gemahlen werden, wenn es anschließend gesiebt wird. Es kommt in der Qualität heutigen Mehltypen nahe.

Zu Beginn der Landwirtschaft in Mitteleuropa änderten sich die angebauten Getreidearten über mindestens ein Jahrtausend hinweg nicht (❏ Tab. 2.3). Es blieben an erster Stelle Emmer, dann Einkorn.

⬛ Tab. 2.3 Verbreitung der Getreidearten über die Jahrtausende in Mitteleuropa. (Nach Rösch und Heumüller 2008; Körber-Grohne 1987)

Zeitalter	Zeit (ab ca. ...)	Einkorn	Emmer	Nacktweizen	Dinkel	Roggen	Hafer	Gerste
Bandkeramiker	5700	XX	XXX	–	(X)	(X)	(X)	X(X)
„Pfahlbauten"	4400	X	XX	XXX	?	–	?	?
Bronzezeit	2200	X	XX	(X)	XX	X	X	XX
Vorröm. Eisenzeit	800	X	XX	X	XXX	XX	XX	XX
Römerzeit	0	(X)	X	XX_R	XX	X	X	?
Mittelalter	700	–	(X)	X_R	XX_R	XXX	XXX	X
Neuzeit	15./16. Jh.	–	–	X	XX_R	XXX	X	(X)
Heute	1960	–	–	XXX	$(X)_R$	XX_R	X	XX

Verbreitung: (X) selten, X gering, XX häufig, XXX sehr häufig, X_R regional, – nicht verbreitet, ? Verbreitung unbekannt

Erst in den Seeufer- und Moorsiedlungen im nördlichen Alpenvorland („Pfahlbauten") fand sich im Jungneolithikum (4400–3400 v. Chr) ein freidreschender Weizen in größerer Häufigkeit, teilweise sogar als Reinanbau. Dabei lässt sich anhand der Körnerfunde nicht sagen, ob es sich um einen tetraploiden oder hexaploiden Weizen handelte, ob es also Hart- oder Rauweizen oder schon Weichweizen war. Doch das war eine Sonderentwicklung. Im übrigen Europa blieb Emmer bis nach Dänemark die vorherrschende Getreideart. Nur ganz im Norden, in Südschweden, und einigen mitteleuropäischen Regionen wurde aufgrund seiner Robustheit Einkorn häufiger angebaut als Emmer und Nacktgerste. Im Endneolithikum (3400–2200 v. Chr.) wurden in Mitteleuropa Rad und Wagen erfunden, erstmals spannte man Rinder vor einen Hakenpflug, die Getreidearten blieben aber die gleichen. „Ötzi", der als Gletschermumie endete, führte Einkorn als Vorrat mit sich als er sich daran machte, den Alpenhauptkamm zu überqueren.

Erst in der **Bronzezeit** (2200–800 v. Chr) gab es wichtige Veränderungen beim Ackerbau, die auch Änderungen in den Getreidearten bedingten: ortsfeste Feldfluren, Pflügen, Beweidung der Brachflächen und Mistdüngung. Die Bedeutung von Einkorn und Emmer ging überall zurück, wobei Emmer noch etwas wichtiger blieb; freidreschender Weizen findet sich praktisch seitdem nicht mehr. Dafür kamen anspruchslose, unempfindliche Getreidearten wie Spelzgerste, Dinkel und Hirse hinzu. Die Hirse stammt ursprünglich aus Zentralasien, der Dinkel kam ebenfalls aus dem Osten. Diese Änderung des Artenspektrums ist wahrscheinlich eine Reaktion auf verschlechterte Umwelt- und Bodenbedingungen durch jahrtausendelangen Ackerbau ohne ausreichenden Nährstoffersatz. Hinzu kam, dass der Ackerbau sich jetzt auch auf weniger fruchtbare Regionen ausdehnte. Der Anteil von Emmer und Einkorn bleibt dann bis zur vorrömischen Eisenzeit (800 v. Chr. bis Christi Geburt) in etwa gleich. Die Kelten bauten noch anspruchslosere Arten, vor allem Rispen- und Kolbenhirse sowie Roggen, an. Die Spelzweizen blieben in Europa bis zum Ende der Bronzezeit dominierend, während im Mittelmeerraum schon viel früher ein Wechsel auf die freidreschenden tetraploiden Weizen, vor allem Hartweizen, vorgenommen wurde.

Bei den **Römern** im Mittelmeergebiet waren Emmer und Hartweizen die wichtigsten Getreide. Die Römer waren ursprünglich Breiesser. Das Getreide wurde geschrotet und gemahlen, zu einem dicken Brei gekocht, der entweder pur oder gewürzt, deftig oder süß gegessen wurde. Dieser Breikult lebt unter anderem in der heutigen Polenta der Italiener fort (von *puls*, lat. Brei), die heute meist aus Maisgrieß besteht, der damals freilich unbekannt war. Erst durch den Einfluss Griechenlands kam die Mode des Brotbackens zu den Römern. In den deutschen Provinzen des römischen Reichs wurde vermehrt Dinkel angebaut, Einkorn spielte kaum noch, Emmer nur eine geringe Rolle. Die großen Landgüter, die für den Markt produzierten, bevorzugten den leistungsfähigeren, hexaploiden Dinkel, in wärmeren Gebieten auch den Weichweizen.

Vom frühen Mittelalter an wird Einkorn in den Bodenfunden aus ganz Deutschland nicht mehr nachgewiesen, Emmer kam nur noch mit weniger als 1 % des Getreides vor, ab 1200 fehlt er ganz. Roggen war jetzt überall in Mitteleuropa die Hauptgetreideart (▶ Kap. 3), nur im klimatisch begünstigten Rheintal baute man Weichweizen an, im Südwesten Deutschlands herrschte Dinkel vor. Trotzdem war der Anbau von Einkorn nicht ganz erloschen. In Südwestdeutschland belegen Steuerlisten um 1400, dass er angebaut wurde, in Schwaben und der Rheinpfalz soll er noch um 1838, wenn auch selten, angebaut worden sein. Auch im Bodenseeraum gab es um 1870 noch einige Hektar Einkorn, im Kreis Heilbronn wird noch 1939 von einigen kleinen Feldstücken mit Einkorn berichtet. Dabei ging es aber nicht mehr um die Nutzung als Korn, sondern er wurde wegen seines dünnen, zähen Strohs angebaut, das zum Anbinden der Reben verwendet wurde.

Ähnlich bergab ging es mit der Bedeutung des Emmers (◘ Tab. 2.3). Aus dem Mittelalter gibt es in Schwaben Flurnamen wie Emerland, Emeracker, das Dorf Emerfeld auf der Schwäbischen Alb und den Emerberg bei Zwiefalten, die noch eine gewisse Bedeutung des Emmers bezeugen. Anfang des 20. Jahrhunderts wurde immerhin noch von 5–6 Landsorten berichtet, die sich durch die Ährenfarbe und die Spelzenbehaarung unterschieden. Weil der Emmer von Hause aus frostempfindlich war, wurde er verbreitet als Sommerfrucht angebaut, es gab aber auch Wintersorten. Durch die Intensivierung der Landwirtschaft ab dem 18. Jahrhundert und die sich ändernden Ernährungsgewohnheiten der Menschen – von Brei und Fladenbrot zu hellerem Brot und Feingebäck – wurden Einkorn und Emmer zunehmend vom Weichweizen verdrängt, sie waren nicht mehr zeitgemäß. In einem Handbuch der Landwirtschaft (1856) wird Emmer als „schätzbare **Sommerfrucht**" [▶ **Sommerfrucht**] und als Lückenbüßer genannt. Einkorn wurde dagegen oft als **Winterfrucht** [▶ **Win-**

Sommerfrucht/-getreide: Pflanzen werden im Frühjahr gesät und im selben Jahr geerntet.

Winterfrucht/-getreide: Pflanzen werden im Herbst gesät und kommen erst nach dem Winter, im nächsten Jahr, zur Reife. Voraussetzung ist Winterhärte. Zum Auslösen der Fruchtbildung ist ein Kältereiz (= Vernalisation) nötig.

terfrucht] angebaut oder zur Nachsaat im Frühjahr verwendet, wenn die Aussaat der Wintergetreidearten nicht gelungen war. Denn laut dem Handbuch der Landwirtschaft (1856) „verträgt (es) das späte Säen … liefert ein schönes, gelbliches Mehl und ein schmackhaftes Brot. Es ist sehr genügsam, weil es auf einem scholligen, steinigen und sonst schlechten Boden noch fortkommt, wo Weizen und Dinkel nicht mehr gut gedeihen."

Einkorn wird heute nur noch auf wenigen Hektar in Europa angebaut, vor allem in Österreich mit knappen 1000 ha, in einzelnen Regionen Italiens und Frankreichs sowie in Deutschland. Emmer spielt weltweit betrachtet noch eine größere Rolle, in Äthiopien werden 7 % der Weizenfläche für Emmer genutzt, in Indien werden jährlich ca. 250.000 t Emmer produziert. In Mitteleuropa ist Emmer allerdings sehr rar, es gibt vor allem in Italien noch einen nennenswerten Anbau von rund 2000 ha. Der meiste Einkorn- und Emmeranbau findet unter Ökologischen Bedingungen und in landwirtschaftlichen Grenzlagen statt

2.4 Der Hartweizen und die Erfindung der Nudel

Hartweizen (*T. turgidum* ssp. *durum*), nach seinem lateinischen Namen auch als Durumweizen bezeichnet, entwickelte sich, ähnlich wie der Rauweizen, im Laufe der Entstehung des Ackerbaus aus dem Kulturemmer (◘ Abb. 2.1a). Vor etwa 10.000 Jahren fand die Verwandlung des Wildemmers zum Kulturemmer durch die ersten Ackerbauern im Bereich des Fruchtbaren Halbmonds statt. Während dieser Zeit entstand aus dem Kulturemmer auch der Hartweizen, der sich vor allem durch seine freie Dreschbarkeit (= Nacktweizen, ►Exkurs) vom Emmer unterscheidet. Die ersten gesicherten Funde eines freidreschenden tetraploiden Weizens finden sich schon in Tell Aswad, Syrien (8250–7600 *cal* v. Chr.) und Aşikli Höyük, Türkei (8150–7500 *cal* v. Chr.). Hartweizen verbreitete sich in der Zeit zwischen etwa 5000 und 3500 v. Chr. über die nordafrikanische Küste und die Inseln des Mittelmeers bis nach Italien und Griechenland und wurde während des zweiten Jahrtausends v. Chr. zur wichtigsten Weizenform des Mittelmeerraums. Wann der Hartweizen in Mitteleuropa ankam, ist unklar, da aus den archäologischen Überresten des Nacktweizens nur in seltenen Fällen abgeleitet werden kann, ob es sich um tetraploiden Hartweizen oder hexaploiden Weichweizen handelt. Heute geht man davon aus, dass es sich bei dem Nacktweizen der Ufer- und Moorsiedlungen des nördlichen Alpenvorlandes in der späten Jungsteinzeit um einen Verwandten des Hartweizens handelte. Er machte zeitweise 40–90 % der gefundenen Getreidereste aus.

Die Geschichte des Hartweizens ist eng verbunden mit der **Geschichte der Nudel**, da Hartweizengrieß besonders knackige Nudeln ergibt, die *al dente* gekocht werden können. Chinesische Archäologen, unter Leitung des Geologen Lu, haben in den Überresten einer jungsteinzeitlichen Siedlung am Ufer des Gelben Flusses in der westchinesischen Provinz Quinghai einen Steinguttopf mit gut erhaltenen Teigwaren entdeckt, der rund 4000 Jahre alt ist. Wie die international renommierte Wissenschaftszeitschrift *Nature* berichtete, waren die neolithischen Nudeln mehr als einen halben Meter lang, drei Millimeter dünn und trotz ihres biblischen Alters von gelblicher Farbe. Sie wurden wohl aus einer Mischung aus Hirse und Weizen produziert. Nach einer alten Geschichte soll Marco Polo die Nudel aus China mit nach Europa gebracht haben. Aber auch Griechen und Römer kannten schon in der Antike Teigwaren und machten sie wohl damals schon aus Hartweizen. So existieren Grababbildungen der Etrusker aus dem 4. Jahrhundert v. Chr. die Mehlsack, Nudelbrett, Teigzange, Nudelholz und Teigrädchen zeigen. Die römischen Dichter Cicero und Horaz berichteten von *lagoni*, dünnen aus Wasser und Mehl zubereiteten Teigstreifen. Auch Apicius führte in einem Kochbuch aus dem Jahre 25 v. Chr. mehrere Pastarezepte auf. Der Geograph Al-Idrisi berichtete im 12. Jahrhundert, dass in Sizilien eine fadenförmige Speise aus Mehl in großen Mengen hergestellt werde und nach einem Bericht aus derselben Zeit wurde in Palermo Weizen zu *itria*, einer fadenförmigen Nudel, verarbeitet, die sich dann in ganz Italien ausbreitete. Araber brachten bei ihrer Besetzung Siziliens die Methode der Trocknung mit nach Europa. Nudeln wurden dazu um Holzstäbe gewickelt und an der Sonne getrocknet. Jetzt war es erstmals möglich, Nudeln mit auf Reisen und Kriegszüge zu nehmen. Mitte des 16. Jahrhunderts wurde im Süden Italiens der Hartweizen großflächig angebaut und die ersten Teigwaren maschinell hergestellt. Auch in Deutschland wurden nun die Nudeln in der getrockneten Variante durch den Vertrieb über die großen Handelshäuser bekannt. Jedoch bereiteten die Hausfrauen für ihre Familien die deutschen Eiernudeln selbst zu, bis später Bäcker die aufwändige Herstellung übernahmen. Die industrielle Produktion begann Mitte des 19. Jahrhunderts. Die Süddeutschen sind stolz auf ihre Spätzletradition, die sie bereits vor mehr als 400 Jahren kochten, damals allerdings mehrheitlich aus Dinkelmehl, das ebenfalls schmackhafte, kernige Nudeln ergibt.

2.5   Das „alemannische" Getreide – Dinkel oder Spelt

Ein **Zentrum von prähistorischen Funden des Dinkels** (*T. aestivum* ssp. *spelta*), auch Spelz oder Spelt genannt, liegt am Fluss Dnjestr westlich des Schwarzen Meers. Diese Siedlungen gehören zur Bug-Dnjestr-Kultur (4800–4500 v. Chr.) und dort fanden sich massenhaft Spelzenabdrücke von Dinkel in gebranntem Lehm. Offensichtlich wurde das Getreide dort planmäßig angebaut und die Reste in den Lehm gemischt, der zur Herstellung von Tongefäßen und Wandputz benutzt wurde. In sehr geringen Mengen findet sich Dinkel dann in späteren Zeiten in Bulgarien (3700 v. Chr.), zwischen den Flüssen Weichsel und Warthe im heutigen Polen sowie in Südschweden

(2500–1700 v. Chr.) und in Jütland/Dänemark (1900–1600 v. Chr.). Die sehr geringen Fundmengen dieser Regionen – oft sind es nur wenige Körner oder Spelzen – deuten darauf hin, dass Dinkel damals mit der Kultur von Emmer oder Weichweizen mehr oder weniger unabsichtlich verbreitet wurde.

Ein planmäßiger Anbau von Dinkel (◨ Abb. 2.5c) lässt sich in Mitteleuropa in einem breiten Band von den Südalpen bis nach Schweden erst seit der späten Bronzezeit nachweisen (1100–800 v. Chr.). Bei den beiden sehr frühen Fundstellen aus Südwestdeutschland (3400–3200 v. Chr.) ist in der Fachwelt noch umstritten, ob es sich um Dinkel handelt. Im nördlichen Alpenvorland spielte er bei den Seeufersiedlungen der Schweiz und in Buchau am Federsee (Baden-Württemberg) dann eine größere Rolle. In einer Fundstelle in Norddänemark machte er rund 70 % des Getreides aus.

Dinkel erreichte sein größtes Verbreitungsgebiet in der nachfolgenden vorrömischen Eisenzeit (800 v. Chr. bis Christi Geburt) bei den Kelten. Er wurde jetzt nördlich bis nach Südengland, südlich bis nach Österreich und der Schweiz angebaut. Nach Körber-Grohne (1987) bildeten sich damals bereits drei Schwerpunktregionen heraus: Der mittlere Neckarraum, wo Dinkel zwischen 20 und 70 % des Getreides ausmachte, das Niederrheingebiet mit einem deutlich geringeren Anteil (2–15 %) und einige Stellen in Mitteldeutschland, vor allem im Harzvorland. In den ersten beiden Regionen dehnte sich der Anbau mit Beginn der römischen Zeit (Christi Geburt bis ins 3. Jh.) sogar noch aus, Dinkel wurde hier Hauptgetreide und in großen Mengen von den römischen Gutshöfen produziert und vermarktet. Im mittleren Neckarraum war Dinkel vielfach das Hauptgetreide und nach dem Zusammenbruch des römischen Reiches scheinen die Alemannen ab 260 n. Chr. diese Gewohnheit beibehalten zu haben. Das ging soweit, dass man Dinkel zeitweise als „alemannisches Getreide" bezeichnete. Während er im Rest Europas verschwand und wieder eine Vielzahl anderer Getreide angebaut wurde, vor allem Weichweizen, Gerste, Hafer, Roggen und gelegentlich noch Emmer, blieben das spätere Schwaben, Teile der Schweiz und das Mosel-Niederrheingebiet Zentren des Dinkelanbaus. An der Mosel wirkte seit 1148 Hildegard von Bingen als Äbtissin und Naturforscherin, die den Dinkel sehr lobte. Sie bezeichnet (Weich-)Weizen- und Dinkelbrot als „gute Speise", Roggen- und Gerstenbrot als „schwere Speise". Auch im späten Mittelalter bleibt Dinkel ein Getreide Südwestdeutschlands und der Schweiz. Das Hauptanbaugebiet beginnt südlich von Heilbronn und reicht in den Schwarzwald hinein, im Osten bis Aalen und im Süden bis zum Bodenseeraum und darüber hinaus in die Nord- und Zentralschweiz, also dem Siedlungsgebiet alemannischer Stämme und dem späteren Herzogtum Schwaben. Hier machte Dinkel bis zu 40 % der Getreidearten aus, in der Schweiz gebietsweise bis zu 65 %. Der Rest bestand aber auch hier aus Roggen, auf ganz schlechten Böden auch aus Einkorn, Gerste und Hafer. Freidreschender Weizen war überall eine Seltenheit, auch weil Weißbrot im Mittelalter nur den Reichen, dem Adel und der höheren Geistlichkeit vorbehalten war. Der Dinkel hatte im **schwäbisch-alemannischen Sprachraum** immer eine gewisse Bedeutung behalten. Ortsnamen wie Dinkelsbühl, Dinkelhausen, Dinkelscherben und Dinkelrode sowie die Familiennamen Dinkelacker oder Dinkelmann und schließlich das umgangssprachliche Synonym Schwabenkorn für Dinkel weisen auf die einstige Bedeutung dieses Getreides in diesem Sprachraum hin. Zum Hauptgetreide wurde er aber erst wieder an der Wende vom 14. zum 15. Jahrhundert, die Archäobotaniker sprechen sogar von einer „Verdinkelung". Es begann in der Schweiz, griff von dort nach Deutschland über und erreichte um 1400 den mittleren Neckarraum. Ursachen waren das Ende des **hochmittelalterlichen Klimaoptimums [▶ Mittelalterliches Klimaoptimum]**, es kam zu einer „Kleinen Eiszeit" [▶ **Kleine Eiszeit**]. Durch die schweren, langen Winter und die nasskalten Sommer bekam der winterfeste Dinkel die Oberhand. Außerdem hatte man gelernt durch „Mergelung", also das Ausbringen von kalkreichem Gesteinsmehl, saure Böden so zu verbessern, dass statt des säuretoleranten Roggens der anspruchsvollere Dinkel angebaut werden konnte.

Dinkel blieb über die Jahrhunderte beliebt, sein Anbau weitete sich zeitweise noch aus, teilweise war Dinkel auch ein begehrtes Exportgut in die Schweiz. Noch 1881 war Dinkel in Schwaben und im südlichen Baden die wichtigste Getreideart, obwohl damals schon der Rückgang der Anbauflächen eingesetzt hatte. Dreißig Jahre später gab es im gesamten Deutschen Reich immerhin noch knapp 300.000 ha Dinkelanbaufläche. Bis 1926 war die Fläche um gut die Hälfte zurückgegangen, Mitte der 1950er Jahre wurde Dinkel nur noch an vereinzelten Stellen angebaut, etwa auf der Schwäbischen Alb und in Oberschwaben sowie im badischen Bauland und Taubergebiet zur Grünkernproduktion, insgesamt maximal 500 ha. Inzwischen hatte der Siegeszug des Weichweizens und die veränderten Ernährungsgewohnheiten – Weißbrot statt Brei, Brötchen statt Vollkorn – sowohl dem Roggen als auch dem Dinkel den Rang abgelaufen. Diese Entwicklung war in den 1960er Jahren abgeschlossen, als Weichweizen erstmals das meist angebaute Brotgetreide in Deutschland wurde. Der Rückgang bei Dinkel noch vor dem Zweiten Weltkrieg hing auch damit zusammen, dass bei Weichweizen wesentlich mehr Züchtungsaktivitäten und damit verbunden auch Ertragssteigerungen zu verzeichnen waren und die Dinkelähre leicht bricht, was zu höheren Ernteverlusten führt. Mit dem zunehmendem Rückgang des Dinkelanbaus wurden in den Mühlen der Gerbgang abgeschafft, der benötigt wird, um die Spelzen zu entfernen und die nackten Dinkelkörner (Kernen) freizulegen (◻ Abb. 2.1d). Sein Anbau nahm noch weiter ab.

In der Schweiz konzentrierte sich der Dinkelanbau vor allem in den Kantonen Luzern und Aargau sowie im Emmental. Diese stellen Grenzlagen des Ackerbaus dar; hier kommen die **Vorteile des Dinkels** zum Tragen, der sehr tolerant gegen Spätfröste ist und wesentlich weniger Ansprüche an Bodenqualität und Düngung stellt als Weichwei-

Mittelalterliches Klimaoptimum: Zwischen 1000 und 1300 fand eine Erwärmung um 1-2° Grad statt

Kleine Eiszeit: Periode relativ kühlen Klimas von Anfang des 15. bis in das 19. Jahrhundert

Grünkern – eine ganz besondere Dinkelspezialität

Grünkern ist unreif geernteter und speziell getrockneter Dinkel, der seit mindestens 300 Jahren im badischen Bauland zwischen Neckar und Tauber hergestellt wird. Geschichtlich gesehen wurde diese Produktform des Dinkels aus der Not geboren. So konnte Dinkel, der wegen schlechten Wetters nicht mehr zur Reife kam, trotzdem noch als Nahrungsmittel verwendet werden. Ursprüngliche Darren zur Trocknung hatten eine große gelöcherte Eisenplatte, auf der das Erntegut lag. Darunter brannte ein Hartholzfeuer und durch die Hitze und den Rauch wurde der Dinkel langsam zu Grünkern. Dabei musste der Dinkel regelmäßig mit der Schaufel umgewälzt werden, damit er nicht anbrannte, aber auch nicht zu feucht blieb. Heute geschieht dies in modernen Trocknungsanlagen mit Einleitung von Rauch. Aufgrund der speziellen Zubereitung von Grünkern ergibt sich neben dem typisch würzigen Aroma eine kürzere Garzeit sowie ein körniges Bissverhalten.

zen. Überall, wo der Boden nährstoffarm und flachgründig, aber zu schwer für Roggen ist, kann Dinkel seine Vorteile ausspielen. In einem Text aus dem Jahre 1937 von der württembergischen Ackerbauschule in Ochsenhausen heißt es: „Insgesamt ist der Dinkel überhaupt robuster als der Weizen und kann ohne Bedenken alle drei Jahre angebaut werden. Man kann ihn überreif werden lassen, während der Weizen ausfällt. Weizen benötigt eine gründlichere Bodenbearbeitung, eine reichlichere Düngung und Pflege und eine sorgfältigere Ernte als der Dinkel erfordert. Ganz allgemein wird der Dinkel von den Bauern sehr geschätzt …".

Wegen der engen Verbundenheit des alemannischen Sprachraums mit dem Dinkel ergaben sich hier **spezielle Verwendungszwecke**. Dinkel wurde bei den Bauern damals weniger zum Brotbacken verwendet, sondern war als Getreidebrei (Mus) das übliche Frühstück bis ins frühe 20. Jahrhundert hinein. Dazu wurde Dinkelmehl oder -schrot in einem eisernen Topf mit wenig Fett geröstet oder gebrannt, dann mit Wasser und etwas Salz angerührt, aufgekocht, abgeschmelzt und so auf den Tisch gestellt. Was übrig blieb, wurde fest und konnte in Scheiben geschnitten wie Schnitzel in der Pfanne gebraten werden. An besonderen Tagen wurde das Mus statt mit Wasser mit gesüßter Milch zubereitet. Wer noch mehr Aufwand betreiben wollte, röstete den Dinkel vor der Mehlbereitung in einem Holzbackofen, was zu dem eigentlichen Namen des Gerichts führt: „Schwarzes Mus" oder „Brennts Mus". Daneben ist für die schwäbische Hausfrau Dinkelmehl für die Spätzleherstellung unverzichtbar. Ein Anteil von 10–20 % Dinkelmehl macht die Nudeln herzhafter, schmackhafter und vor allem wesentlich bissfester. Das war vor dem Aufkommen des Hartweizens für die Nudelherstellung ein Geheimtipp! Eine weitere Spezialität des Dinkels ist der Grünkern (▶ Exkurs), der als Suppeneinlage, Beilage zu Gemüse und Fleisch oder als Bestandteil von „Grünkernküchle" verwendet wird.

◻ Tab. 2.4 Kornerträge (dt/ha) von Weizenformen in den Jahren 1887 und 2002–2004

Weizenform	1887[a]	Modern (2002–2004)[b]	
		Konventionell	Ökologisch
Winterform			
Einkorn	12–18	32,2	27,8
Emmer	16–22	37,1	36,0
Dinkel	16–32	51,5	41,3
Weichweizen	14–30	72,3[c]	48,0[c]
Sommerform			
Hartweizen	–	34,4	25,4
Einkorn	–	25,7	21,4
Emmer	12–19	31,6	18,1
Weichweizen	10–23	55,9[c]	–

[a] Wollny-Remy (1887) nach Becker-Dillingen; [b] Miedaner und Longin (2012); [c] Bundesdurchschnitt (DESTATIS 2002–2004)

Ökologischer Anbau: Pflanzenanbau ohne Mineraldünger, chemischen Pflanzenschutz, Gentechnik; auf ca. 5 % der Anbaufläche in Deutschland.

Pflanzenzüchtung: Verbesserung von Kulturpflanzen für die Bedürfnisse des Menschen.

Konventioneller Anbau: Herkömmlicher Pflanzenbau unter Berücksichtigung der regionalen Gegebenheiten und wissenschaftlich empfohlener Produktionsverfahren.

Auf der Suche nach Anbaualternativen Mitte der 1970er, Anfang der 1980er Jahre und mit dem wachsenden Bewusstsein ökologischer Landwirtschaft besann man sich wieder auf den Dinkel. Die Reetablierung von Dinkel in Deutschland war langsam, aber stetig. Heute werden in Deutschland über 50.000 ha Dinkel angebaut, fast die Hälfte davon im **ökologischen Anbau [▶ Ökologischer Anbau]**. Die Hauptanbaugebiete sind die Schwäbische Alb, das badische Bauland sowie die Main-Tauber-Gegend. In Österreich, vor allem in Niederösterreich, Burgenland und Oberösterreich, wurde eine ähnliche Entwicklung beobachtet mit derzeit etwa 10.000 ha Anbau, das meiste im ökologischen Anbau. In der Schweiz werden derzeit etwa 4000 ha Dinkel angebaut, verteilt auf die Kantone Bern, Luzern, Aargau, Baselland, Thurgau, Solothurn, Jura und Zürich, dabei etwa 15 % im ökologischen Anbau. In Mittelgebirgslagen von Frankreich und Belgien werden zusammen weitere 15.000 ha angebaut. Ein marginales Vorkommen, hauptsächlich von adaptierten Landsorten, findet sich noch in einigen Gebirgslagen Europas, u. a. Italiens und Spaniens.

Früher waren die alten Weizenformen sehr viel stärker verbreitet als man heute vermuten würde. Ein Grund ist, dass noch gegen Ende des 19. Jahrhunderts die Kornerträge zwischen den Formen aufgrund der geringen Intensität von Pflanzenbau und **Pflanzenzüchtung [▶ Pflanzenzüchtung]** sehr nahe beieinander lagen (◻ Tab. 2.4). Teilweise brachte Dinkel damals mehr als Winterweizen und ein guter Emmer hatte mehr Ertrag als ein schlecht gelungener Weichweizen. Heute dagegen sind die Ertragsunterschiede für den **konventionellen Anbau [▶ Konventioneller Anbau]** einfach zu hoch. Ein moderner

Weichweizen ergibt im Winteranbau leicht den doppelten Kornertrag von Einkorn oder Emmer und auch Dinkel drischt nur zwei Drittel des Winterweizens. Hinzu kommt, dass Einkorn, Emmer und Dinkel deutlich länger sind als moderner Winterweizen (◘ Abb. 2.5d), deshalb nicht so viel Stickstoffdüngung vertragen und sehr häufig lange vor der Ernte umfallen, alles Eigenschaften, die unpraktisch für den Landwirt sind und Ertrag kosten. Im Ökologischen Anbau sind die Ertragsunterschiede nicht ganz so hoch, weil kein mineralischer Dünger und keine Pflanzenschutzmittel angewendet werden dürfen und die alten Weizenformen unter diesen extensiven Bedingungen relativ gesehen besser abschneiden als moderner Weichweizen. Für den Verbraucher bedeutet dies aber, dass die alten Weizenformen deutlich teurer sein müssen als der verbreitete Weichweizen.

2.6 Weichweizen – „Unser täglich Brot"

Obwohl unser heutiger Weizen, der **Weichweizen** (*T. aestivum* ssp. *aestivum*), früher auch Saatweizen genannt, in Südwestasien schon um 7000 v. Chr. erstmals von Archäologen gefunden wurde, hatte er weder dort noch bei den frühen Ackerbaugesellschaften Europas eine größere Bedeutung. Dies muss Gründe haben, denn Weichweizen ist wesentlich produktiver und ertragreicher als Emmer oder Einkorn. Allerdings ist er auch wesentlich **empfindlicher gegenüber Stressfaktoren**, wie Trockenheit, Nährstoffarmut, niedrigen pH-Wert oder Wasserstau, und benötigt deshalb gut drainierte, fruchtbare Böden. Außerdem ist er bis ins späte 19. Jahrhundert hinein ausschließlich eine Sommerfrucht, während es bei den Spelzweizen schon sehr früh auch Winterformen gibt, die immer ertragreicher sind als die Sommerformen. Und schließlich ist er freidreschend, das Korn wird also nackt geerntet. Dies hat, wie schon berichtet, bei einfachen Ackerbaugesellschaften erhebliche Nachteile: Geringere Lagerfähigkeit, erhöhte Anfälligkeit gegen Pilze, Schädlinge, Vogelfraß, sowie allgemein leichterer Verderb. Dabei muss man wissen, dass die Erträge früher sehr niedrig waren, noch im Hochmittelalter geht man von Durchschnittserträgen bei Getreide von 5–6 dt/ha aus, in Ausnahmefällen 8–10 dt/ha. Da man aber mindestens 1–2 dt/ha zur Aussaat benötigte und noch verschiedene Steuern und Pachten an Grundherren und Kirche zahlen musste, war die Existenzbasis über Jahrtausende hinweg hauchdünn. Ein Fehlschlag bei der Ernte führte sofort zu Hungersnot und Elend. Da war ein Getreide, das zwar wenig Ertrag brachte, diesen aber zuverlässig, wertvoller als ein Spitzenerzeugnis, das in manchen Jahren überdurchschnittlichen Ertrag lieferte, in anderen Jahren aber völlig versagte.

Zwischen dem Ende der Jungsteinzeit und der Bronzezeit muss sich ein entscheidender Wandel der Landwirtschaft vollzogen haben. Nun dominieren statt Emmer, Einkorn und Gerste die Arten Dinkel, Hirse und zunehmend Hülsenfrüchte den Anbau. Im Unkrautbesatz

2

der Ernten mehren sich Belege für Wintergetreide und für eine Verarmung der Böden. Der Anbau von Nacktweizen taucht nach einem frühen Vorkommen in den Pfahlbaudörfern des Bodensees und der Schweiz erst mit den Römern in der Eisenzeit wieder auf (◻ Tab. 2.3). Sie brachten den anspruchsvollen Weichweizen mit in ihre Provinzen und propagierten seinen Anbau, weil er das weiße, am besten schmeckende Mehl lieferte. So fanden sich in süddeutschen römischen Militärlagern zu rund 80 % hexaploider Weizen, oft als Mischung von Weichweizen (Unterart *aestivum*) und Zwergweizen (Unterart *compactum*) und zu 5–20 % Roggen. Zwar bevorzugten die Römer das hellere Weizenmehl, doch wurde für die Verpflegung der Truppen vielleicht ein kräftigeres Brot durch Beimengung von Roggen erzeugt. Wo Weichweizen nicht mehr wuchs oder kaum regelmäßige Erträge brachte, förderten die Römer den Anbau des robusteren Dinkels. Nach dem Zusammenbruch des römischen Imperiums und dem Abzug der römischen Beamten sank der Weichweizenanbau nördlich der Alpen wieder stark ab. Und dies blieb in Deutschland östlich des Rheins bis ins 20. Jahrhundert hinein so. Nur im südlichen Rheintal an der Grenze zu Frankreich, wo das Klima milder ist, baute man Weichweizen an. In Württemberg dagegen wurden beispielsweise noch 1855 rund 208.000 ha Dinkel, aber nur 12.400 ha Weichweizen angebaut. Da ist es kein Wunder, dass **Weißbrot zu allen Zeiten ein Luxusgut war** (◻ Abb. 2.5e).

Wenn Brot auch durch das Christentum und die Eucharistiefeier mit einer enormen spirituellen Bedeutung bedacht wurde und Weichweizen in manchen Sprachen „Brotweizen" (engl. *bread wheat*) heißt, so ist das historisch gesehen irreführend. Denn nicht immer wurde früher Brot gebacken und wenn, war das Brot nur in seltensten Fällen aus Weichweizen. Jahrtausendelang ernährten sich die Menschen von viel einfacheren Getreidegerichten, vor allem von Brei. Dieser entsteht, wenn man Getreide grob zerkleinert, mit Wasser oder Milch kurz aufkocht und etwas Fett dazu gibt. Je nachdem wie viel Flüssigkeit zugegeben wird, ist dieses Gericht Suppe oder Brei, regional auch Mus genannt. Dies ist eine ernährungsphysiologisch wertvolle Speise, die leicht süßlich schmeckt, schnell herzustellen ist und stark sättigt. Damit sind die wichtigsten Bedürfnisse einer Familie gestillt, die im Sommer den ganzen Tag für ihre Ernährung arbeitete, dabei 8–14 Personen umfasste und noch genügend Vorräte für den Winter, für Notzeiten, den Grundherrschafts- und den Kirchenzehnt brauchte.

Trotz früher archäologischer Funde blieb das **Brotbacken in Mitteleuropa** eher die Ausnahme. Es wurde vor allem in den Klöstern kultiviert, ab dem 11. Jahrhundert auch in den sich entwickelnden Städten für die Adligen, die hohe Geistlichkeit, reiche Kaufleute und ähnliche Standespersonen. Im 12. Jahrhundert vergleicht Wilhelm von Aquitanien in einem Gedicht Weißbrot mit einem damals extrem wertvollen Gewürz, dem Pfeffer: „Das Brot war weiß und der Wein gut und der Pfeffer reichlich". Wer sich diese drei Luxusgüter leisten

Von der Kunst, weißes Brot zu backen

Seit Beginn des Brotbackens wurde natürlich das ganze Korn vermahlen und verbacken. Dabei entsteht ein ziemlich festes, dunkles Brot, das zwar alle wichtigen Bestandteile des Korns enthält, aber mit einem feinen, luftigen Gebilde, wie wir es heute als Weißbrot oder Brötchen kennen, nichts zu tun hat. Wenn die Ernte ausreichend war, konnte es sich die einfache Hausfrau zu hohen Feiertagen, also höchstens ein paar Mal im Jahr, leisten, ihr Vollkornmehl zu sieben, um etwas besseres Brot oder ein Spezialgebäck zu backen. Aber das kam immer noch nicht an das richtige Weißbrot heran, dessen Herstellung ein technologisch komplizierter Prozess ist, weil nur der weiße Mehlkörper genutzt wird. Während der Vermahlung werden immer wieder bestimmte Anteile des Korns abgetrennt, und der Rest wird erneut vermahlen. Nur so können in großem Umfang die Randschichten und der Keimling vom Mehlkörper getrennt werden. Auch heute noch wird ein Korn sieben- bis zwölfmal durch die Mühle geschickt, bis schließlich feinstes, aber nährstoffarmes Weißmehl entsteht. Dabei werden rund 20 % des gesamten Korns nicht verwertet, sondern landen im Futtertrog.

konnte, war reich. Die einfache Bevölkerung lebte dagegen von Brei, in schlechten Zeiten auch von Suppen auf Getreidebasis. Wenn die Bauern Brot buken, dann meist aus Getreide, das als minderwertig galt: Roggen, Gerste, Hirse, Buchweizen, oft mit Beimischung einer eiweißreichen Kulturpflanze, etwa Erbse oder Ackerbohne. Das gibt ein schweres, grobes Brot, das zwar nicht besonders gut schmeckt, aber stark sättigt und buchstäblich „wie ein Stein" im Magen liegt. Das hat zur Folge, dass man davon nur so viel isst, wie man wirklich braucht. Und das war auch der Grund, warum auf dem Land nur selten gebacken wurde: Von frischem, duftendem Brot wird einfach mehr gegessen.

„Minderwertige" Brote für die einfache Bevölkerung (**Kommissbrot [▶ Kommissbrot]**) waren auch deshalb so weit verbreitet, weil Weizen beim Verkauf auf dem Markt so viel Geld einbrachte, dass er „zu schade" war, um ihn selbst zu essen. Selbst die reichsten Bauern pflegten den gesamten Weizen, manchmal sogar den Roggen, zu verkaufen und für den eigenen Bedarf nur einen kleinen Rest zu behalten. Das hatte auch steuerliche Gründe. Denn schon früh erklärten die Grundherren Mühlen und Backöfen zum Monopol, beides durfte nur mit ihrer Genehmigung errichtet werden und ihre Benutzung wurde mit Abgaben belegt. Diesen Steuern entzogen sich die Bauern durch Bevorzugung der Breie: Dann fiel wenigstens nur der Mahlzins für die grobe Zerkleinerung des Getreides an. Und selbst wenn Brot gebacken wurde, war dies keineswegs immer lockeres, hochaufgegangenes Brot im heutigen Sinne. Häufig wurde Brot als Fladen auf einer irdenen Platte oder in heißer Asche gebacken, der leicht getrocknet werden kann und dann zwar hart, aber sehr haltbar ist. „Nicht altes Brot ist hart – kein Brot, das ist hart", war ein Spruch aus Südtirol, wo dieses traditionelle Fladenbrot heute noch gebacken wird („Schüttelbrot"). Dort gab es eine spezielle Einrichtung zum Schneiden von steinhartem Fladenbrot, das dort noch Anfang des 20. Jahrhunderts in einfachen Bauernhöfen weit verbreitet war. Es wurde als tägliche Speise in Wasser oder Milch eingeweicht und damit wieder in Brei verwandelt.

Kommissbrot: Kommissbrot gibt es schon seit dem 16. Jahrhundert und der Name ist Programm: Kommiss für „Heeresvorräte". Seit dem Ersten Weltkrieg ist Kommissbrot in der Regel ein Vollkornbrot aus Roggen und Weizen mit Sauerteig und Hefe und wird in Tagesrationen für ein oder zwei Mann von 750 bzw. 1500 Gramm als angeschobenes Brot gebacken, d. h., die Brotlaibe liegen so dicht im Ofen, dass sie sich berühren und nur auf der Oberseite eine Kruste bilden – daraus ergibt sich auch seine Kastenform. Es ist sehr sättigend und nahrhaft.

2

■ **Abb. 2.6** Weizenformen des beginnenden 20. Jahrhunderts (von *links* nach *rechts*): Dinkel, Hartweizen, Rauweizen, Weichweizen, kolbenförmiger Weichweizen, Dickkopf-(Weich-)Weizen. (Nach Klapp 1967) (Quelle: P. Parey, Berlin, Hamburg)

Ab dem 11. Jahrhundert jedoch wird Brot im weitesten Sinne das Grundnahrungsmittel der Bevölkerung, es ist aus dem täglichen Bedarf nicht mehr wegzudenken. Zwischen dem 14. und dem 17. Jahrhundert bewegte sich die tägliche Brotration für gewöhnlich zwischen 500 und 600 g pro Kopf, gegen Ende dieses Zeitraums stieg sie auf 700 bis 1000 g pro Kopf, außer natürlich in Hungerszeiten. Spätestens seit dem 13. Jahrhundert hatten sich die europäischen Stadtbewohner vom Brei abgewandt, dem seine bäuerliche Herkunft anhaftete, und sich an den Genuss von (Vollkorn-)Brot gewöhnt. Den Weizen konnten sich aber immer noch nur die Bessergestellten leisten. Immer häufiger wurde Dinkel zum Brotbacken benutzt oder Weizen in einem Gemisch mit Roggen verwendet. So verstärkte sich die „**Hierarchie des Brotes**". Wer welches Brot aß, hatte nichts mit Ernährung zu tun, sondern zeigte seinen gesellschaftlichen Status. Die „tumben Bauern auf dem Land" essen meist Brei und Suppen, zu Festtagen ihre groben, kaum verdaulichen Brote. Der Genfer Arzt Jacob Girard des Bergeries warnt in seinem Buch von 1672 die Städter ausdrücklich davor, solche Brote zu essen. Sie sollen es den Bauern überlassen, „die nicht die Mittel besitzen, sich besseres zu kaufen und die andererseits sehr kräftig sind, viel arbeiten und seit jeher diese Art Brot gewohnt sind". Diese Begründung klingt eher nach der Rechtfertigung eines sozialen Missstandes als nach Medizin. Die einfachen Städter leben vom dunklen, schweren Mischbrot aus Vollkorn, die betuchten Handwerker leisten sich schon reines (Vollkorn-)Weizenbrot und nur bei den wirklich Reichen steht frisches, helles Weißbrot auf dem Tisch.

Mit zunehmendem Wohlstand verzichtete man später auch in bäuerlichen Kreisen auf das Hinzufügen von schweren Hülsenfrüchten und leistete sich Roggenbrot, zu Feiertagen auch mal Weizen-Roggen-Mischbrot. Und das blieb so bis ins 18. Jahrhundert hinein. Der Kauf von Getreide zur täglichen Ernährung belastete die Familienetats der einfachen Leute mit bis zu 90 % der gesamten Lebensmittelausgaben, Weichweizen war nur selten darunter. Erst durch die zunehmende Bedeutung der Kartoffel im 19. Jahrhundert sank der Getreideanteil an den Lebensmittelausgaben. Noch Anfang des 20. Jahrhunderts gab es eine große Vielfalt der Weizenformen (◨ Abb. 2.6) in Deutschland.

Seit der Industrialisierung und dem nachfolgenden Wohlstand in unserem Jahrhundert konnten immer mehr Menschen weißes Mehl aus Weizen bezahlen. Und da es früher ein Statussymbol war, wollten es sich jetzt auch immer mehr leisten, bis schließlich seit den 1970er Jahren hauptsächlich Weißmehl verwendet wurde. Dabei wurde übersehen, dass das Brot aus Vollkornmehl wesentlich gesünder ist, da Mineralstoffe und Vitamine im Wesentlichen in den Randschichten des Korns stecken, die bei der Herstellung des Weißmehls zu Viehfutter werden. Deshalb ist Weißmehl ernährungsphysiologisch eines der wertlosesten Nahrungsmittel, die man aus natürlichen Substanzen gewinnen kann.

Wir sehen heute die Entdeckung Amerikas meist als Quelle neuer Kulturpflanzen, wie Tomaten, Mais und Kartoffeln. Aber die damalige frühe Globalisierung funktionierte auch umgekehrt. Englische Siedler brachten **Weizen und Gerste in die USA** und nach Australien. Mitte des 18. Jahrhunderts wurde Weizen vor allem in den englischen Kolonien Amerikas angebaut, dann wanderte er mit den Siedlern nach Westen, erreichte Ohio 1840 und Minnesota 1889. Die Erfindung der ersten Mähbinder als frühe Mechanisierung machte es damals schon profitabler, große Farmen zu besitzen. Die Landwirte machten Schulden, kauften im Mittleren Westen so viel Land wie möglich und spezialisierten sich auf Weizen. Seit 1909 waren North Dakota und Kansas die erfolgreichsten Weizenproduzenten der USA, gefolgt von Oklahoma und Montana. Die amerikanischen Farmer waren offen für die Einführung ausländischer Sorten und so brachten beispielsweise die Wolgadeutschen aus der heutigen Ukraine die Sorte *Turkey Red* mit, die Jahrzehnte den Anbau in den Präriestaaten dominierte.

Die Region westlich der Großen Seen hat sich seit dem 19. Jahrhundert zur Kornkammer der Welt entwickelt (◨ Abb. 2.7). In den 1930er und 1940er Jahren revolutionierte die Entwicklung des motorgetriebenen Mähdreschers den Weizenanbau. Im Westen wurde mehr und mehr Prärie unter den Pflug genommen, die Zahl der Farmer und ihre Produktivität stiegen weiter rasant an. Mit der stürmischen Entwicklung der Eisenbahn ab 1850 wurde die Warenbörse in Chicago zum wichtigsten Handelszentrum für Weizen. 1848 erhielt der dortige

■ Abb. 2.7 Herkunft (*rot/dunkelgrau*) und heutige Verbreitung (*grün/hellgrau*) des Weichweizens (Quelle: Max-Planck-Institut für Pflanzenzüchtungsforschung, Köln)

Hafen ein mit Dampf betriebenes Lager- und Sortiersystem, um die in Chicago erfundenen Getreidesilos effektiv zu verwalten. Das Aufkommen der Telegraphie machte Rohstoffpreise weltweit vergleichbar und ab 1848 wurde Weizen weltweit gehandelt. 1865 eröffnete in Chicago die Warenterminbörse für Weizen und wurde bis heute zum bestimmenden Marktplatz für den weltweiten Weizenpreis. Zwischen 1871 und 1921 verdreifachte sich die Weizenproduktion der USA und das Land wurde zur größten Weizenexportnation der Welt. Auch heute noch wird rund die Hälfte der US-Weizenproduktion exportiert.

2.7   Heutiger Anbau, Verwendung und Züchtung

Die größten Anteile an der weltweiten Weizenproduktion haben die EU-Staaten und China. Weitere große Erzeugerländer sind Indien, die USA und Russland (■ Abb. 2.7). Deutschland war mit fast 23 Mio. t Weizen nach Frankreich (40 Mio. t) im Jahr 2012 der größte Produzent innerhalb der EU. Über 20 Mio. t Weizen wurden im Inland verwendet und verarbeitet.

Wesentliche Fortschritte bei der Pflanzenzüchtung Anfang des 20. Jahrhunderts führten zu dieser weiten Verbreitung des Weizens in Europa. Die lateinische Bezeichnung für Weizen, *T aestivum*, bedeutet „sommerlich", und deutet daraufhin, dass er früher eine Sommerform war, die erst im Frühjahr ausgesät werden konnte. Die Züchtung von **Winterformen beim Weichweizen** begann Ende des 19. Jahrhunderts, war jedoch eine langwierige Angelegenheit, da die Vererbung dieses

Die alte Art der Ernte

Zuerst mähte man das Getreide mit Sichel oder Sense ab und band es in der Regel zu Garben, die man dann zunächst auf dem Feld stehen ließ. Diese Mahd erfolgte bereits vor der beim Mähdrusch erforderlichen Totreife des Getreides. Das auf dem Feld in Garben aufgestellte Erntegut konnte also noch nachreifen und trocknen, so dass bei der Mahd weder Korn noch Stroh die notwendige Trockenheit zur Endlagerung haben mussten. In der Regel transportierte man die Garben zum Bauernhof, dort wurde das Getreide, oft nach einer weiteren Lagerung in der Scheune, auf der Tenne mit Dreschflegeln gedroschen. Anschließend reinigte man es durch Sieben oder Worfeln von der Spreu und Verunreinigungen wie Erde oder Unkrautsamen. Beim Worfeln wurde das Druschgut in den Wind geworfen und dabei leichte Bestandteile, wie die Spreu, vom Wind weggeweht. Später verwendete man hierzu handbetriebene Windfegen, bei denen ein Siebkasten das Getreide in einen darunter angebrachten Windkasten rieseln ließ.

Merkmals komplex ist. Noch im Jahre 1908 erfror im Osten des damaligen Deutschlands durch einen strengen Winter die Hälfte des Winterweizens. Schon vor dem Ersten Weltkrieg wurde Winterweizen zum Standard, aber in einzelnen Jahren kann seine mangelnde Frosthärte immer noch zum Problem werden. So gingen im Februar 2011 durch starke Fröste ohne Schneebedeckung (Kahlfrost) in einigen Regionen Deutschlands durchschnittlich 30 % des Winterweizens verloren, auf ganz Deutschland bezogen waren es immerhin noch 10 % Ernteverlust. Weil Sommerweizen im Ertrag aber rund ein Drittel niedriger liegt, wird er nur in Ausnahmefällen angebaut – sein Anteil lag in den letzten Jahren unter 5 %. Er beschränkt sich auf Gebiete, in denen die Kältefestigkeit der üblichen Wintersorten nicht ausreicht oder wenn die Witterung im Herbst eine Aussaat verhindert hat bzw. Frostschäden eine Nachsaat notwendig machen.

Ein weiterer wichtiger Fortschritt bei der Entwicklung moderner Weizensorten war die **Eignung für den Mähdrusch**. Bis ins 20. Jahrhundert hinein wurde Getreide manuell in mehreren Arbeitsschritten geerntet.

Mit der einsetzenden Mechanisierung wurden ab 1786 stationäre Dreschmaschinen entwickelt und 1826 die erste Mähmaschine. Erst 1927 produzierte Krupp einen ersten Mähbinder, der unmittelbar über eine Zapfwelle vom Motor des Traktors angetrieben wurde und das Getreide schnitt und zu Bündeln zusammenband. Aus der Kombination von solchen Mähbindern mit fahrbaren Dreschmaschinen entstanden die ebenfalls mobilen, anfangs noch von Pferden gezogenen, Mähdrescher. 1911 verwendete die *Holt Manufacturing Co.* in Stockton, Kalifornien, erstmals Verbrennungsmotoren auf Mähdreschern, diese trieben jedoch nur Dresch-, Abscheide- und Reinigungssystem an, und dienten noch nicht als Fahrantrieb. Der erste selbstfahrende Mähdrescher eines deutschen Herstellers wurde auf der DLG-Ausstellung in Hamburg 1951 erstmals der Landwirtschaft präsentiert. Jetzt mussten die Weizensorten bis zum Eintreten der Vollreife stehenbleiben, damit die Maschine optimal eingesetzt werden konnte. Dazu wurde der Weizen auf erhöhte Standfestigkeit gezüchtet und in

2

■ **Tab. 2.5** Eigenschaften und Anbauverhältnisse der fünf Weizenformen in Deutschland (2013)

Eigenschaft	Einkorn	Emmer	Hartweizen	Dinkel	Weichweizen
Druschverhalten	Bespelzt	Bespelzt	Nackt	Bespelzt	Nackt
Bodenansprüche	Sehr gering	Gering	Hoch	Mäßig	Hoch
Kornertrag (dt/ha)	20–40	30–50	20–60	40–70	60–110
Anbaufläche (ha)	500	1000	20.000	50.000	3.200.000
Anzahl Sorten	3	2	16	9	105
Mähdrusch	Schwierig	Schwierig	Einfach	Mäßig	Einfach
Eiweißgehalt	Sehr hoch	Hoch	Niedrig	Hoch	Mäßig-hoch
Backqualität	Sehr niedrig	Niedrig	Niedrig	Hoch	Sehr hoch

Grüne Revolution: Entwicklung moderner landwirtschaftlicher Hochleistungssorten für sich entwickelnde Länder ab den 1960er Jahren zur Hunger- und Armutsbekämpfung.

seiner Pflanzenlänge deutlich verkürzt. Während die alten Landsorten des 19. Jahrhunderts auch bei Weizen durchaus noch 1,3–1,5 m hoch werden konnten, haben moderne Sorten eine Länge von 0,8–1,0 m. Die dafür verwendeten „Kurzstrohgene" sollten ab den 1940er Jahren die „**Grüne Revolution**" [▶ **Grüne Revolution**] vorantreiben, die eine Vervielfachung des Weizenertrages in den sich entwickelnden Ländern bewirkte.

Winterweichweizen wird derzeit in Deutschland auf über 3 Mio. ha angebaut. Die anderen Weizenarten sind nur noch von sehr untergeordneter Bedeutung. Die genutzte **Artenvielfalt innerhalb der Gattung** *Triticum* hat sich damit in Deutschland während der letzten 120 Jahre stark reduziert. Während sich um 1885 nachweislich noch bis zu sieben Weizenarten im Anbau befanden (Einkorn, Emmer, Hartweizen, Rauweizen, Zwergweizen, Weichweizen, Dinkel, ■ Abb. 2.6), waren dies 1942 lediglich noch drei, im Zeitraum der 1950er bis Ende der 1970er Jahre nur noch zwei Arten (Dinkel, Weichweizen). Seit Beginn der 1980er Jahre zeichnet sich hinsichtlich der Artenvielfalt beim Weizen wieder ein positiverer Trend ab. So kam es nach mehreren Jahrzehnten wieder zu einer Zulassung von Winterdinkel und Sommerhartweizen sowie erstmalig auch zur Zulassung von Winterhartweizen (■ Tab. 2.5). Damit befinden sich heute wieder viele Weizenformen im Anbau. Generell sind die Ansprüche an Standort, Boden und Klima – aber auch die Kornerträge – bei Einkorn und Emmer geringer. Die Anbaufläche ist bescheiden, es gibt nur wenige Sorten und trotz hohem Eiweißgehalt ist die Backqualität schlecht, weil nicht die richtigen Eiweißfraktionen vorhanden sind. Außerdem sind die agronomischen Eigenschaften, die für den Landwirt wichtig sind, sehr unbefriedigend, etwa mangelnde Winterhärte, geringe Standfestigkeit, Frühreife und fehlende Krankheitsresistenzen. Dinkel bringt deutlich höhere Erträge als Einkorn und Emmer, hat aber immer noch dieselben Nachteile, wenn auch weniger stark ausgeprägt. Hart- und Weichweizen sind die anspruchsvollsten Weizenformen. Dabei wird Hartweizen in Deutschland nur zur Nudelproduktion verwendet, die

Anbaufläche (ha)

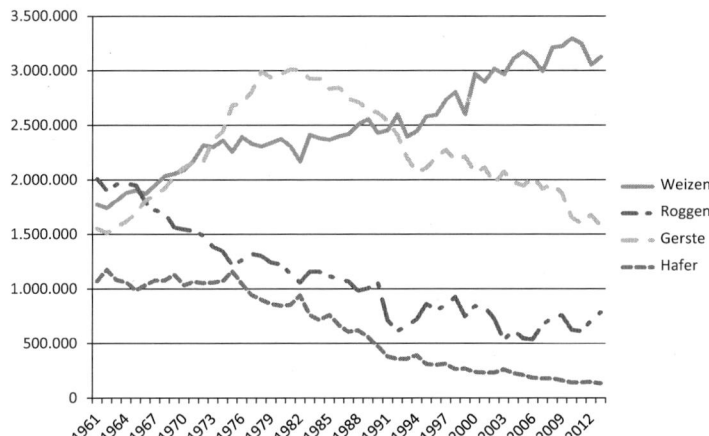

Abb. 2.8 Entwicklung des Anbaus der vier wichtigsten Getreidearten in Deutschland; außer bei Hafer jeweils die Winterform. (Nach FAOSTAT 2013; DESTATIS 2013)

Kornertrag (dt/ha)

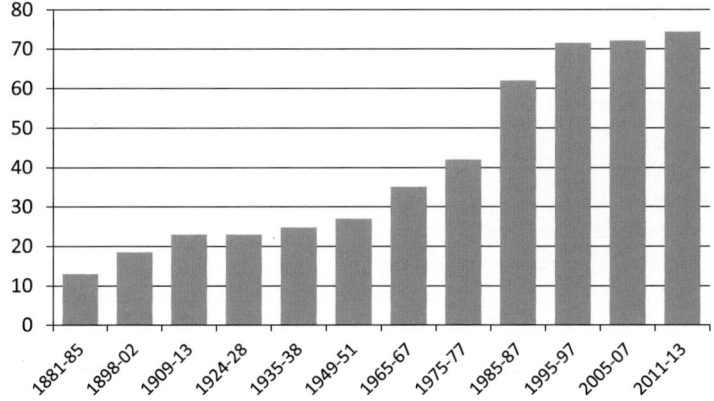

Abb. 2.9 Entwicklung des Kornertrages von Weizen in 3- bis 5-Jahres-Intervallen vom Ende des 19. Jh. bis heute. (Nach Statistische Jahrbücher)

derzeitige Anbaufläche deckt rund ein Drittel des Bedarfs. Absoluter Star ist natürlich der Weichweizen, weil er die meisten Züchtungsanstrengungen erfährt und die höchsten Erträge ermöglicht.

Der **Anteil der Hauptgetreidearten** hat sich seit Beginn der modernen Statistik 1961 stark zu Gunsten des Weichweizens, und hier speziell der Winterform, verschoben (Abb. 2.8). Die Gründe sind ein hoher Zuchtfortschritt und gute Marktpreise, vor allem seit die weltweite Produktion stagniert. Über den kontinuierlichen Anbaurückgang von Roggen und Hafer und den relativen Bedeutungsverlust der Gerste wird in den einzelnen Kapiteln noch berichtet.

Die **Erträge des Weizens** haben sich in den letzten 130 Jahren versechsfacht (Abb. 2.9). Dabei blieben sie in der ersten Hälfte des 20. Jahrhunderts ziemlich konstant bei 22 dt/ha. Erst nach dem

◘ **Tab. 2.6** Veränderung der Sortenleistung in wichtigen Merkmalen bei Winterweizen. (Nach Bundessortenamt Hannover 2013)

Merkmal	Zulassungszeitraum (*N = Anzahl Sorten*)				
	Bis 2005 (N = 26)	2006–2007 (N = 14)	2008–2009 (N = 15)	2010–2011 (N = 27)	2012–2013 (N = 17)
Kornertrag (Stufe 2)	6,0	6,1	6,2	6,4	7,2
Pflanzenlänge	5,4	4,6	4,3	4,6	4,2
Mehltau	3,9	3,3	2,5	3,0	2,2
Blattseptoria	5,1	4,3	4,4	4,4	3,8
Ährenfusarium	4,0	4,1	4,5	4,6	4,4

1 sehr wenig Ertrag, sehr kurze Pflanzen bzw. wenig anfällig für Krankheiten, 9 sehr hoher Ertrag, sehr lange Pflanzen bzw. hoch anfällig

Pflanzenschutz: Maßnahmen zum Schutz der Kulturpflanzen vor Schaden, v. a. durch Pilze, Insekten, Unkräuter; dazu gehören auch folgende chemische Mittel (Pflanzenschutzmittel):
Herbizid = Mittel gegen Unkraut-
Fungizid = Mittel gegen Pilze
Insektizid = Mittel gegen Insekten

Mineraldünger: Düngemittel, das einen oder mehrere Pflanzennährstoffe (Stickstoff, Phosphat, Kali) in ihrer meist wasserlöslichen Form enthalten; dient der Ernährung der Kulturpflanzen und ihrer Ertragssteigerung.

Zweiten Weltkrieg fand bis in die Mitte der 1990er Jahre ein steiler Anstieg statt. Dieser ist gleichermaßen zurückzuführen auf Pflanzenzüchtung, **Pflanzenschutz [▶ Pflanzenschutz]** und Mineraldüngung **[▶ Mineraldünger]**. Die Intensivierung der Landwirtschaft führte vor allem seit den 1970er Jahren zu einem massiven Anstieg des Düngerverbrauchs und einem intensiven Pflanzenschutz. Der anspruchsvolle Weichweizen lohnt diesen erhöhten Aufwand und der durchschnittliche Ertrag in Deutschland stieg bis knapp über 70 dt/ha. Dabei sind die Schwankungen zwischen den Bundesländern erheblich und reichten 2012 von einem Landesdurchschnitt von 57,2 dt/ha (Brandenburg) bis 91,1 dt/ha (Schleswig-Holstein).

In den letzten 15 Jahren kam es in der landwirtschaftlichen Praxis zu praktisch keinen Ertragssteigerungen mehr. Dafür werden vielfältige Ursachen diskutiert, etwa dass durch die enorme Ausdehnung der Anbaufläche auch weniger geeignete Böden für den Weizenanbau herangezogen werden, eine geringere Intensität des Anbaus, Trockenstressperioden und allgemein der Klimawandel. Eine neuere Studie zeigt, dass es nicht an dem Erreichen einer biologischen Produktivitätsschwelle liegt. Über den Zeitraum von 1966–1990 stieg der Kornertrag im Mittel um 32,2 kg pro Hektar und Jahr. Da der mittlere Ertragszuwachs der landwirtschaftlichen Praxis in diesem Zeitraum rund 100 kg pro Hektar und Jahr betrug, sind also ein Drittel davon auf verbesserte Sorten zurückzuführen. Dies kann auch über einen neueren Zeitraum gezeigt werden (◘ Tab. 2.6). Dazu wurden alle 2013 zugelassenen Weizensorten nach ihrem Zulassungsdatum sortiert und die Werte der einzelnen Merkmale nach Datum gemittelt. Hier stieg der Kornertrag um 1,2 Punkte auf einer Skala von 1–9. Gleichzeitig wurden die Sorten um denselben Betrag kürzer. Dies ist verbunden mit einer deutlichen Abnahme der Lagerneigung vor der Ernte. Auch die Widerstandsfähigkeit (Resistenz) gegen wichtige Pilzkrankheiten

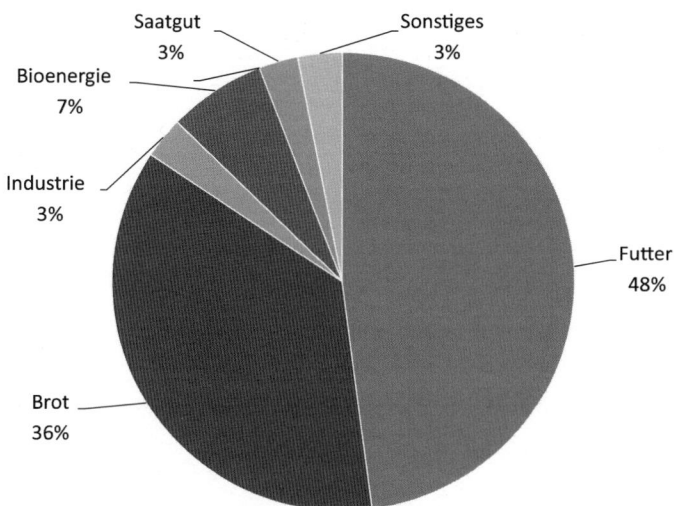

Abb. 2.10 Inlandsverwertung von Weizen in Deutschland 2011.
(Quelle: Statistisches Jahrbuch)

(Mehltau, Blattseptoria) stieg deutlich an. Nur bei der Resistenz gegen Ährenfusariosen kann auf mittlerem Niveau kein Fortschritt gezeigt werden.

Heute wird von dem in Deutschland produzierten Weizen etwa die Hälfte als Futtermittel genutzt, 38 % gehen direkt in die menschliche Ernährung, 7 % des in Deutschland verwendeten Weizens dienen der Bereitstellung von Bioenergie und etwa 3 % finden stoffliche oder industrielle Verwendung, meist als Stärke (**Abb. 2.10**). Trotz des relativ geringen Anteils für die menschliche Ernährung, spielt die **Backqualität** im öffentlichen Bewusstsein eine große Rolle („unser täglich Brot"). Weichweizen ist, neben Roggen, die einzige Getreideart, aus dessen Mehl nach Wasserzugabe ein elastischer Teig geknetet werden kann. Verantwortlich für diese Eigenschaft sind zwei spezielle Eiweißverbindungen (Gliadin, Glutenin), die den Weizenkleber, auch Gluten genannt, ausmachen. Die Aufgabe des Klebers ist es, beim Backprozess ein elastisches Netz zu bilden, das die entstehenden Gase im Teig zurückhält, und so ein „Aufgehen" des Gebäckes ermöglicht. Von der Qualität des Klebers ist es abhängig, wie groß das Volumen, wie gleichmäßig die Porung und die Oberflächenstruktur des Brotes und Gebäckes sind. Die Klebereiweiße kommen bei allen Weizenarten vor, haben aber beim Weichweizen eine besonders günstige Ausprägung. Schon beim Dinkel und noch mehr beim Hartweizen ist die Backfähigkeit deutlich eingeschränkt, bei den anderen Weizenarten gibt es eine solche große Volumbildung, die zu dem Brot führt, wie wir es kennen, gar nicht. Ebenso ist es bei den anderen Getreidearten, außer Roggen (▶ Kap. 3), und deshalb können aus Gerste, Hafer und Mais nur Fladen gebacken werden. Bei Weizen sind sowohl der Eiweißgehalt als auch die Eiweißzusammensetzung

2

◘ **Tab. 2.7** Die Backqualitätsgruppen in Deutschland (Nach Bundessortenamt Hannover 2013)

Backqualität	Beschreibung
E-Gruppe	Eliteweizen: hervorragende Eigenschaften und höchste Volumenausbeute, zum Aufmischen schwächerer Weizensorten verwendet oder exportiert
A-Gruppe	Aufmisch-(Qualitäts-)weizen: hohe Eiweißqualität, aber geringere Anforderungen an Volumenausbeute. Kann Defizite anderer Gruppen ausgleichen
B-Gruppe	Brotweizen: in normalen Jahren gut für Broterstellung geeignet, die Volumenausbeute liegt unter Weizen der Gruppe E und A
C-Gruppe	Sonstiger Weizen: hauptsächlich für Futterzwecke verwendet, hier spielt nur der Proteingehalt eine Rolle
K-Gruppe	Keksweizen: für Flachwaffel- und Hartkeksherstellung geeignet; die Qualitätsgruppe wird mit dem Index ‚K' gekennzeichnet, meist handelt es sich um Weizen der C-Gruppe und wird dann als C_K bezeichnet

verantwortlich für die Qualität des Klebers, die für jede Weizensorte charakteristisch ist. Zudem wird eine hohe Stärkequalität benötigt, um dem Brot Festigkeit zu geben.

Um Weizenlinien auf Backqualität zu untersuchen, verwendet man einerseits indirekte Methoden zur Bestimmung von Eiweißqualität (Sedimentationswert), Stärkequalität (Fallzahl), Dehnwiderstand und Reißfestigkeit des Teiges, andererseits aber auch Backversuche, um die Teigverarbeitungseigenschaften, Backvolumen und das äußere, endgültige Erscheinungsbild der Brote zu bestimmen. Je höher die Qualität eines Mehls ist, desto höher ist auch das Brotvolumen bei gleicher Menge an Mehl und Wasser (Volumenausbeute). In Deutschland werden fünf Qualitätsklassen unterschieden (◘ Tab. 2.7).

Im europäischen Vergleich ist die Backqualität in Deutschland hervorragend. In Großbritannien haben die Weizensorten traditionell eine schlechte Backqualität, die im Wesentlichen in unserem B- und C-Bereich anzusiedeln ist. In Frankreich interessiert nur die Herstellung von locker-luftigen, knusprigen Baguettes, die eine ganz spezifische Weizenqualität erfordern. Nur in Österreich ist die Backqualität noch höher einzustufen als in Deutschland, weil für die Herstellung von Strudelteigen eine extreme Dehnfähigkeit des Teiges gefordert wird, die nur durch eine ebenso extreme Backqualität sichergestellt werden kann.

Die **Züchtung auf Backqualität** in Deutschland ist eine Erfolgsgeschichte des 20. Jahrhunderts (◘ Abb. 2.11). Die ursprünglich bis Ende des 19. Jahrhunderts angebauten Landsorten hatten eine gute Korn- und Backqualität, waren aber sehr langstrohig (130–150 cm), entsprechend wenig standfest und hatten sehr geringe Erträge. Deshalb wurden sie mit einem englischen Weizentyp gekreuzt (Dickkopfweizen, engl. *squarehead*, ◘ Abb. 2.6), der standfester und ertragreich war, aber eine ungenügende Backfähigkeit und Winterfestigkeit hatte. In Folge dominierten Weizen mit schlechter Backqualität den Markt, das Hauptgetreide war Anfang des 20. Jahrhunderts noch Roggen

Anteil an gesamtem Sortiment

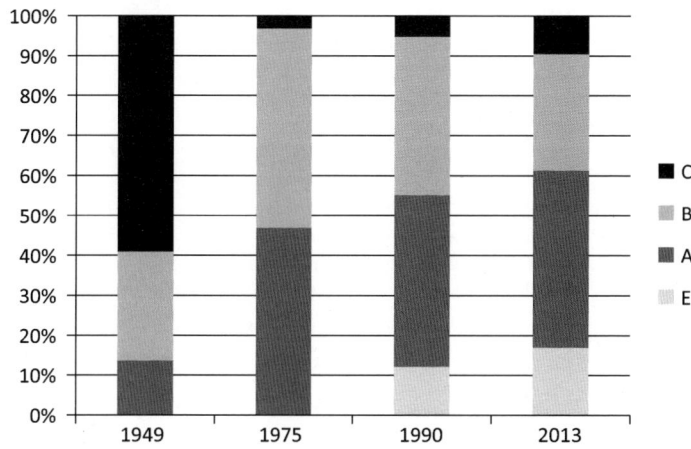

◻ **Abb. 2.11** Anteil der Weizensorten in den einzelnen Qualitätsstufen, Erklärung der Qualitätsstufen ◻ Tab. 2.7. (Nach Bundessortenamt Hannover 2013)

(▶ Kap. 3). Backweizen war knapp und teuer und das blieb so bis nach dem Zweiten Weltkrieg. Selbst als die deutsche Landwirtschaft längst wieder zur Selbstversorgung zurückgekehrt war, mussten noch pro Jahr bis zu 2 Mio. t kleberstarker Backweizen importiert werden. Der Manitoba-Weizen aus Kanada war ein Synonym für hohe Backqualität. Durch die Einführung der Spätdüngung mit Stickstoff, die einen höheren Eiweißgehalt erzeugt, und durch züchterische Verbesserung der Kleberqualität gelang ab den 1950er Jahren die Produktion von akzeptablem Backweizen, aber erst Ende der 1970er Jahre konnte sich Deutschland vollständig selbst mit Back- und Aufmischweizen versorgen. Trotzdem gab es noch keine einzige Sorte mit der besten Backqualität E (◻ Abb. 2.11). Diese kamen erst um 1990 auf den Markt. Heute gehören rund 20 % aller Winterweizensorten in die höchste Qualitätsstufe E, weitere 40 % sind sehr gute Backweizen der Stufe A. Jährlich werden 2–4 Mio. t Qualitätsweizen exportiert.

Trotz seiner alten Bezeichnung als „Brotweizen" wird rund die Hälfte des in Deutschland erzeugten Weizens als **Futtermittel** verwendet. Dies ist eine Konsequenz unseres hohen Fleischkonsums von derzeit 63 kg pro Kopf und Jahr. Für die Produktion von 1 kg Fleisch werden bis zu 16 kg Getreide benötigt. Weizen ist eines der energiereichsten Futtermittel. Er ist stärkereich und die Stärke ist sehr gut verdaulich, wenn die Körner zuvor zerkleinert werden. Der Gehalt an Rohfaser und Rohfett ist recht gering, antinutritive Inhaltsstoffe spielen keine Rolle. Obwohl er, verglichen mit anderen Getreidearten, auf einen sehr hohen Proteingehalt gezüchtet wurde (12–16 %) ist er, verglichen mit Eiweißpflanzen, proteinarm. Der Gehalt an Lysin, Spurenelementen und manchen Mineralstoffen, etwa Calcium und Natrium, ist bei Weizen eher gering. Er sollte deshalb in der Fütterung der Nutztiere mit solchen Proteinquellen kombiniert werden, die reich an Lysin sind, vor allem Sojabohnen. Aufgrund der hohen Verdau-

v. Chr.

8300   Kultiviertes Einkorn, Emmer und tetraploider Nacktweizen im Fruchtbaren
Halbmond

7250   Hexaploider Spelzweizen in
der südöstlichen Türkei

5500   Bandkeramiker bringen u.a. Einkorn und Emmer nach Mitteleuropa

4400   Anbau von Nacktweizen in den See-
ufer-/Moorsiedlungen Süddeutschlands
und der Schweiz

1100   Verbreiteter Anbau von Dinkel in Mitteleuropa

n. Chr.

11. Jh.   Weizenbrot wird bei der Oberschicht beliebt

ab 1720   Weizen wird durch steigende Weltmarktpreise in den USA
zur wichtigsten Feldfrucht

1930er   Standfestere, kürzere Sorten für maschinellen Mähdrusch

ab 1979   Selbstversorgung Deutschlands bei qualitativ hochwertigem
Brotweizen durch Züchtung

ab 1992   Weizen überholt die Gerste und wird in Deutschland zur
wichtigsten Feldfrucht

1995   Vervierfachung des Weizenertrages seit 1900

2012   Bisher vollständigste Genomsequenzierung mit 96.000
Genen vorgelegt

◗ **Abb. 2.12** Zeittafel (Quelle der Grafik: www.pflanzenforschung.de)

lichkeit von ca. 90 % ergeben sich für Weizen sehr hohe Gehalte an umsetzbarer Energie. Er kann in hohen Anteilen in Futtermischungen für Rinder, Schweine und Geflügel eingesetzt werden.

Weizen wird auch als **industrieller Rohstoff** genutzt. Wegen seiner guten adhäsiven, kohäsiven und filmbildenden Eigenschaften wird Weizenkleber zunehmend für Spezialzwecke verwendet. Auch die Weizenstärke findet in vielen Industriezweigen Abnehmer, etwa bei der Herstellung von Papier, Waschmitteln, Pharmazieprodukten, Verpackungen. Nach der Kartoffel ist Weizen heute die wichtigste Stärkepflanze für industrielle Zwecke.

Zusammenfassung und Ausblick

Weizen gehört zu den ältesten Kulturpflanzen und ist nicht nur für das Leben in der westlichen Welt bestimmend, sondern auch in arabischen Ländern, Indien und China wichtig. Es gibt drei Reihen von Weizen mit einer jeweils unterschiedlichen Anzahl von Chromosomensätzen (diploid, tetraploid, hexaploid). Diese entstanden durch mindestens zwei Kreuzungen von einfacheren Weizenformen mit anderen wilden Gräsern. Aus der Kreuzung einer wilden Einkornart (Genom: AA) mit einer *Aegilops*-Art

(BB) entstand vor rund 500.000 Jahren der Wildemmer (AABB). Vor rund 8000 Jahren (□ Abb. 2.12) vereinigten sich Kulturemmer (AABB) und *Ae. tauschii* (DD) natürlicherweise zu Weichweizen und Dinkel (AABBDD). Weltweit werden heute der hexaploide Weichweizen und der tetraploide Hartweizen angebaut; Einkorn, Emmer und Dinkel spielen nur noch eine untergeordnete Rolle als regionale Spezialität. Die Ägypter bevorzugten Emmer und die Römer Hart- und Weichweizen, die Germanen und Slawen lebten eher von Roggen und Gerste. Vom Mittelalter bis in die frühe Neuzeit hinein wuchs der anspruchsvolle Weichweizen nur auf besten Böden in wärmeren Gegenden; Weißbrot war stets den Reichen vorbehalten. Dies änderte sich mit der Industrialisierung der Landwirtschaft und der zunehmenden Intensität der Pflanzenzüchtung: Weichweizen brachte besonders hohe Ertragszuwächse. Dabei verbesserten sich neben dem Kornertrag seit den 1970er Jahren auch Backqualität, Frühreife und Krankheitsresistenzen. Heute werden in Deutschland nur noch knapp 40 % der Weizenernte für die menschliche Ernährung verwendet, rund die Hälfte geht in die Fütterung. Dabei ist Weizen, vor allem kombiniert mit Sojabohnen als Eiweißlieferant, ein hervorragendes Futtermittel für Tiere. Da mit zunehmendem Wohlstand auch in China und Indien der Fleischkonsum steigt, wird der weltweite Bedarf an Weizen noch wachsen. Weizen wird in Zukunft mit innovativen Produkten auch verstärkt als industrieller Rohstoff eingesetzt, die Produktion von Weizenkleber und -stärke wird in den Industrieländern noch zunehmen.

Literatur

Anonym (1937) Dinkel. Württemberg, Ackerbauschule Ochsenhausen. Zitiert nach http://hildegardvonbingen.info/gesundheit/gesunde-lebensmittel-2/dinkel-2/
Becker-Dillingen J (1927) Handbuch des Getreidebaus. Parey, Berlin
Bundessortenamt Hannover (2013) Beschreibende Sortenliste 2013. Getreide
DESTATIS. Statistisches Bundesamt. Landwirtschaft. Internet: https://www.destatis.de/DE/ZahlenFakten/Wirtschaftsbereiche/LandForstwirtschaftFischerei/Land-Forstwirtschaft.html
FAOSTAT (2013) Food and Agriculture Organization of the United Nations. http://faostat.fao.org/site/567/DesktopDefault.aspx?PageID=567#ancor
Klapp E (1967) Lehrbuch des Acker- und Pflanzenbaues, 6. Auflage. Parey, Berlin, Hamburg
Körber-Grohne U (1987) Nutzpflanzen in Deutschland. Kulturgeschichte und Biologie. K Theiss, Stuttgart, S 490
Lu H, Yang X, Ye M, Liu KB, Xia Z, Ren X, Cai L, Wu N, Liu TS (2005) Culinary archaeology: Millet noodles in Late Neolithic China. Nature 437:967
Matsuoka Y (2011) Evolution of polyploid Triticum wheats under cultivation: the role of domestication, natural hybridization, and allopolyploid speciation in their diversification. Plant Cell Physiol 52:750-764
Miedaner T, Longin F (2012) Unterschätzte Getreidearten. Agrimedia Verlag, Clenze
Rösch M, Heumüller M (2008) Vom Korn der frühen Jahre – Sieben Jahrtausende Ackerbau und Kulturlandschaft. Arch Inf Bad-Württ 55:102 (Esslingen)
Schlipf JA (1856) Populäres Handbuch der Landwirtschaft für den praktischen Landwirth. C. Mäcken, Stuttgart
Van Slageren MW (1994) Wild wheats: a monograph of *Aegilops* L. and *Amblyopyrum*. Wageningen Agric Univ Pap, The Netherlands, S 513

Statistische Jahrbücher. Deutsches Reich. Internet: http://www.digizeitschriften.de/
dms/toc/?PPN=PPN514401303 Bundesrepublik Deutschland. Internet: https://
www.destatis.de/DE/Publikationen/StatistischesJahrbuch/StatistischesJahr-
buch_AeltereAusgaben.html
Zaharieva M, Ayana NG, Hakimi AA, Misra SC, Monneveux P (2010) Cultivated emmer
wheat (*Triticum dicoccon* Schrank), an old crop with promising future: A review.
Genet Resour Crop Evol 57:937–962

Weiterführende Literatur

Feldmann M (1976) Wheats. *Triticum* spp. (Gramineae-Triticinae). In: Simmonds (Hrsg)
Evolution of Crop Plants. NW Longman Group Limited, London, S 120–128
Küster H (2013) Am Anfang war das Korn. CH Beck, München
Özkan H, Willcox G, Graner A, Salamini F, Kilian B (2011) Geographic distribution and
domestication of wild emmer wheat (*Triticum dicoccoides*). Genet Resour Crop
Evol 58:11–53
Peng JH, Sun D, Nevo E (2011) Domestication evolution, genetics and genomics in
wheat (Review). Mol Breeding 28(281):301
Porsche W (2008) Weizen, *Triticum aestivum* L. Qualität für das tägliche Brot – von der
Mangelware zum Exportgut. In: Röbbelen G (Hrsg) Die Entwicklung der Pflan-
zenzüchtung in Deutschland (1908–2008). Gesellschaft für Pflanzenzüchtung
eV, Göttingen
Snape J, Pánková K (2006) *Triticum aestivum* (wheat). Encyclopedia of life Sciences
A 0003691
Tanno K, Willcox G (2006) How fast was wild wheat domesticated. Science 311:1886
Tanno K, Willcox G (2012) Distinguishing wild and domestic wheat and barley spikelets
from early Holocene sites in the Near East. Veget Hist Archaeobot 21:107–115
Zohary D, Hopf M, Weiss E (2012) Domestication of Plants in the Old World. 4th edition.
Oxford University Press, Oxford, S 243

Roggen – Anspruchslos und hartnäckig

Thomas Miedaner

T. Miedaner, *Kulturpflanzen,*
DOI 10.1007/978-3-642-55293-9_3, © Springer-Verlag Berlin Heidelberg 2014

Roggen ist heute vor allem in Mittel- und Osteuropa verbreitet. Weltweit wird er auf 5,1 Mio. ha angebaut und produziert im Jahr rund 13 Mio. t Körner. Er liefert auch auf leichteren, nährstoffarmen Böden und an kühleren Standorten noch gute Erträge, überragend ist gegenüber allen anderen Getreidearten seine Frosttoleranz. Das Korn des Roggens wird zum Brotbacken sowie als Futter- und Genussmittel (Alkohol) oder als nachwachsender Rohstoff zur Herstellung von Bioethanol genutzt. Zur Herstellung von Biogas wird die noch grüne Pflanze im Jugendstadium oder nach der Blüte verwendet.

3.1   Einordnung in das Pflanzenreich

Roggen (*Secale cereale* L.) ist ein diploides Gras ($2n = 2x = 14$ *Chromosomen*) und gehört innerhalb der Süßgräser (*Poaceae*) zusammen mit Weizen und Gerste zu den *Triticeae*, was auf eine Verwandtschaft zwischen diesen drei Getreidearten bzw. einen gemeinsamen Vorfahren hinweist. Die Gliederung der Gattung *Secale* hat viele Veränderungen erlebt. Während Linné 1734 nur den Kulturroggen, *Secale cereale*, kannte, beschrieb der russische Wissenschaftler N. I. Vavilov 1926 auf seinen ausgedehnten Sammelreisen bereits vier Arten. Da die damalige Einteilung nur auf äußerlichen, leicht erkennbaren Merkmalen beruhte, nahm die Zahl der Arten mit den weiteren Exkursionen Vavilovs und seiner Schüler ständig zu. 1947 war die Gattung *Secale* bei dem russischen Botaniker Roshevitz auf 14 Arten angewachsen. Heute neigt man aufgrund molekularer Untersuchungen wieder zu einer stärkeren Vereinfachung und unterscheidet höchstens vier Arten (◘ Tab. 3.1): *Secale silvestre* (Waldroggen), *S. strictum* (syn. *S. montanum*, Bergroggen), *S. iranicum* (Iranischer Roggen) und *S. cereale* (Getreideroggen). Diese vier Arten lassen sich nur unter großen Schwierigkeiten miteinander kreuzen, häufig kommt es zu Fruchtbarkeitsstörungen.

Der 1924 von Grossheim in Aserbeidschan entdeckte Wildroggen *S. vavilovii* ging zunächst verloren. Das von dem deutschen Züchtungsforscher Kuckuck im nördlichen Iran 1956 gesammelte Roggenmaterial wurde von ihm zwar als *S. vavilovii* bezeichnet (◘ Abb. 1.4a), es wird heute aber aufgrund genetischer Tests als eigene Art, *S. iranicum*, aufgefasst. Manche neueren Autoren zählen *S. iranicum* wieder zur Art *S. cereale* und unterscheiden nur noch drei Arten (Frederiksen und Petersen 1998). Die Lebensformen der vier Roggenarten sind vielgestaltig. Es gibt **einjährige (annuelle)** [▶ **einjährig**] und **ausdauernde (perennierende)** [▶ **ausdauernd**] Winter- und Sommerformen, **selbst-** [▶ **selbstbefruchtend**] und **fremdbefruchtende** [▶ **fremdbefruchtend**] Arten, Wild- und Kulturformen. Nur die Art *S. cereale* („Getreideroggen") enthält kultivierte Formen.

Der Kulturroggen (Unterart *cereale*, ◘ Abb. 3.1a, b) ist wie alle Kulturgetreide nicht-**spindelbrüchig** (zähspindelig, ▶ Kap. 1) [▶ **spindelbrüchig**]. Er besitzt sowohl Winter- als auch Sommerformen und ist

einjährig (annuell): Pflanzen, die von Blüte bis Reife höchstens 12 Monate benötigen

ausdauernd (perennierend): Pflanzen, die viele Jahre leben und mehrfach blühen und fruchten

selbstbefruchtend: Pflanzen, die von eigenem Pollen befruchtet werden

fremdbefruchtend: Pflanzen, die nur von genetisch anderem Pollen befruchtet werden können

spindelbrüchig (▶ Kap. 1): Ähre bricht bei der Reife von alleine in ihre Bestandteile; typisches Zeichen für Wildgetreide

Tab. 3.1 Systematik, Verbreitung und Lebensformen der Gattung *Secale* L.

Botanische Namen	Verbreitung	Lebensform und Aussehen der Ähre
Secale silvestre	Europa bis Westsibirien	Wildform, **einjährig [▶ einjährig] selbstbefruchtend [▶ selbstbefruchtend], spindelbrüchig [▶ spindelbrüchig]**
S. iranicum	Nordwestiran, Armenien	Wildform, einjährig, selbstbefruchtend, spindelbrüchig
S. strictum (= *S. montanum*)	Östliches Mittelmeer, Iran, Russland, Südafrika	Wildform, **ausdauernd [▶ ausdauernd]**, **fremdbefruchtend [▶ fremdbefruchtend]**, spindelbrüchig
S. cereale	Weltweit	Verschiedene Lebensformen, einjährig, fremdbefruchtend

Abb. 3.1 Moderner Roggen. **a** Ähren im Feld **b** Versuchsparzellen von Roggen zur Messung des Kornertrages **c** Körnerprobe mit schwarzen Mutterkorn-Sklerotien

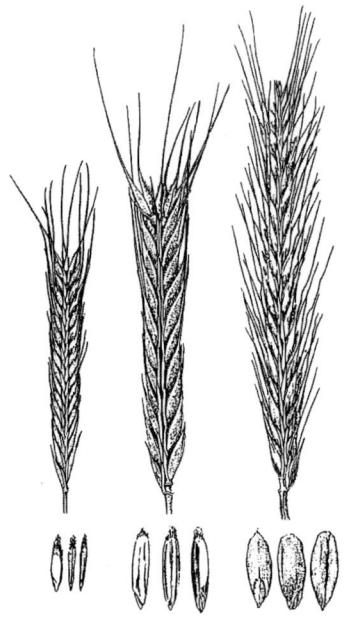

Fremdbefruchter, d. h. nur Pollen einer (genetisch) fremden Pflanze ist befruchtungsfähig. Der Pollen wird über weite Strecken vom Wind verfrachtet.

3.2   Wilde Verwandte und die Entstehung des Kulturroggens

Roggen stammt aus Südwestasien, ebenso wie Einkorn, Emmer, Weichweizen und Gerste. Sein Herkunftsgebiet umfasst die heutigen Staaten Türkei, Libanon, Syrien, Irak, Iran und Afghanistan. Er war dort eine Pflanze der Lichtungen im ehemals vorhandenen Eichenwald, gedieh aber gleichermaßen in höher gelegenen Steppen und Gebirgen bis über 2000 m Höhe. Noch heute kann man Vorfahren und Verwandte unseres Kulturroggens in diesen Gebieten finden.

Ursprünglich eher eine Pflanze des Mittelmeer- und Steppenklimas hat sich schon die einjährige **Wildart *S. silvestre*** über Zentral- und Osteuropa, die südlichen Teile Russlands, den Kaukasus, Mittelasien bis nach Westsibirien verbreitet, eine Wanderung, die der Kulturroggen in der Hand des Menschen später nachvollzog.

„Bergroggen" (***S. strictum***, früher ***S. montanum***) wird als Sammelbezeichnung für alle ausdauernden Roggenformen verwendet (◘ Abb. 3.2), die von Marokko über das gesamte Mittelmeergebiet bis zum nördlichen Iran und Irak verbreitet sind und in zahlreiche Unterarten eingeteilt werden. Der Bergroggen kann sich durch unterirdische Wurzelausläufer ungeschlechtlich vermehren und geschlechtlich durch Samen. Wie unsere Rasengräser können die ausdauernden Roggenformen nach Viehfraß oder harten Wintern aus dem Bestockungsknoten immer wieder erneut austreiben. Sie bilden dann ganze Wiesenflächen und sind prädestiniert für das Wachstum auf extremen Standorten, wie etwa im Hochgebirge. Dort zeigt sich die Pflanze nur mit wenigen, kurzen Ähren und kleinen Körnern. Als Schutzmechanismus gegen die bei geringer Pflanzenzahl auftretende schädliche Inzucht, verfügen sie über eine besonders hohe Selbstinkompatibilität: Verwandte Pflanzen können sich nicht miteinander paaren. Die perennierenden Wildroggen zeigen die Merkmale einer ursprünglich einheitlichen Art, deren gemeinsames Verbreitungsgebiet zerstört wurde. Die einzelnen Unterarten treten heute entweder isoliert in kleinen Arealen oder in größeren Gebieten auf, dort aber in kleinen Beständen an extremen Gebirgs- oder Trockenstandorten. Sie sind genetisch zwar nahe verwandt, stellen ökologisch jedoch völlig gegensätzliche Typen dar. Die meisten Vertreter sind an kühl-gemäßigtes, winterkaltes Klima angepasst und kommen entweder nur in größeren Höhen vor (Unterarten *anatolicum*, *ciliatoglume*, *africanum*) oder sind auf die niederschlagsreichen Waldränder und -lichtungen nördlich des Kaukasus beschränkt (Unterart *kuprijanovii*). Die beiden Unterarten *strictum* und *dalmaticum* haben sich dagegen an trocken-heiße Standorte angepasst und sind heute von den Halbwüsten Marokkos, den trockenen Waldlichtungen Südspani-

◘ **Abb. 3.2** Vergleich der Ähren- und Korngröße von Roggen unterschiedlichen Kultivierungsgrades: Perennierender Bergroggen (*S. strictum*, links), spindelbrüchiger Unkrautroggen (*S. cereale ssp. ancestrale, Mitte*) und Kulturroggen (*S. cereale ssp. cereale, rechts*). Ähren im Größenverhältnis 1:1, Körner 3:1. (Nach Schiemann 1948) (Quelle: Verlag G. Fischer, Jena)

⬛ **Tab. 3.2** Formen innerhalb des Kulturroggens (*Secale cereale*) und ihre wichtigsten Merkmale

Unterart	Vorkommen	Lebensform	Ährenform
cereale	„weltweit"	Kultur	Nichtspindelbrüchig
rigidum (= turkestanicum)	Türkei, Ostkaukasus	Unkraut	Nichtspindelbrüchig
segetale, afghanicum	Kaukasus, Iran, Afghanistan	Unkraut	Teilspindelbrüchig
dighoricum,ancestrale	Westtürkei, Istrien, Südrussland	Unkraut	Spindelbrüchig
vavilovii	Osttürkei, Armenien	Wild	Spindelbrüchig

ens, Siziliens und des Balkans bis zum südlichen Kaukasus und dem regenarmen Osthang des Zagros-Gebietes zu finden. Eine Sonderstellung innerhalb des Bergroggens nimmt die Unterart *africanum* ein. Sie war nur in einer isolierten Region des Kapgebietes in Südafrika verbreitet, den so genannten „Roggeveldbergen", die nach diesem Vorkommen von den Buren ihren Namen erhielten. Dieses Gebiet ist durch lange, harte Winter und Temperaturen weit unter der Frostgrenze gekennzeichnet. Der kleine, nur 50 cm hohe Wildroggen kam dort bis in Höhen von 3000 m vor. Unter diesen Bedingungen, die für die anderen Gräser keine Lebensmöglichkeiten mehr boten, konnte der afrikanische Bergroggen große Bestände bilden, da er sich alljährlich nach dem harten Winter aus den unterirdischen Wurzelausläufern erneuerte. Noch vor 200 Jahren war er dort weit verbreitet und wurde als ausdauernde Futterpflanze, vor allem für Schafe, intensiv genutzt. Durch Überweidung und durch Umbruch der Flächen in geringeren Höhen zur Ackernutzung ist er heute als wildwachsende Pflanze stark gefährdet und findet sich fast nur noch in wissenschaftlichen Sammlungen und botanischen Gärten.

S. iranicum ist ein einjähriges, nur 50 cm hohes Wildgras, dessen Ähre bei der Reife völlig zerfällt (Spindelbrüchigkeit). Er ist, wie Weizen, Gerste und Hafer, ein reiner Selbstbefruchter mit äußerst kurzen Staubbeuteln. Er kommt nicht in einem geschlossenen Verbreitungsgebiet vor, sondern fleckenweise in Aserbeidschan, südlich des Kaukasus, und bei Hamadan im Iran. Dort ist er vor allem auf nährstoffarmen Sandböden zu Hause. Er repräsentiert den an ein wärmeres Klima angepassten Flachlandroggen mit sehr kurzer Vegetationszeit (sommerannuell) und ersetzt hier ökologisch die Roggenart *S. cereale*, die in heißen Landstrichen nur schlecht gedeiht.

Die Art Secale cereale wird heute als Komplex von zahlreichen Formen aufgefasst, die nur noch den Rang von Unterarten haben (⬛ Tab. 3.2). Sie sind alle einjährig (annuell) und fremdbefruchtend; der Pollentransport erfolgt, wie bei Gräsern üblich, durch Wind. Die heute noch im Iran vorkommenden Unterarten von *S. cereale* besitzen Winter- und Sommerformen. Dabei setzen sich mit zunehmender Kälte des Lebensraums die Winterformen durch. Je nach Breitengrad finden sich im Iran ab 1700 m bzw. 2200 m Meereshöhe nur noch Wintertypen in den Populationen. Dies ist bemerkenswert, weil Roggen damit die einzige aus dem Fruchtbaren Halbmond stammende

Kulturart ist, die eine natürliche Winterform kennt. Einkorn, Emmer, Gerste und Hafer waren von Hause aus Sommerformen, die erst durch die Züchtung im 19. und 20. Jahrhundert winterfest wurden. Hafer ist heute noch in Deutschland eine Sommerform. Die Kältetoleranz und Winterfestigkeit des Roggens wird sich bei seiner Verbreitung in Europa noch als sehr vorteilhaft erweisen.

Die einzige wirkliche Wildform innerhalb der Art ist die von Grossheim entdeckte Unterart *vavilovii* (◘ Abb. 1.4a). Dieser kleine Roggen (50–80 cm) wächst in der östlichen Türkei. An den Hängen des Ararats und angrenzenden vulkanischen Regionen bildet er große Bestände. Daneben gibt es zahlreiche Unkrauttypen („Primitivroggen"), die in kultivierte Bestände von Getreide, aber auch in Obstplantagen und Weingärten, einwandern und sich dort selbstständig ausbreiten, ohne vom Menschen bewusst gefördert zu werden. Ihre Entstehung wird in der mittleren und östlichen Türkei, dem Nordwestiran und Armenien vermutet, weil der Roggen in diesem Gebiet die höchste genetische Vielfalt zeigt und gleichzeitig auch der ausdauernde Berggroggen (*S. strictum*) in diesen Regionen sehr variabel ist. Hier findet häufig eine spontane Kreuzung zwischen beiden Arten statt. Die Nachkommen sind jedoch in der Regel gar nicht oder nur eingeschränkt fruchtbar. Wahrscheinlich führte das kalte und raue Klima in dieser Gegend dazu, dass Roggen gegenüber Gerste und Weizen Vorteile hatte und unter diesen Bedingungen seine Unkrautrolle in den Feldern der kultivierten Getreide begann. Die vollspindelbrüchigen Formen, v. a. die Unterart *ancestrale* (◘ Abb. 3.2), sind die ältesten Vertreter. Bei anderen Kulturpflanzen würden sie wegen ihrer spindelbrüchigen Ähre als Wildformen angesehen. Da sie aber nicht in natürlicher Umgebung vorkommen, sondern nur neben den Feldern, in Feigenplantagen, Weingärten und an Straßenrändern („gestörte Habitate"), zählen sie zu den Unkrauttypen. Bei den teilspindelbrüchigen Unkrautformen (◘ Tab. 3.2) bricht in der Regel der obere Teil der Ähre von alleine und verbreitet sich wie bei einer Wildpflanze, während der untere Teil stehen bleibt und zusammen mit der Kulturpflanze geerntet wird. Dies wird als ein Schritt zur Kultivierung angesehen und solche Formen sind im Iran, Armenien, Afghanistan und angrenzenden zentralasiatischen Ländern weit verbreitet. Die nichtspindelbrüchigen Formen haben sich vollständig den Kulturpflanzen angepasst und sind heute noch reichlich in Weizenfeldern der Türkei und angrenzenden Ländern, aber auch im Kaukasus und Transkaukasus, zu finden.

Die Entstehung der Roggenformen ist bis heute nicht vollständig geklärt. Verwandtschaftsanalysen mit molekularen Markern ergaben nur drei Gruppen. *S. silvestris* hat sich am frühesten von einer gemeinsamen Stammform abgespalten, er steht am weitesten von *S. cereale* entfernt. Weiterhin finden sich der ausdauernde *S. strictum* und der einjährige *S. cereale* ssp. *cereale*, der genetisch eng mit der ebenfalls einjährigen Wildform ssp. *vavilovii* verwandt ist. Diese beiden Unterarten lassen sich problemlos kreuzen und ergeben fruchtbare Nachkommen. Die **Herkunft des Kulturroggens** erklärte man früher durch

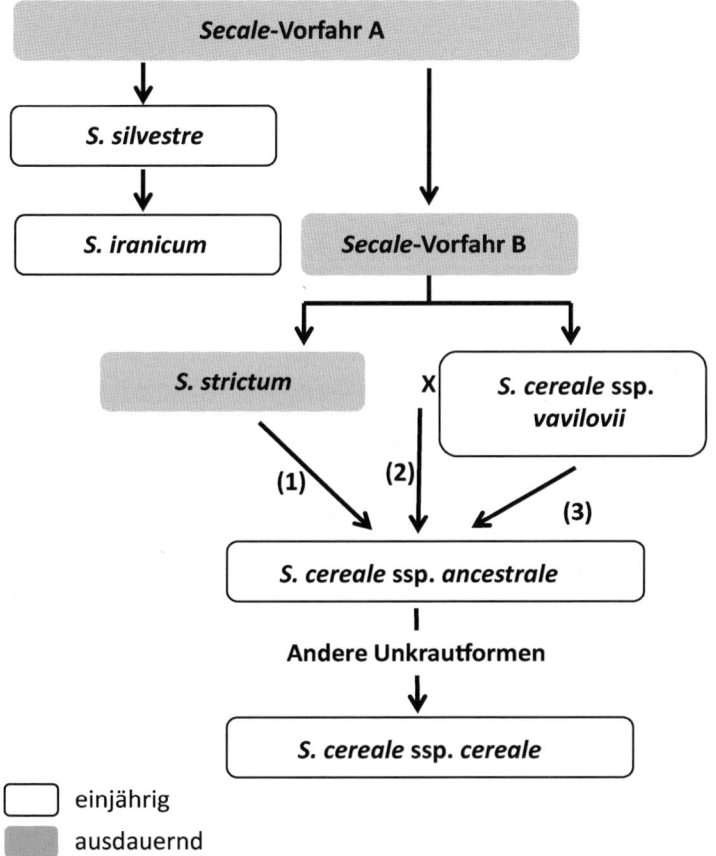

einjährig

ausdauernd

◘ **Abb. 3.3** Verwandtschaftsverhältnisse innerhalb der Gattung *Secale* mit den drei diskutierten Abstammungsmöglichkeiten des Kulturroggens

eine direkte Abstammung aus *S. strictum* (◘ Abb. 3.3, Variante 1). Aus der spindelbrüchigen, ausdauernden Wildform sollen während der Kultivierung von Weizen und Gerste einjährige Unkrautformen und schließlich die Kulturform von *S. cereale* entstanden sein. Dies gilt heute als weniger wahrscheinlich, vor allem weil die Kreuzungsnachkommen erhebliche Fruchtbarkeitsstörungen haben, denn die beiden Arten unterscheiden sich durch zwei Chromosomentranslokationen.

Eine plausible andere Möglichkeit (Variante 2) wäre, dass sich aus einem gemeinsamen, heute ausgestorbenen, Vorfahr der einjährige, wilde Getreideroggen (*S. cereale* ssp. *vavilovii*) und der ausdauernde Bergroggen (*S. strictum*) bildeten und aus einer spontanen Kreuzung dieser beiden Arten die Unkrautformen und später die Kulturform entstanden sind. Der Unterart *vavilovii* wird dabei die entscheidende Rolle zugeschrieben, weil sie die einzige echte Wildart innerhalb der Art *S. cereale* ist. Als dritte Variante wird diskutiert, dass direkt aus der Unterart *vavilovii* die Unkrautformen hervorgingen und schließlich auch der Kulturroggen. Bis heute gibt es aber keine eindeutige Antwort auf die Frage, wer der Vorfahr des Getreideroggens ist.

Der „Weizen" Allahs

Bauern im Hochplateau von Anatolien mit seinen sehr unwirtlichen Klimabedingungen tolerieren traditionell einen bestimmten Roggenanteil im Weizen. In schlechten Jahren mit sehr kalten Wintern und trockenem Frühjahr überlebt der Roggen, während der Weizen nur noch sehr schütter steht. Deshalb nennen die dortigen Bauern den Roggen „Weizen Allahs", im festen Vertrauen darauf, dass Allah auch dann noch für seine Gläubigen sorgt, wenn die Weizenernte ausfällt. Besonders in trockenen Jahren kann der (Unkraut-) Roggen bis zu 40 % des Getreides ausmachen. Auch am Nordrand des Verbreitungsgebietes von Weizen, in Sibirien, nutzen die Bauern die Konkurrenzkraft des Roggens auf ähnliche Weise. Sie bezeichnen den Roggen als „schwarzen Weizen" und mischen regelmäßig ihr Saatgut aus beiden Getreidearten. So erhalten sie nach harten Wintern eine Roggenernte und nach eher milden Wintern ernten sie vorwiegend Weizen.

Die sehr unterschiedlichen Lebens- und Befruchtungsverhältnisse der vier Arten machen die Entscheidung nicht einfacher. Es ist auch nicht auszuschließen, dass es während der Evolution der Unkraut- und Kulturformen zu gelegentlichen Einkreuzungen des Bergroggens und Rückkreuzungen mit *S. cereale* kam, was die große Variabilität innerhalb der Art erklären würde. Die „wilden" Verwandten blieben bis heute, mit Ausnahme des afrikanischen Bergroggens, in ihrer natürlichen Umgebung erhalten. Sie werden in höheren Lagen häufig zur Schafweide genutzt oder wandern als aufdringliches Ungras in Äcker ein. Auch in der modernen Pflanzenzüchtung spielen sie eine Rolle, weil sie Träger wertvoller Gene sind, die für die Verbesserung des Kulturroggens genutzt werden können. Deshalb stellen die Wild- und Primitivroggen ein erhaltenswertes Genreservoir dar.

Die **Entwicklung innerhalb der Art *S. cereale* von der Unkraut- zur Kulturform** ist dagegen eindeutig (◧ Tab. 3.2). Von der vollspindelbrüchigen Unterart *ancestrale* ausgehend entwickelten sich die heute noch bekannten Unkrauttypen mit zunehmend festerer Ähre und größeren Körnern, aus denen schließlich die heute als Kulturroggen angebaute Unterart *cereale* hervorging. Roggen hat ähnliche Boden- und Klimaansprüche wie Weizen und Gerste und gedieh auf den gerodeten und gelockerten Feldern der ersten Ackerbauern ebenso gut, wurde von diesen aber nie planmäßig angebaut. Die Wildroggentypen wanderten von ihren natürlichen, offenen Standorten – Waldlichtungen und Steppen – in Richtung der kultivierten Felder, fanden zunächst ein Auskommen an den Wegrainen und besiedelten von dort die Äcker. Da Roggen in seinem Jugendstadium nur schwer von Weizen und Gerste unterscheidbar ist, wird er von der Unkrauthacke eher gefördert als ausgerauft. Roggen kann sich als Fremdbefruchter sehr leicht durch natürliche Selektion an neue Verhältnisse anpassen und entwickelte diese Unkrautformen. Sie sind zu einem hohen Anteil einjährig, nur teilweise spindelbrüchig, großkörnig, besitzen oft drei Blütchen an einer Spindelstufe, die Körner lösen sich sehr leicht aus der Spelze und die Pflanzen sind gut an den Entwicklungsrhythmus von Weizen und Gerste angepasst. Diese Eigenschaften wurden bereits als typische Domestikationsmerkmale beschrieben (▶ Kap. 1).

Kulturroggen wird wieder wild

Bei Roggen können, im Gegensatz zu anderen Kulturpflanzen, Kulturformen auch wieder verwildern und sich sehr erfolgreich in gestörten Habitaten behaupten. So wachsen heute noch im Böhmerwald an Feld- und Waldrändern „wilde" Roggenpflanzen, die denjenigen gleichen, die vor dem Zweiten Weltkrieg von deutschstämmigen Siedlern dort angebaut wurden und eindeutige Kulturmerkmale aufweisen. Ähnlich finden sich auch in den westlichen USA an Feldrändern, auf ungepflegten Weiden und an Straßenrändern Roggenpflanzen, die dort als hart-näckiges Unkraut (*feral rye*) angesehen werden, und sich mit Hilfe von Enzym- und molekularen Markern kaum von alten Kulturroggensorten unterscheiden lassen. Allerdings sind sie wieder zur Spindelbrüchigkeit zurückgekehrt; eine Entwicklung, die sehr leicht vonstattengeht, da diese Eigenschaft nur durch ein Gen vererbt wird (monogen) und bei Fremdbefruchtern die meisten Gene heterozygot vorliegen. Somit kann bei entsprechendem Selektionsdruck rasch das andere, nicht kulturbedingte Allel wieder fixiert werden. Ähnlich entwickelten sich diese wieder zu Unkraut gewordenen ehemaligen Kulturroggenformen im südlichen Kalifornien zu Sommerformen, weil es hier keine Winterkälte gibt und nur sehr frühblühende Pflanzen der regelmäßig einsetzenden Sommertrockenheit entkommen können. Auch diese Eigenschaft ist monogen (rezessiv) bedingt. Im nördlichen Kalifornien sind die Unkrautroggen wesentlich später blühend und kältetolerant, haben also die ursprünglichen Eigenschaften eines Wintergetreides behalten. (Quelle: Burger et al. 2007)

Es ist heute unbestritten, dass die Entwicklung unseres Kulturroggens durch die Einführung des Ackerbaus im Fruchtbaren Halbmond angestoßen wurde. In dieser Gegend, vor allem auch in der Türkei, kann man heute noch beobachten, dass Unkrautroggen ein natürlicher und äußerst hartnäckiger Bestandteil der Flora in einem Weizenfeld ist. Hier dürfte über Jahrtausende ein ständiger Genfluss zwischen den Wild- und Unkrautformen bestanden haben. Deshalb unterscheiden sich die Unterarten von *S. cereale* auch nur in Details, die Übergänge sind fließend und man kann davon ausgehen, dass sich dieser Vorgang während der ersten Jahrtausende in der ganzen Region häufig wiederholte. Wichtig dabei ist, dass Roggen als einzige Getreideart Südwestasiens **fremdbefruchtend [▶ fremdbefruchtend]** ist, sein Pollen wird über weite Strecken vom Wind verfrachtet. Daher kam es in jedem Jahr zu einer erneuten, gegenseitigen Bestäubung von Wild- und Unkrautformen und das könnte ein Grund sein, warum Roggen in Südwestasien nie kultiviert wurde. Es fand durch die Windbefruchtung einfach keine Trennung zwischen Wild- und Kulturformen statt, wie bei Einkorn, Emmer oder Gerste. Das änderte sich erst, als Roggen in seiner Unkrautform in Gebiete verbracht wurde, wo es keine Wildformen mehr gab, etwa das östliche Europa. Interessanterweise kennen die semitischen Sprachen heute noch kein Wort für Roggen, sondern bezeichnen diese Pflanze als „Unkraut im Weizen" bzw. „Unkraut in der Gerste", auf Arabisch *chou-dar* oder *gandam-dar*. Dies beschreibt exakt die Rolle des Roggens während Tausender von Jahren Ackerbau in diesem Gebiet.

Aufgrund der unbeabsichtigten, gemeinsamen Entwicklung von „Unkrautroggen" mit den anderen kultivierten Getreidearten entstand beim Roggen eine große Formenmannigfaltigkeit. Es treten im Ursprungsgebiet noch heute die verschiedensten Ährenfarben von Gelb über Rotgelb bis Braun und Schwarz auf sowie die unterschiedlichsten

Ährenformen von dichten und lockeren, langen und kurzen Ähren mit langen und kurzen Grannen, lockerem und festem Spelzenschluss und verschiedenartigster Behaarung. Durch Kreuzungen der Wildroggenformen untereinander (Hybridisierung) und Einkreuzung von Wildroggen in Unkrautroggen über die Windbestäubung (Introgression) entstanden die heute bekannten Unterarten der Art *S. cereale* mit ihrem fließenden Übergang von der Wild- zur Kulturform. Dies gilt noch heute für das Kaukasus-Elbrus-Gebiet, wo sich die Areale der meisten Roggenarten und -formen überschneiden. Hier entsteht heute noch ständig neue genetische Vielfalt.

3.3   Die Verbreitung eines Mitläufers

Der Wechsel vom Wild- über Unkraut- zum Kulturroggen lässt sich auch mit archäologischen Funden belegen. Dabei wird ein zunehmendes Anwachsen der Korngröße als zunehmender Kultivierungsgrad aufgefasst. Wegen des fließenden Übergangs dieses Merkmals, das durch sehr viele Gene bewirkt wird, fällt es den Archäologen bei Roggen – vor allem bei den sehr frühen Funden – schwer, die Unterscheidung zwischen diesen Kultivierungsgraden zu treffen und es besteht oft Diskussionsbedarf.

Die ältesten bekannten Roggenfunde stammen schon aus Abu Hureyra und Mureybit (ca. 10.000 *cal* v. Chr.), rund 1000 Jahre vor dem Beginn des planmäßigen Ackerbaus. Hier fanden sich in den frühesten Schichten kleine (Wild-)Roggenkörner, die denen des dort heimischen Bergroggens (*S. strictum*) oder der Wildform des Kulturroggens (Unterart *vavilovii*) sehr ähnlich sind. Etwa zur selben Zeit (ab 9500 *cal* v. Chr.) finden sich in zwei Siedlungen des nördlichen Syriens Wildroggensamen in den Funden. Auch in Abu Hureyra II (8400 *cal* v. Chr.) wurden Roggenkörner entdeckt, die etwas größer sind als die des Wildroggens, doch immer noch deutlich kleiner als beim heutigen Kulturroggen. Diese „halbgroßen" Roggenkörner von Abu Hureya haben Ähnlichkeit mit heutigen Formen von „Ungrasroggen", vor allem mit der Unterart *ancestrale*.

Roggen kann damals als häufiges Ungras in Getreidebeständen aufgetreten sein oder doch bereits erste Anbauversuche erlebt haben (◧ Abb. 3.2). Roggen, der als domestiziert bezeichnet wurde, fand sich erstmals in Can Hasan III (7500–6500 *cal* v. Chr.) und Çatal Höyük (7500–7000 *cal* v. Chr.), an letzter Fundstelle allerdings nur in sehr geringen Mengen. Die Körner aus Can Hasan III dagegen waren recht groß und lagen zusammen mit nichtspindelbrüchigen Ährenteilen, so dass der Bearbeiter der Funde davon ausgeht, dass es sich um Kulturroggen handelte. Es könnte sich aber auch um Unkrautroggen mit Fruchtbarkeitsstörungen gehandelt haben – die wenigen verbleibenden Körner an der Ähre werden dann entsprechend größer. Die frühesten domestizierten Roggenkörner, bei denen es sich zweifelsfrei um *S. cereale* ssp. *cereale* handelte, und die auf einen Reinanbau

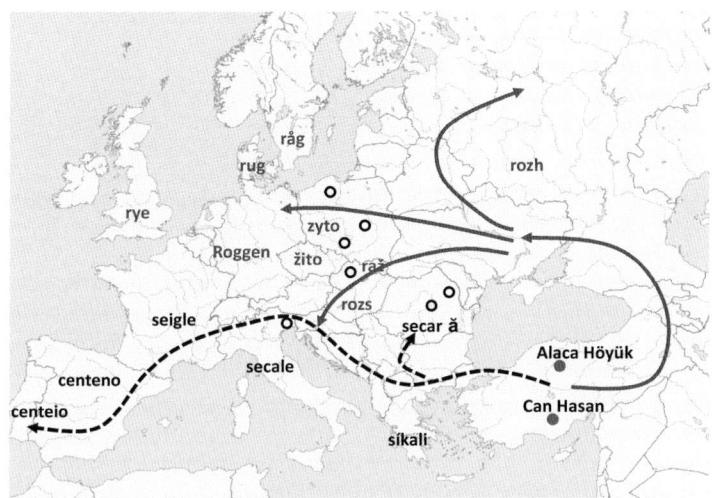

Abb. 3.4 Zwei Wanderungswege des Roggens von Anatolien nach Europa und die Bezeichnung des Roggens in einigen europäischen Sprachen. *Punkte* kennzeichnen die frühesten Funde von Kulturroggen in Südwestasien, *Kreise* die frühesten europäischen Funde. (Nach einer Idee von V. D. Kobylyanskii, VIR-Institut, St. Petersburg, mündl. Mitteilung)

schließen lassen, finden sich in Südwestasien erst um 2000 v. Chr. in Alaça Hüyük in der nördlichen Türkei. Diese große Lücke von ca. 5000 Jahren zwischen domestizierten Funden ist sehr ungewöhnlich und könnte darauf hinweisen, dass Roggen entweder tatsächlich bereits früh kultiviert, dann aber nicht weiter angebaut wurde („*lost crop*") oder aber die frühen Funde stammen allesamt von nichtkultivierten, teilspindelbrüchigen Unkrautroggen, die in der beschriebenen Weise durch natürliche Selektion einen gewissen Kultivierungsgrad erreichten und bei Fruchtbarkeitsstörungen, was bei Roggen häufig vorkommt, nur wenige, aber ungewöhnlich große Körner produzierten.

Die Verbreitung des Kulturroggens nach Europa fand auf zwei Wegen statt (Abb. 3.4). Eine Route führte von Südwestasien über den Balkan und die westliche Mittelmeerküste bis nach Portugal, eine zweite nach Osteuropa und dann mit den Slawen über Polen nach Deutschland. Diese unterschiedlichen Routen dokumentieren sich heute noch in den verschiedenen Wortstämmen für diese Kulturpflanze in den europäischen Sprachen: Roggen ist ein gemeinsamer Begriff der germanischen und slawischen Sprachen (angelsächsisch *ryge, rig*, germanisch *roggan, ruggn*, altslawisch *ruji, roji*, illyrisch *raz*). Die romanischen Sprachen nutzten dagegen den lateinischen Wortstamm *secale*, der angeblich von „schneiden" kommt und auf die Nutzung von Roggen als Grünfutter hinweisen soll. Dementsprechend kommen die frühesten europäischen Roggenfunde aus jungsteinzeitlichen Siedlungen in Norditalien, der Slowakei, zahlreichen Stellen in ganz Polen und aus Rumänien aus der Zeit zwischen 5600 und 4400 *cal* v. Chr. Damit sind die europäischen Roggenfunde deutlich älter als der früheste, zweifelsfreie Fund von Kulturroggen in der Türkei.

3

Römischer Roggen in Germanien

Die schlechte Meinung der Römer über den Roggen änderte sich im kalten, unwirtlichen Germanien. Denn auch in den römischen Kolonien nördlich der Alpen wurde durchaus Roggen angebaut. In dieser Zeit (um Christi Geburt bis zum 3. Jh. n. Chr.) verdoppelt sich die Zahl der archäologischen Getreidefunde, die Roggen enthalten. Die prozentualen Anteile des Roggens blieben jedoch mit einer Ausnahme gering. Der bisher älteste, unvermischte Großfund stammt aus dem römischen Gutshof Lampoldshausen bei Heilbronn. Die Archäologen fanden 40 kg verkohltes Getreide, das sich später als reiner Roggen erwies. Daneben wurde von den Bewohnern auch Dinkel angebaut und wahrscheinlich zusammen mit Roggen als Brotgetreide verwendet. Auch an zwei weiteren Stellen in den Niederlanden wurden größere Mengen Roggen gefunden: In Ede-Veldhuizen, auf ehemals römischem Gebiet, gab es außer Roggen nur noch etwas Hirse, in Noordbarge/Friesland bestand der Fund zu Dreiviertel aus Roggen, der Rest war Hirse. Auch in Südengland, im römischen Militärlager Isca in Wales (80–130 n. Chr.), waren Roggen und Dinkel die wichtigsten Getreidearten.

Dies verweist auf die Theorie von Vavilov, der schon in den 1920er Jahren vermutete, dass Unkrautroggen eher unfreiwillig als Beimengung in Einkorn, Emmer oder Gerste aus dem Fruchtbaren Halbmond verbreitet, und erst in Europa überhaupt kultiviert wurde. In den klimatisch ungünstigen Randzonen der damaligen Landwirtschaft, in Mittel- und Osteuropa, erwies er sich jedenfalls als segensreiche Neuerung, weil er winterfest war und auch auf sandigen, nährstoffarmen Böden noch gut gedieh. Dort liegen heute auch noch die Hauptanbaugebiete (◘ Abb. 3.5). Eine begrenzte Verbreitung nach Nord- und Südamerika fand erst sehr spät mit europäischen Siedlern statt.

Die gesteigerte Konkurrenzkraft des Roggens gegenüber Weizen unter ungünstigen Anbaubedingungen, etwa auf sauren, nährstoffarmen und trockenen Böden, wurde durch einen klassischen Versuch von Erwin Baur (1875–1933) am Kaiser-Wilhelm-Institut für Züchtungsforschung in Müncheberg eindrucksvoll bestätigt. Wurden Roggen und Weizen zu gleichen Teilen gemischt und dieses Gemisch mehrere Jahre hintereinander ohne Auslese angebaut, dann eliminierten die für Weizenanbau ungünstigen Klima- und Bodenverhältnisse von Brandenburg ohne Zutun des Menschen den Weizen schon nach drei Jahren vollständig. Übrig blieb der robuste Roggen in Reinkultur. Zu dieser Vorzüglichkeit des Roggens auf sandigen, wenig fruchtbaren Böden passt, dass das erste europäische Volk, das ihn planmäßig als Ackerfrucht nutzte, die Slawen waren. Sie bauten ihn ab der beginnenden Bronzezeit (ca. 1800 v. Chr.) im heutigen Ungarn, Polen, Tschechien und der Slowakei dauerhaft an. Die Slawen waren wohl in ihren ursprünglichen Siedlungsgebieten zwischen Weichsel und Dnjepr, etwa zwischen dem heutigen Warschau und Kiew, durch Händler oder wandernde Völker mit dem aus Vorderasien stammenden Roggen in Berührung gekommen. Auf ihren Wanderungen Richtung Westen nahmen sie den Roggen als ihr einziges Brotgetreide mit. Als sie um 500 v. Chr. erstmals auf germanische Stämme im Gebiet von Mecklenburg, Pommern und Brandenburg trafen, übernahmen diese die anspruchslose Getreideart und mit ihr den Namen.

▣ Abb. 3.5 Herkunft (*rot/dunkelgrau*) und heutige Verbreitung (*grün/hellgrau*) des Roggens (Quelle: Max-Planck-Institut für Pflanzenzüchtungsforschung, Köln)

Bis zum Beginn der Eisenzeit hatte sich der Roggen mit den slawischen Wanderungen bis in den Westen und Norden Europas ausgebreitet. Der älteste deutsche Fund von Roggen als Hauptgetreide stammt aus einer hallstattzeitlichen Siedlung des Elbe-Saale-Gebietes (Frankleben bei Merseburg, 6.–5. Jh. v. Chr.). Zur selben Zeit zeigen die einzigen Getreidefunde aus westlichen Gebieten, Heuneburg an der oberen Donau und Tamm nahe Stuttgart, den Roggen noch in seiner typischen Ungrasrolle. Erst mit der nachfolgenden jüngeren Eisenzeit (ca. 400 v. Chr. bis Christi Geburt) sind mehrere Funde mit hohen Roggenanteilen aus dem Neckargebiet, dem Sauerland, aus Göttingen und der Niederelbe bekannt. Zu dieser Zeit dürfte sich Roggen im gesamten Ost- und Mitteleuropa bis zum Rhein als wichtige Getreideart durchgesetzt haben.

Die Römer hielten selbst nicht viel vom Roggen und der erste römische Schriftsteller, der über Roggen berichtete, stammt aus dem späten Kaiserreich. Plinius (23–79 n. Chr.) schrieb in seiner 37-bändigen Naturgeschichte, dass der Roggen das geringste Getreide sei, er könne nur zur Stillung des Hungers dienen und liefere ein schweres, dunkles Mehl. „Um diesen Geschmack zu verbessern, mischt man ihm Spelt (Dinkel) bei; aber dennoch ist er dem Magen in höchstem Grade zuwider. Er wächst in jedem Boden, trägt etwa hundertfältig und schont den Boden." Er wusste also wohl um die Vorteile des Roggens, aber solange es Emmer und Weichweizen gab, war Roggen für die Römer keine Alternative.

Im Laufe der Völkerwanderungszeit stieg der Anteil an Roggen weiter. So stammten auf Sylt im 3.–8. Jahrhundert n. Chr. 17 % des untersuchten Getreidepollens vom Roggen. In den weiten Sandgebieten Brandenburgs bildete sich um dieselbe Zeit (3.–4. Jh. n. Chr.) auch das früheste Areal eines dauerhaften großräumigen Roggenanbaus heraus. Zusammen mit Hirse war Roggen das einzige Getreide, das unter den damaligen Anbaubedingungen auf den dort verbreiteten trockenen und nährstoffarmen Böden überhaupt noch Ertrag brachte.

3.4   Roggen als Basis einer agrarischen Revolution

Roggen war aufgrund seiner hohen Konkurrenzfähigkeit unter schlechten Anbaubedingungen **ab dem 3.–6. Jahrhundert n. Chr. zum typischen Kulturgetreide des mittleren, nördlichen und östlichen Europas** geworden. Obwohl in den ersten Jahrhunderten nach Christus sein Anbau nach Süden bis in die Poebene und nach Griechenland reichte, wurde er unter den günstigeren Klimabedingungen dort bald von den verschiedenen Formen des Weizens verdrängt. Im Norden dagegen entwickelte er sich aufgrund seiner Winterfestigkeit und Anspruchslosigkeit zur Nahrungsgrundlage weiter Teile der Bevölkerung und wurde Basis einer agrarischen Revolution.

Bereits zu Beginn des Mittelalters war der Roggen das dominierende Getreide im damaligen Deutschland. Seine herausragende Bedeutung lässt sich schon daran abschätzen, dass man ihn weithin einfach als „das Korn" bezeichnete. Mit Ausnahme der alemannischen Gegenden Süddeutschlands, wo traditionsgemäß Dinkel angebaut wurde (▶ Kap. 2), war er vom Rhein bis nach Sibirien, von den Alpen bis nach Angelsachsen verbreitet. Gerade dort spielte er eine so wichtige Rolle für die Ernährung der Bevölkerung, dass im 7. Jahrhundert n. Chr. bei den Angelsachsen der Monat August einfach „Rugern", d .h. Roggenernte, hieß. Sie hatten den Roggen in ihrem Stammland auf dem europäischen Festland kennengelernt und dann nach England mitgenommen. Auch in dem an die ursprüngliche Heimat der Angelsachsen angrenzenden Dänemark sowie in Südschweden und Norwegen wurde der Roggen schon in den ersten Jahrhunderten n. Chr. häufig angebaut.

Die weite Verbreitung des Roggens lässt sich sowohl durch archäologische Ausgrabungen als auch durch Pollenanalysen aus Torfmooren belegen. In Ostfriesland beginnen die ersten größeren Pollenfunde von Roggen im 4./5. Jahrhundert n. Chr. Im frühen Mittelalter war hier der Anbau noch gering, wurde dann aber im 10. Jahrhundert so weit intensiviert, dass Roggen auch hier zur Hauptgetreideart wurde. In den weiter östlich gelegenen Gebieten dürfte diese Entwicklung um einige Jahrhunderte früher stattgefunden haben.

Trotz der weiten Verbreitung des Roggens bereits im Frühmittelalter, war damals der Getreideanbau insgesamt nur von geringer Bedeutung für die Ernährung der Bevölkerung. Stattdessen nahm die Viehwirtschaft, vor allem die Schweinezucht, die beherrschende Rolle ein. Dies

Technische Neuerungen und Bevölkerungswachstum

Winterroggenanbau, Dreifelderwirtschaft, Eisenpflug, Pferdeanspannung („Kummet") und Wassermühlen revolutionierten im Hochmittelalter die Landwirtschaft auf ähnliche Weise wie 800 Jahre später wieder die Erfindung von Dampfmaschine und Motor. Sie ermöglichten es der mittelalterlichen Gesellschaft Europas die Anbauflächen um ein Vielfaches auszudehnen und die Nutzung auf den schon vorhandenen Flächen zu intensiveren. Der Ertrag des Roggens erhöhte sich in derselben Zeit um mehr als das Doppelte. Die zunehmende Bedeutung des Winterroggenanbaus ermöglichte eine bisher nie dagewesene Bevölkerungszunahme. Um das Jahr 800 lebten schätzungsweise 3–4 Mio. Menschen in Deutschland. Rund 400 Jahre später hatte sich die Zahl auf 11 Mio. mindestens verdreifacht und für das Jahr 1340 geht man von 14 Mio. Menschen auf derselben Fläche aus. Roggen war die Nahrungsgrundlage der Menschen in einem riesigen Gebiet östlich des Rheins und nördlich der Alpen geworden, das sich letztlich bis nach Sibirien erstreckte. An den Sandböden der Nordseeküste, beispielsweise, wurde Roggen in einem speziellen Verfahren der Monokultur auf rund 70 % des Ackerlandes gesät.

änderte sich erst im 9./10. Jahrhundert, manche Autoren sprechen sogar von einer „Vergetreidung". Dadurch konnten neue Nahrungsquellen erschlossen werden. Dies geschah zunächst durch Rodung des Eichen-Mischwaldes, der noch immer den größten Teil Mitteleuropas überzog. Diese „große Rodung" begann Anfang des 10. Jahrhunderts unter den ottonischen Kaisern und setzte sich bis zum Ende des 12. Jahrhunderts fort. Wald, Sümpfe, Heide und Moore wurden damals um 30–50 % zurückgedrängt. Doch Rodung und Neukolonisation alleine genügte bei weitem noch nicht, um eine schnell anwachsende Bevölkerung zu ernähren. Es kamen noch mehrere Neuerungen hinzu, die im Hochmittelalter geradezu eine agrartechnische Revolution bedingten.

Die wichtigste Neuerung entstand unmittelbar aus dem Roggenanbau: Die **Dreifelderwirtschaft**. Sie wurde bereits in der Mitte des 8. Jahrhunderts im Frankenreich erfunden und trat jetzt mit einiger Verspätung ihren Siegeszug im ganzen Land an. Diese spezielle Bewirtschaftungsform ist charakteristisch für das mittelalterliche Europa und wurde bis weit ins 18. Jahrhundert hinein beibehalten. Dabei wird ein Drittel der Flur mit Wintergetreide bestellt, ein weiteres Drittel mit Sommergetreide und das letzte Drittel bleibt brach liegen. Die Dreifelderwirtschaft war nur durch den inzwischen weit verbreiteten Roggenanbau möglich geworden. Denn sie setzt das Vorhandensein einer Getreideart mit ausreichender Winterfestigkeit voraus. Die Winter waren in Mitteleuropa damals noch weitaus härter als wir es heute gewohnt sind. Sie entsprachen etwa den Verhältnissen im heutigen Mittelschweden. Der erste Schnee fiel in der Regel im November und es wurde zum Jahresende hin bitterkalt. Bis zum März war dann ganz Mitteleuropa von einer hohen Schneedecke überzogen. Solche Bedingungen konnten damals weder die frühen Weizenarten Einkorn und Emmer noch die Gerste überstehen. Weizen und Gerste erreichten erst durch intensive Züchtungsarbeit im 19./20. Jahrhundert eine ausreichende Winterhärte. So blieb im Mittelalter als Wintergetreideart nur der Roggen, in einigen Gebieten Süddeutschlands auch der Dinkel, übrig. Roggenformen, die bereits in der vorderasiatischen Heimat in Gebirgsgegenden in einer

Höhe von über 2000 m wuchsen, besaßen bereits natürlicherweise eine ausreichende Winterfestigkeit. Zusätzlich fand in den mannigfaltigen Roggenbeständen der damaligen Zeit mit dem Übergang zum Winteranbau automatisch eine natürliche Auslese auf winterfeste Pflanzen statt, so dass wenige Jahrzehnte nach der Umstellung bereits ein kältetoleranter Roggen vorhanden gewesen sein dürfte. Die Einführung des Winterroggenanbaus brachte durch die längere Vegetationszeit und die bessere Ausnutzung der Winterfeuchtigkeit eine Steigerung des Ertrags. Außerdem wurden jetzt zwei Drittel der Anbaufläche genutzt und nicht wie im früheren Zweifeldbau nur die Hälfte. Der höhere Nährstoffbedarf der Dreifelderwirtschaft wurde über die Einführung der Stallhaltung im Winter und die Brache gedeckt, die beweidet wurde und damit eine Düngerwirkung erhielt. Deshalb war die Dreifelderwirtschaft stets mit Großviehhaltung verbunden.

Erfolgreicher Winterroggenanbau erforderte schwere Pflüge, damit der nasse Boden im Herbst überhaupt gewendet werden konnte. So wurde in dieser Zeit auch erstmals der Eisenpflug entwickelt, der insbesondere mit der etwa gleichzeitigen Erfindung der Pferdeanspannung besonders effektiv wurde. Der hölzerne Hakenpflug, die älteste Form des Pfluges überhaupt, der noch bis ins 20. Jahrhundert hinein auf den trockenen Böden des Mittelmeerraums benutzt wurde, ist für den Winterfeldbau in Mitteleuropa nicht einsetzbar. Er wühlt den Boden nur auf und lässt ihn nach beiden Seiten krümeln, eine wendende Bearbeitung findet kaum statt. Durch die geringe Schubkraft ist sein Einsatz weder auf schweren Lehmböden noch auf nassen Böden, wie sie im Herbst die Regel sind, möglich. Die Einführung der ersten Beetpflüge erlaubte gleichzeitig eine Unkrautbekämpfung und eine bessere Durchlüftung des Bodens.

Mit dem allgemeinen Anbau von Roggen als Brotgetreide war auch die Verbreitung der Wassermühle verbunden, die zum Mahlen des Mehls notwendig wurde. Zwar gab es von Wasserrädern angetriebene Mühlen schon seit der Antike, aber im Mittelmeerraum führten viele Bäche im Sommer kein Wasser. Im Norden dagegen stand immer genug Wasser zur Verfügung, eine richtige Mühlenwirtschaft entwickelte sich, die meist der Grundherrschaft unterstand. Dabei bedingten sich diese rein technischen Neuerungen und die Entwicklung des Feudalsystems gegenseitig. Die herrschaftliche Mühle, vom Grundherrn eingerichtet und bezahlt, bei der die Bauern gegen Entgelt ihr Korn mahlen lassen müssen, ist dafür ein gutes Beispiel. In technischer Hinsicht entwickelte sich aus dem Mühlenwesen die frühindustrielle Montanindustrie mit ihren Walk-, Schmiede- und Hammermühlen.

Aus dem Hochmittelalter sind uns dann erstmals auch **Ertragsdaten** übermittelt. Aufgrund der ständig wechselnden und landschaftlich sehr verschiedenen Maß- und Gewichtseinheiten sind Angaben über Flächenerträge nur schwer einzuschätzen. Ein zuverlässigeres Maß ist daher das Verhältnis von Saat- zu Erntegetreide. Aus dem Jahr 1156 wird beispielsweise von den Flächen der Abtei Cluny in Burgund berichtet, dass die Erntemenge des Roggens die Aussaatmenge um das

Fünffache überstieg. Heute werden mit der Sämaschine rund 120 kg/ ha ausgesät. Geht man davon aus, dass diese Menge im Mittelalter, bedingt durch die Aussaat von Hand etwa 200 kg/ha betrug, so bedeutet das oben genannte Verhältnis einen Ertrag von rund 1000 kg/ ha (10 dt/ha). Dies wird wohl auch das höchste Ertragsniveau im Hochmittelalter gewesen sein. Die gleiche Quelle weist für Weizen in dieser Zeit eine Saat-/Ertragsrelation von 1:3 und für Sommergerste von 1:2,5 aus. Dies zeigt deutlich die Ertragsüberlegenheit des Roggens unter einfachen Anbauverhältnissen und erklärt seine Vorherrschaft in Deutschland über mehr als ein Jahrtausend. Vom Ertrag gehen wiederum 200 kg als Saatgut für die nächste Aussaat ab. Vom Rest mussten die mittelalterlichen Bauern die Zahlung der Zins-, Steuer- und Zehntlasten bestreiten. Diese betrugen zusammen im Durchschnitt 30–50 % des Gesamtertrages, manchmal noch mehr. Zusätzlich lieferte bei der Dreifelderwirtschaft lediglich 75 % der Fläche überhaupt Getreide, so dass die Existenzbasis der bäuerlichen Familien hauchdünn war. Ein Absinken des Kornertrages durch ungünstige Witterungsbedingungen, Naturkatastrophen oder Kriegsunruhen bedeutete Hungersnot und Elend. Zum Vergleich sei angemerkt, dass heute das Verhältnis Saat und Ernte bei Roggen im Durchschnitt 1:40–50 beträgt, bei neuen Sorten und auf guten Böden sind Verhältnisse von bis zu 1:80–90 möglich.

Die Einzigartigkeit der auf Roggen basierenden Kulturentwicklung in Mitteleuropa wird erst deutlich, wenn man sie mit der Landwirtschaft im römischen Kulturraum, dem Mittelmeergebiet, vergleicht. In der Antike war hier der Anbau von Weizen, Ölbaum und Wein typisch. Da Regen nur in der kühleren Jahreszeit fällt, bringt eine Dreifelderwirtschaft keine Vorteile, im Sommer wächst einfach nichts. Der insgesamt geringere Niederschlag ermöglicht dagegen ein Ackern mit leichten Pflügen. Im Frankenreich und seinen Nachfolgestaaten war der Anbau des Ölbaums nicht möglich, der Weizen- und Weinanbau nur in klimatisch günstigen Lagen. Die „neue" Kulturpflanze Roggen war dagegen an das kühl-feuchte Klima des Nordwestens und die leichten Sandböden des Nordens und Ostens geradezu ideal angepasst. Sie war, ähnlich wie der Hafer, weniger anspruchsvoll als der Weizen und ermöglichte auch auf schlechten Böden höhere Erträge. Mit dem Roggen weitete sich die Brotkultur weit nach Nord- und Osteuropa aus. An die vom „weißen" Weizenbrot geprägten Regionen des südlichen und westlichen Mitteleuropas schlossen sich diejenigen des Nordens und Ostens mit ihrem „schwarzen" Roggenbrot an. Diese Grenze verläuft heute noch in ähnlicher Weise, auch wenn wir uns längst alle Weizenbrot leisten können. Während in Frankreich jenseits des Elsass nur Weißbrot („Baguette") gegessen wird, herrschen in Süddeutschland die Weizen-Roggen-Mischbrote vor, in Norddeutschland, Skandinavien und Osteuropa sind schwere Sauerteig-Roggenbrote verbreitet. Damit wird deutlich, dass die Einführung neuer Kulturpflanzen nicht nur den Ackerbau beeinflusst, sondern auch die sozialen und technischen Verhältnisse verändert. Ebenso wie der Reis für die Entwicklung

Chinas unerlässlich als Grundnahrungsmittel war, bildete der Roggen die Basis der agrartechnischen Neuerungen im frühen Mittelalter, die noch bis in die Neuzeit hineinwirkten.

3.5   Gehörnter Roggen: Mutterkorn und Hexenjagd

Seit dem frühen Mittelalter erlebte der Roggen eine stürmische Ausdehnung seines Anbaus, er war das Grundnahrungsmittel in Deutschland und Osteuropa. Und dabei barg er eine erhebliche Gefahr. **Der Schadpilz [▶ Schadpilz]** *Claviceps purpurea* befällt nämlich von allen Getreidearten bevorzugt den **Fremdbefruchter [▶ Fremdbefruchter]** Roggen und bildet in der Ähre harte, schwarze Bestandteile, die so genannten Mutterkörner (Sklerotien, ◙ Abb. 3.1c). Im Volksmund werden sie nicht ohne Grund auch *Purpurroter Hahnenpilz, Krähenkorn, Hahnensporn, Hungerkorn, Tollkorn* oder *Roter Keulenkopf* genannt. Diese wachsen weit über die Spelzen hinaus (◙ Abb. 3.6) und gelangen so in das Erntegut. Seinen deutschen Namen hat der Pilz vermutlich von der Wirkung einiger Inhaltsstoffe (**Alkaloide [▶ Alkaloide]**) dieser „Mutterkörner", die in geringen Dosen wehenauslösend wirken, in höheren Konzentrationen aber auch als Abtreibungsmittel benutzt wurden. Andere Bestandteile wirken giftig, insgesamt sind über 40 Verbindungen beschrieben.

Bei chronischem Verzehr von Mutterkorn über Brot oder Getreidebrei führen diese Giftstoffe (**Mykotoxine [▶ Mykotoxine]**) zu lebensbedrohlichen Erkrankungen. Die ersten zuverlässigen Mitteilungen über diese Krankheit stammen aus dem frühen Mittelalter und fallen damit zeitlich genau mit der beginnenden Ausbreitung des Roggens zusammen. Die für die damaligen Bauern völlig rätselhafte Krankheit trat meist in regelmäßigen Abständen epidemieartig auf. Bis zum Jahre 1879 ist insgesamt über rund 306 derartiger **Epidemien [▶ Epidemien]** berichtet worden, d. h. durchschnittlich jedes dritte Jahr trat eine auf. Ursache war in allen Fällen ein nass-kalter Mai oder Juni. Aufgrund der hohen Luftfeuchtigkeit und den damit schlechten Blühbedingungen des Roggens breitet sich der Pilz weit aus. Er kann nämlich nur unbefruchtete Blütchen erfolgreich infizieren. Wenn durch Nässe der Roggenpollen verklebt und schlecht fliegt, bleiben mehr Blütchen unbefruchtet, als bei trockenem, sonnigem Wetter. Deshalb können bei nasser Witterung die schwarzen Sklerotien dieses Pilzes bis zu einige Prozent der Ernte ausmachen. Da rund 95 % der Bevölkerung bis ins 18. Jahrhundert hinein Bauern waren und sie essen mussten, was sie ernteten, wurde in schlechten Jahren aus Unwissen über den ganzen Winter hinweg mutterkornhaltiges Mehl verzehrt.

Schon die ältesten Zeugnisse führen den ganzen Schrecken dieser Krankheit vor Augen. So berichten die *„Annales Xantenses"* 857 n. Chr. über „eine große Plage mit Anschwellungen und Blasen unter dem Volke und raffte es durch eine entsetzliche Fäulnis hinweg, so dass

Schadpilze: In Mitteleuropa werden Kulturpflanzen v. a. von Pilzen angegriffen

Alkaloide: Unterklasse von Giften pflanzlicher oder pilzlicher Herkunft

Mykotoxine: Giftige Stoffwechselprodukte von Pilzen mit vielfältiger Wirkung; es sind ca. 400 Mykotoxine bekannt

Epidemie: zeitliche und örtliche Häufung des Auftretens einer Krankheit

Körperglieder sich ablösten und vor dem Tode abfielen." Im Jahre 943 wurden in der Gegend von Limoges (Frankreich) etwa 40.000 Menschen Opfer dieser verheerenden Seuche. In einer zeitgenössischen Chronik heißt es: „Schreiend, jammernd und sich krümmend brachen Menschen auf der Straße zusammen. Manche standen von ihren Tischen auf und rollten sich wie Räder durch das Zimmer; andere fielen um und schäumten in epileptischen Krämpfen; noch andere erbrachen sich und zeigten Zeichen plötzlichen Wahnsinns. Von diesen schrien viele ‚Feuer – ich verbrenne'".

Diese Schilderungen beschreiben exakt die Erscheinungsformen dieser Krankheit, die heute medizinisch **Ergotismus** heißt, weil das Mutterkorn einem Hahnensporn (frz. *ergot d'un coq*) ähnelt. Sie tritt nur bei chronischem Verzehr von Mutterkorn auf und hat zwei völlig unterschiedliche Verläufe, bei denen entweder das Nervensystem oder der Blutkreislauf betroffen ist. Neben einem ständigen Kribbeln verursacht der eine Verlauf Krampfanfälle, Taubheit und häufig eine Demenz (*Ergotismus convulsivus*). Die Patienten sterben in der Regel nicht daran, aber durch die Schädigung des Nervensystems kommt es zu äußerst schmerzhaften tonischen Muskelkrämpfen, die sich über Stunden erstrecken können. Daneben sind epilepsieartige Anfälle mit Bewusstlosigkeit, Psychosen und Halluzinationen berichtet. Eine zweite, häufigere Form des Ergotismus beginnt ebenfalls mit einem Kribbeln, es bilden sich dann im Verlauf einiger Wochen an den befallenen Gliedern schwarze Verfärbungen, die bis zum Absterben einzelner Partien übergehen. Durch die Gefäßverengung kommt es zum Gewebstod in den Extremitäten, der befallene Körperteil kann ohne Blutverlust abgestoßen werden (*Ergotismus gangraenosus*). Auf dem Körper der Kranken erscheinen rote Furunkel und Geschwüre. Durch Verkrampfung der Gebärmuttermuskulatur bei Frauen kann es zu Fehlgeburten kommen. Sehr eindrucksvoll sind diese Symptome bei einer Figur des Isenheimer Altars des Matthias Grünewald dokumentiert. Bezeichnenderweise wird die Krankheit dort unter den Ausgeburten der Hölle aufgeführt, die den heiligen Antonius heimsuchen. Das war auch der Schutzheilige, den die tödlich Erkrankten in ihrer Not als letzten Retter anriefen. Im Volksmund war die Krankheit als „Antoniusfeuer" bekannt und die Ursache für die Gründung des Ordens der Antoniter. Diese widmeten sich zunächst als Laienbruderschaft seit 1095 ausschließlich den durch Mutterkorn Erkrankten, bauten in ganz Europa rund 300 Hospitäler auf und wurden 1298 vom Papst als Orden anerkannt. Die Krankheit selbst blieb über Jahrhunderte hinweg rätselhaft, der ursächliche Zusammenhang zwischen Ergotismus und dem Verzehr von mutterkornhaltigem Roggen blieb auch Ärzten und Wissenschaftlern lange verborgen. Erste Zusammenhänge zwischen dem Verzehr von pilzbefallenem Getreide und der Krankheit erkannte erst 1630 der Antwerpener Arzt Tuillier.

Trotzdem war schon früher, vielleicht mehr ahnungsvoll als bewusst, ein Zusammenhang der Krankheit mit dem Roggen hergestellt worden. Denn der Ergotismus galt allgemein als „Arme-Leute-Krank-

Bild 255.
Mutterkorn.

□ **Abb. 3.6** Historische Darstellung der Sklerotien des Mutterkornpilzes an einer Roggenähre (Quelle: WIKIMEDIA COMMONS, user: Tom Lück)

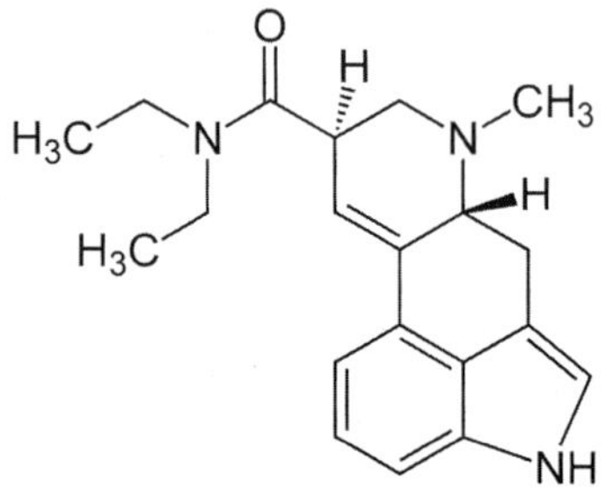

3

Abb. 3.7 Strukturformel des Lysergsäurediethylamids (LSD), eine Ausgangssubstanz der Mutterkorn-Alkaloide (Quelle: WIKIMEDIA COMMONS/user: Jü)

heit", während die klerikale und adlige Oberschicht, die hauptsächlich von teurem Weizenbrot lebte, davon verschont blieb. Es ist durchaus möglich, dass aufgrund solcher Beobachtungen der Roggen sein schlechtes Image als Brotgetreide erhielt. 1623 beschrieb Caspar Bauhin in seinem Buch *Pinax Theatri Botanici* das Mutterkorn als *Secale luxurians*, also ein zu üppig gewachsenes Roggenkorn. Diese völlig falsche Vorstellung führte zu der heute noch in der Pharmazie gültigen Bezeichnung von Mutterkorn als *Secale cornutum* (gehörnter Roggen). Bis in die erste Hälfte des 19. Jahrhunderts hielt sich auch unter Fachleuten hartnäckig die Behauptung, das Mutterkorn sei nur ein verändertes Roggenkorn (■ Abb. 3.1a). Noch 1816 schrieb der angesehene französische Pharmazeut und Chemiker Louis-Nicolas Vauquelin ein Gutachten dieses Inhalts für die *Académie Française*. Eine grundlegende Klärung brachte erst 1852 der französische Pilzforscher EdmondTulasne, der den Pilz auch mit seinem jetzigen wissenschaftlichen Namen belegte. Noch 1881 sind in Hessen und 1884 in Schlesien Massenerkrankungen durch den Verzehr mutterkornhaltigen Roggens bekannt geworden.

Der Schweizer Chemiker Albert Hofmann stellte während seiner Forschungsarbeiten zum Mutterkorn 1938 erstmals **LSD (Lysergsäurediethylamid)** her, die Lysergsäure ist eine Ausgangssubstanz der Mutterkornalkaloide (■ Abb. 3.7). Er wollte damals ein Kreislaufstimulans entwickeln. R. Gordon Wasson führte 1978 zusammen mit Albert Hofmann und Carl A. P. Ruck in einem Buch (*The road to Eleusis*) die Eleusinischen Mysterien im alten Griechenland (um 1500 v. Chr.) auf die Verwendung von psychoaktiven Mutterkornalkaloiden zurück. Um Demeter, die Göttin des Korns, und ihre Tochter Persephone zu ehren, wanderten Pilger von Athen nach Eleusis, um einen Trank namens „Kykeon" zu erhalten – ein psychoaktives Getränk, das von Homer und später von Cicero und Pindar gelobt wurde.

Von einigen Forschern wurden auch Querverbindungen von Mutterkornvergiftungen zum **Hexenwahn des späten Mittelalters** gezogen. Die amerikanische Psychologin Linnda R. Caporael brachte 1976 die ersten Hinweise, dass der berühmte **Hexenprozess von Salem** (USA) auf die Wirkung von mutterkornvergiftetem Mehl zurückzuführen war. Die Tragödie begann nach einem kalten Winter im Februar 1692 in Salem, einem kleinen Dorf nahe Boston. Die Tochter des Dorfpfarrers und einige andere Mädchen fielen plötzlich auf, sie warfen sich unter krampfartigen, schmerzhaften Zuckungen hin und halluzinierten. Die Ärzte waren ratlos und so wurden die Mädchen als „verhext" gebrandmarkt. Sie beschuldigten nun ihrerseits Dorfbewohner, dass diese sie verhext hätten. Bis zu 140 Leute standen am Ende unter Verdacht, viele landeten im Gefängnis. In der Folge kam es zu Hexenprozessen und bis Herbst 1692 wurden 20 Personen (und zwei Hunde) hingerichtet, mindestens zwei Personen starben im Gefängnis. Folgende Indizien veröffentlichte Caporael (1976) in dem angesehenen Fachblatt *Science*, die für eine Mutterkornvergiftung als Auslöser dieser Massenhysterie sprechen: Die Siedler in Massachusetts wechselten wegen verheerender

Pilzepidemien im Weizenanbau (**Rost** [▶ **Rost**]-Pilze) ab 1665 zunehmend von Weizen auf Roggen. Bis 1687 herrschte ein mildes Klima, wahrscheinlich wurde nur wenig oder gar kein Mutterkorn gebildet. Die Sommer 1691 und 1692 waren dagegen schlechte Jahre. Es gab kalte Winter, der darauffolgende Frühsommer war regnerisch und der Sommer kalt. Solche Bedingungen führen zu hohem Befall mit Mutterkorn und hohen Alkaloidgehalten. Für Mutterkorn sprechen auch das Auftreten von rötlichem Brot in Salem (ab 3 % Mutterkorn im Erntegut), der Tod mehrerer Kühe unter krampfartigen Symptomen und die Tatsache, dass vor allem junge Menschen betroffen waren. Jugendliche nehmen mehr Brot je Körpergewicht auf als Erwachsene, Säuglinge erhalten die Giftstoffe über die Muttermilch. Zudem lagen die betroffenen Haushalte auf sandigen Ackerböden, die für Roggenanbau prädestiniert sind, viele davon an Flüssen, Sümpfen oder im Schatten von Hügeln, waren also immer feucht und boten damit bei den schlechten Sommern ideale Bedingungen für Mutterkorninfektionen. Auch für Hexenverfolgungen in Europa könnten Mutterkornvergiftungen eine Rolle gespielt haben, zumal die wehen- bzw. abortauslösende Wirkung den Hebammen schon lange bekannt war.

Zu einer der letzten Epidemien kam es am 13. August 1951 im südfranzösischen Pont-Saint-Esprit in der Provence bei Nîmes als ein Bäcker mutterkornvergiftetes Brot verkaufte. Der Vorfall führte zu über 200 Erkrankten und einigen Todesfällen. Der Bürgermeister berichtet: „Es ist unbeschreiblich … Ich habe gesunde Menschen gesehen, die plötzlich von Halluzinationen befallen wurden. Sie behaupteten übereinstimmend, von bösen Geistern oder Ungetümen verfolgt zu werden … Jacques Punch hat sich aus dem Fenster seines Hauses gestürzt, da er sich einbildete, sein Haus stünde in Flammen. Ein anderer Betroffener schrie wie im Wahn: ‚Ich bin gestorben, mein Kopf ist aus Kupfer und in meinem Bauch sind Schlangen.'" Da ist es kein Wunder, dass solche psychedelischen Erfahrungen in abergläubischeren Zeiten zu Hexenverfolgungen führten. Heute spielt die Giftwirkung des Mutterkorns aufgrund der strengen gesetzlichen Grenzwerte (maximal 0,05 % in Roggen für die Verwendung als Lebensmittel) und der guten Reinigung von Brotgetreide in den großen Mühlen keine Rolle mehr. Pharmakologisch werden hochgereinigte Bestandteile des Mutterkorns aber heute noch zur Geburtseinleitung ("Wehentropf"), gegen Migräne und bei zu niedrigem Blutdruck eingesetzt.

Der Roggenanbau hatte also bis in die Neuzeit hinein ein zwiespältiges Gesicht. Er war die Ernährungsgrundlage weiter Teile der Bevölkerung und sicherte vor allem auch den Menschen ein Auskommen, die auf den mageren und trockenen Böden vom Norddeutschen Tiefland bis nach Polen und Sibirien oder in Mittelgebirgslagen leben mussten, wo der anspruchsvollere Weizen damals nicht gedieh. Andererseits führte die Anfälligkeit des Roggens für den Mutterkornpilz zu epidemieartigen Vergiftungen ganzer Landstriche. Trotzdem blieb der Roggen in Deutschland rund 1200 Jahre lang die wichtigste Brotfrucht, „das Korn" unserer Vorfahren.

Rost: Gruppe von Schadpilzen, die bei vielen Pflanzen auf Blättern und Stängeln zu braunen bis schwarzen Symptomen führt

3.6   „Zum Roggenanbau verurteilt!"

Roggen wurde auch noch im 19. Jahrhundert in Mittel- und Osteuropa mit steigender Intensität angebaut. Im Deutschen Reich nahm Roggen um 1900 ein Viertel der gesamten Ackerfläche oder 40–45 % der Getreideanbaufläche ein und war damit die wichtigste Ackerfrucht. Noch bedeutender war er nur im mittleren und nördlichen Russland, wo Roggen auf rund der Hälfte der Ackerfläche angebaut wurde; das waren etwa 65 Mio. ha. Nach Süden und Westen nahm der Roggenanbau rasch ab. In Österreich machte er noch etwa ein Drittel der Getreideanbaufläche aus, nur in den gebirgigen Lagen der Alpen, des Böhmerwaldes und des böhmisch-mährischen Hochlandes stieg sein Anteil auf 40 % und darüber. In Süd- und Westeuropa wurde Roggen nur dort angebaut, wo magerer Sandboden vorherrschte, etwa in den „Sanddistrikten" zwischen Theiß und Donau, oder in Gebirgslagen, wie im französischen Zentralplateau oder auf der spanischen Sierra Nevada.

Der weit ausgedehnte Roggenanbau hatte vorwiegend klimatische Gründe. Seine Südgrenze wird dort erreicht, wo der Mai eine Mitteltemperatur von 15° C oder der Juni ein mittleres Temperaturniveau von 20° C hat. Es wäre aber falsch anzunehmen, dass der Roggen in südlichen Breiten oder auf besseren Böden nicht gedeihen könnte. Vielmehr war umgekehrt in den typischen „Roggengebieten" der Weizenanbau nicht möglich, weil er bei seiner fehlenden Kältetoleranz die harten Winter Mittel-, Nord- und Osteuropas nicht überstand. So war es die Genügsamkeit und natürliche Winterhärte des Roggens, die ihn in diesen Gebieten konkurrenzlos machten. Heute wird er im Norden bis 70° (Norwegen, Finnland) bzw. 60° nördliche Breite (Sibirien) angebaut. In den Mittelgebirgen Deutschlands findet man ihn bis 900 m Höhe, in den Alpen bis 1850 m, der höchste bekannte Anbauort Europas liegt bei 2230 m in der Sierra Nevada. Roggen ist also wenig wählerisch, was das Klima angeht. Irgendwann ist jedoch auch die sprichwörtliche Winterfestigkeit des Roggens überfordert. So übersteht er zwar noch längere Kahlfröste bis −25° C, aber wo der Schnee regelmäßig länger als drei bis vier Monate eine geschlossene Decke bildet, ist kein Winterroggenanbau mehr möglich. Dort kann dann nur noch Sommerroggen gedeihen, der erst im März ausgesät und im August bereits wieder geerntet wird. Auch für feuchte, kalte Lagen, in denen Winterroggen durch Spätfröste gefährdet ist, wie z. B. an Moorstandorten, wurde früher auf Sommerroggen ausgewichen.

Auch in Deutschland war bis ins 20. Jahrhundert hinein der weitverbreitete Roggenanbau in der Hauptsache durch kalte Winter und leichte Böden bedingt. Thaer (1847) preist ihn in solchen Landstrichen als das „wohltätige Geschenk Gottes" und Schwerz (1823) meinte, dass ohne ihn die Lüneburger Heide kaum bewohnbar wäre. Hier finden sich vor allem leichte Sandböden, auf denen ohne Mineraldüngung und Bewässerung Weizen und Gerste nicht anbauwürdig sind. Roggen

Tab. 3.3 Ernteerträge von Roggen und Weizen aus zwei Statistiken		
Zeitspanne	Roggen	Weizen
	(dt/ha)	
1805[a]	9,0	8,5
1840[a]	9,0	11,6
1846[a]	11,3	12,5
1860–69	18,9	21,6
1870–79	19,2	24,5
1880–89	24,0	26,9[b]
1890–99	25,7	31,2
1900–09	28,6	29,1

[a] Daten für Preußen. Nach Finck von Finckenstein (1934);
restliche Daten aus Aubin und Zorn (1976)
[b] Mittel aus Sommer- und Winterform.

wurde hier entweder in Monokultur („Einfeldbau") oder im Wechsel mit Buchweizen und Lupine angebaut. Becker-Dillingen schreibt noch 1927: „Wenn wir nicht viele Böden hätten, die zum Roggenanbau, ver- urteilt' sind, so hätte sich das Verhältnis wohl verschoben zugunsten des Weizens." Entsprechend weit verbreitet waren in diesen Gebieten schwere Roggenbrote (**Pumpernickel [▶Pumpernickel]**).

Sorten im heutigen Sinne [▶ Sorte] gab es bis in die Mitte des 19. Jahrhunderts hinein nicht. Damals produzierte noch jeder Bauer sein Saatgut selbst, indem er einfach einen Teil der Ernte beiseite stellte und im Herbst wieder aussäte. Der Roggen erhielt sich so in genetisch mannigfaltigen Beständen (**Populationen**) [▶ **Population**] über Jahr- hunderte hinweg. Er passte sich durch natürliche Auslese an die in der jeweiligen Gegend herrschenden Klima- und Bodenverhältnisse an. Diese regional unterschiedlichen Populationen nennt man heute **Land- sorten. [▶ Landsorte]** Ihre Formenvielfalt ist gleichzeitig eine Versi- cherung gegen Witterungsextreme und Pilzkrankheiten. Ebenso brin- gen die Landsorten auch bei stark wechselnder Saattiefe, Trockenheit, Staunässe, Hagel oder extremer Winterkälte in der Regel noch einen Ertrag. Der Kornertrag solcher Landsorten ist, zumal unter den dama- ligen einfachen Anbaubedingungen, verglichen mit heutigen **Zucht- sorten [▶ Zuchtsorte]** gering. Landsorten haben weitere Nachteile: Sie sind sehr langstrohig, fallen leicht um („Lager") und bei manchen von ihnen keimen die Körner schon vor der Ernte auf der Ähre wieder aus („Auswuchs"). Deshalb begannen 1867 Wilhelm Rimpau und 1881 Fer- dinand von Lochow mit der planmäßigen Roggenzüchtung. Vor allem Letzterer war sehr erfolgreich und hatte 1895 bereits die dominierende Sorte im Deutschen Reich geschaffen, den „Petkuser Winterroggen". Über die Erfolge dieser frühen Züchtungsarbeit und die Fortschritte

Pumpernickel: Pumpernickel ist ein Vollkornbrot aus Roggenschrot, das kein Triebmittel enthält. Die vollen Körner werden meist über Nacht in heißem Wasser (Brüh- stück) aufgequollen, damit die dichten Körner backfähig werden. In spezialisierten Betrieben wird Pumpernickel durch Wasser- dampf mindestens 16 Stunden lang gebacken. Dadurch wird die Stärke verzuckert, das Brot schmeckt süßlich und die Farbe wird sehr dunkel. Pumpernickel ist saftig, aber sehr kompakt, feucht und etwas brüchig. Und außerordentlich lange haltbar: Eingeschweißt mehrere Monate, in Dosen bis zu zwei Jahre. Es soll im Westfälischen als Notration während langer Belagerungen entwickelt worden sein. In den USA gilt Pumpernickel, vielleicht auch wegen des sperrigen Namens, als „typisch deutsch".

Sorte: Variante innerhalb einer Art. Sie muss sich durch äußere Merkmale von anderen Sorten unterscheiden. Sorten unterliegen dem Sortenrecht und müssen amtlich anerkannt werden

Population: Gruppe von Einzel- pflanzen der gleichen Art, die sich miteinander fortpflanzen; wird v. a. für Fremdbefruchter verwendet

Landsorte: Genetisch uneinheit- liche Form, die durch langan- dauernde, natürliche Selektion in einem eng umrissenen Gebiet entstand

Zuchtsorte: Jede Sorte, die züchte- risch bearbeitet wird

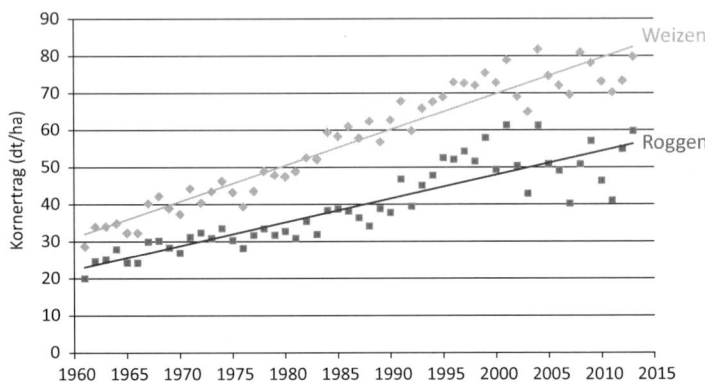

▢ Abb. 3.8 Langfristige Entwicklung des Kornertrages bei Roggen und Weizen in Deutschland. (Nach FAOSTAT 2013 bzw. DESTATIS 2013)

bei der Produktionstechnik legen überlieferte Ertragszahlen Zeugnis ab (▢ Tab. 3.3). Die Tabelle ist vor allem deshalb interessant, weil ihre Daten bis in die Zeit der Verwendung alter Landsorten zurückgehen. Sie verdeutlicht den damals geringen Abstand zwischen den Erträgen von Roggen und Weizen.

Ein Schwachpunkt der damaligen Weizensorten war die unzureichende Winterhärte. So erfror noch 1907 der Winterweizen in den Ostgebieten Deutschlands zum großen Teil, während von Roggen ein Spitzenertrag von 30,8 dt/ha gedroschen wurde. Die Erträge von 1860–1909 sind keine Durchschnittserträge, sondern Angaben aus den Annalen einer großen Domäne der Magdeburger Börde und zeigen die damaligen Spitzenleistungen unter Praxisbedingungen. Die Getreideerträge, gemittelt über das gesamte Deutsche Reich, lagen 1889 bei 13,4 dt/ha und steigerten sich bis 1912 auf 19,6 dt/ha. Wegen dieser enormen Ertragssteigerung durch die Modernisierung der Landwirtschaft wurde die Zeit von 1870–1914 von Jan Luiten van Zanden (1991) als „die erste Grüne Revolution" bezeichnet.

3.7 Heutiger Anbau, Verwendung und Züchtung

Als nach dem Zweiten Weltkrieg die Landwirtschaft in Deutschland wieder florierte, konnten **bei Winterroggen nur geringere Zuchtfortschritte** erzielt werden als bei Winterweizen (▢ Abb. 3.8). Dies hängt mit seiner Eigenschaft als Fremdbefruchter zusammen, die dazu führt, dass bei jeder Blüte eine neue Durchkreuzung stattfindet und die Eigenschaften der besten Pflanzen in ihren Nachkommen nicht stabil bleiben, sondern immer wieder neu aufspalten. Hinzu kommen einige pflanzenbauliche Nachteile, etwa Langstrohigkeit, Lageranfälligkeit und Auswuchsgefährdung. Das lange Stroh wurde nicht mehr in dem großen Umfang für die Viehhaltung oder für Baumaßnahmen gebraucht wie früher, es erschwerte den Mähdrusch, führte oft zu einer geringeren Standfestigkeit und beschränkte dadurch die Höhe der Stickstoffdüngung. Auswuchs heißt, dass das Korn unter feuchten Bedingungen zur Ernte bereits auf dem Halm wieder zu keimen beginnt, was die Backfähigkeit beeinträchtigt und im Extremfall zerstört. Deshalb nahmen die Roggenanbauflächen stetig ab, Mitte der 1960er Jahre wurde erstmals mehr Weizen als Roggen angebaut und in den 1970er Jahren musste man sich sogar Sorgen um seine Existenz machen. Der Bundesdurchschnitt der Roggenerträge liegt deutlich niedriger als bei Weizen (◘ Abb. 3.8), weil dieser in der Regel auf mittleren bis besten Böden steht, während der Roggen häufig auf sandige, weniger fruchtbare Böden „abgedrängt" wurde. Auch die Abweichungen der Einzeljahre von der Trendlinie sind bei Roggen höher. Hier schlägt der Trockenstress, wie etwa in den Jahren 2003, 2007, 2010 und 2011 in Nord- und Ostdeutschland, erheblich stärker zu Buche als bei Weizen, der auf den besten Böden angebaut wird, die eine wesentlich höhere Pufferkapazität für Wasser und Nährstoffe besitzen. Die steigenden Ertragskurven seit dem Zweiten Weltkrieg zeigen den gemeinsamen Fortschritt in Pflanzenbau, Pflanzenschutz und Pflanzenzüchtung.

Die **Einführung der Hybridzüchtung** bei Roggen seit Mitte der 1980er Jahre führte zu weiteren Ertragssteigerungen. **Hybridsorten** [▶ **Hybridsorte**] (▶ Kap. 7) entstehen durch die gezielte Kreuzung weniger Linien, die intensiv auf ihre Leistung vorgeprüft wurden. Nur die Besten werden dann zur neuen Sorte kombiniert. Da das Hybridsaatgut ein Kreuzungsprodukt darstellt, muss es jedes Jahr neu erzeugt und vom Landwirt gekauft werden. Dafür erntet er bei Roggen 15–20 % mehr Korn gegenüber den herkömmlichen Populationssorten. Auch Hybridsorten sind noch wesentlich langstrohiger als moderner Weizen, sie brauchen dies aus Gründen der Stresstoleranz. Aber moderne Sorten sind heute deutlich standfester und weniger auswuchsgefährdet. Hybridroggen ist aufgrund seiner höheren Leistungsfähigkeit auch auf mittleren und guten Böden dem Weizen überlegen oder zumindest ebenbürtig.

Die höhere Leistungsfähigkeit des Roggens gegenüber Weizen und Triticale auf leichten, wenig fruchtbaren Böden prädestiniert ihn geradezu für den Anbau unter diesen schwierigen Bedingungen. Flächenmäßig führend im Roggenanbau ist in Deutschland deshalb Brandenburg, gefolgt von Niedersachsen, Sachsen-Anhalt, Mecklenburg-Vorpommern und Sachsen. Auch international ist Roggen eine Fruchtart Mittel- und Nordeuropas geblieben (◘ Abb. 3.5). Rund 80 % der Welternte wächst in Europa, die größten Produzenten sind (in dieser Reihenfolge) Polen, Deutschland und Russland. Bedeutende Anbauflächen gibt es auch in Weißrussland und der Ukraine.

Hybridsorte: Sorte, die aus der Kreuzung zweier vorgeprüfter Erbkomponenten hervorgeht

Verwertungsmöglichkeiten
Körnernutzung:
▬ Brot
▬ Futter
▬ Bioethanol

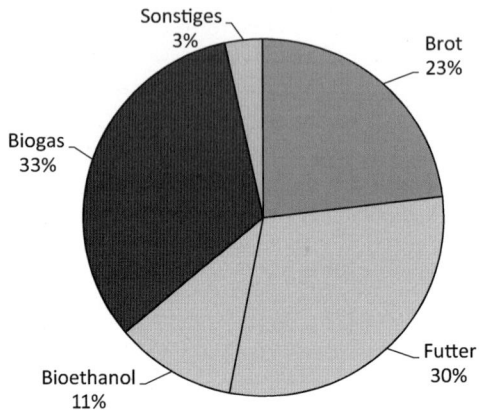

Abb. 3.9 Verwertungsrichtungen von Roggen 2012, bezogen auf die Anbaufläche (Quelle: EUROGRAIN GmbH 2012)

Biomassenutzung:
- Grünroggen
- Ganzpflanze

Klassisch ist die Verwendung des Roggens als Brotgetreide, die in Deutschland heute noch rund ein Viertel der Roggenernte ausmacht (■ Abb. 3.9). In Nord- und Ostdeutschland als reines Roggenbrot („Graubrot"), in Süddeutschland vorwiegend als Mischbrot ist dieses Segment über die Jahre sehr stabil, Zuwächse sind kaum noch möglich. Auch Exporte spielen nur eine geringe Rolle, weil die dunklen Brote außerhalb der Roggenanbauländer kaum jemand schätzt.

Ein etwas größeres Marktsegment beansprucht der Futterroggen, der für die betriebseigene Fütterung eine große Rolle spielt und auch für industrielle Futtermischungen verwendet werden kann. Die Ansprüche an das Korn sind ähnlich wie für Brotroggen, allerdings spielt die Auswuchsfestigkeit hier eine geringere Rolle. Eine spezielle Futtereignung gibt es bei Roggen bisher nicht. Für den Einsatz in der Futtermittelindustrie ist bisher der Preis entscheidend. Für den Landwirt, der seinen selbst produzierten Roggen verfüttert, ist wichtig, dass Roggen je nach Art und Alter der Tiere nur zu einem gewissen Teil in der Futtermischung enthalten sein darf, maximal zu 50–60 %.

Inzwischen wird fast die Hälfte des Roggens für die Gewinnung von Bioenergie verwendet. Diese Verwertungsrichtung entwickelte sich mit der Verabschiedung des Erneuerbare-Energien-Gesetzes (EEG) im Jahr 2000, das langfristige Preisgarantien für die Gewinnung von regenerativer Energie („Bioenergie") gewährleistet. Roggenkörner können zu Bioethanol verarbeitet werden, das zu 5–10 % dem Benzin beigemischt wird. Von größerer Bedeutung ist die Verwendung von Roggen als Biogassubstrat (▶ Kap. 7). Dabei wird die

Einteilung der Brote
- Weizenbrot (Weißbrot): mindestens 90 % Weizen
- Weizenmischbrot: 51 bis 89 % Weizen
- Roggenmischbrot: 51 bis 89 % Roggen
- Roggenbrot: mindestens 90 % Roggen
- Vollkornbrot wird aus mindestens 90 Prozent Roggen- und/oder Weizenvollkornerzeugnissen in beliebigem Verhältnis zueinander hergestellt.

v. Chr.

8400	Unkrautroggensamen von Abu Hureyra II
5600 – 4400	Früheste europäische Roggenfunde in Norditalien und Osteuropa
Ab 500	Roggenanbau in Deutschland

n. Chr.

10. Jh.	Roggen ist in Deutschland die wichtigste Getreideart
1866	Mendelsche Regeln – Grundlagen der Pflanzenzüchtung
1867	Beginn einer planmäßigen Roggenzüchtung durch W. Rimpau, später durch F.v. Lochow (1881)
1900	Roggen nimmt im Deutschen Reich 40-45% der Getreideanbaufläche ein
1966	Erstmals wird in Deutschland mehr Weizen als Roggen angebaut
1984	Die ersten drei Hybridsorten werden zugelassen
1997	Zum ersten Mal werden rund 60% der Roggenfläche mit Hybridroggen bestellt

◻ **Abb. 3.10** Zeittafel (Quelle zur Grafik: www.pflanzenforschung.de)

gesamte Pflanze in gehäckselter Form in einen Fermenter eingespeist, in dem spezialisierte Bakterien Methan und Kohlendioxid produzieren. Das Methan kann über angegliederte Blockheizkraftwerke verbrannt werden, wodurch Strom und Wärme entstehen. Bei dieser Biomassenutzung unterscheidet man zwischen Grünroggen, der als Winterzwischenfrucht (Aussaat September) bereits im April/Mai unreif geerntet wird, und der Nutzung als Ganzpflanze mit einer Ernte Ende Juni. In beiden Fällen wird das Pflanzengut durch Silierung (► Kap. 7) haltbar gemacht. Beides ist hervorragend für die Biogasanlage geeignet. Eine alternative Nutzung als Lebensmittel ist die Alkoholproduktion. In Russland geht ein erheblicher Teil des Roggens in die Wodkaherstellung. Als „Rye" bezeichnet man den Roggenschnaps, mit dem sich Amerikaner traditionell betranken, bevor sie in den Krieg zogen. Bekannt wurde der Begriff durch die Textzeile „… *drinking Whiskey and Rye*" aus dem alten Folksong „*Bye, bye, Miss American Pie*".

Zusammenfassung und Ausblick

Roggen stammt ebenso wie die verschiedenen Weizenformen und Gerste aus Südwestasien und wurde dort etwa zur selben Zeit als Wildgetreide gesammelt. Er wanderte als Ungras (◻ Abb. 3.10) in die Weizen- und Gerstenfelder der frühen Ackerbauern ein und entwickelte durch natürliche Auslese einige Kulturpflanzenmerkmale, etwa eine teilweise feste Ährenspindel und größere Körner. Diese Formen nennt man wegen ihrer Zwischenstellung zwischen Wild- und Kulturpflanze „Unkraut- oder Primitivroggen".

Die frühesten Funde kultivierten Roggens stammen aus Norditalien und Osteuropa. Wahrscheinlich wurde er als Ungras hierher verschleppt und dann kultiviert, weil er mit dem kälteren Klima und den nährstoffarmen, leichten Böden besser zurechtkommt als Weizen. Bei Roggen gibt es natürlicherweise Winterformen. Ab etwa 500 v. Chr. lernen die germanischen Stämme im heutigen Ostdeutschland den Roggen von den einwandernden slawischen Stämmen kennen und übernehmen auch den Namen. Schon im frühen Mittelalter ist Roggen eine wichtige Getreideart, spätestens ab dem 10. Jahrhundert wird er in Deutschland zum Hauptgetreide.

Der verbreitete Winterroggenanbau ermöglichte die Entwicklung der Dreifelderwirtschaft und erforderte die Einführung von Eisenpflug und Pferdeanspannung. Aber durch häufige Infektion mit dem Schadpilz „Mutterkorn" gefährdet er immer wieder die Gesundheit der Bevölkerung, es kommt zu Ergotismus-Epidemien mit Zehntausenden von Toten. Mit dem rasanten Zuchtfortschritt bei Weizen ab den 1960er Jahren wird der Fremdbefruchter Roggen von der Ertragsentwicklung abgekoppelt und verbleibt nur auf den leichten, sandigen Böden Niedersachsens, Brandenburgs, Mecklenburg-Vorpommerns und Sachsen-Anhalts sowie in der Oberrheinischen Tiefebene im breiten Anbau. 1984 wurden in Deutschland weltweit die ersten Hybridsorten zugelassen, die einen Ertragsfortschritt von 15–20 % bedeuteten und heute auf rund 75 % der Roggenfläche angebaut werden. Die Roggenernte wird derzeit zu rund einem Viertel zur Brotherstellung genutzt und zu je einem Drittel zur Fütterung und Biogasproduktion. Auch für die Gewinnung von Bioethanol wird verstärkt Roggen eingesetzt.

Da Roggen mit vergleichsweise wenig Mineraldünger und Pflanzenschutzmittel auskommt und das stresstoleranteste Getreide ist, könnte seine Bedeutung in Regionen, die durch den Klimawandel benachteiligt werden, noch steigen.

Literatur

Aubin H, Zorn W (Hrsg) (1976) Handbuch der deutschen Wirtschafts- und Sozialgeschichte, Bd 2. Klett-Cotta, Stuttgart

Burger JC, Holt JM, Ellstrand NC (2007) Rapid Phenotypic Divergence of Feral Rye from Domesticated Cereal Rye. Weed Science 55:204–211

Caporael LR (1976) Ergotism: The Satan Loosed in Salem? Science 192:21–26

DESTATIS (2013) Statistisches Bundesamt. Landwirtschaft. https://www.destatis.de/DE/ZahlenFakten/Wirtschaftsbereiche/LandForstwirtschaftFischerei/LandForstwirtschaft.html

FAOSTAT (2013) Food and Agriculture Organization of the United Nations. http://faostat.fao.org/site/567/DesktopDefault.aspx?PageID=567#ancor

Finckenstein HW. Graf Finck von (1934): Die Getreidewirtschaft Preußens von 1800 bis 1930. Vierteljahrshefte zur Konjunkturforschung, hrsg. vom Institut für Konjunkturforschung. Sonderheft 35. Reimar Hobbing, Berlin

Frederiksen S, Petersen G (1998) A taxonomic revision of Secale L. (Triticeae, Poaceae). Nordic J Bot 18:399-420

Schiemann E (1948) Weizen, Roggen, Gerste. Geschichte, Entstehung und Verwendung. G Fischer, Jena

Schwerz JN (1823), zitiert nach Schindler F (1909) Der Getreidebau auf wissenschaftlicher und praktischer Grundlage. P. Parey, Berlin

Statistisches Jahrbuch. Internet: https://www.destatis.de/DE/Publikationen/StatistischesJahrbuch/StatistischesJahrbuch_AeltereAusgaben.html

Thaer AD (1847) zitiert nach Schindler F (1909). Der Getreidebau auf wissenschaftlicher und praktischer Grundlage. P. Parey, Berlin

Wasson RG, Ruck CAP, Hofmann A (1978) The Road to Eleusis: Unveiling the Secret of the Mysteries. Harcourt Brace Jovanovich, New York, London

van Zanden JL (1991) The first green revolution: the growth of production and productivity in European agriculture, 1870-1914. Economic History Review, Economic History Society 44:215-239

Weiterführende Literatur

Becker-Dillingen J (1927) Handbuch des Getreidebaus. Parey, Berlin

Evans GM (1976) Rye. *Secale cereale* (*Gramineae-Triticinae*). In: Simmonds NW (Hrsg) Evolution of Crop Plants. Longman Group Limited, London, S 108–111

Hammer K, Skolimowska E, Knüpffer H (1987) Vorarbeiten zur monographischen Darstellung von Wildpflanzensortimenten: *Secale L.* Kulturpflanze 35:135–177

Kniel B (2012) Mutterkorn im Getreide: Der aktuelle Sachverstand im Überblick. Backwaren aktuell 3:10–15

Körber-Grohne U (1987) Nutzpflanzen in Deutschland. Kulturgeschichte und Biologie. K Theiss, Stuttgart, S 490

Küster H (2013) Am Anfang war das Korn. CH Beck, München

Meier S, Kunzmann R, Zeller FJ (1996) Genetic variation in germplasm accessions of *Secale vavilovii Grossh.* Genet Resour Crop Evol 43:91–96

Sencer HA, Hawkes JG (1980) On the origin of cultivated rye. Biol J Linn Soc 13:299–313

Streller S, Roth K (2012) Der gehörnte Roggen – Teil 1. Backwaren aktuell 3:2–8

Stutz HC (1972) On the origin of cultivated rye. Am J Bot 59:59–70

Wiesemüller W (2005) Aktuelle und historische Bedeutung von Mutterkorn. Ernährungs-Umschau 52:146–148

Zohary D, Hopf M, Weiss E (2012) Domestication of Plants in the Old World, 4. Aufl. Oxford University Press, Oxford, S 243

Gerste –
Die Anpassungskünstlerin

Thomas Miedaner

T. Miedaner, *Kulturpflanzen,*
DOI 10.1007/978-3-642-55293-9_4, © Springer-Verlag Berlin Heidelberg 2014

Gerste (◘ Abb. 4.1) wächst überall, wo Getreide überhaupt noch kultiviert werden kann. Von den heißen Halbwüsten und Steppen Syriens bis in die höchsten dauerhaft besiedelten Höhen des Himalaja, von den Grenzen der Sahara über die sommertrockenen Mittelmeerländer bis in Gebiete nördlich des Polarkreises. Ihre nördliche Anbaugrenze ist deshalb gleichbedeutend mit der Grenze des Getreidebaues. Von allen Getreidearten dringt sie am höchsten ins Gebirge vor. In den Alpen gedeihen Gerstensorten bis 1900 m, im Kaukasus bis 2700 m und in Tibet sogar bis 4700 m Höhe. Die Kulturgerste kommt noch mit 200–300 mm Jahresniederschlag aus, verträgt die Salzböden frisch eingedeichten Landes an der Nordsee und die alkalischen Böden der syrischen und ägyptischen Halbwüste. Damit ist sie in ihrer Sommerform unbestritten die anpassungsfähigste Getreideart, die wir kennen. Ein Grund dafür ist die Schnelligkeit ihres Wachstums, die frühesten Sorten können bereits nach 60–80 Tagen geerntet werden, so dass sie mit einem einzigen Wüstenregen genauso zurechtkommt wie mit dem kurzen Polarsommer. Im Gegensatz zu Weizen und Roggen kann man aus Gerste kein herkömmliches Brot backen. Sie wird heute in Deutschland zur Fütterung und zum Bierbrauen verwendet, war früher und in anderen Ländern aber auch als Nahrungsmittel geschätzt.

4.1   Einordnung in das Pflanzenreich und Formenvielfalt

Die Gattung *Hordeum* umfasst heute 32 Arten. Davon wurde jedoch nur eine Art kultiviert: Die diploide Gerste *Hordeum vulgare* L. ($2n = 2x = 14$ Chromosomen). Sie ist, ähnlich wie Weizen und Hafer, Selbstbefruchter. Da ihre bekannten Formen experimentell problemlos miteinander kreuzbar sind und fertile Nachkommen entwickeln, werden sie heute in dieselbe Art gestellt.

Systematik

Wildgerste	*Hordeum vulgare* ssp. *spontaneum*
Wilde Hybridgerste	*Hordeum vulgare* ssp. *agriochriton*
Kulturgerste:	
– zweizeilige Gerste	*Hordeum vulgare* ssp. *distichum*
– mehrzeilige Gerste	*Hordeum vulgare* ssp. *vulgare*

Die Wildgerste (Unterart *spontaneum*) ist die Wildform der Kulturgerste. Sie kommt im Fruchtbaren Halbmond (▶ Kap. 1) weit verbreitet vor. Man findet sie in offenen, krautigen Pflanzengesellschaften, besonders häufig in der sommertrockenen Eichen-Parkwaldzone am Rande der syrischen Wüste, im Gebiet des mittleren Euphrats sowie an den Abhängen des Jordan-Tales. Wildgerste ist damit weiter verbreitet als die wilden Weizenformen und hat eine breite ökologische Anpassungs-

◙ **Abb. 4.1** Kultur-Gerste **a** Ein Feld zweizeiliger Gerste. **b** Ähren von zweizeiliger Gerste. **c** Vergleich zweizeiliger (*links*) und sechszeiliger Gerste (*rechts*, Grannen entfernt). **d** Gerstenkörner mit ihren fest mit dem Korn verwachsenen Spelzen (d nach Hurst 2014, USDA-NRCS Plants Database)

fähigkeit. Sie ist als reine Sommerpflanze zwar eher kälteempfindlich und kommt natürlicherweise nur selten oberhalb von 500 m vor, ist dafür aber trockenheitstolerant und dringt weit in Halbwüsten vor; selbst in Gebieten mit nur noch 200–250 mm jährlichem Niederschlag kann sie noch Körner bilden. Sie wächst auch auf kalkhaltigen Böden und ist salztolerant. Von ihren natürlichen Standorten aus hat die Wildgerste auch zahlreiche gestörte Standorte besiedelt, etwa Gebiete in der offenen, mediterranen Macchie, brachliegende Felder, Straßenränder, Getreidefelder und als Unterwuchs in Obstbaumkulturen. Das heutige Verbreitungsgebiet der Wildgerste reicht bis weit nach Zentralasien hinein, in das heutige Kirgisistan, Afghanistan und West-Pakistan.

Der Anpassungsfähigkeit der Kulturgerste und ihrer weiten Verbreitung in der Alten Welt entspricht eine **große Vielgestaltigkeit ihrer**

Abb. 4.2 Aufbau der Blütchen bei der Gerste von vorne gesehen; *links*: Ährchen mit einem fruchtbaren, zentralen Blütchen (1 Korn) und zwei unfruchtbaren Seitenblütchen, *rechts*: Ährchen mit drei fruchtbaren Blütchen (3 Körner)

Formen. Die Gerstenähre besitzt an jedem Spindelansatz ein zentrales und zwei Seitenährchen (■ Abb. 4.2). Bei der zweizeiligen Gerste (ssp. *distichum*, früher *distichon*) ist nur das zentrale Ährchen fruchtbar, es entsteht nur ein volles und kräftiges Korn. Da sich zwei Kornreihen an der Ähre leicht versetzt gegenüberstehen, erscheint die Ähre zweizeilig (■ Abb. 4.1c), daher der Name. Bei der mehrzeiligen Gerste (ssp. *vulgare*) können zwei oder alle drei Ährchen je Blütchen fruchtbar sein, dann entsteht vier- oder sechszeilige Gerste (■ Abb. 4.1c).

Die zweizeilige Gerste entstand direkt durch Auslese der frühen Bauern aus der Wildgerste, die den gleichen Ährenaufbau hat. Die Auslese von zwei durch Mutation veränderten Genen (*brittle*, *bt1*, *bt2*) bewirkte dabei eine feste Ährenspindel. Die mehrzeilige Gerste (ssp. *vulgare*, früher *hexastichon*) entstand durch Selektion von Mutanten mit fertilen Seitenährchen (■ Abb. 4.2), dabei sind zwei Gene beteiligt: *vrs1* (*six-rowed spike 1*, früher *v*, *vulgare*) und *l* (*lateral floret fertility*). Sie bewirken, dass zwei oder drei Körner pro Ansatzstelle auftreten. Da sich auch hier zwei Kornreihen gegenüberstehen, entstehen vier- oder sechszeilige Formen. Es gibt auch Mutanten mit einer unregelmäßigen Reihung (früher *irregulare* ■ Abb. 4.3e–f). Die Körner entwickeln sich bei diesen Typen schwächer und unregelmäßiger. Die mehrzeilige Unterart *vulgare* gibt es nur als Kulturform, sie ist nichtspindelbrüchig.

Sowohl bei zwei- als auch bei mehrzeiliger Gerste gibt es bespelzte (Spelzgerste) und nacktkörnige (freidreschende) Formen (= Nacktgerste), wobei die Spelzform weltweit am meisten verbreitet ist (■ Abb. 4.1d). Im Gegensatz zum Spelzweizen, wo die Spelzen durch Druck entfernt werden können, sind bei der bespelzten Gerste die Spelzen so eng mit dem Korn verwachsen, dass sie sich nicht einfach trennen lassen. Die Gerste hat deshalb einen hohen Ballaststoffgehalt und ist für den Menschen in dieser Form nicht genießbar. Nacktgerste entstand durch Mutation des Gens *N* (*naked caryposis*, auch *nud* genannt von *nude* = nackt) und ist wesentlich einfacher für die menschliche Ernährung verwendbar. Deshalb lassen sich Nacktgersten in Europa bereits in den frühesten Ausgrabungen nachweisen. Aber nur im schweizerischen Kanton Graubünden haben sie sich zu Speisezwecken bis in unsere Zeit erhalten. Das ist bemerkenswert, denn weltweit finden sich Nacktgersten besonders häufig dort, wo Weizen aufgrund der klimatischen Bedingungen oder wegen magerer oder salziger Böden

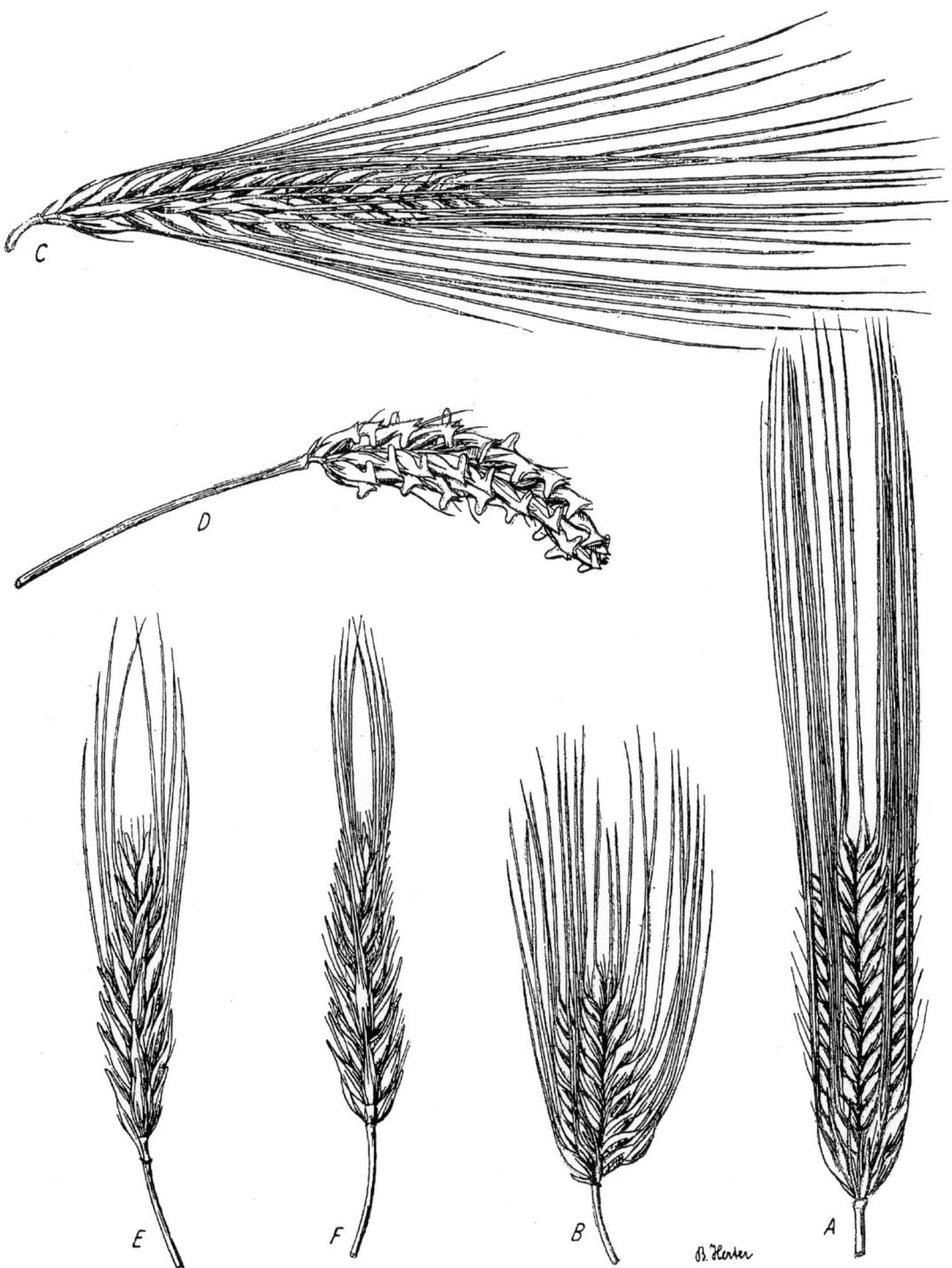

◘ **Abb. 4.3** Vielfalt der mehrzeiligen Gerstenformen: **a,b** sechszeilige Gerste, **c** vierzeilige Gerste, **d** Kapuzengerste, die durch das Gen *BKn-3* hervorgerufen wird, **e,f** so genannte Fehlgersten, die keine klare Zeilenform zeigen. (Nach Schiemann 1948, Quelle: G. Fischer, Jena)

schlecht wächst und deshalb Gerste als Grütze, Brei oder Fladenbrot gegessen wurde: Äthiopien, Tibet, Nepal, China, Korea und Japan.

Die wichtigsten Gene zur Domestikation der Gerste

bt1, bt2 (brittle)	Spindelfestigkeit der Ähre
vrs1 (six-rowed spike 1, früher v, vulgare), l (lateral floret fertility)	(Mehr-)Zeiligkeit der Ähre
N (naked caryposis, auch nud)	Nacktform der Körner, d. h. ohne Spelzen
BKn-3	Granne zu einer „Kapuze" umgeformt
V (unbegrannt)/Lk (grannenlos)	Grannenlose Gerste (VVLkLk)

Durch ihren sehr langen, weltweit verbreiteten Anbau und die zahlreichen Mutationen hat sich schon in der Ährenform eine große Formenvielfalt entwickelt (◘ Abb. 4.3). Eine Besonderheit sind die Kapuzengersten, die in Nepal, Tibet und der Mongolei beheimatet sind. Hier ist die Granne zu einer „Kapuze" umgebildet, verantwortlich ist das Gen *BKn-3*. Es gibt auch grannenlose Gerste (Gene *V/Lk*), diese Form hat sich allerdings in der Landwirtschaft nicht durchgesetzt. Besonders vielgestaltig ist auch die Farbpalette der Gerste. Normalerweise erscheinen die Spelzen in strohgelber Farbe, aber es gibt auch Gersten mit schwarzen Spelzen. Gefärbte Ähren sind besonders in Ost-Afrika verbreitet, äthiopische Gerste zeigt zahlreiche Varianten des Flavonoidstoffwechsels, der für Farbe verantwortlich ist.

Die Körner haben bei den meisten bespelzten Gersten an ihrer Oberfläche eine graublaue und bei den meisten spelzenfreien Gersten eine beigegelbe Färbung. Daneben gibt es aber auch solche mit roter, violetter und schwarzer Färbung. Wo von der Gerste Grütze oder Mehl gewonnen wurde, wie in der Schweiz und in Japan, haben sich überwiegend die hellen Farben durchgesetzt. Auch in der Kornform gibt es Unterschiede von klein und fast kugelrund bis lang-oval mit Zipfeln an beiden Enden. Heute gibt es Sommer- und Winterformen der Gerste, wobei die Winterformen durch Züchtung erst in den letzten 60 Jahren entstanden sind. Ursprünglich war die Gerste eine Sommerform.

Als die **wilde Hybridgerste** (Unterart *agriochriton*), eine mehrzeilige, spindelbrüchige Form, in den frühen 1930er Jahren im westlichen China entdeckt wurde, gab es große Aufregung unter den Kulturpflanzenforschern, weil man zunächst glaubte, endlich die wilde Ausgangsform der sechszeiligen Gerste gefunden zu haben. Allerdings gibt es die ersten archäologische Reste der sechszeiligen Gerste bereits in den jungsteinzeitlichen Schichten von Çatal Höyük, Türkei (7400–7000 *cal* v. Chr.). Sie ist also fast genauso alt wie die ursprünglichere zweizeilige Gerste. Dies ist ein deutliches Zeichen dafür, dass die Sechszeiligkeit der Gerste sich durch Mutation aus der zweizeiligen Gerste entwickelte. Heute geht man davon aus, dass die

Unterart *agriochriton*, die im Himalaya-Gebiet wild wächst, durch eine spontane Kreuzung zwischen der Wildgerste (ssp. *spontaneum*) und der mehrzeiligen Kulturgerste (ssp. *vulgare*) in Asien entstand. Die Gerste ist zwar Selbstbefruchter, doch können solche Kreuzungen gelegentlich vorkommen.

4.2   Entstehung der Kulturgerste

Die Kulturgerste ist unbestritten aus der Wildgerste hervorgegangen. Meinungsstreit gibt es heute allerdings darüber, ob diese Entwicklung nur einmal in Südwestasien stattfand oder mehrfach auch in anderen Weltgegenden.

Nach archäologischen Funden ist **Gerste das älteste Kulturgetreide der Menschheit**. Die frühesten archäologischen Reste der Gerste (50.000 v. Chr. bis 8550 *cal* v. Chr.) stammen aus Südwestasien aus Zeithorizonten, die eindeutig vor ihrer Kultivierung liegen. Sie sehen genauso aus wie die heutige zweizeilige Wildgerste mit ihren spindelbrüchigen Ähren und festen Ährchen, die in eine stabile Granne auslaufen. Dies spricht für eine rege Sammeltätigkeit von wilden Getreiden der damaligen Menschen. Es wird deshalb unter Archäobotanikern diskutiert, ob damals eventuell auch schon ein planmäßiger Anbau oder wenigstens eine Schonung von Wildgerstenbeständen stattfand („*predomestication cultivation*", ▶ Kap. 1), um den Sammelerfolg zu erhöhen.

Die früheste domestizierte, zweizeilige Gerste stammt, von Zweifelsfällen anderer Herkunft abgesehen, aus Tell Aswad/Syrien, Jericho/Israel und Jarmo/Irak. Die Funde werden zwischen 8250 und 7350 *cal* v. Chr datiert. Fast zeitgleich erscheint die Kulturgerste auch in Ali Kosh, Asikli und Tell Abu Hureyra – also fast im ganzen Fruchtbaren Halbmond (▶ Kap. 1). Die Entwicklung der sechszeiligen Gerste erfolgte kurz darauf, gegen 7400–7000 *cal* v. Chr erscheint sie erstmals in Çatal Hüyük/Türkei, in der nächst höheren Fundschicht (6400–7000 *cal* v. Chr) ist sie dort bereits häufig. Um 5000–4000 v. Chr., als Gerste weit verbreitet auf den Schwemmlandböden Mesopotamiens und Unterägyptens angebaut wurde, war die sechszeilige Gerste vorherrschend und kam häufiger vor als Weizen.

Bei der Gerste dauerte es nach den archäologischen Funden mindestens so lange wie bei Weizen, bis sich aus der Wildgerste reine Kulturgerstenbestände entwickelten. Nach neuen Untersuchungen und Nachuntersuchungen von alten Proben auf ihre Spindelbrüchigkeit ergibt sich eine Zeitspanne von rund 2000 Jahren, die dafür nötig war. Im selben Zeitraum waren die Gerstenkörner rund 40 % größer geworden. Über die möglichen Ursachen für diesen langen Zeitraum wurde bereits berichtet (▶ Kap. 1). Die früheste Kultivierung der Gerste fand, auch nach den Ergebnissen der molekularen Verwandtschaftsanalysen, im israelisch-jordanischen Raum statt. Auf Grundlage von rund 400 Markergenen erwies sich Wildgerste aus diesem Raum als am nächsten mit der heutigen Kulturgerste verwandt.

Anhand eines speziellen Gens lässt sich die **Wanderung der Gerste aus ihrem Ursprungsgebiet** gut nachvollziehen. Das Gen *BKn-3* lässt an der Spitze jedes Ährchens statt einer Granne eine kleine „Mütze" wachsen, was als Kapuzengerste bezeichnet wird (◻ Abb. 4.3d). Es erscheint in verschiedenen Genvarianten (= Allele, ◻ Abb. 4.4). In der israelischen Wildgerste kommt die Genvariante (Allel) I mit 4 % nur selten vor, die türkische Wildgerste zeigt die gleiche Allelzusammensetzung. In alten westlichen Landsorten findet sich dagegen nur das Allel I, offensichtlich haben die Bauern auf diese Form selektiert, das Allel IIIa ist hier nicht mehr aufzufinden. In der irakischen Wildgerste dagegen kommt das Allel I gar nicht vor, hier gibt es nur das Allel IIIa in großer Häufigkeit. Auch bei den Landsorten aus dem Himalaya-Gebiet und Nordindien ist dieses Allel IIIa die häufigste Genvariante. Die Autoren dieser Studie (Badr et al. 2000) vermuten, dass die Kulturgerste auf ihrer Wanderung von Israel nach Osten mit der irakischen Wildgerste spontane Kreuzungen einging und dadurch dieses Allel IIIa verstärkt anreicherte. Solche Kreuzungen sind nichts Ungewöhnliches, da manche Formen der Wildgerste dazu neigen, eine Unkrautrolle zu spielen und in kultivierte Äcker einzuwandern. Gerste ist zwar Selbstbefruchter, aber in geringer Häufigkeit kommen dann auch Kreuzungen vor und die Nachkommen beider Unterarten sind uneingeschränkt fruchtbar. Auch die marokkanische Wildgerste gilt heute als Unkrautform und die sechszeilige Unterart *agriochriton* ist auf diese Art im Himalaya-Gebiet neu entstanden.

Chinesische Autoren haben neuerdings die These wiederbelebt, dass die Wildgerste in Tibet ein weiteres Mal kultiviert wurde. Sie bestreiten nicht, dass die erste Kultivierung im israelisch-jordanischen Raum stattfand, meinen aber, dass Tibet ein zweites Zentrum der Kultivierung war. Tatsächlich gibt es dort heute auch Wildgerstenbestände und diese zeigen eine völlig andere Populationsstruktur als die Wildgerste des Nahen Ostens und die westliche Kulturgerste. Dies mag damit zusammenhängen, dass auch die Umweltbedingungen völlig andere sind. Hier wächst die Wildgerste auf sehr kargen Böden in Höhen von über 4000 m. Interessanterweise stammen einige chinesische, sechsreihige Nacktformen der Kulturgerste, wie ihre molekularen Marker zeigen, von der tibetischen Wildgerste ab. Sie zeigen keinerlei Ähnlichkeit mit anderen Kulturgersten. Die sechsreihige Kulturgerste aus dem Mittelmeerraum hat nach dieser Untersuchung einen anderen Ursprung als die tibetisch-chinesischen sechsreihigen Formen.

Gruppiert man die heutigen Gerstenpopulationen nach ihrer Verwandtschaft, die sich anhand einer Vielzahl von Markergenen zeigt, dann findet sich auch ein Genfluss von Tibet zurück in den Westen. Danach müssen einige zweireihige tibetische Gerstenformen über die Seidenstraße die Türkei erreicht haben. Aufgrund ihrer hohen Kühletoleranz verbreiteten sich diese Formen bis nach Skandinavien. Deshalb bilden die tibetische Wildgerste zusammen mit der ostasiatischen zweizeiligen Gerste und der mitteleuropäischen zweizeiligen Gerste aufgrund ihrer Herkunft eine eigene Verwandtschaftsgruppe

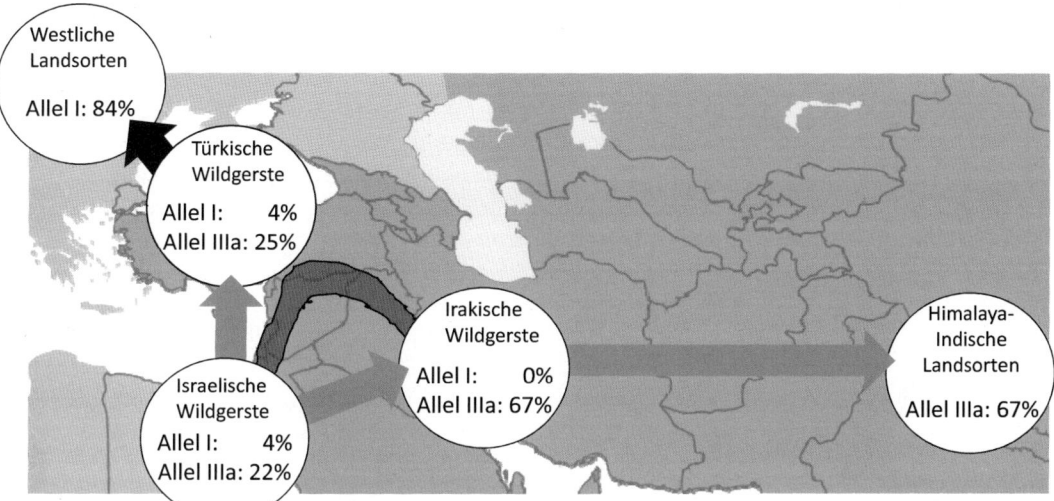

Westliche
Landsorten

Allel I: 84%

Türkische
Wildgerste

Allel I: 4%
Allel IIIa: 25%

Irakische
Wildgerste

Allel I: 0%
Allel IIIa: 67%

Himalaya-
Indische
Landsorten

Allel IIIa: 67%

Israelische
Wildgerste

Allel I: 4%
Allel IIIa: 22%

◘ **Abb. 4.4** Das Auftreten von zwei Allelen des Gens für Kapuzengerste (*BKn-3*) zeigt die Wanderungen der Gerste. (Nach Badr et al. 2000)

(Population 4, ▶ Box). Dieses Beispiel zeigt sehr schön, dass die Verbreitung von Kulturpflanzen nicht immer nur in eine Richtung ging und der weiträumige Handel zwischen Ost und West damals nicht nur Luxusgüter, wie Seide, Teppiche und Tee betraf, sondern auch wichtige Nahrungspflanzen.

Zusammensetzung der Gerstenpopulationen

Zusammensetzung der Gerstenpopulationen der Alten Welt nach ihrer molekularen Verwandtschaft [Dai et al. 2012]

Population 1	Wildgerste-Tibet 1, chinesische 6-reihige Gerste
Population 2	Nordmediterrane und südwestmediterrane 6-reihige Gerste
Population 3	Wildgerste-Naher Osten, ostmediterrane und türkische 2-reihige Gerste
Population 4	Wildgerste-Tibet 2, ostasiatische 2-zeilige Gerste, **mitteleuropäische 2-zeilige Gerste**

4.3   Gerste als Teil der Kultur

Die Gerste gehört seit rund 8000 Jahren bei allen ackerbautreibenden Völkern der Alten Welt zum ersten Kulturpflanzeninventar. Auch nach Mitteleuropa kam die (Sommer-)Gerste mit den ersten Ackerbau treibenden Völkern in der Jungsteinzeit. Die Bandkeramiker brachten eine mehrzeilige Spelzgerste und eine Nacktgerste mit. Solange sie den Ackerbau auf den fruchtbaren Lößböden betrieben, spielte die anspruchslose Gerste jedoch kaum eine Rolle, hier war Einkorn und vor allem der produktive Emmer vorherrschend. Dies änderte sich mit der zunehmenden Ausbreitung des Ackerbaus auf schlechtere Standorte. So zeigen heutige Fundstellen, dass am Ende der Jungsteinzeit die Gerste zu fast 90 % vertreten war. Auf den armen, sandigen Böden Norddeutschlands war sie häufig alleiniges Getreide und auch im Gebiet der Nordseeküste wurde die salztolerante Gerste auf den neu eingedeichten Marschen und natürlich im sandigen Geestbereich bevorzugt angebaut.

Im Ägypten der **Antike** war sechszeilige und vierzeilige Spelzgerste und eine Nacktgerste bekannt. Ursprünglich war die Gerste hier neben der Hirse die Hauptfrucht zur Herstellung von Fladenbrot, auch brauten die Ägypter aus Gerste schon Bier. Im Alten Testament wird berichtet, dass die Hebräer neben Weizen in der Hauptsache Gerste angebaut haben. Gerste war neben ihrer Verwendung zur menschlichen Ernährung Hauptfutterpflanze für Pferde und Esel. Gerstenfladenbrot scheint geradezu das Symbol des israelitischen Bauern und des niederen Volkes gewesen zu sein. Der Opferkult in Israel kannte aus dem Pflanzenreich nur Gerste, Weizen, Wein und Öl. In Babylon etablierte sich die Gerste als wichtigste Getreideart. Dort wurden die Körner als Grütze gegessen und zu Fladenbrot verarbeitet, das das Hauptnahrungsmittel darstellte. In Ostasien ist die Gerste ebenfalls eine uralte Kulturpflanze. Sie zählte in China von jeher zu den fünf heiligen Pflanzen, die der Kaiser bei festlichen Anlässen selbst aussäte. In Ostindien war die Gerste neben dem Reis die Hauptgetreideart. Der römische Geschichtsschreiber Plinius spricht vom weitverbreiteten Gerstenanbau Indiens: „Die Inder besitzen eine Saatgerste und eine Wildgerste, woraus bei ihnen ein gutes und nahrhaftes Brot hergestellt wird. Am meisten erfreuen sie sich des Reises, aus welchem sie ein berauschendes Getränk herstellen, welches die übrigen Menschen aus Gerste bereiten."

Die vergleichende Sprachforschung zeigt, dass der Anbau der Gerste bei den **Indogermanen** bereits vor ihrer Trennung in einen asiatischen und europäischen Zweig bekannt war. Man nannte sie *ĝherzd(h)* oder *ĝhr̥zd(h)* (stachliges „Grannenkorn"). Im Germanischen wurde daraus *gerstō* und im Althochdeutschen ist das Wort „Gerste" seit dem 9. Jahrhundert als *gerstaaus* bezeugt. Bei dem Mittelhochdeutschen *gerste* ist es bis heute unverändert geblieben.

Bei den frühen **Griechen** war die Gerste ebenfalls Hauptgetreideart. Nach der Mythologie sollen die Götter den Menschen als erste Nahrung die Gerste gegeben haben. Später, als die Griechen den Weizen als Nahrungsmittel bevorzugten, wurde die Gerste dennoch beim Opferkult über Jahrhunderte weiter verwendet, wie Homer (Odyssee III, 444–450) berichtet: „Der Vater wusch zuerst sich die Hände, und streute die heilige Gerste …". Die Sieger der eleusinischen Kampfspiele erhielten als Preis ein Maß Gerste und den Kranz der Demeter bildeten Gerstenähren. Wenn in Athen Feste gefeiert wurden, steuerte jede Familie ein Maß Gerste bei. Die Gerste wurde von den Griechen geröstet, grob geschrotet, mit Wasser zu einem Brei vermengt und

Das Gerstenkorn als Grundlage von Gewichts- und Längeneinheiten

Dieses Getreidekorn war seit der Antike Maßgrundlage und in vielen Kulturen der erste Ansatz für Maße und Gewichte (◘ Abb. 4.1d). Man machte sich dabei zu Nutzen, dass Form und Größe der Körner einer für ein Naturprodukt relativ geringen Streuung unterliegen. Das Gewicht eines Gerstenkorns soll ein Gran (engl. und franz.: *grain*) schwer sein. Gran bedeutet „Korn" und wurde als Gold- und Silbergewicht sowie als Apothekergewicht verwendet. Schon das römische Gran war wohl ein Gerstenkorn und wog ziemlich genau 47 mg. Die Genauigkeit von Gerstenkörnern genügte damals im allgemeinen Leben und Handel. Unter dem böhmischen Herrscher Přemysl Ottokar II. festigte sich das Maß durch erlassene Satzungen als Längenmaß eines mittelgroßen Gerstenkorns. Ein „Gerstenkorn" (*barleycorn*, gemeint ist die Länge) ist auch eine historische angelsächsische Längeneinheit. Der *Inch* entsprach im England des Hochmittelalters der Länge von drei Gerstenkörnern. Die Breite eines Korns wurde zur Definition der Pariser Linie benutzt, einem alten Längenmaß, das im 17. und 18. Jahrhundert europaweit als Referenzeinheit verwendet wurde. 1799 wurde das heute noch gültige Urmeter zu 443,296 Pariser Linien festgelegt, daraus ergibt sich, dass eine Pariser Linie ca. 2,2558 mm beträgt. Interessant ist in diesem Zusammenhang auch, dass von den meisten europäischen Völkern eine kleine Geschwulst über dem Augenlid als „Gerstenkorn" bezeichnet wird.

nach Zugabe von Olivenöl verzehrt. Diese Mahlzeit wurde auch noch in späterer Zeit zubereitet, als schon längst aus Gerste Fladenbrot gebacken wurde. Bei zahlreichen Ausgrabungen fand man Skelette und daneben Töpfe, gefüllt mit Gerste, die den Toten als Wegzehrung mitgegeben wurde.

Die **Römer** bauten eine zweizeilige Sommergerste und eine sechszeilige Wintergerste an, wobei der Winter im Mittelmeerraum natürlich nicht mit unserem zu vergleichen ist. Die zweizeilige Gerste war wegen ihres Gewichtes und ihres hellen Mehles sehr geschätzt, mit Weizen vermischt ergab sie ein ausgezeichnetes Mehl für den Hausgebrauch. Auf alten römischen Münzen findet man häufig Gerste abgebildet. Als Brotgetreide hatte sie in Italien in ältester Zeit eine sehr große Bedeutung. Allmählich wurde sie aber auch hier vom Weizen verdrängt. Der vornehme Römer aß später Gerstenbrot nur noch in der Not, Gerste blieb aber die billige Nahrung der unteren Klassen. Wenn die Soldaten im römischen Heer die Schlacht verloren, erhielten sie zur Strafe Gerstenbrot.

Bei den **Germanen** war die Gerste gleichzeitig wichtiges Brot- und Braugetreide sowie Opfergabe. Im **Mittelalter** wurde die Gerste vom Roggen abgelöst und spielte nur noch regional eine Rolle, wie etwa in Schleswig-Holstein, Südskandinavien oder in den Mittelgebirgslagen. So wurde Gerste auf der Schwäbischen Alb bis ins vorige Jahrhundert hinein als Speisegetreide verwendet. Sie wurde häufig im Mischanbau mit Linsen gesät. Beides zusammen geerntet, gedroschen und vermahlen, ergibt ein nahrhaftes, wenn auch nicht sehr schmackhaftes Mehl für raue, schwere (Fladen-)Brote, die nicht hoch aufgehen, aber enorm sättigen. Eine vierzeilige Gerste tritt in Schriften des 16. Jahrhunderts erstmalig in Erscheinung. Sie hat im Laufe der Neuzeit gemeinsam mit der zweizeiligen Sommergerste die früher in Mittel- und Nordeuropa allein herrschende sechszeilige Gerste fast restlos verdrängt.

4.4 Bier, Single Malt, Brei und Tsampa – Basis der Ernährung

Die Technik des Bierbrauens kam, wie auch das Getreide selbst, aus Südwestasien und wahrscheinlich wurden Bierbrauen und das Backen von „echtem", d. h. gesäuertem, Brot gleichzeitig zu Beginn unserer Zivilisation erfunden. Schon die Bewohner der Steinzeitsiedlung Çatal Hüyük berauschten sich um 6000 v. Chr. am Gerstenbier und 2000 Jahre später war das Bier immer noch das beliebteste Getränk der Sumerer. Sie kannten schon mehr als ein Dutzend Sorten und nach den Keilschrifttafeln standen einem Arbeiter täglich zwei Liter, einem Oberpriester sogar fünf Liter Bier zu.

Die **Bierherstellung der Sumerer** hatte eine große Nähe zum Backen, oft wurde beides in demselben Haus zubereitet. Dazu produzierten die Sumerer zuerst Malz, in dem sie Gersten- oder Emmerkörner befeuchteten und mit einer dünnen Erdschicht bedeckten, um die Keimung anzuregen. Nach ein, zwei Tagen wurden die keimenden Körner gereinigt, getrocknet und zermahlen, „Grünmalz" war entstanden (◘ Abb. 4.5). Durch die Keimung wird die komplex aufgebaute Stärke in einfache Zucker gespalten, die der Hefe als Nahrung dienen und deshalb die Grundlage der alkoholischen Gärung sind. Bis in die Neuzeit hinein war die Rolle der Hefe beim Backen und Brauen allerdings unbekannt. Denn lässt man einen mit Wasser versetzten Getreidebrei an der Luft stehen, fängt er, scheinbar wie von selbst, an zu gären. In Wirklichkeit sind „wilde Hefen", die durch die Luft verbreitet werden, dafür verantwortlich. So ist wohl beides gleichzeitig erfunden worden, das Brauen und das Backen. Zum Brauen buken die Sumerer aus dickem, gesäuertem Gersten- oder Emmerbrei mit niedriger Hitze ein „Bierbrot" und holten es aus dem Ofen, wenn es innen noch roh war. Dadurch werden die während der Brotherstellung angereicherten Hefen nicht zerstört. Dieses halbgare Brot zerbröckelten sie und vermischten es mit Wasser und dem getrockneten Grünmalz, setzten somit eine Maische an und kochten sie auf (Warmbierverfahren). Die Hefen aus dem Brot sorgten während der Gärung für den (teilweisen) Abbau des Malzzuckers und den Brotbestandteilen zu Alkohol. Nach dem Würzen mit Honig oder Zuckerrohr konnte dieses Bier genossen werden: trüb, lauwarm und süß. Weil das Gebräu nicht gefiltert wurde, tranken die Babylonier und später auch die Ägypter ihr Bier aus langen Rohren, an deren Ende ein Sieb angebracht war. Alles in allem dürfte

Alkohol als Wasserersatz

Mit der Erfindung der Landwirtschaft setzten sich auch neue Techniken der Lebensmittelverarbeitung durch, wie das Brotbacken oder die Vergärung. Leichtere alkoholische Getränke, wie Met, Bier und Wein stellten spätestens die Sumerer im 7. Jahrtausend v. Chr. her. Sie waren wegen des hohen Kaloriengehalts Nahrungsmittel und Durstlöscher gleichzeitig, unverzichtbar in einer Welt mit oft verunreinigten Wasservorräten. Durch die dichte Besiedlung, die erst die Landwirtschaft ermöglichte, war sauberes Trinkwasser von Anfang an ein Problem. Hippokrates warnte davor, Wasser zu trinken, das nicht aus Quellen oder tiefen Brunnen komme. Es kann die lebensgefährlichen Mikroben von Ruhr, Cholera und Typhus übertragen. Noch 1892 kam es in Hamburg zu einer verheerenden Cholera-Epidemie, weil das Trinkwasser ungefiltert aus der Elbe bezogen wurde, in die damals direkt die Fäkalien einflossen. Von den 17.000 Erkrankten starb fast die Hälfte. Die Weine damals dürften eher an Essig oder allenfalls Apfelwein erinnert haben. Trotzdem war Wein den begüterten Schichten vorbehalten, das Volksgetränk war Bier, das oft noch mit Wasser verdünnt wurde („Dünnbier"). Mehr als 2 % Alkohol dürfte der tägliche Trunk kaum gehabt haben. Die asiatischen Kulturen schlugen einen völlig anderen Weg ein, um an gesundheitlich unbedenkliche Getränke zu kommen. Sie kochten seit mindestens 2000 Jahren das Wasser und bereiteten daraus Tee. Die jahrtausendlange Gewöhnung der Europäer an Alkohol scheint auch der Grund zu sein, warum sie ein wesentlich effizienteres Enzym zum Alkoholabbau haben als die asiatischen Völker.

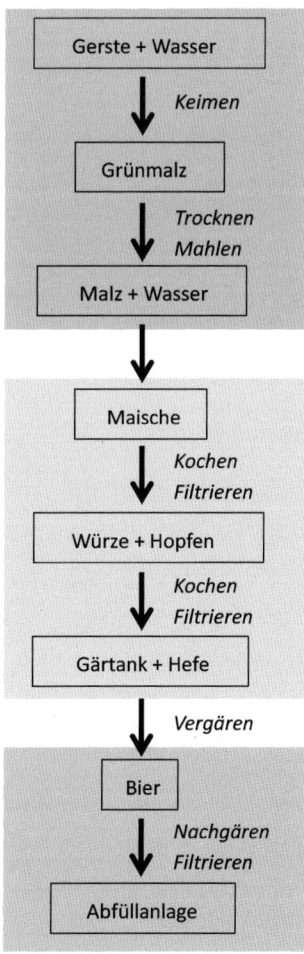

aufgrund der vielen unvergorenen Malz- und Brotbestandteile das damalige Bier tatsächlich ein sehr sättigendes und nahrhaftes Getränk gewesen sein, eben „flüssiges Brot" – und dazu wenig haltbar.

Die Räumlichkeiten einer Bäckerei eigneten sich besonders gut zur Bierherstellung, weil man das Brot als „Starterkultur" für die Hefen brauchte und in den Backräumen eine besonders hohe Konzentration an wilder Hefe vorhanden war. Dort verlief der Gärungsprozess rasch und ungestört. Fehlgärungen („Sauerwerden") durch unerwünschte Mikroorganismen kamen nicht so häufig vor.

Einfaches Schema des modernen Bierbrauens

Ausgangsstoff des Brauens ist die Braugerste. Sie wird angefeuchtet und an einem warmen Ort zum Keimen gebracht (◘ Abb. 4.5). Dabei wandelt sich wasserunlösliche Stärke in Malzzucker um. Die keimende Gerste, das Grünmalz, wird getrocknet und gemahlen. Die Farbe des Malzes entscheidet später über die Bierfarbe. Anschließend wird das Malz mit Wasser versetzt („Maische") und in großen Bottichen gekocht. Die dabei entstehende Lösung nennt man „Würze". Sie wird durch Filtrieren von den unlöslichen Rückständen des Malzes befreit. Nun wird die Würze mit Hopfen versetzt und in der Würzpfanne erneut gekocht. Hopfenöle und Bitterstoffe aus dem Hopfen bestimmen maßgeblich den Geschmack und die spätere Haltbarkeit des Bieres. Die Hopfenrückstände werden abfiltriert, die Würze gekühlt und in den Gärtank geleitet. Dort wird sie mit Reinzuchthefe versetzt. Der Malzzucker wird innerhalb von 6–8 Tagen zu Alkohol und Kohlendioxid vergoren. Bei 2 °C durchläuft das Bier eine Nachgärung von 4–6 Wochen in Stahltanks. Dabei wird es geklärt und das Kohlendioxid in Kohlensäure umgewandelt. Nach einer weiteren Filtration kann das fertige Bier in Flaschen oder Fässer abgefüllt werden.

◘ **Abb. 4.5** Einfaches Schema des Bierbrauens

4

Bier – Getränk der Götter

Im Zweistromland wurden sogar die Götter zu Biertrinkern. Im Gilga-mesch-Epos wird der Urmensch Enkidu auf Befehl des Königs von einer Hure mit den Worten in die Zivilisation eingeführt: „Iss das Brot, Enkidu, das gehört zum Leben. Trink das Bier, wie es Brauch ist im Lande!" Und danach heißt es im Text, dass er Brot gegessen und sieben Krüge Bier getrunken habe. Gerste war wohl auch die Hauptkultur der Babylonier und wird schon in einer Inschrift aus dem Jahr 3000 v. Chr. genannt. Nach ihrer Vorstellung tranken ihre Götter „bis sie schwankten, ihre Leiber anschwol-len und sie die Dinge mehrfach sahen". Da ist es kein Wunder, dass auch die Ägypter, die sich stets den Göttern und dem Jenseits sehr nahe fühl-ten, das Bier zum Nationalgetränk erhoben und es in reichlichen Mengen mit in ihre Gräber nahmen. Schon in der altägyptische Literatur wird vor zu viel Biergenuss gewarnt, so heißt es beim Schreiber Ani: „Versitz nicht im Bierhaus (die Zeit) und Übles vom Nächsten darfst Du im Rausche nicht reden. Denn fällst Du zu Boden und brichst Dir die Glieder, reicht keiner Dir die Hände zu helfen." Im germanischen Götterhimmel hatte der Bierkessel eine mythische Bedeutung. Thor und Tyr stahlen ihn dem Riesen Hymir. Sie töteten dazu alle Riesen und brachten den gestohlenen Kessel am Himmelsgewölbe an, damit Götter und Helden für immer ihren Durst bei den großen Gelagen in Walhalla daraus löschen konnten.

Biersorten:

Ale. Englische, obergärige Bierspezialität.

Alt, Altbier. Dunkles, obergä-riges Bier mit karamellisiertem Malz aus der Region Düsseldorf und Münster.

Berliner Weiße. Helles Schankbier mit 7 bis 8 % Stammwürze, gebraut aus einer Mischung von Gersten- und Weizenmalz mit Milchsäuregärung.

Bock, Bockbier. Untergäriges Starkbier mit Stammwürzegehalt von mindestens 16 %, einem Alkoholgehalt von 6,25% und einer langen Reifezeit; Steigerung ist Doppelbock.

Die Ägypter haben die Bierherstellung in mehreren Punkten weiterent-wickelt. Sie erfanden das Kaltbierverfahren, weil sie die Maische nicht kochten. Sie mischten ihrem Bier bereits einen Bitterstoff zu, der, ähn-lich wie heutzutage unser Hopfen, die Haltbarkeit erhöhte und versetz-ten die Maische mit Dattelmus, was durch den in den Früchten enthal-tenen Zucker einen erhöhten Alkoholgehalt ergab. Außerdem pressten sie das fertige Bier schon durch ein Korbsieb, um die festen Bestandteile zu entfernen, und füllten das fertige Getränk in Gefäße, die innen mit Lehm ausgestrichen waren. Dadurch wurde das Bier rascher geklärt.

Die **Germanen** waren bei den Zutaten ihres Bieres wenig wäh-lerisch. Sie buken ihr Brot aus Gerste und Roggen und verwandten als Malz alles, was sie kriegen konnten: Gerste, Weizen, Roggen, Ha-fer oder Emmer. Als Würzmittel und zur Konservierung setzte man Myrte, Wacholder, Eschenlaub und Eichenrinde ein. Für besonders gu-tes Bier wurde Honig schon während der Gärung zugesetzt. Der älteste Nachweis germanischer Braukunst ist ein Grabfund bei Kulmbach, wo man um 800 v. Chr. einem Germanen einen gefüllten Bierkrug mit in die Ewigkeit gab. Die Germanen fanden auch heraus, dass es gar nicht notwendig war, Brot zum Brauen zu verwenden, sondern dass man die Getreidekörner keimen und trocknen lassen konnte. Dazu dienten primitive Darren, welche in ausreichender Höhe über den Feuerstellen angebracht waren. Das fertige Bier vergrub man in der Erde, damit es kühl blieb. Zudem entdeckten die Germanen, dass es sinnvoll war, die Bierwürze zu sieden oder zumindest zu erhitzen. Das wurde erreicht, indem entweder heiße Steine in den Bierkessel geworfen wurden oder man den Kessel selber durch ein Feuer heißmachte. Tacitus hebt besonders die Verwendung von Gerste und Weizen zur Bierherstellung hervor, vielleicht weil die Römer das nicht kannten, und benutzt sie, um die Vorurteile gegen die – aus Sicht der Römer – „wilden Germanen" zu schüren: „Als Getränk dient ein Saft aus Gerste oder Weizen, der durch Gärung eine gewisse Ähnlichkeit mit Wein erhält […]. Dem Durst gegenüber herrscht nicht dieselbe Mäßigung. Wollte man ihnen, ihrer Trunksucht nachgebend, verschaffen, soviel sie wollen, so konnte man sie leichter durch ihr Laster als mit Waffen besiegen".

Sprichwörtliches Grundnahrungsmittel war das Bier auch für die **Wikinger**, das sie im allgemeinen *Ǫl* (gesprochen Öl) nannten. *Bjórr* hieß man das importierte, ausländische und meist wohl stärkere Bier. *Mungát* war das schwächere für den Alltag gebraute Bier. Auch auf ihre großen Fahrten nahmen die Wikinger fässerweise schwächeres Bier mit, weil Bier weitaus länger haltbar war als Wasser und man nicht wusste, wann man auf das nächste Trinkwasser stieß. Das Bier wurde unter anderem mit Beeren, Zweigen und Früchten des Gagelstrauches und Blättern des Sumpfporstes gewürzt. Die Wirkstoffe im Sumpfporst verliehen dem Bier eine berauschende, die Alkoholwirkung verstärkende und konservierende Eigenschaft. Einer der frühesten Nachweise über die Verwendung von Porst als Brauzusatz fand sich in einer bronzezeitlichen Bestattung aus dem 15. Jahrhundert v. Chr. aus Egtved, Dänemark. In Dänemark konnten auch Reste eines mit Honig gesüßten Bieres nachgewiesen werden. Die Bierhefe war obergärig, wie heute noch bei Hefeweizen und Kölsch. Bei Festen jeglicher Art spielte Bier eine sehr wichtige Rolle. In den Liedern der Edda ist oft von Trinkgelagen die Rede. Man trank bei Hochzeiten, bei Opferfesten und Totenfeiern. Angeblich waren auch am Abend vor dem Thing, der Gerichtsversammlung der Wikinger, Trinkgelage üblich.

Bier erwies sich für alle Völker, die keinen Wein kannten oder Probleme mit dem Weinanbau hatten, geradezu als Geschenk des Himmels. Schließlich wächst Gerste überall und ein einfaches Bier könnte sich heute noch jeder selbst im Keller herstellen. Diese Vorteile fielen auch den Mönchen auf, die gekommen waren, um das wilde Germanien zu christianisieren und zu zivilisieren. Und sie fanden noch einen weiteren Grund: Die lange Fastenzeit vor Ostern ließ sich mit stark gebrautem Bier leichter ertragen. Tagelang, ja manchmal auch wochenlang durfte keine feste Nahrung aufgenommen werden, nur das Trinken war erlaubt, ganz nach dem kirchlichen Grundsatz: „Flüssiges bricht das Fasten nicht". So machten die Klöster in allen Gegenden, wo kein Wein wuchs, mit ihrem Bier reichlich Profit. **Die ersten Klosterbrauereien** sind aus dem 8. Jahrhundert überliefert und aus dem Jahr 768 stammt auch die erste Urkunde über die Anlage von Hopfengärten. Als Zutat im Bier wurde Hopfen aber wohl erst ab 1150 verwendet. Das war eine bedeutende Erfindung der Mönche, die das Bier schmackhafter und vor allem haltbarer machte.

Klöster, denen das Braurecht zuerkannt worden war, konnten wie gewerbliche Brauereien wirtschaften und in Konkurrenz zu den weltlichen Braustätten treten. Gegenüber diesen hatten sie aber deutliche

Dunkles. Kupferfarbenes bis dunkelbraunes Bier mit niedrigem Alkoholgehalt und einem würzig-malzigen, leicht süßen Geschmack.

Export. Helles, kräftig-gelbes bis goldfarbenes, untergäriges Bier mit mindestens 12 % Stammwürze, urspr. aus Dortmund.

Helles. Hell gebrautes Lagerbier Münchner Art mit nur leichtem Hopfengeschmack.

Kölsch. Hellblondes oder goldgelbes, obergäriges Bier (Alkoholgehalt 4,7 %), das nur im Kölner Raum gebraut werden darf und in 0,2-l-Stangengläsern serviert wird.

Pils, Pilsener. Helles, gelbes Bier mit feinbitterem Geschmack und festem, sahnigem Schaum, ursprünglich aus der böhmischen Stadt Pilsen (1842).

Schwarzbier. Sehr dunkles, vollmundiges Bier aus tiefbraun bis schwarz geröstetem Malz.

Guinness, auch *stout*. Ein fast schwarzes, sehr starkes, bitteres Bier aus geröstetem Malz mit sahnig-weichem Geschmack.

Weizenbier/Weißbier. Obergäriges, helles oder dunkles Bier mit etwa 11–12 % Stammwürze aus Weizen- und Gerstenmalz. Hefeweizen ist ein ungefiltertes Weizenbier, sehr trübe mit Hefeablagerungen.

4

Wettbewerbsvorteile. Sie verfügten über preiswertes Getreide aus Abgaben und Zehnten und über nahezu kostenlose Arbeitskräfte. Auch waren sie von der Entrichtung von Steuern befreit und nie von Brauverboten betroffen. Solche Verbote wurden bei Missernten erlassen, um das Getreide der Ernährung zuzuführen. Eine der wichtigsten Klosterbrauereien war und ist das Kloster Weihenstephan bei München, das 1146 seine Brauberechtigung erhielt. Es gilt als eine der ältesten noch heute existierenden Brauereien der Welt. Heute befindet sich dort die Fakultät für Brauwesen der Technischen Universität München.

Das berühmte **Reinheitsgebot** wurde vom bayrischen Herzog Wilhelm IV. im April 1516 erlassen und beinhaltet, dass „zu keinem Bier mehr Stücke als allein Gersten, Hopfen und Wasser verwendet und gebraucht werden dürfen". Von der Wirkung der Hefe war damals noch nichts bekannt. Als ältestes Lebensmittelgesetz der Welt hat es zumindest das deutsche Bier bisher davor bewahrt mit chemischen Zusätzen versetzt zu werden, die es leichter zu brauen, haltbarer, schaumstabiler, billiger machen. Zum Reinheitsgebot kam es damals, weil die abenteuerlichsten Bestandteile zum Brauen verwendet wurden. Neben Gerste wurden auch Weizen, Hafer, Hirse, Bohnen, Erbsen und andere stärkehaltige Körner als Grundzutat genommen, soweit sie sich mälzen ließen. Dazu kamen absonderliche Beigaben wie Pech, Ochsengalle, Schlangenkraut, Eier, Ruß oder Kreide, neben vielen Gewürzen aus den Klostergärten. Schon immer sah sich die Obrigkeit zum Schutz der Gesundheit der Bevölkerung veranlasst, strenge Brauverordnungen gegen das Bierpanschen zu erlassen. Ein Hintergrund des Gebotes war auch, zu verhindern, dass Roggen oder Weizen, die zur Ernährung der Bevölkerung dienen sollten, zum Bierbrauen „missbraucht" wurden. Dabei war es ein Glück, dass die Gerste von Hause aus besser zum Brauen geeignet ist als nacktkörnige Getreidearten. Denn die Spelze schützt Keimling und Korn gegen mechanische Beschädigungen während der Malzbereitung, dient in der Brauerei als Filterschicht beim Läutern der Maische und die Gerste hat von allen Getreidearten die höchsten Amylase-Aktivitäten; das ist das Enzym, das die Verzuckerung der Stärke bewirkt. Doch trüb blieb das Bier noch lange, bis 1878 ein Tüftler aus dem bayrisch-pfälzischen Worms, Lorenz Adalbert Enzinger, einen Filtrierapparat erfand, „mit Hülfe dessen eine jede trübe Flüssigkeit unter Abschluss der äußeren Luft auf rein mechanischem Wege vollkommen geklärt wird". Als dann zwei Jahre später noch die flüssige Kohlensäure als Druckmittel zum Bierausschank entdeckt wurde, stand endlich dem modernen Biergenuss nichts mehr im Wege. Weil beim Ausschank Kohlensäure beigemischt wird, wird das Bier seitdem auch in großen Fässern nicht schal, sondern bleibt auch über lange Zeit schmackhaft.

Neben ihrer überragenden Bedeutung für das Bierbrauen war die Gerste auch Grundlage eines anderen, noch viel hochprozentigeren Getränks, dem **Whisky**. Bis heute steht nicht fest, ob Schottland („whisky") oder Irland („whiskey") das Ursprungsland ist. Einer Legende nach waren die Kelten die ersten, die eine wasserklare Flüssigkeit destillierten – das *aqua vitae* oder *uisge beatha*. Als im 5. Jahrhundert christliche Mönche begannen, die Kelten zu missionieren, brachten sie allerhand technische Geräte mit und entwickelten die Kunst der Whiskyherstellung weiter. Urkundlich wird das allerdings erst 1494 in den schottischen Steuerunterlagen, als der Benediktinermönch John Cor aus dem Kloster Lindores in der damaligen Hauptstadt Dumern-line umgerechnet 62 kg Malz kaufte. Das reicht zur Herstellung von ungefähr 400 Flaschen Whisky. Im Laufe der Zeit entfernte sich die Kunst aus dem Klostermilieu und es entstand eine große Anzahl an privaten Destillerien. Jeder schottische Klan produzierte seinen eigenen Whisky für den Eigengebrauch. Der wichtigste Rohstoff für den Herstellungsprozess ist Getreide. Abhängig vom gewählten Herstellungsprozess und der verwendeten Getreideart wird das Getreide gemälzt oder ungemälzt verwendet. Für viele Whiskys ist gemälzte Gerste der hauptsächliche Geschmacksgeber. Das Grünmalz wird zur Trocknung über Torffeuer geräuchert, was dem Getränk den entsprechenden Geschmack gibt. Noch heute ist *Single Malt* die Bezeichnung für den besten Whisky, der unverschnitten ausschließlich aus einer Brennerei stammt und nur aus gemälzter Gerste hergestellt wird. In Amerika versuchten die Einwanderer, ihren gewohnten Whisky aus anderen Getreidearten herzustellen, es entstand *Rye* (aus Roggen), *Grain* (aus Weizen, ungemälzter Gerste, Hafer und/oder Roggen) sowie *Bourbon* (überwiegend aus Mais) und *Corn* (praktisch nur aus Mais). Da Torf nicht vorhanden war, wurden die Fässer ausgekohlt, um das gewohnte Raucharoma in das Destillat zu bringen. Erst Ende des 18. Jahrhunderts entstanden reine Whiskybrennereien, die nur Gerste nutzten.

Heute werden in Deutschland nur noch 0,2 % der **Gerste als Lebensmittel für die menschliche Ernährung** (ohne Brauwesen) verwendet, der größte Teil dient der Viehfütterung. Wir können uns deshalb kaum mehr vorstellen, dass Gerste ein wertvolles Lebensmittel war. Noch in der Neuzeit war sie bevorzugte Kost der einfachen Landbevölkerung, die von den Städtern als „Gerstenbrei-Esser" verspottet wurde. In der Antike wurde sie zum Backen verwendet. Da die entsprechenden Eiweißverbindungen des Weizens, der Kleber, fehlt (▶ Kap. 2), können aus Gerste keine hohen, frei geschobenen Brote gebacken werden, sondern nur Fladenbrote. Sie wurden bereits in prähistorischer Zeit auf erhitzten Steinen gebacken. Auch das trockene Backen eines Fladens in einer Eisenpfanne oder senkrecht im offenen Backofen, wie man es heute noch im arabischen Raum, in Indien und in der Mongolei erleben kann, arbeitet nach dem gleichen Prinzip und dem gleichen Grundrezept: 1 Teil Wasser, 2 Teile Gerste, eine Prise Salz. Die Inder kneten für ihr *Chapati* pro Tasse Mehl 1 EL *Ghee* (flüssiges Butterschmalz) dazu. Die frischen Fladen können ausgekühlt wie Knäckebrot an einem trockenen, mäusesicheren Ort über Monate aufbewahrt werden, traditionell aufgefädelt auf einer Schnur. Siegfried W. de Rachewiltz (1993) schrieb in seinem Buch „Brot im südlichen Tirol", dass „die Schweizer Älpler zweimal im Jahr Gerstenbrot buken, als dünne Fladen verfertigten, an Fäden aufzogen, über dem Herd aufhängten und so den Winter über in

Fleischbrühe oder Milch erweicht, nach ihren Umständen aßen". Gerstenbrot bleibt etwas bröselig und lässt sich deshalb, auch wenn es hart ist, mit der Hand brechen. Deshalb wurde im Alpenraum dem Roggen oft Gerste beigemischt. Wenn es nicht mehr als 20 % Gerste sind, lässt sich damit auch „richtiges" Brot backen.

In Tibet galt Gerste über Jahrhunderte als Grundnahrungsmittel, deckt heute noch bis zu 80 % des Kalorienbedarfs der ländlichen Bevölkerung und ist oft die einzige Ballaststoffquelle. Die Nationalspeise der Tibeter ist **Tsampa**. In heißem Sand über Feuer werden ganze Gerstenkörner geröstet, anschließend vom Sand gereinigt und dann gemahlen. Das feine Mehl kann auf unterschiedlichste Art mit Milch, Tee oder Joghurt zubereitet werden – gesüßt oder gesalzen, konsistent oder als dünner Brei. *Tsampa* kann auch gekocht werden, etwa als eine Art Polenta oder Suppe. Die Zubereitungsdauer ist kurz, weil *Tsampa* aus gerösteter Gerste hergestellt wird, es kann selbst ungekocht gegessen werden. Ähnliche Gerichte kannte man früher auch in anderen, für den Pflanzenbau extremen Weltgegenden, etwa in Ecuador (*Machica*), auf den kanarischen Inseln (*Govio* oder *Gofio*), in Finnland (*Talkkuna*) und in Teilen Afrikas, etwa Eritrea. *Giotta* heißt die zu Speisezwecken aufbereitete Gerste im schweizerischen Graubünden. Dort wurde in Wassermühlen mit Stampfen die Gerste früher zunächst enthülst und vor dem Kochen eingeweicht. Auch Gerstengries, also ein gebrochenes Korn, kann verwendet werden, um die typische „Bündner Gerstensuppe" oder ein „Orsotto" zuzubereiten.

Die ursprünglichste Verwendung von Gerste war jedoch der Brei. Dazu verwendete man entweder Nacktgerste oder durch Stampfen entspelzte Gerste. Seit rund 200 Jahren kennt man die Rollgerste (= „Graupen, Perlgraupen, Kochgerste"). Sie erhält man durch Schleifen der Körner, wobei Frucht- und Samenschale nahezu vollständig entfernt und die Spitzen (Keimling, Bart) abgerundet werden. Der Nährwert der Gerste wird durch diese mechanische Bearbeitung verringert, sie ergibt aber besonders leicht verdauliche und magenfreundliche Breie, Suppen und Aufläufe. Sie ist als Krankennahrung geeignet, denn der nährende Gerstenschleim aus Graupen oder Gerstengrütze unterstützt die Heilung vieler Magen-Darm-Erkrankungen. Neue Studien haben die medizinisch günstige Wirkung der Gerste bestätigt, wofür der lösliche Ballaststoff Beta-Glucan verantwortlich gemacht wird. Mit etwa 4,5 % Beta-Glucan in der Trockenmasse enthält die entspelzte Gerste rund 9-mal mehr dieses Stoffes als Weizen und Roggen. Beta-Glucan führt zur Senkung des Cholesterinspiegels und zwar bevorzugt des als ungünstig beurteilten LDL-Cholesterins, wobei der regelmäßige Verzehr von mindestens 3 g nötig ist. Dadurch vermindert sich das Risiko an Herz-Kreislauf-Problemen zu erkranken um bis zu 25 %. Für Gerstenflocken als Müsli- und Backzutat werden heute gedarrte Körner gewalzt und aus getrocknetem Malz wird nicht nur Bier und Whisky, sondern auch Getreidekaffee hergestellt. In der Bäckerei wird das Gerstenmalz gerne verwendet, um dem Brot eine dunkle Farbe zu geben.

◘ Abb. 4.6 Herkunfts- (*rot/dunkelgrau*)- und Anbaugebiete (*grün/hellgrau*) der Gerste (Quelle: Max-Planck-Institut für Pflanzen-züchtungsforschung, Köln)

4.5 Heutiger Anbau, Verwendung und Züchtung

Bis zur Mitte des 20. Jahrhunderts hatte die Gerste als Kulturpflanze weitgehend ihre Bedeutung verloren. Sie wurde als Nahrungspflanze von Roggen, Weizen und Kartoffeln abgelöst, nur die zweizeilige Sommergerste wurde nach wie vor als die beste Braugerste geschätzt und in geringem Umfang angebaut. Erst als in Deutschland aufgrund des steigenden Wohlstandes der Bierkonsum wieder zunahm, kam es zu einer Flächensteigerung. Und als es dann der Züchtung gelang, ertragreiche, winterfeste Formen zu erzielen, erlebte die Gerste eine Renaissance als hochwertiges Tierfutter. Heute wird Gerste vor allem in den gemäßigten Klimazonen angebaut (◘ Abb. 4.6), oft im Wechsel mit Weizen (Nordamerika, Europa) oder auf Böden, die für Weizen nicht gut genug sind (Russland, Indien, China). Nach der Produktionsmenge ist Deutschland ist der drittgrößte Gerstenproduzent weltweit, nur Frankreich und Russland produzieren mehr Gerste.

Um 1911 wurde im damaligen Deutschen Reich der Wintergerstenanbau noch gar nicht statistisch erfasst (◘ Abb. 4.7). Da die Winter damals noch härter und die Gerste wesentlich frostempfindlicher war als der Weizen, blieb die Anbaufläche bescheiden, das Risiko für den Landwirt hoch. Erst um 1925 erscheinen die ersten Wintergerstenflächen im Statistischen Jahrbuch. Dies änderte sich auch nach dem Zweiten Weltkrieg nicht. Noch in den Wintern 1955/56 und 1961/62 erfror im Durchschnitt ein Drittel der gesamten deutschen Wintergerste. Erst weitere Zuchterfolge ermöglichten es, dass Ende der 1970er Jahre etwa gleich viel Winter- und Sommergerste angebaut wurde. Heute dominiert

In 1.000 Hektar

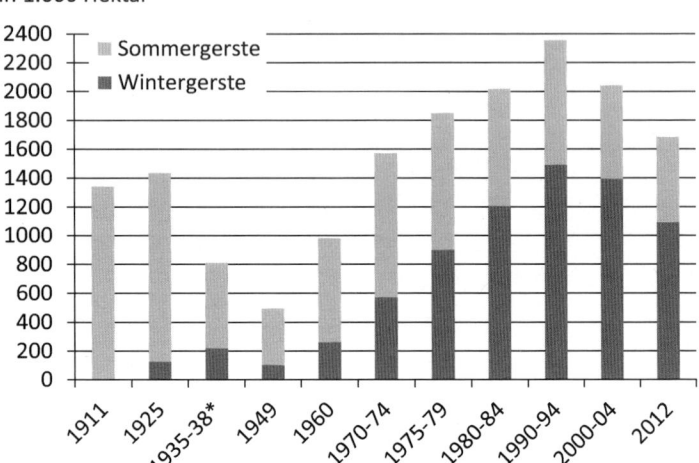

*1935-bis einschl. 1989 nur altes Bundesgebiet

⬛ Abb. 4.7 Anbaufläche von Sommer- und Wintergerste in Deutschland. (Nach Statistische Jahrbücher)

die Wintergerste und die ertragsärmere zweizeilige Sommergerste wird nur noch für Brauzwecke verwendet. Da bei der zweizeiligen Gerste von den drei angelegten Blütchen pro Spindelstufe immer nur eines befruchtet wird, ist die Ausbildung der Körner besser und gleichmäßiger als bei der mehrzeiligen Wintergerste. Auch die Keimung erfolgt rascher und gleichmäßiger, was für das Mälzen im industriellen Maßstab Grundvoraussetzung ist. Allerdings gibt es heute aufgrund des Zuchterfolges auch zweizeilige Wintergerste, die zu Brauzwecken genutzt werden kann.

Wegen des Reinheitsgebotes hängt die Bierqualität in Deutschland sehr viel stärker vom Rohstoff Gerste ab als in anderen Ländern, wo mit chemischen Hilfsstoffen nachgeholfen werden kann. Außerdem wachsen die Anforderungen der Brautechnologie stetig. Moderne Braugersten haben einen geringen Eiweißgehalt zwischen 9,5 % und 11,5 %, eine hohe Keimfähigkeit, gute Lösungseigenschaften, einen hohen Extraktgehalt und Endvergärungsgrad. Außerdem werden besonders große, gleichmäßige Körner gefordert, mindestens 90 % der Körner einer Partie müssen größer als 2,5 mm sein („Vollgerstenanteil") und höchstens 2 % der Körner dürfen kleiner als 2,2 mm sein. Etwa 60 % der Qualitätseigenschaften eines Bieres lassen sich auf den Einsatz des Braumalzes zurückführen. Die wichtigsten natürlich begünstigten Anbaugebiete für Braugerste in Deutschland liegen in Bayern, Thüringen, Sachsen, Baden-Württemberg, Rheinland-Pfalz und in Niedersachsen, vor allem in den Höhenlagen und auf den ärmeren Böden.

Bis zur heutigen hohen **Brauqualität** war jedoch ein weiter Weg. Als man in Mitteldeutschland am Ende des 19. Jahrhunderts mit der planmäßigen Züchtung von Gerste begann, wurden zunächst englische Sommergersten wegen ihres damals hohen Ertrages verwendet. Allerdings hatten diese eine schlechte Brauqualität und als wegen der

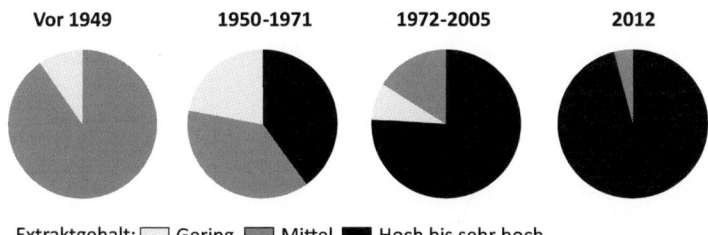

Abb. 4.8 Brauqualität von Sommergerste anhand des Extraktgehaltes. (Nach Fischbeck et al. 2008 und Bundessortenamt Hannover 2013)

abgesenkten Schutzzölle erstmals aus Mähren große und einheitliche Partien der *Haná*-Gerste importiert werden konnten, wurde die weitere züchterische Verbesserung auf dieses Material umgestellt. Dies ärgerte offensichtlich die Bayern und sie gründeten 1902 die „Königlich Bayrische Landessaatzuchtanstalt" in Weihenstephan (heute zu Freising gehörig) unter anderem, um aus einheimischen Landsorten hochwertige Braugerste zu entwickeln. Durch Auslese aus einer niederbayrischen Landgerste wurden zwei Sorten gezüchtet („Danubia", „Bavaria") die erstmals eine bessere Brauqualität hatten. Aus ihnen ging dann 1924 die Sorte „Isaria" hervor, die wesentlich zur Leistungssteigerung beitrug und als führende Sorte nach ganz Europa exportiert wurde. Diese ersten Züchtungserfolge gelangen durch die „vergleichende Handbonitur" der frühen Kreuzungsnachkommen, also die bloße Auslese auf eine vollbauchige Kornausbildung und fein gekräuselte Spelze. In späteren Generationen bestimmten die Züchter ergänzend Vollgerstenanteil, Eiweiß- und Extraktgehalt. Trotzdem waren nach heutigem Standard die Qualitäten damals nur gering (☐ Abb. 4.8).

Eine neue Phase der Braugerstenzüchtung begann in den 1950er Jahren mit der Einführung der Methode der Kleinmälzung zur Qualitätsbestimmung. Sie ahmt mit nur einigen Hundert Gramm Kornmaterial den großtechnischen Ablauf in der Mälzerei nach und gewann deshalb für die Qualitätsbewertung neuer Zuchtstämme schnell an Bedeutung. Mit dieser neuen Methode gelang 1973 dem damaligen DDR-Zuchtbetrieb Hadmersleben die Entwicklung der Sorte Trumpf (Triumpf). Sie war ein Sprung in der Qualitätszüchtung und der so genannte „Trumpftyp" verbreitete sich in ganz Europa und wurde zum Standard für beste Brauqualität. Heute erreichen nahezu alle zweizeiligen Sommergersten die maximale Qualitätseinstufung (☐ Abb. 4.8). Dies ist auch nötig, weil durch die großtechnischen Verfahren der Bierherstellung extreme Qualitätsansprüche an die Gerste gestellt und anders als früher bei kleinen Brauereien Mängel im Rohstoff nicht mehr ausgeglichen werden können. Durch die Anstrengungen der Pflanzenzüchtung sind in den letzten Jahren neue zweizeilige Winterbraugerstensorten entstanden, die der Qualität von Sommerbraugerstensorten schon sehr nahe kommen und zudem einen höheren Ertrag haben.

Der **Bierverbrauch** ging in Westdeutschland seit der Währungsreform wegen der günstigen Entwicklung der Gesamtwirtschaft steil

Liter je Einwohner

❑ **Abb. 4.9** Bierverbrauch in Deutschland 1950–2012. (Nach DESTATIS)

bergauf, bis 1975 ist er gegenüber 1950 um das Vierfache angestiegen (❑ Abb. 4.9). Damals entfiel rund ein Viertel des gesamten Getränkekonsums auf Bier. Seitdem fiel der Verbrauch ab, 1990 lag der jährliche Pro-Kopf-Konsum in der Bundesrepublik bei 141 l, 2012 nur noch bei 107 l. Der Rückgang ist unter anderem dadurch zu erklären, dass gerade die 18- bis 35-Jährigen immer weniger Bier konsumieren, ein Trend, der auch in Zukunft anhalten dürfte. Auch der demografische Wandel mit längerfristig sinkenden Einwohnerzahlen und die Zuwanderung von Menschen aus muslimischen Ländern wirken sich auf den Verbrauch aus. Am meisten Bier wird nach wie vor in Tschechien getrunken (2010: 142 l pro Kopf), gefolgt von Irland (115 l pro Kopf) und Deutschland auf Rang drei.

Im Jahr 1978 wurde in Deutschland erstmals eine neue Krankheit gefunden, die in der Folgezeit drohte, den gesamten Gerstenanbau lahmzulegen. Es handelt sich dabei um die **Gelbmosaikvirose der Gerste** (*barley yellow mosaic virus*), die auf befallenen Feldern zu erheblichen Ertragseinbußen bis hin zum Totalausfall führt. Die Ursache sind verschiedene, nahe verwandte Viren, die durch einen überall vorkommenden, an sich harmlosen Bodenpilz (*Polymixa graminis*) verbreitet werden. Eine chemische Bekämpfung ist deshalb nicht möglich. Von den ersten Befallsgebieten ausgehend verbreiteten sich die Viren auf praktisch alle Gerstenanbaugebiete Deutschlands und der europäischen Nachbarländer. Nur durch die Auffindung von resistenten Gerstenherkünften, der Erforschung ihrer Resistenzgene und deren Einführung in die Praxis war es möglich, den Gerstenanbau aufrecht zu erhalten. Es zeigte sich, dass einzelne, rezessiv vererbte Gene für die Widerstandsfähigkeit der Gerste verantwortlich sind, die den Befall mit dem Virus vollständig verhindern. Allerdings haben die bisher bekannten Gene eine unterschiedliche Wirksamkeit gegen die einzelnen beteiligten Viren. Mit Hilfe von molekularen Markern (▶ Abschn. 4.6) konnten verschiedene, wirksame Gene aus alten europäischen Landsorten sowie japanischen Sorten effizient in aktuelles Zuchtmaterial übertragen werden. Einige dieser Gene sind bereits kloniert, d. h. ihre Struktur und vollständige DNS-Sequenz liegen vor. Heute sind praktisch alle zugelassenen Gerstensorten resistent gegen den Befall vieler derzeit bekannter Virusvarianten.

Gerste ist heute von ihrer Anbaufläche her nach Weizen und Mais die **drittwichtigste Kulturpflanze in Deutschland**, der größte Teil entfällt auf Wintergerste (◘ Abb. 4.7). Rund 70 % der angebauten Wintergerste wird als Futtermittel, vorwiegend für die Schweinefütterung, verwendet. Im Gegensatz zur Brauqualität ist zur Fütterung ein hoher Eiweißgehalt erwünscht. Die Sommergerste wird, bei Vorliegen der entsprechenden Qualität, praktisch vollständig zum Brauen verwendet. Gegenüber den zweizeiligen Gersten sind mehrzeilige Wintergersten etwas rohfaserreicher und im energetischen Futterwert geringfügig niedriger. Besonders für Mastschweine ist Wintergerste ein vorteilhaftes Futtermittel, da sie den Anforderungen an Verdaulichkeit und Energiegehalt optimal entspricht. Der Rohfasergehalt, der wesentlich durch die Spelzen bestimmt wird, liegt ebenfalls in einem verdauungsphysiologisch günstigen Bereich. Auch für Zuchtsauen ist Gerste ein geeignetes Futtermittel. Nur in der Ferkel- und Geflügelfütterung gibt es Einsatzbeschränkungen, die sich aus dem hohen Rohfasergehalt und möglichen ungünstigen Effekten des Spelzenanteils ergeben.

4.6   Genomforschung bei Gerste

Das **Genom** ist die Gesamtheit aller Gene eines Organismus. Genomforschung ist ein relativ neuer Zweig der Biologie, der sich die Erforschung des kompletten Genoms eines Organismus zur Aufgabe macht. Dazu gehört die Kenntnis der Basenabfolge der DNS („Sequenzierung") genauso wie die Wirkung und Wechselwirkung der Gene sowie ihr Zusammenhang mit wichtigen Merkmalen, wie etwa Wuchshöhe, Blühzeitpunkt, Kornertrag oder Proteingehalt.

Neben der Modellpflanze Ackerschmalwand (*Arabidopsis thaliana*) ist die Kulturpflanze Gerste eine zweite Säule der deutschen Genomforschung. Seit der Wiederentdeckung der Mendelschen Vererbungsgesetze wurde die Gerste als Modellorganismus der Genetik genutzt. Deshalb sind für die Gerste heute zahlreiche Werkzeuge der modernen Genomforschung verfügbar. Dazu gehören die einfache, schnelle und routinemäßige Erzeugung von reinerbigen Pflanzen („Doppelhaploide") aus Staubbeuteln (Antheren) oder Pollen, die Möglichkeit, Gerste mit veränderten Eigenschaften durch Gentransfer zu erzeugen sowie das Vorhandensein von künstlich hergestellten Mutantenkollektionen. Diese stellen ein wertvolles Instrument der Genomforschung dar, um durch das Ausschalten oder die Überexpression eines Gens Informationen über die Funktion des Genproduktes zu gewinnen. Durch den enormen technischen Fortschritt der Geräte, die eine automatische Sequenzierung des Genoms ermöglichen, ist es heute möglich, Gene direkt durch Sequenzierung der entsprechenden Chromosomenabschnitte zu finden. Dazu muss ihre Position auf dem Chromosom aber möglichst exakt bekannt sein.

Vorzüge der Gerste als Modellorganismus

Gerste ist diploid und Selbstbefruchter, hat relativ große, leicht im Mikroskop unterscheidbare Chromosomen und ist mit den Getreidearten Roggen und Weizen verwandt, die ein viel komplexeres Genom haben. Sie zeigt einen hohen Grad an Vielfalt (▶ Abschn. 4.1), ist leicht kreuzbar und hat für eine Kulturpflanze in der Sommerform einen relativ kurzen Generationszyklus von ungefähr 15 Wochen. Gerste passt sich auch an extreme Klimabedingungen an und ist deshalb auch ein Modell für das Studium von Hitze-, Kälte- und Trockenstress.

In der **öffentlichen Gerstendatenbank** des *National Center for Biotechnology Information* (NCBI) sind bisher die Sequenzen von etwa 500.000 exprimierten Gerstengenen archiviert, die aus verschiedenen Geweben stammen und zu verschiedenen Entwicklungsstadien der Pflanze isoliert wurden. Aus dieser Datenbank wurde ein repräsentativer Satz von 21.000 Genen der Gerste ausgewählt, welche nun, auf winzige Mikrochips gebunden, verwendet werden, um die Expression der Gene in unterschiedlichen Entwicklungsstadien und Pflanzengeweben in Abhängigkeit von Umweltfaktoren zu untersuchen. So werden beispielsweise Gerstenpflanzen mit und ohne Trockenstress untersucht, um herauszufinden, welche spezifischen Gene beim Schutz vor Wassermangel eine Rolle spielen. Ähnlich können gesunde und kranke Gerstenpflanzen parallel untersucht werden, um Gene zu entdecken, die für Krankheitsresistenzen verantwortlich sind.

Die Gerstendatenbank wurde weiterhin verwendet, um hochauflösende Genkarten der Gerste mit mehreren Tausend DNS-Markern zu erstellen. Diese enthalten auch *single nucleotide polymorphism* (SNP)-Marker, welche Einzelbasenaustausche in der DNS anzeigen. Sie sind in großer Zahl über das gesamte Genom verteilt und deshalb hervorragend geeignet, als Marker zu dienen (◼ Abb. 4.10). Solche Marker lassen sich gleichsam als „Anker" in dem Meer von Nukleotiden nutzen. Ist erst eine Verbindung zwischen einem Merkmal, etwa einer Krankheitsresistenz, und einem oder mehreren dieser Marker hergestellt, können letztere genutzt werden, um bereits im Labor die Pflanzen zu identifizieren, die die gewünschte Resistenz tragen. Eine Prüfung im Feld oder Gewächshaus ist dann nur noch bei den positiv Selektierten zur Kontrolle nötig. Weitere Vorteile sind, dass die Analyse des Merkmals schnell erfolgt und stark automatisierbar ist, so dass sie mit hohem Durchsatz erfolgen kann. Merkmale können darüber hinaus in frühen Generationen und im Keimling

1. Kombination durch Kreuzung   **2. Nachkommen analysieren**

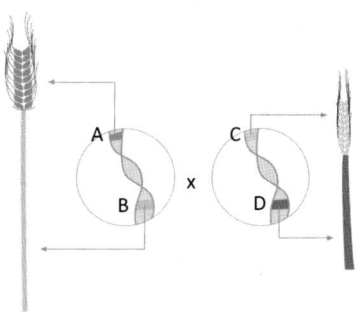
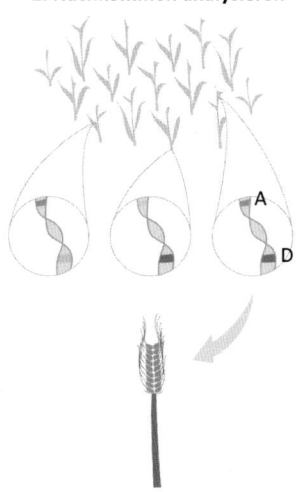

3. Ziel-Genotyp auslesen

■ **Abb. 4.10** Stark vereinfachtes Schema zur Nutzung molekularer Marker für die Auslese erwünschter Genotypen. Dazu werden zwei Eltern gekreuzt, die die Gene A und B bzw. C und D tragen. Ziel ist eine Kombination von A und D, um besonders günstige Eigenschaften zu erzielen. Kennt man die entsprechenden DNS-Abschnitte, kann man ganz gezielt bereits im Keimlingsstadium die gewünschten Kombinationen selektieren. (Quelle: © MPI für Molekulare Pflanzenphysiologie; pigurdesign)

analysiert werden. Das bringt eine Zeit- und Kostenersparnis für den Züchter. Außerdem lassen sich mit Hilfe der Marker auch mehrere, gewünschte Eigenschaften gezielt in einer Pflanze kombinieren (■ Abb. 4.10). Marker lassen sich vor allem für die effiziente Nutzung von genetischer Vielfalt innerhalb der Art einsetzen. Die Nutzung artfremder Gene, wie sie durch Gentechnik erfolgt (▶ Abschn. 7.8), ist damit nicht möglich.

Mit diesen Werkzeugen wurde bereits eine Reihe von Resistenzgenen der Gerste isoliert und ihre molekulare Funktion näher beleuchtet. So konnten Wissenschaftler des Max-Planck-Instituts für Züchtungsforschung in Köln die Funktion des rassenspezifischen Resistenzgens *Mla* und auch des rassenunabhängigen *mlo*-Gens charakterisieren. Beide Gene vermitteln Widerstandsfähigkeit (Resistenz) gegen den Mehltaupilz (*Blumeria graminis* f. sp. *hordei*). Auch zwei Gene, die Resistenz gegen die Gelbmosaikvirose vermitteln, sind bereits intensiv erforscht. Ist ihr Aufbau und ihre genaue Gensequenz erst einmal bekannt, kann in Genbanken gezielt nach weiteren, möglichst vorteilhaften Genvarianten geforscht werden („*allele mining*"). In der deutschen Genbank in Gatersleben lagern beispielsweise rund 21.800 Proben von Gersten. Wenn hier günstige Varianten entdeckt werden, können sie durch Kreuzung in moderne Kulturgerste überführt und „auf Herz und Nieren" geprüft werden.

Diese Idee ist im Prinzip nicht neu, aber noch nie standen so viele und so weitreichende Werkzeuge zur Verfügung, um diese „Geneti-

4

schen Ressourcen" aus Genbanken planmäßig zu nutzen. Seit der russische Genetiker Nikolaj Ivanovič Vavilov in den 1920er-Jahren seine Sammlungsreisen für Kulturpflanzen durchführte, wurden weltweit Saatgutkollektionen der wichtigsten Pflanzen in Genbanken gelagert und auf sichtbare Geneffekte hin überprüft. Bei Gerste konnten dadurch zahlreiche Genvarianten gefunden werden, die Resistenzen gegen Pilze und Viren sowie Toleranzen gegen abiotische Stressfaktoren, wie Hitze und Trockenheit, bewirken. Diese können durch spezielle Züchtungstechniken in neue Sorten eingelagert werden.

Das Hauptaugenmerk bei einer modernen Nutzpflanzensorte liegt jedoch auf genetisch komplexen Eigenschaften wie dem Kornertrag, der Ertragsstabilität und dem Gehalt an Inhaltsstoffen, die meist durch das synchrone Zusammenspiel vieler Gene bestimmt werden. Diese Eigenschaften konnten bis in die 1990er-Jahre nicht oder nur sehr unzureichend genetisch bearbeitet werden, da die Werkzeuge fehlten. Erst die Entwicklung von sehr vielen DNS-Markern, die gleichmäßig über das gesamte Genom verteilt sind, sowie die Fortschritte in der Sequenzinformation von einzelnen Genen bzw. dem ganzen Genom erlauben es heute, die Gene, welche die Ausprägung eines komplexen Merkmals bewirken, zu fassen und züchterisch effektiver zu nutzen.

Zusammenfassung und Ausblick

Gerste gehört zu den ältesten Kulturpflanzen der Menschheit, sie wurde schon ab der frühesten Jungsteinzeit zusammen mit Emmer und Einkorn in Vorderasien angebaut (◘ Abb. 4.11). Stammpflanze ist die Wildgerste (*Hordeum vulgare* ssp. *spontaneum*), ihr Ursprungsgebiet als Kulturpflanze liegt im israelisch-jordanischen Raum. Es gibt neuerdings Hinweise, dass sie im tibetischen Hochland ein zweites Mal kultiviert wurde.

In der Antike war die Gerste eine der wichtigsten Nahrungspflanzen. Da sie aber kein quellfähiges Klebereiweiß enthält, wurde sie für Brei und Grütze verwendet. Nur in rauen, kargen Gebieten, in denen andere Getreidearten nicht gediehen, nutzte man Gerstenmehl auch zum Backen von Fladenbroten. Ab der Römerzeit wurde überall Weizen und Roggen bevorzugt und die Gerste blieb den ärmsten Bevölkerungsschichten vorbehalten.

Heute wird Gerste überwiegend als Futtergetreide (Wintergerste) und in Form von Gerstenmalz (zweizeilige Sommergerste) zum Bierbrauen verwendet. Daneben findet Gerste Verwendung als Bindemittel für Suppen (Gerstengraupen) und als Ausgangsprodukt für Whisky. Gerstenmalz ist außerdem Rohstoff für Kaffeeersatz sowie für natürliche Farb- und Aromastoffe.

Durch ihre besondere Eignung zur Genomforschung ist die Gerste heute ein wichtiges Modellobjekt. Die Sequenzierung ihres Genoms ist kurz vor der Vollendung und als erste Errungenschaften dieses neuen Wissenschaftszweiges wurden bereits mehrere wichtige Resistenzgene gegen Pilz- und Viruskrankheiten isoliert. Sie können nun für die Züchtung genutzt werden .

v. Chr.

8250	Kultivierte zweizeilige Gerste an verschiedenen Fundstellen im Fruchtbaren Halbmond
7400	Früheste sechszeilige Gerste in der Türkei
6000	Gerstenbier wird in Çatal Hüyük/Türkei gebraut
5500	Bandkeramiker bringen Gerste mit Einkorn, Emmer, Erbsen und Lein nach Mitteleuropa

n. Chr.

13. Jh.	Bierbrauen fand bisher vor allem in den Klöstern statt, jetzt erhalten zahlreiche Städte das Braurecht
1516	Reinheitsgebot fordert die alleinige Verwendung von Gerste zum Brauen
1866	Mendelsche Regeln – Grundlagen der Pflanzenzüchtung
1970er	Deutliche Verbesserung der Braugerstenqualität
1980er	Erstmals wird mehr Winter- als Sommergerste angebaut
1990er	Resistenz gegen Gelbmosaikvirus (seit 1978 nachgewiesen) rettet den deutschen Gerstenanbau
21. Jh.	Gerstengenom vollständig entschlüsselt (sequenziert)

◘ **Abb. 4.11** Zeittafel (Quelle der Grafik: www.pflanzenforschung.de)

Literatur

Badr A, Müller K, Schäfer-Pregl R, El Rabey H, Effgen S, Ibrahim HH, Pozzi C, Rohde W, Salamini F (2000) On the origin and domestication history of barley (*Hordeum vulgare*). Mol Biol Evol 17:499–510

Bundessortenamt Hannover (2013): Beschreibende Sortenliste 2013. Getreide

Dai F, Nevo E, Wu D, Comadran J, Zhou M, Qiu L, Chen Z, Beiles A, Chen G, Zhang G (2012) Tibet is one of the centers of domestication of cultivated barley. Proc Natl Acad Sci USA 109:16969–16973

DESTATIS. Statistisches Bundesamt. Landwirtschaft. Internet: https://www.destatis.de/DE/Publikationen/StatistischesJahrbuch/StatistischesJahrbuch_AeltereAusgaben.html

Fischbeck G, Kuntze L, Ordon F (2008) Gerste, *Hordeum vulgare* L. Ein gutes Bier aus Gerste hoher Brauqualität und Pflanzengesundheit. In: Röbbelen G (Hrsg) Die Entwicklung der Pflanzenzüchtung in Deutschland (1908–2008). Gesellschaft für Pflanzenzüchtung eV, Göttingen, S 297–305

Hurst S (2014) USDA, NRCS. The PLANTS Database. National Plant Data Team, Greensboro, NC 27401-4901 USA (http://plants.usda.gov)

de Rachewiltz SW (1993) Brot im südlichen Tirol. Arunda, Schlanders

Schiemann E (1948) Weizen, Roggen, Gerste. Systematik, Geschichte und Verwendung. G Fischer, Jena

Statistisches Jahrbuch. Internet: https://www.destatis.de/DE/Publikationen/StatistischesJahrbuch/StatistischesJahrbuch_AeltereAusgaben.html

4

Weiterführende Literatur

Jacomet S (2011) Domestikationsgeschichte – Domestikation von Pflanzen und Tieren. Teil Pflanzendomestikation (IPNA, Universität Basel). http://ipna.unibas.ch/archbot/pdf/2011_PflanzenDomestikationSkript_komplettinklLit_kompr.pdf. Zugegriffen: 12. Januar 2014

Körber-Grohne U (1987) Nutzpflanzen in Deutschland. Kulturgeschichte und Biologie. K. Theiss, Stuttgart

Küster H (2013) Am Anfang war das Korn. CH Beck, München

Simmonds NW (1976) Evolution of Crop Plants. Longman Group Limited, London

Zohary D, Hopf M, Weiss E (2012) Domestication of Plants in the Old World. 4. Aufl. Oxford University Press, Oxford

Hafer – Nahrhaftes Unkraut

Thomas Miedaner

T. Miedaner, *Kulturpflanzen,*
DOI 10.1007/978-3-642-55293-9_5, © Springer-Verlag Berlin Heidelberg 2014

Auch der Hafer (◘ Abb. 5.1) begann seine Karriere als Unkraut (Ungras) in den kultivierten Feldern Vorderasiens und passte sich dort den Anbaubedingungen an. In diesem Zustand wurde er auch zusammen mit den frühen Weizenformen Einkorn und Emmer (▶ Kap. 2) und Gerste (▶ Kap. 4) nach Mitteleuropa eingeschleppt. Erst sehr viel später, kurz vor der Zeitenwende, wurde er von den Bauern erstmals in reiner Form angebaut. Das ist eigentlich verwunderlich, denn Hafer ist aufgrund seines hohen Fett- und Lecithingehaltes und der günstigen Zusammensetzung seines Eiweißes heute die biologisch wertvollste Getreideart. Nicht umsonst schwören die Engländer auf ihr „*Porridge*" und haben früher die Schulkinder täglich zum Frühstück Haferflocken gegessen. Zudem ist Hafer das klassische Pferdefutter. Weil Pferde heute nicht mehr als landwirtschaftliche Zugtiere gebraucht werden, spielt Hafer nur noch eine untergeordnete Rolle. In Deutschland werden gerade einmal 130.000 ha Hafer angebaut, das ist die geringste Fläche aller wichtigen Getreidearten.

5.1   Einordnung in das Pflanzenreich

Der Saathafer (*Avena sativa* L.) gehört wie alle Getreidearten zu den Süßgräsern (*Poaceae*). Im Unterschied zu diesen besitzt er aber keine Ähre als Fruchtstand, sondern eine Rispe (◘ Abb. 5.1a), was zeigt, dass er in der Systematik weit entfernt von den anderen Getreidearten steht. An der Spitze tragen die Rispen Ährchen mit zwei bis drei Blütchen, von denen meist nur zwei fruchtbar sind. Hafer ist Selbstbefruchter. Die spindelförmigen Körner sind bei der Reife von Spelzen geschützt, die sich auch beim Dreschen nicht ablösen (◘ Abb. 5.1d). Allerdings sind sie nicht, wie bei der Gerste, fest mit dem Korn verwachsen, sondern können recht einfach geschält werden.

Die Gattung *Avena* besitzt, je nach Art der Zählung, bis zu 25 Arten. Ähnlich wie bei anderen Kulturpflanzen neigt man heute dazu, die Artenzahl zu beschränken und alle Formen, die nach einer Kreuzung fruchtbare Nachkommen ergeben, zu einer (biologischen) Art zusammen zu fassen. Die Gattung *Avena* kommt, ähnlich wie Weizen, in drei Chromosomenausstattungen (Ploidiestufen, ▶ Kap. 2) vor: diploid (*2x*), tetraploid (*4x*) und hexaploid (*6x*), wobei jedes Genom sieben Chromosomen besitzt. Hafer unterschiedlicher Ploidiestufen werden als eigene Arten aufgefasst.

● **Abb. 5.1** Hexaploide Haferformen (*im Uhrzeigersinn*): **a** Rispe des Saathafers (*Avena sativa* ssp. *sativa*). **b** Saathaferfeld kurz vor der Reife mit überständigen Rispen des wilden Flughafers (*A. sativa* ssp. *fatua*). **c** Früchte des Flughafers (*links*) mit stark behaarten Spelzen und langen, in sich gedrehten Grannen sowie Saathafer mit Spelzen, aber ohne Grannen (*rechts*). **d** Samen des üblichen, bespelzten Saathafers (*rechts* ssp. *sativa*) im Vergleich zu Nackthafer, der die Spelzen beim Drusch verliert (*links*, ssp. *nudisativa*)

┌─── **Die wichtigsten kultivierten Arten und Unterarten** ───┐

Sandhafer (2x)	*A. strigosa*	ssp. *strigosa*
		ssp. *brevis* – Kurzhafer
		ssp. *nudibrevis* – Nackthafer
Barthafer (4x)	*A. barbata*	ssp. *abyssinica* – Abessinischer Hafer
Saathafer (6x)	*A. sativa*	**ssp. *sativa* – Echter Hafer, Saathafer**
		ssp. *byzantina* – Mittelmeerhafer
		ssp. *nudisativa* – Nackthafer

Aufgrund der zahlreichen Verwandten und Vorfahren besteht auch bei Hafer eine große Diversität. Es gibt Winter- (selten) und Sommerformen (häufig), unterschiedliche Wuchstypen und Rispenformen und schließlich verschiedene Spelzenfarben: Weiß-, Gelb- und Schwarzhafer. Im Gegensatz zu der früheren Meinung hat die Spelzenfarbe aber nichts mit Qualitätseigenschaften zu tun. Trotzdem hält sich hartnäckig die Meinung, Schwarzhafer sei das beste Pferdefutter; die Schwarzfärbung kommt von der Einlagerung von Anthocyanen, weitverbreiteten Pflanzenfarbstoffen. Außerdem gibt es sowohl in der diploiden als auch in der hexaploiden Reihe Nacktformen, bei denen die Körner beim Drusch freigesetzt werden.

5.2   Wilde Vorfahren, Verwandte und Entstehung des Kulturhafers

Die Gattung *Avena* kommt ursprünglich aus dem Mittelmeerraum, wo verschiedene wilde Arten und Unterarten weit verbreitet sind. Wild- und Kulturformen lassen sich an den Früchten (Spelzen + Körner) unterscheiden (◘ Abb. 5.1c). Erstere haben eine lange, gebogene Granne an jeder Frucht und sind stark behaart.

Einige Haferformen stammen aus Europa und so ist Hafer die einzige Getreideart, die Teil des kulturellen europäischen Erbes ist. In der Europäischen Datenbank sind mehr als 30.000 Muster von Kulturformen und verwandten Wildformen gelistet (◘ Tab. 5.1).

Die Verwandtschaften des Hafers sind bei weitem nicht so gut aufgeklärt wie bei Weizen, was auch daran liegt, dass die chromosomalen Zusammenhänge wesentlich komplizierter sind. So geht man heute davon aus, dass nur die A- und C-Genome ursprünglich sind, die B- und D-Genome sind wohl nur Abwandlungen des A-Genoms. Deshalb gibt es auch keine diploiden Haferarten, die nur ein B- oder D-Genom besitzen. Erschwerend kommt hinzu, dass es innerhalb der A- und C-Genome weitere Unterformen gibt, die die Kreuzbarkeit einschränken. So sind *A. canariensis* und *A. damascena* nicht miteinander fruchtbar, da sie unterschiedliche Varianten des A-Genoms tragen (A_c bzw. A_d), und werden deshalb als eigene Arten

☐ **Tab. 5.1** Die wichtigsten Arten der Gattung *Avena* in drei Chromosomenreihen

	Diploide Reihe (AA oder CC) *2n = 2x = 14*	Tetraploide Reihe (AABB od. AACC) *2n = 4x = 28*	Hexaploide Reihe (AACCDD) *2n = 6x = 42*
Art	Verschiedene	Verschiedene	*A. sativa*
Wildarten (Beispiele)	*A. canariensis* ($A_c A_c$)	*A. murphyi* (AACC)	Taubhafer (ssp. *sterilis*)
	A. damascena ($A_d A_d$)	*A. magna* (AACC)	Flughafer (ssp. *fatua*)
	A. ventricosa (CC)	Barthafer (*A. barbata*, AABB) ssp. *barbata*; ssp. *vaviloviana*	Orienthafer (ssp. *orientalis*)
Kulturart(en)	Sandhafer (*A. strigosa*, AA)	Abessinischer Hafer (*A. barbata* ssp. *abyssinica*)	Byzantinischer Hafer (ssp. *byzantina*)
			Saathafer (ssp. *sativa*)

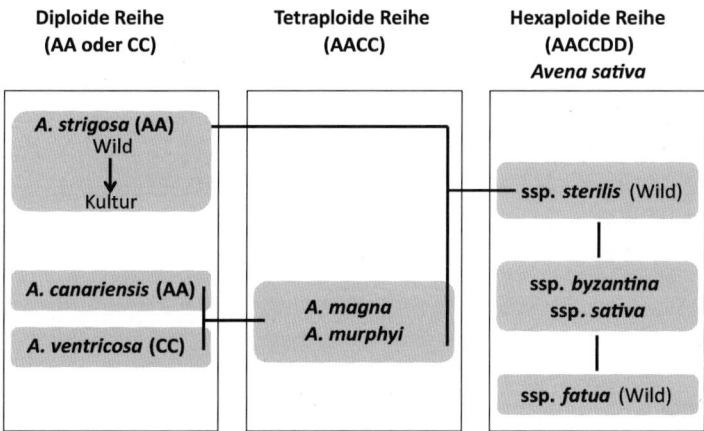

☐ **Abb. 5.2** Die (vermutete) Entstehung des Saathafers und direkt daran beteiligte Arten

eingestuft. Interessant ist, dass sich in allen drei Chromosomenreihen Kulturarten entwickelten, die im Mittelmeergebiet, Äthiopien bzw. Vorderasien entstanden sind (☐ Tab. 5.1). Die Evolution der Haferarten ist noch stark umstritten (☐ Abb. 5.2). Die hexaploiden Arten sind alle miteinander fruchtbar, so dass sie heute als eine Art gelten (*A. sativa*) und die einzelnen Formen als Unterarten geführt werden. Sie stammen von einem gemeinsamen Vorfahr ab, dem wilden Taubhafer (Unterart *sterilis*, ☐ Abb. 5.3). Dieser wiederum leitet sich von einer diploiden Haferform mit dem A-Genom, wahrscheinlich der Unkrautform des Sandhafers (*A. strigosa*), und einer oder mehreren tetraploiden wilden Arten ab, wahrscheinlich *A. magna* bzw. *A. murphyi* (AACC). Letztere entstanden durch die Kreuzung zweier diploider Arten mit dem A- und C-Genom, wahrscheinlich *A. canariensis* (AA) und *A. ventricosa* (CC) (☐ Abb. 5.2). Die hexaploiden Formen hatten also ursprünglich die Genomzusammensetzung AAAACC. Im Laufe der Evolution veränderte sich eines der A-Genome so stark, dass es heute als D-Genom oder von manchen

◙ Abb. 5.3 Wilder Taubhafer (*Avena sativa* ssp. *sterilis*). (Nach Malzew 1930)

polyploid: Pflanze mit vervielfachten Chromosomensätzen

Autoren auch als A"A" bezeichnet wird. Nach den natürlichen Artkreuzungen mit spontaner Chromosomenverdopplung (▶ Kap. 2)
verbreiteten sich die neu entstandenen, **polyploiden [▶ polyploid]**
Arten in der natürlichen Flora.

Die weitaus größte Formenvielfalt des Hafers findet sich im westlichen Mittelmeerraum, vor allem Südspanien, Portugal, Marokko
und Algerien unter Einschluss der Kanarischen Inseln (◙ Abb. 5.4,
◙ Abb. 1.4e). Hier finden sich die tetraploiden Formen *A. magna* und
A. murphyi, die hexaploiden Unterarten *sterilis* und *byzantina* und
zahlreiche andere Arten und Unterarten, teilweise wurden hier in
jüngster Zeit noch neue Haferformen gefunden. Hier entstand auch
der tetraploide Barthafer (*A. barbata*), der heute noch ein aggressives
Unkraut in landwirtschaftlichen Feldern ist. Er gelangte, wahrscheinlich als Unkraut in kultiviertem Gerstensaatgut, nach Äthiopien und
entwickelte sich dort unter dem Anpassungsdruck einer völlig veränderten Umwelt zu der wilden Unterart *vaviloviana*, aus der durch
die Schonung des Menschen die Unterart *abyssinica* hervorging. Sie
hat einen festen Samensitz und kann deshalb als kultiviert angesehen werden, wurde aber auch in Äthiopien nie bewusst angebaut.
Der Kulturpflanzenforscher Daniel Zohary bezeichnete diese Art als
„toleriertes, menschengemachtes Unkraut"; sie wird in Äthiopien
mit Gerste zusammen gesät, geerntet und verzehrt und ist praktisch
ein integraler Bestandteil des Gerstenanbaus. Beide (Unter-)Arten
finden sich ausschließlich in Äthiopien, sie konnten sich aufgrund
der nach Süden immer trockener werdenden Landschaft nicht weiter
ausbreiten.

Die Herkunft des diploiden Sandhafers (*A. strigosa*) ist Spanien
und Portugal (◙ Abb. 5.4), hier findet sich der größte Formenreich-
tum und hier muss er auch kultiviert worden sein. Dies gilt auch für
seine Unterart *brevis*. Die nackte Form dieses Hafers (Unterart *nu-
dibrevis*) entstand dagegen in Großbritannien. Heute kommen diese
diploiden Formen in einem großen Gebiet von Spanien, Portugal bis
nach Großbritannien und Deutschland vor. Hier wurde er bis Ende
des 19. Jahrhunderts in so kargen Gegenden und auf so schlechten
Böden angebaut, auf denen der hexaploide Saathafer nicht mehr gedieh, wie etwa die Berglandschaften von Wales oder die Inseln im
Westen und Norden Schottlands. Der Sandhafer wächst heute meist
als Unkraut in Saathaferfeldern, kommt aber auch auf Schuttplätzen
und Wegen vor. In vielen Gebieten seines früheren Anbaus ist er
heute wieder verschwunden. In Deutschland ist die Art in Schleswig-Holstein gefährdet, in Hessen ausgestorben, in den übrigen
Bundesländern fehlend oder unbeständig. In Österreich kommt der
Sandhafer zerstreut bis sehr selten vor und ist für die Bundeslän-
der Burgenland, Wien, Nieder- und Oberösterreich, Steiermark und
Salzburg nachgewiesen. In der Schweiz gilt der Sandhafer schon als
reine Kulturpflanze.

Der wilde Taubhafer (Unterart *sterilis*) findet sich in mehreren
Formen in den warmen Gegenden des Mittelmeers bis nach Süd-

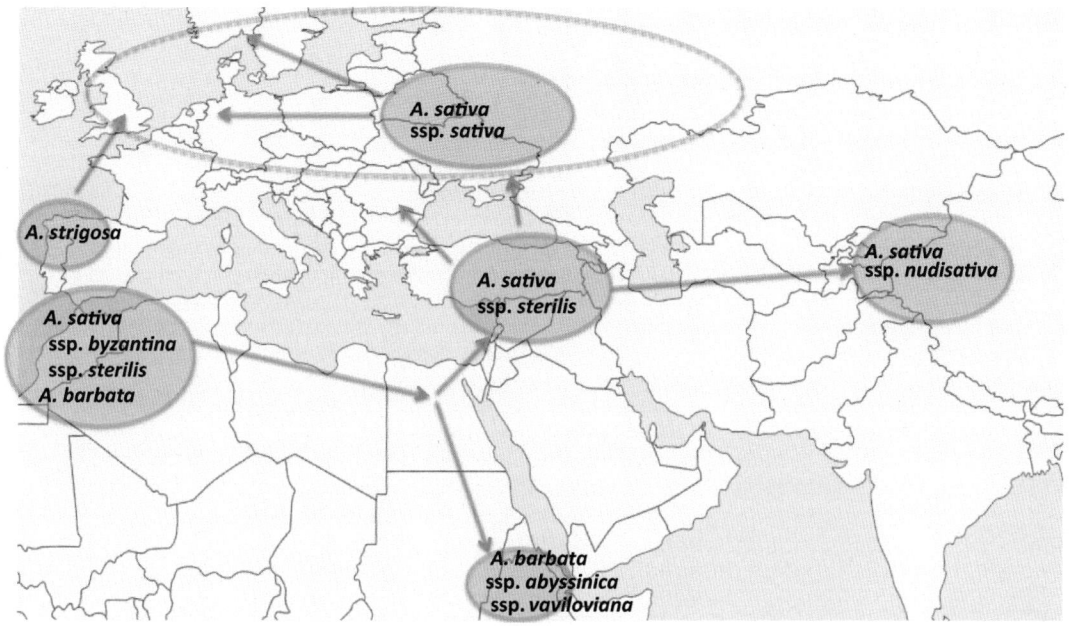

◘ Abb. 5.4 Die Genzentren der Gattung *Avena* und ihre Verbreitung; *gestrichelt* eingezeichnet ist die wichtigste Anbauverbreitung des Saathafers (*A. sativa* ssp. *sativa*) als Kulturpflanze ab der Römischen Kaiserzeit bzw. dem frühen Mittelalter. Haferbezeichnungen siehe ▶ Abschn. 5.1. (Nach Loskutov 2008)

westasien hinein (◘ Abb. 5.3). Er bildet im (ehemaligen) Eichenwaldgürtel dichte Bestände, verhält sich also wie eine typische Wildpflanze. Dazu gehört auch, dass er lange Grannen an den stark behaarten Spelzen hat, seine Samen vor der Reife abwirft und eine hohe Dormanz besitzt, die Samen keimen also erst später wieder aus. Gleichzeitig gibt es aber auch *sterilis*-Formen, die aggressive Besiedler von gestörten Habitaten sind und Unkraut in Kulturpflanzenbeständen darstellen. Deshalb ist der wilde Taubhafer der ideale Ausgangspunkt für die Entwicklung der beiden kultivierten Saathaferformen *byzantina* und *sativa*.

Als Kulturform entwickelte sich zunächst im westlichen Mittelmeergebiet der Byzantinische Hafer. Er besitzt noch Formen, die morphologisch Merkmale seines wilden Verwandten zeigen, und soll durch beliebig viele Übergangsformen mit dem Taubhafer verbunden sein. Wahrscheinlich finden im Herkunftsgebiet auch ständig neue Kreuzungen zwischen beiden Formen statt, denn alle Unterarten von *A. sativa* sind uneingeschränkt miteinander fruchtbar. Noch nicht abschließend geklärt ist die Herkunft des eigentlichen Saathafers (Unterart *sativa*), der heute weltweit angebaut wird. Die Nacktform dieses Hafers (Unterart *nudisativa*, ◘ Abb. 5.1d) entstand mit großer Wahrscheinlichkeit in den gebirgigen Regionen Nordwestchinas, in einer ähnlichen Region, wo auch die Nacktgerste zuerst kultiviert wurde. Als der Saathafer bereits als Kulturpflanze in diese Gegend kam, war die durch Mutation eines Gens entstandene Nacktform besonders

Über die evolutionäre Rolle des „Unkrautes"

Als Unkraut oder Ungras bezeichnen wir heute abfällig wilde Pflanzen, die uns bei der Landwirtschaft stören, weil sie den Kulturpflanzen Nährstoffe, Wasser, Licht und Raum wegnehmen. Dies wird schon im biblischen Gleichnis vom „Unkraut im Weizen" beschrieben. Das kann so weit gehen, dass sich bei empfindlichen Kulturarten, wie etwa dem Mais oder der Zuckerrübe, ohne Unkrautbekämpfung überhaupt kein Bestand entwickeln kann. Deshalb wird der Boden gehackt, gestriegelt, abgeflämmt oder die Felder mit Herbiziden behandelt, Chemikalien, die spezifisch das Unkraut abtöten. Dabei darf aber nicht vergessen werden, dass evolutionär enge Beziehungen zwischen Kulturpflanzen und manchen Unkräutern bestehen. Dies fängt schon damit an, dass sich fast alle Kulturpflanzen aus Unkräutern oder Ungräsern entwickelten, Hafer und Roggen sind die besten Beispiele dafür. Die wilde Form des Flughafers ist so perfekt an die Entwicklung des Saathafers angepasst, dass er auch mit modernsten Methoden nicht ausgerottet werden kann. Außerdem sind die Verwandtschaftsbeziehungen zwischen beiden so eng, dass es immer wieder zu spontanen Kreuzungen im Feld kommt. Es entstehen dann so genannte „Fatuoide", die in der Saatgutanerkennung große Probleme machen, und zu genetischem Austausch zwischen Wild- und Kulturpflanzen führen.

gut angepasst oder wurde bereits gezielt von den dortigen Bauern gefördert.

Auch die Herkunft des Flughafers (Unterart *fatua*, ◼ Abb. 5.1b, c), eines aggressiven Unkrauts in ganz Europa bis nach Zentralasien und Nordafrika, ist nicht abschließend geklärt. Da er noch nie in ursprünglichen (primären) Lebensräumen gefunden wurde, sondern immer nur als Unkraut in Kulturpflanzenbeständen, neigt man dazu, ihn als eine Abspaltung des Kulturhafers anzusehen, der damit wieder zurück zu einer Wildform mutiert wäre.

5.3   Hafer als europäische Kulturpflanze

Obwohl Hafer eine typische Pflanze des Mittelmeerraumes ist und die wilde Unterart *sterilis* in Südwestasien große Bestände bildet und häufig zusammen mit Wildweizenformen und Wildgerste vorkommt, ist er hier offensichtlich nicht kultiviert worden. Der einzige archäologische Fund aus diesem Raum besteht aus 12.000 Körnern der wilden Unterart *sterilis*, die in Gilgal/Israel zusammen mit der 20fachen Menge Wildgerste gefunden und auf 9750–8600 *cal* v. Chr. datiert wurde. Dieser Fund liegt damit vor dem frühesten Datum kultivierter Gerste. Die frühesten Funde eindeutig kultivierter Haferformen mit festsitzenden Ährchen und relativ großen Körnern stammen aus Osteuropa. Sie finden sich hier erstmals zwischen 5650 und 4350 *cal* v. Chr. in Moldavien, Rumänien und Ungarn. Allerdings handelt es sich nur um vereinzelte Körner bzw. einzelne wenige Abdrücke in Tonscherben und im Wandlehm abgebrannter Häuser. In Auvernier am Neuenburger See/Schweiz wurden in einer Schicht aus der Zeit um 2400 v. Chr. einzelne Taubhaferkörner gefunden. Wahrscheinlich hatten die Bewohner der Pfahlbausiedlungen Handelskontakte zum Mittelmeerraum und führten dabei nicht nur Kulturpflanzen, sondern auch Körner des wilden (Unkraut-)Hafers ein. Um dieselbe Zeit findet sich aber schon kultivierter Hafer in Tschechien und der Slowakei; um 900 v. Chr. erreicht er Norwegen. In Europa müssen die Archäobotaniker bei der Untersuchung ihrer Funde mit zwei wilden Haferformen (*A. sativa* ssp. *fatua*, ssp. *sterilis*), sowie bis zu drei Kulturhafern (*A. strigosa* ssp. *strigosa*, *A. sativa* ssp. *sativa*, ssp. *byzantina*) rechnen. Sie lassen sich nur unterscheiden, wenn das vollständige Ährchen gefunden wird, weil bei den wilden Formen das Ährchen mit der Reife von alleine von der Rispe abbricht, beim Saathafer aber erst bei Druck. Sind die Körner unbespelzt, dann lassen sie sich nicht mehr zuordnen.

Hafer entstand demnach erst im europäischen Raum, als die Wildformen in Gebiete kamen, wo Einkorn, Emmer und Gerste nicht mehr so gut gediehen. Heute noch findet sich Haferanbau vor allem in maritim-kühlen Gegenden, wo es feucht und kühl ist. Hafer ist, wie auch Roggen, eine „sekundäre Kulturart", die als Wildart in kultivierte Weizen- und Gerstenfelder einwanderte. Durch den gemeinsamen Anbau mit diesen verlor der Taubhafer allmählich seine Wildpflanzeneigenschaften und wurde zur vollentwickelten Kulturform. In manchen Gegenden behielt der Saathafer seine Unkrautrolle bei, wahrscheinlich, weil die Bauern seine Möglichkeiten nicht erkannten oder einfach die Klimabedingungen für einen erfolgreichen Anbau nicht passten. Solche Formen finden sich heute noch im Iran, Georgien und südlichen russischen Provinzen, vor allem in Daghestan und Tatarstan.

Erst im Laufe der Bronzezeit nimmt die Verbreitung des Hafers zu. Die Funde von Saat- und Flughafer reichten jetzt bereits vom Alpenrand bis Südschweden und von Osteuropa bis zu den Niederlanden. Allerdings sind es jeweils immer noch nur wenige Haferkörner mit einem Anteil von 0,1–8 % an den gefundenen Getreidekörnern, auch das spricht noch nicht für einen planmäßigen Anbau, sondern nur von einer Unkrautrolle oder vielleicht einer geduldeten Beimischung. In der vorrömischen Eisenzeit (500 v. Chr. bis Christi Geburt) steigt die Häufigkeit der Funde vor allem zwischen Elbe und Rhein. Bis zum Ende der römischen Kaiserzeit (4. Jh. n. Chr.) verbreiteten sich die Haferarten bis nach Britannien, die Funde vermehrten sich in Schleswig-Holstein und gingen jetzt nördlich bis Dänemark und Südschweden. Eine Ursache für seine rasche natürliche Ausbreitung mag die Klimaverschlechterung in der Zeit zwischen 1000–800 v. Chr. gewesen sein. Damals kühlte sich Mitteleuropa deutlich ab und es gab wesentlich mehr Niederschläge. Die klimabegünstigte, warm-milde Bronzezeit war endgültig zu Ende.

Der Saathafer bevorzugt feucht-kühle Witterung, sein erster bekannter Reinanbau in Deutschland stammt aus der Gegend von Lüneburg. In einem abgebrannten Langhaus aus der Zeit um das 2.–1. Jahrhundert v. Chr. fand sich reiner Saathafer. Ab der Zeitenwende mehren sich dann die Fundstellen, besonders im Küstengebiet der Nordsee und an der Niederelbe bauten die Germanen gerne Hafer an. Plinius

5

(23–79 n. Chr.) schreibt, dass „die germanischen Völker den Hafer säen und keinen anderen Brei als Haferbrei essen". Im alten Island wurden Hafer und Hering als Speise der Götter bezeichnet. **Hafer blieb in ganz Nordeuropa fast 2000 Jahre lang Hauptnahrungsmittel.** Um 1060 n. Chr. verkohlten in Ostfriesland bei einem Brand der Wehrkirche sämtliche in Sicherheit gebrachten Getreidevorräte. Sie enthielten neben Saathafer auch den diploiden Sandhafer (*A. strigosa*), der hier erstmals in Deutschland nachgewiesen wurde. In Mittel- und Süddeutschland spielte dagegen der Hafer als Kulturpflanze damals noch keine große Rolle. Das änderte sich erst um 1200, jetzt galt er als wichtige Getreideart in ganz Deutschland und wird auch in Mittelgebirgen verbreitet angebaut. Dort wurde teils Hafer, teils Dinkel als tägliches Morgenmus gegessen. In den ärmsten Gebieten gab es auch den Sandhafer (*A. strigosa*). Er lieferte noch in den Hochlagen des Schwarzwaldes und auf den ärmsten Böden Ostfrieslands einen bescheidenen Ertrag. Auch in Russland wurde seit dem Mittelalter im Wesentlichen Roggen und Hafer angebaut, später kam im Süden der Weizen hinzu. Noch 1992 wurden hier 8,5 Mio. ha Hafer angebaut, heute sind es 3,3 Mio. ha.

Bis zu Beginn des 20. Jahrhunderts war Hafer in Deutschland nach Roggen das am weitesten verbreitete Getreide. Diese hohe Beliebtheit verdankte er seiner Anspruchslosigkeit hinsichtlich Boden und Klima und seiner einzigartigen Stellung als Leistungsfutter für Pferde. Angebaut wurden damals **Landsorten**, also Formengemische, die sich in der jeweiligen Region durch natürliche Auslese über Jahrhunderte hinweg an die vorherrschenden Klima- und Anbaubedingungen angepasst hatten. Die unterschiedlichen Rispentypen, die sich innerhalb einer Sorte fanden (◘ Abb. 5.5), zeigen exemplarisch deren Diversität. Diese Landsorten hießen nach den Regionen, in denen sie entstanden waren: „Probsteier Landhafer", „Odenwälder Fahnenhafer", „Sächsischer Gebirgshafer", „Gelber märkischer Landhafer", „Fichtelgebirgshafer" und „Oberschlesische Landsorte". Die Namen zeigen schon, dass Hafer damals vorzugsweise auf leichten, nährstoffarmen Böden bzw. im Mittelgebirge angebaut wurde. An feuchte, kühle Regionen war er besser angepasst als Roggen. Diese frühen, bodenständigen Formen waren Ausgangspunkt für die weitere züchterische Verbesserung. Dabei wurden später auch ausländische Sorten eingekreuzt, wie etwa der Ligowo-Hafer aus den Pyrenäen oder der englische Milton-Hafer. Anfang des 20. Jahrhunderts züchteten 53 Betriebe Hafer, heute sind es gerade noch fünf. Neben dem Kornertrag war damals auch das Stroh wichtig, weil es durch seine Feinstängeligkeit ein wertvolles Raufutter war. Besonders wichtig ist bei Hafer Frühreife und Standfestigkeit. Weil Hafer von vielen Krankheitserregern, die die anderen Getreidearten schädigen, nicht befallen wird, galt er für die Landwirte als „Gesundungsfrucht".

Abb. 5.5 Verschiedene Formen von Haferrispen in alten Landsorten: Fahnenrispe (*links*), Steifrispe (*Mitte*), Schlaffrispe (*rechts*). (Nach Klapp 1967) (Quelle: P. Parey, Berlin, Hamburg)

5.4 Pure Gesundheit: Hafer als Pferdefutter und Nahrung

In Mitteleuropa wird heute nur noch Saathafer angebaut. In den atlantisch geprägten Regionen wird er heute noch bevorzugt. In Irland, Wales, Schottland, der Bretagne und Südschweden ist er Hauptgetreide. Trotz seines hohen Nährwertes wird Hafer bei uns nur zum geringen Teil für die menschlichen Ernährung verwendet. Der große Rest wird verfüttert, **gilt Hafer doch traditionell als das beste Pferdefutter**. Dieses Image führte auch mit der Abschaffung der Pferde als Arbeitstiere und ihrem Ersatz durch Schlepper zu einem starken Anbaurückgang von Hafer (◘ Abb. 5.6). 1907 wurde Hafer im Deutschen Reich noch auf 4,3 Mio. ha angebaut, er war nach Roggen die wichtigste Getreideart. Nach dem Zweiten Weltkrieg war die Anbaufläche schon auf 1 Mio. ha gesunken und der Rückgang war dann über die Jahre stetig, heute (2013) wird er noch auf 132.000 ha angebaut. Daran sind aber nicht nur die geringeren Pferdebestände schuld, sondern auch die veränderten Ernährungsgewohnheiten. Reine Haferflocken mit Milch sind als tägliches Frühstück völlig aus der Mode. Da sich seit 1950 der Haferertrag durch Pflanzenzüchtung und verbesserte Anbautechniken verdoppelt hat, ist der Produktionsrückgang nicht ganz so stark wie der Rückgang der Anbaufläche vermuten ließe.

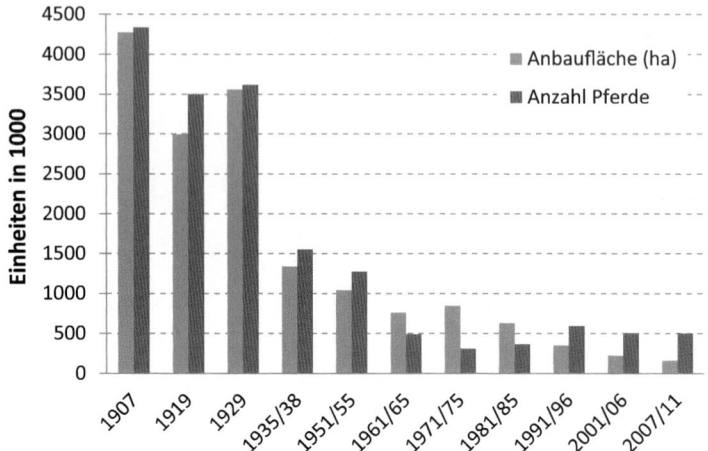

○ **Abb. 5.6** Entwicklung der Anbaufläche von Hafer und der Anzahl Pferde in Deutschland (Quelle: Funke (2008) und Statistische Jahrbücher; unterschiedliche Gebietsstände)

Auch heute noch ist Hafer ein ideales Pferdefutter. Er kann vom Pferd am leichtesten verdaut werden, muss vor der Verfütterung nicht gequetscht, gepoppt oder geschrotet werden, wie Mais oder Gerste, enthält Schleimstoffe, die die Verdauung begünstigen, und weitere positive Inhaltsstoffe (▶ Exkurs). Die Haferspelzen regen die Tiere zum Kauen an und schließlich ist Hafer kostengünstig. Trotzdem nimmt sein Einsatz auch in der Pferdefütterung ab, da Freizeitpferde heute körperlich kaum noch gefordert werden. Im Normalfall können sie ihren Eiweiß- und Energiebedarf über gutes Heu in ausreichender Menge (ca. 6–8 kg/Tag) decken, so dass selten die zusätzliche Fütterung von Hafer notwendig ist.

Die wichtigsten Haferproduzenten weltweit sind derzeit die EU, Russland und Kanada (○ Abb. 5.7); Hafer ist ein Getreide der nördlichen Halbkugel geblieben. Die Hälfte der weltweiten Produktion findet in Europa statt. Hier wird er bevorzugt immer noch in den maritimen Lagen der Atlantikküste (Spanien, Schottland, Irland, Wales), der Nord- und Ostseeküste (Skandinavien, Polen) und den Mittelgebirgsregionen angebaut. Immerhin hat Hafer nicht das Schicksal der Hirse erlitten, die völlig von unseren Äckern verschwunden ist.

Früher war Hafer ein **unverzichtbarer Bestandteil der Ernährung** weiter Bevölkerungskreise. Schon in den Mägen von 5000 Jahre alten Moorleichen in Nordeuropa fand sich Haferbrei. Bekannt ist heute etwa der Porridge, ein ursprünglich schottisches Gericht, das sich in ganz Großbritannien und weltweit verbreitete. Er wird als warme Frühstücksmahlzeit verzehrt, konnte früher in Arbeiterfamilien auch die Mittags- oder Abendmahlzeit sein. Die *Penny cyclopaedia* von 1837 schreibt über die schottische Landbevölkerung: „Ihr Frühstück und oft auch ihre übrigen Mahlzeiten werden vor allem aus Hafermehl zubereitet." Für die Herstellung des Porridge wird Hafermehl in Wasser gekocht oder zuvor über Nacht in Wasser eingeweicht und dann am

„Vom Hafer gestochen"

Hafer steht bei Pferdeliebhabern im Verdacht, Pferde übermütig und aufsässig zu machen. Deckhengste und Rennpferde erhalten hohe Haferrationen, um ihnen einen zusätzlichen Energieschub zu geben. Das liegt an bestimmten Inhaltsstoffen, den Aveninen, die aufbauend bis aufputschend wirken. Daher kommt auch der Spruch „den sticht wohl der Hafer", der schon seit dem 16. Jahrhundert belegt ist, wenn jemand besonders übermütig ist. Avenin ist ein Alkaloid, das in seiner chemischen Zusammensetzung dem männlichen Testosteron ähnelt. Es bindet an das *sex hormone binding globuline* (SHBG), das körpereigene Testosteron wird davon aber nicht beeinflusst und bleibt aktiv. Zusätzlich stimuliert Avenin auch das Nervensystem. Hafer enthält daneben hohe Mengen an L-Arginin, eine Aminosäure, die die natürliche Produktion von Stickstoffmonoxid begünstigt, das für das Auftreten einer Erektion unerlässlich ist. Deshalb gilt Hafer in manchen Kreisen als potenzförderndes Mittel, womit der Zusammenhang zum männlichen Pferd, dem Zuchthengst, wieder hergestellt ist. Daneben gibt es noch eine andere, prosaischere Erklärung der alten Redewendung: Unverdaute Haferspelzen sollen das Pferd im wahrsten Sinn des Wortes „stechen" und sie unruhig machen.

☐ **Abb. 5.7** Herkunfts- (*rot/dunkelgrau*) und Anbauregionen (*grün/hellgrau*) von Hafer (Quelle: Max-Planck-Institut für Pflanzenzüchtungsforschung, Köln)

Morgen nur noch erhitzt. Es war früher üblich, dem Porridge selbst nichts hinzuzufügen, sondern kalte Milch, Sahne oder Buttermilch als Tunke auf den Tisch zu stellen und den vollen Löffel beim Essen dann dort einzutauchen. Gesüßt wurde Porridge in Schottland nur für Kinder, während die Engländer generell Zucker zufügten. In den USA ist das Gericht als *Oatmeal* weit verbreitet, dazu werden heute meistens Haferflocken verwendet, früher geschroteter Hafer, der ziemlich lange gekocht wurde. In der letzten Zeit feiern Porridge und *Oatmeal* in ihren Herkunftsländern wieder im Zuge einer gesundheitsbewussten Ernährung eine Renaissance; beliebt sind in den USA auch Kekse aus

Hafermehl (*oat meal cookies*). Auch in Deutschland und Russland war der Haferbrei ein beliebtes Frühstück. Er gilt als magenschonend, die verdünnte Version wird als Hafersuppe oder Haferschleim bezeichnet.

Heute ist Hafer noch als **Müslibestandteil in Form von Haferflocken** verbreitet. Dazu werden die Haferkörner gereinigt und mehrere Stunden lang zunächst in Dampf, dann mit trockener Hitze (Darre) behandelt. Dabei bildet sich das typische nussartige Aroma der späteren Haferflocken. Durch die Hitze werden auch fettspaltende Stoffe (Enzyme) deaktiviert, sonst würden die Flocken bei der Lagerung einen ranzigen, bitteren Geschmack entwickeln. Die Spelzen lockern sich im Trocknungsverfahren und können dann in einer Schälmaschine leicht abgetrennt werden. Früher erledigte das der Müller in einem speziellen Gerbgang. Die geschälten Haferkörner werden entweder ganz verwendet oder zuvor mechanisch zu „Grütze" zerkleinert und unter großem Druck zwischen zwei Glattwalzen plattgedrückt. Die so genannten „Schmelzflocken" werden jedoch aus Hafermehl gewalzt. Sie lösen sich deshalb beim Einrühren in Flüssigkeit sofort auf und sind ohne Kauen trinkbar und besonders als Säuglings- oder Krankennahrung geeignet. Für viele Allergiker und Betroffene von chronisch entzündlichen Darmerkrankungen ist nur das Getreideeiweiß Gliadin, nicht aber zugleich auch Glutenin unverträglich. Dieser Teil der Betroffenen muss zwar Weizen und Roggen meiden, verträgt aber Haferprodukte. Dazu dürfen sie allerdings nicht im selben Fertigungsprozess wie Weizen und Roggen verarbeitet werden.

Haferflockenbrei erhält man durch Kochen von Haferflocken in Milch, der in Deutschland meist leicht gesüßt verzehrt wird. In Skandinavien ist auch mit Wasser gekochter, gesalzener oder leicht gezuckerter Haferflockenbrei (*Havregrøt*) üblich. Durch die veränderten Verzehrgewohnheiten und vor allem die höhere Kaufkraft der Bevölkerung, ist Hafer als tägliches Frühstück aus der Mode gekommen – zuckrige Flocken und angereicherte „Frühstückscerealien" haben ihm den Rang abgelaufen, was aber nicht unbedingt der Gesundheit zugutekommt. Denn Hafer gilt **aus ernährungsphysiologischer Sicht als unser wertvollstes Getreide**. Er zeichnet sich durch einen hohen Gehalt an löslichen Ballaststoffen – vor allem Beta-Glucan – essentiellen Fettsäuren, Antioxidantien und Vitaminen, aus. Der Fettgehalt von Hafer kann bis zu 8 % betragen. Er enthält einen hohen Anteil ungesättigter Fettsäuren und übt damit einen günstigen Einfluss auf die Zusammensetzung der Lipide im Blutplasma aus. Der hohe Fettgehalt führt wesentlich zu dem angenehmen Aroma von Hafer, verkürzt aber durch Ranzigwerden auch die Haltbarkeit von Haferprodukten. In geschälter Form hat Hafer den höchsten Eiweißgehalt aller Getreidearten und eine sehr günstige Aminosäurezusammensetzung, vor allem einen hohen Gehalt an essentiellen Aminosäuren, die von Mensch und Tier nicht selbst produziert werden können. Außerdem hat er deutlich höhere Vitamin- und Mineralstoffgehalte als Weizen.

Daneben gibt es noch spezielle gesundheitsfördernde Inhaltsstoffe im Hafer. Seit kurzem hat die EU offiziell die Deklaration des

Hafer als Schönheitsmittel?

Hafer zu Mehl gemahlen beruhigt im Badewasser die Haut oder wirkt als Gesichtsmaske aufgetragen hautreinigend. Da Hafermehl in Hautpflegeprodukten wegen der mangelnden Haltbarkeit nicht eingesetzt werden kann, wird ein spezieller Extrakt des Hafers verwendet. Haferextrakt enthält die im Hafer vorkommenden hautaktiven Substanzen Beta-Glucan und Avenanthramide. Beta-Glucan wirkt als natürlicher Hautschutzstoff. Die aus Zuckermolekülen bestehende Substanz bindet Feuchtigkeit gut und fördert somit die Hautelastizität. Avenanthramide entfalten selbst in außerordentlich geringer Konzentration eine antiirritierende und juckreizstillende Wirkung. Wegen ihrer hautberuhigenden Eigenschaften werden konzentrierte Haferextrakte auch für die Pflege sensibler oder aller Arten vorgeschädigter Haut und Kopfhaut sowie für Anti-Aging Produkte eingesetzt.

Beta-Glucans aus Hafer und speziellen Gerstensorten mit dem Satz „… verringert nachweislich den Cholesteringehalt im Blut" zugelassen. Beta-Glucan ist ein natürlicher, löslicher Ballaststoff. Ein zu hoher (LDL-)Cholesteringehalt erhöht das Risiko koronarer Herzerkrankungen. Die cholesterinsenkende Wirkung stellt sich bei einer täglichen Aufnahme von 3 g Beta-Glucan ein. Diese Menge Beta-Glucan werden beispielsweise durch 40 g Haferkleieflocken oder 80 g Haferflocken geliefert. Mit einem Frühstück aus 3–4 EL Haferflocken mit Milch und Obst und einer Zwischenmahlzeit mit Joghurt, in den 2 EL Haferkleie eingerührt werden, wird dieser Wert schon erreicht. Da Beta-Glucane vor allem in den Randschichten des Haferkorns enthalten sind, spielen Hafervollkornprodukte sowie Haferspeisekleie eine wichtige Rolle. Bei Vollkornhafer werden alle natürlichen Bestandteile des Korns mitverarbeitet: der Mehlkörper im Korninneren, die Randschichten und der Keim. Haferkleie besteht vorrangig aus Randschichten und Keim. Mit diesen altbekannten natürlichen Lebensmitteln kann man also positiv auf den Cholesterinspiegel einwirken. Zudem konnten durch ballaststoffreiche Haferprodukte in zahlreichen Studien eine Absenkung der Blutzuckerwerte und des Insulinbedarfs nachgewiesen werden. Durch ballaststoffreiche Nahrung kann Bluthochdruck gesenkt werden, außerdem stellt sich schneller ein Sättigungsgefühl ein. Die Variationsbreite des Beta-Glucans liegt bei Hafer zwischen 2–11 %, bei Weizen und Roggen sind es zum Vergleich nur 0,1–3 %.

Eine 80 g-Portion Haferflocken deckt den Tagesbedarf an zahlreichen Vitaminen und Mineralstoffen zu rund der Hälfte, beispielsweise bei Vitamin B1 (43 %), Vitamin K (67 %), Phosphor (49 %) und Kupfer (42 %). Neben dem antioxidativ wirkenden Vitamin E enthält Hafer auch eine einzigartige Klasse von Antioxidantien, die Avenanthramide, die aus mindestens 25 verschiedenen Polyphenolen bestehen (► Exkurs). Sie besitzen neben ihrer juckreizstillenden Wirkung auch die Fähigkeit die Oxidation von Substanzen und somit schädigende Ablagerungen in den Blutgefäßen zu unterbinden. Damit können Avenanthramide zur Gesundheit der Gefäße und des Herz-Kreislauf-Systems beitragen. Darüber hinaus hemmen sie die Wirkung von entzündungsfördernden Substanzen im Körper. Sie sind auch effektive

v. Chr.

Um 5000	Einzelne Körner kultivierten Hafers in Moldavien, Rumänien, Ungarn
2400	Anbau kultivierten Hafers in Tschechien und der Slowakei
900	Haferanbau erreicht Norwegen
2.-1.Jh.	Erster Reinanbau von Saathafer in Deutschland (um Lüneburg)

n. Chr.

1200	Hafer ist in ganz Deutschland eine wichtige Getreideart, ebenso in Großbritannien, Nordeuropa, Russland
20.Jh.	Haferanbau geht aufgrund abnehmender Pferdehaltung stark zurück
2010	Beta-Glucan, ein Inhaltsstoff des Hafers, wird von der EU als gesundheitsfördernd anerkannt (*„health claim"*)

◼ **Abb. 5.8** Zeittafel

Fänger von freien Radikalen und können unter Laborbedingungen die Schädigung der Erbsubstanz durch UV-Strahlen vermindern. Kein Wunder also, dass Hafer früher ein so beliebtes Lebensmittel war. Es ist eigentlich schade, wenn er heute nur noch an Pferde verfüttert wird.

Zusammenfassung und Ausblick

Hafer ist eine junge Kulturart, die aus der Kreuzung mehrerer verwandter Arten hervorging, und als Unkraut in Getreidebeständen nach Europa kam (◼ Abb. 5.8). Er entwickelte mehrere Kulturformen, von denen heute nur noch der Saathafer Bedeutung hat. Seit dem frühen Mittelalter war Hafer eine der bedeutendsten Feldfruchtarten in Europa. In Deutschland war Hafer bis in die erste Hälfte des 20. Jahrhunderts nach Roggen die wichtigste Getreideart. Er bevorzugt feucht-kühle Witterung und bringt auch in Mittelgebirgslagen gute Erträge. Durch die zunehmende Motorisierung in der Landwirtschaft verlor Hafer als Pferdefutter an Bedeutung. Seine Hauptanbaugebiete liegen heute in Russland, Kanada, Skandinavien und Australien. Unbestritten bleibt jedoch sein hoher Wert für die menschliche und tierische Ernährung. Er hat besonders hohe Gehalte an Ballaststoffen (v. a. Beta-Glucane), wichtigen ungesättigten Fettsäuren, Eiweiß und Mineralstoffen. Indem die Körner nur entspelzt, aber nicht geschält werden, bleiben die Vitamine der äußeren Kornschicht erhalten. Produkte des Hafers für die menschliche Ernährung sind Haferflocken, Hafermilch und Hafermehl. In einigen Regionen wird aus Hafer Whiskey hergestellt. In Deutschland spielt Hafer heute leider nur noch eine untergeordnete Rolle, obwohl seine gesundheitsfördernde Wirkung vielfach bewiesen ist.

Literatur

Funke C (2008) Hafer, *Avena sativa L.* Bemühungen um das ehemals wichtige Futterge-
    treide. In: Röbbelen G (Hrsg), Entwicklung der Pflanzenzüchtung in Deutschland
    (1908–2008). Gesellschaft für Pflanzenzüchtung eV, Göttingen, S 312–320
Klapp E (1967) Lehrbuch des Acker- und Pflanzenbaues, 6. Aufl. Parey, Berlin, Hamburg
Loskutov IG (2008) On evolutionary pathways of *Avena* species. Genet Resour Crop
    Evol 5:211–220
Malzew AI (1930) Wild and cultivated oats. Sectio Euavena Griseb. Work of applied
    botany and plant breeding, Suppl. 38. VIR, Leningrad. In: Zohary D, Hopf M, Weiss
    E (2012, Hrsg) Domestication of Plants in the Old World, 4. Aufl. Oxford University
    Press, Oxford
Statistisches Jahrbuch. Internet: https://www.destatis.de/DE/Publikationen/Statisti-
    schesJahrbuch/StatistischesJahrbuch_AeltereAusgaben.html

Weiterführende Literatur

Hermann M, Germeier C (2010) Verborgene Schätze für mehr Ernährungsqualität.
    ForschungsReport 1:34–37
Körber-Grohne U (1987) Nutzpflanzen in Deutschland. Kulturgeschichte und Biologie.
    K Theiss, Stuttgart
Ladizinsky G (1995) Characterization of the missing diploid progenitors of the com-
    mon oat. Genet Resour Crop Evol 42:49–55
Ladizinsky G (2012) Chapter 1. Oat morphology and taxonomy. In: Ladizinsky G (Hrsg)
    Studies in Oat Evolution. SpringersBriefs in Agriculture, Heidelberg
Morikawa T, Nishihara M (2009) Genomic and polyploid evolution in genus *Avena* as
    revealed by RFLPs of repeated DNA sequences. 8Genes Genet Syst 4:199–208
Simmonds NW (Hrsg) (1976) Evolution of Crop Plants. Longman Group Limited, Lon-
    don
Tiwari V (2010) Growth and production of oat and rye. In: Verheye WH (Hrsg) Soils,
    Plant Growth and Crop Production, II. Aufl. Eolss Publishers Company Limited,
    Encyclopedia of Life Support Systems (EOLSS), Developed under the Auspices
    of the UNESCO, Eolss Publishers, Paris, France. Internet: http://www.eolss.net/
    sample-chapters/c10/E1-05A-18-00.pdf
Zohary D, Hopf M, Weiss E (2012) Domestication of Plants in the Old World, 4. Aufl.
    Oxford University Press, Oxford

Triticale – Ein menschengemachter Bastard

Thomas Miedaner

T. Miedaner, *Kulturpflanzen,*
DOI 10.1007/978-3-642-55293-9_6, © Springer-Verlag Berlin Heidelberg 2014

Der Name „Triticale" ist ein Kunstwort und bezeichnet, entsprechend der Entstehung dieser Kulturpflanze, ein Kreuzungsprodukt zwischen Weizen (*Triticum* spp.) als Mutter und Roggen (*Secale cereale*) als Vater, das mit einigen Tricks, aber ohne Einsatz von Gentechnik, routinemäßig hergestellt werden kann (◘ Abb. 6.1). Es ist damit die erste Kulturpflanze, die nicht von der Natur, sondern vom Menschen geschaffen wurde. Das Wort „Bastard" bedeutet dabei im Wissenschaftlichen so viel wie Nachkomme einer Kreuzung (Hybride), hat also nicht den negativen Beigeschmack wie in der Umgangssprache.

Der ursprüngliche Gedanke bei der Entwicklung von Triticale war es, die günstigen Eigenschaften von Weizen und Roggen miteinander zu vereinen (◘ Abb. 6.2). Triticale wird heute in zahlreichen Ländern der Welt als robustes Getreide angebaut. In Deutschland beträgt die Anbaufläche derzeit rund 400.000 ha. Die Körner werden als Kraftfutter, vor allem in der Schweinefütterung, genutzt. Die komplette Pflanze kann, ähnlich wie Roggen, im grünen Zustand auch als Substrat für die Erzeugung von Biogas eingesetzt werden (► Kap. 3).

6.1   Die Geschichte seiner Entstehung

Die Neugierde einiger Wissenschaftler brachte bereits im 19. Jahrhundert die Idee einer neuen Nutzpflanze ins Spiel. So erstellte der englische Botaniker A. Stephan Wilson bereits 1875 Kreuzungen zwischen Weizen und Roggen und berichtete über zwei Kreuzungspflanzen. Sie waren aber unfruchtbar (steril) und konnten deshalb nicht vermehrt werden. Ein amerikanischer Pflanzenzüchter, Elbert S. Carman, wiederholte dieses Experiment und erhielt nach vielen erfolglosen Kreuzungen schließlich 1883 einen einzigen Kreuzungsnachkommen. Die Kreuzung war deshalb so mühsam, weil beide Eltern verschiedenen Gattungen angehören und damit eigentlich gar nicht miteinander kreuzbar sind, d. h. keine fruchtbaren (fertilen) Nachkommen ergeben. Manchmal, wenn auch nur selten, gelingt es aber doch. Und auf diese Zufälle hofften die frühen Forscher. Dabei muss man wissen, dass Weizen und Roggen zwar verwandte, aber doch verschiedene (homoeologe) **Chromosomensätze [► Chromosomensatz]** haben (◘ Abb. 6.3).

Kreuzt man die Beiden, in dem der Roggenpollen künstlich auf die reife, kastrierte Weizennarbe gebracht wird, dann entsteht in seltenen Fällen trotzdem ein Kreuzungsprodukt (F1-Pflanze). Dieses ist aber in der Regel unfruchtbar (steril), weil von jedem der Chromosomen nur ein Satz vorliegt. Deshalb kann es nicht zur **Reifeteilung (Meiose) [► Reifeteilung (Meiose)]** kommen, die Pflanze kann sich nicht fortpflanzen. Nur wenn eine Chromosomenverdopplung (► Kap. 2) stattfindet, ist die Pflanze wieder fertil. Denn dann liegt jeder Chromosomensatz wieder als Paar vor, was den Regeln der Natur entspricht. Eine solche Chromosomenverdopplung entsteht gelegentlich als „Unfall", wenn die Geschlechtszellen (Pollen, Eizellen) zuvor keine erfolgreiche

Chromosomensatz: Enthält alle unterschiedlichen Chromosomen einer Zelle

Meiose (Reife- oder Reduktionsteilung): Während der Bildung der Gameten wird die Chromosomenzahl einer diploiden Pflanze halbiert, sie wird also haploid. Dies ist die Voraussetzung für die geschlechtliche Fortpflanzung

◻ Abb. 6.1 Moderner hexaploider Triticale (*im Uhrzeigersinn*): **a** Blühende Triticale-Ähre. **b** Feld von Triticale in der Milchreife. **c** je zwei Ähren von Hartweizen (*links*), Triticale (*Mitte*) und Roggen (*rechts*) im reifen Zustand

Reifeteilung hinter sich brachten und deshalb nicht **haploid [▸ ha-ploid]** wurden (unreduzierte **Gameten [▸ Gameten]**). Kommen dann **diploide [▸ diploide]** Eizellen (AABBDD) und Pollen (RR) bei der Befruchtung zusammen, dann entsteht eine völlig neue Pflanzenart (AABBDDRR), die es in der Natur so nicht gibt, ein primärer Triticale. Ähnlich verlief ja auch die Entstehung des Saatweizens (▸ Kap. 2) und des Saathafers (▸ Kap. 5), ganz ohne Zutun des Menschen. Die Kreuzung funktioniert auch mit Hartweizen als Mutter, dann entsteht ein hexaploider Triticale. Anbauversuche mit beiden Formen zeigten schon früh, dass hexaploider Triticale bessere Eigenschaften hat und deshalb wird heute weltweit nur noch dieser Triticale mit sechsfachem Chromsomensatz angebaut. Durchkreuzt man die neu hergestellten primären Triticale untereinander, dann entstehen sekundäre Triticale. Triticale ist vorwiegend Selbstbefruchter, zeigt als Erbe des Roggens aber eine höhere spontane Kreuzungsrate als Weizen.

Die Erstellung von Triticale blieb auch weiterhin eine Herausforderung (◻ Tab. 6.1). Ein deutscher Pflanzenzüchter, Walter Rimpau, wiederholte diese Kreuzungen viele Male und war schließlich 1888

haploid (*n*), diploid (*2n*): Chromosomensatz ist nur einfach vorhanden (haploid), was i. d. R. in den Gameten (Eizelle, Pollen) der Fall ist; im diploiden Zustand sind von jedem Chromosomensatz zwei Exemplare vorhanden

Gamet: Geschlechtszelle, also Pollen oder Eizelle

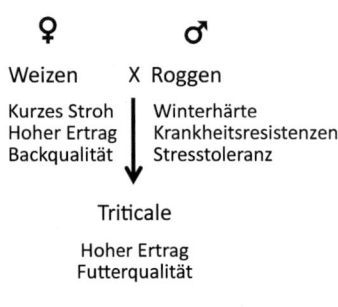

♀   ♂

Weizen   X Roggen

Kurzes Stroh   Winterhärte
Hoher Ertrag   Krankheitsresistenzen
Backqualität   Stresstoleranz

Triticale

Hoher Ertrag
Futterqualität

❒ **Abb. 6.2** Erwartungen an Triticale: Die Kombination der guten Eigenschaften der Eltern sollte eine noch bessere Kulturart ergeben

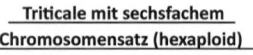

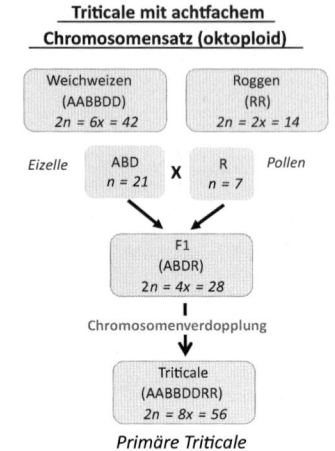

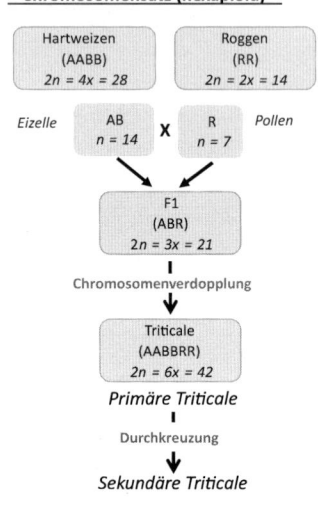

❒ **Abb. 6.3** Die Entstehung von Triticale aus den beiden Eltern Weizen und Roggen; die *Buchstaben* bezeichnen jeweils einen vollständigen Chromosomensatz mit 7 Chromosomen; *n* Anzahl Chromosomen in den Geschlechtszellen, *2n* Anzahl Chromosomen in den Körperzellen, *x* Anzahl Chromosomensätze (**Ploidiestufe** [▶ **Ploidiestufe**])

Ploidiestufe, Ploidiegrad: Anzahl Chromosomensätze je Zelle; es gibt Pflanzen mit zwei (diploid), vier (tetraploid), sechs (hexaploid) oder acht (oktoploid) Chromosomensätzen

erfolgreich, in dem er den „Sächsischen rothen Landweizen" mit dem „Schlanstedter Roggen" kreuzte und die **weltweit erste fertile Kreuzungspflanze** erhielt. Diese eine Pflanze brachte 12 Körner, die Rimpau vermehrte und an Kollegen abgab. Rund 45 Jahre später wiesen andere Forscher nach, dass diese Pflanze eine wirkliche Kreuzung zwischen den Eltern war und einen achtfachen Chromosomensatz besaß.

Nachfahren dieser einen Hybridpflanze existieren heute noch in Genbanken. Kurt von Rümker versuchte, eine erste planmäßige Triticalezüchtung zu initiieren, fand jedoch keine Nachfolger.

Im Jahr 1921 beobachtete der Russe G. K. Meister erstmals Kreuzungen zwischen Weizen und Roggen in der Natur. Er wollte spezielle Weizenformen, die besonders offen abblühen und deshalb stärker zur Fremdbefruchtung neigen als üblicher Weizen, vermehren und trennte sie voneinander, in dem er neben jeder Weizenparzelle hochwachsenden Roggen anbaute. Dabei kam es zu massenhaften Kreuzungen und diese Nachkommen hatten alle ein bestimmtes Roggengen, das sich durch einen Haarflaum unterhalb der Ähre (*hairy peduncle*) bemerkbar macht. Dieses Gen gibt es bei Weizen nicht und daraus schloss Meister, dass es sich um natürlich entstandene Kreuzungspflanzen zwischen Weizen und Roggen handeln musste. Allerdings waren alle diese Hybridpflanzen männlich steril, produzierten also keine Pollen und kreuzten sich deshalb spontan erneut mit Weizen oder Roggen. Später wurden auch einige fruchtbare Kreuzungspflanzen entdeckt. Meister erkannte bereits das große Potenzial, das in ihnen steckte.

◨ **Tab. 6.1** Historischer Überblick über Entstehung und Entwicklung von Triticale	
Jahr	**Vorgang**
1875	Erstmalig berichtet der schottische Botaniker A. Stephen Wilson über eine gelungene Bestäubung von Weizen mit Roggenpollen, das Ergebnis war steril
1883	Der Amerikaner Elbert S. Carman erhält eine Pflanze aus der Kreuzung von Weizen und Roggen, die unfruchtbar war
1888	Der deutsche Pflanzenzüchter Wilhelm Rimpau erhält aus der Kreuzung von Weizen mit Roggen die weltweit erste fruchtbare Kreuzungspflanze
1913	Erste Züchtungsversuche mit Triticale durch den deutschen Pflanzenzüchter Kurt von Rümker bleiben ohne wirtschaftliche Erfolge
1921	G. K. Meister beobachtet in Russland spontane Bestäubungen von Weizenpflanzen mit Roggenpollen aus benachbarten Parzellen im Zuchtgarten
1925	Der deutsche Botaniker F. Laibach entwickelt eine Technik zur Rettung von Embryonen (*embryo rescue*) aus Kreuzungen nichtpassender Eltern
1937	Die Colchicintechnik zur Verdoppelung der Chromosomen wird in Frankreich entwickelt
1968	Erste erfolgversprechende Triticalesorte (BOKOLO) in Ungarn zugelassen; in Mexiko kommt ARMADILLO auf den Markt. Im gleichen Jahr legt in Polen T. Wolski ein eigenes Zuchtprogramm für Triticale auf
1982	Die Sorte LASKO von T. Wolski wird in Polen für die Saatgutproduktion freigegeben
1986	Erste Triticalesorten in Deutschland zugelassen, darunter die Sorte LASKO
1988	Deutlicher Züchtungsfortschritt bringt neue wettbewerbsfähige Sorten hervor; Triticaleanbau in Deutschland steigt auf 20.000 ha
2010	Weltweit erste Zulassung einer Hybridsorte von Triticale in Frankreich (HYT Prime), Zulassung in Deutschland erfolgte 2012

Problematisch war nicht nur die Herstellung von Kreuzungen, sondern auch die **Namensgebung**. Wie nennt man eine Pflanze, die es natürlicherweise gar nicht gibt? In den ersten Veröffentlichungen war immer von „Weizen-Roggen-Bastarden" die Rede, aber das ist unhandlich und klingt auch nicht sonderlich attraktiv. Drei österreichische Wissenschaftler schlugen 1935 das Kunstwort „Triticale" vor und dabei blieb es. Die wissenschaftliche Bezeichnung lautet heute *x Triticosecale* Wittmack, weil der deutsche Forscher Ludwig Wittmack diesen lateinischen Namen bereits 1899 in einem Vortrag vor der „Gesellschaft Naturforschender Freunde Berlin" vorgeschlagen hatte. Der Name ist ebenfalls von den lateinischen Bezeichnungen von Weizen und Roggen abgeleitet, das Kreuz soll auf die Entstehung durch eine Kreuzung hindeuten.

Über Jahrzehnte hinweg blieb Triticale eine **botanische Kuriosität**. Man erforschte seine Entstehung, seine Chromosomenzusammensetzung und die Kreuzungsbarrieren zwischen Weizen und Roggen. Erst als man 1925 lernte, unreife Embryonen aus dem Korn zu präparieren und auf synthetischen Nährmedien zu kultivieren, bis grüne, **haploide** [▶ **haploide**] Pflanzen daraus wuchsen (Embryokultur, *embryo rescue*), und 1937 mit dem Naturstoff **Colchicin** [▶ **Colchicin**] eine Mög-

Colchicin: Zellteilungsgift; führt zur Verdopplung der Chromosomenzahl

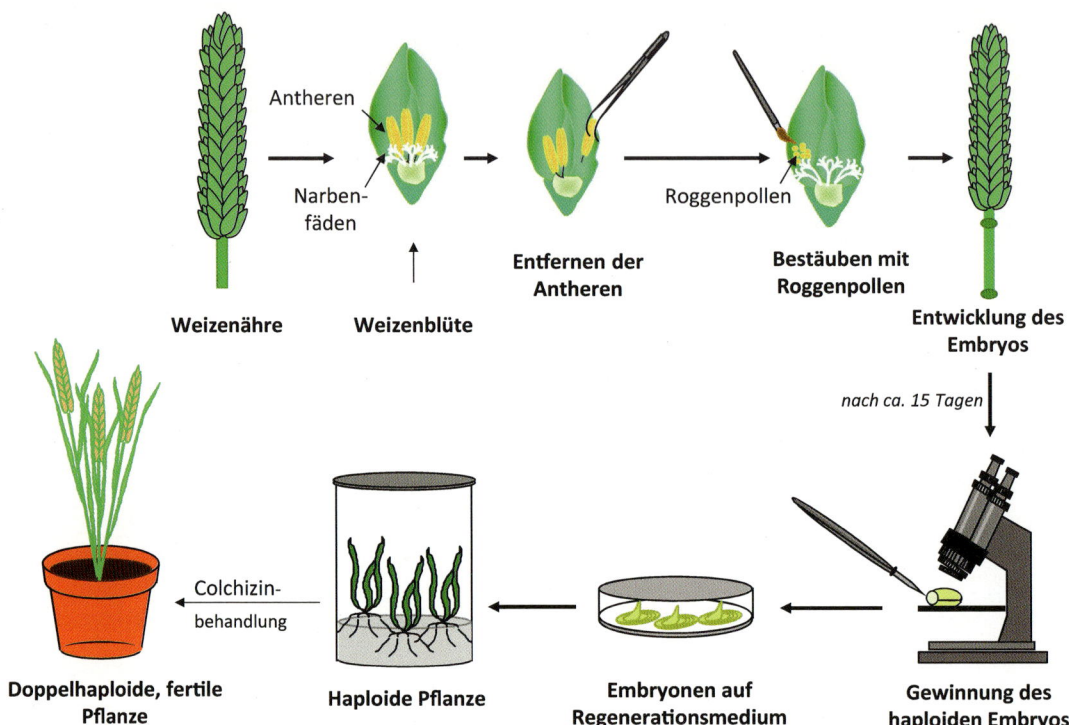

Antheren

Narben-
fäden

Weizenähre   **Weizenblüte**

**Entfernen der
Antheren**

Roggenpollen

**Bestäuben mit
Roggenpollen**

**Entwicklung des
Embryos**

nach ca. 15 Tagen

Colchizin-
behandlung

**Doppelhaploide, fertile
Pflanze**

Haploide Pflanze

**Embryonen auf
Regenerationsmedium**

**Gewinnung des
haploiden Embryos**

◩ **Abb. 6.4** Die Erstellung von primären Triticale mittels gezielter Kreuzung, Embryokultur und Colchicinbehandlung. (Nach Daniel, LfL, Freising, unveröffentlicht)

Chromatiden: Teil der Chromosomen; je nachdem in welcher Zellzyklus-Phase sich eine Zelle befindet, besteht ein Chromosom aus einem oder zwei Chromatiden

Mitose (Zellteilung): Um zu wachsen, muss sich eine Zelle teilen. Dabei kommt es zunächst zu einer Teilung des Zellkerns, bei der identische Kopien der Chromosomen auf die Tochterkerne verteilt werden. Kurz darauf erfolgt die Zellteilung, bei der jede Tochterzelle einen identischen Zellkern erhält

lichkeit entdeckte, die Chromosomensätze von Pflanzen zu verdoppeln, war der Weg frei, Triticale planmäßig herzustellen (◩ Abb. 6.4). Colchicin findet sich in allen Teilen der Herbstzeitlosen (*Colchicium autumnale*), einem einheimischen Zeitlosengewächs. Daher stammt auch der Name. Beide Neuerungen führten zu einer Revolution in der Herstellung von Triticale, erstmals wurde es planbar, Gattungskreuzungen vorzunehmen und man war nicht mehr auf Glück angewiesen. Zur Erstellung primärer Triticale werden kastrierte Weizennarben mit Roggenpollen bestäubt, die sich bildenden Embryonen nach 2–3 Wochen aus dem entstehenden Korn heraus präpariert und auf ein künstliches Nährmedium gesetzt. Die entstehenden grünen haploiden Pflanzen werden anschließend mit Colchicin behandelt. Dadurch unterbleibt bei der Zellteilung (Mitose) der Aufbau eines Spindelapparates, der normalerweise die Schwestern**chromatiden** [▶ **Chromatiden**] auseinanderzieht und im weiteren Verlauf der **Mitose** [▶ **Mitose**] auf zwei verschiedene Zellen verteilt. Da die weiteren Stadien dieses Vorgangs nicht gehemmt werden, sich also trotzdem die Chromatiden verdoppeln, entsteht am Ende eine Pflanze mit verdoppeltem Chromosomensatz. Aus der **haploiden** [▶ **haploiden**], sterilen Kreuzungspflanze wird so eine Pflanze mit den vollständigen Chromosomensätzen von Weizen und Roggen, die fruchtbar ist: Eine neue Art ist entstanden! Es bildeten sich im Verlauf der natürlichen Evolution auf diese Art zahlreiche neue Kulturpflanzen, wie Durum- und Weichweizen (▶ Kap. 2), Hafer (▶ Kap. 5) und Raps (▶ Kap. 8). Der Triticale, den wir heute auf unseren Feldern anbauen, wurde dagegen gezielt von Menschen aus (Hart-)Weizen und Roggen entwickelt (◘ Abb. 6.1c).

Die neu entstandene Fruchtart Triticale entsprach aber keineswegs den hochgesteckten Erwartungen. Die Pflanzen, die durch Embryokultur und Colchicinbehandlung schließlich gewonnen wurden, waren genetisch sehr instabil, hatten eine hohe Rate an Chromosomenstörungen, eine geringe Fruchtbarkeit und stark geschrumpfte Körner.

Es erwies sich für die Weiterentwicklung dieser neuen Fruchtart als günstig, nicht die direkten Kreuzungsprodukte, die so genannten primären Triticale, zu verwenden, sondern diese noch einmal untereinander zu kreuzen und auf Leistung auszulesen. Dann entstehen **sekundäre Triticale** und dieser Kniff machte endlich den Weg für eine erfolgreiche Züchtungsarbeit frei.

Schon die frühen Forscher mussten erkennen, dass es nicht so einfach war, die jeweils besten Eigenschaften der Weizen- und Roggeneltern zu kombinieren. Die ersten Triticale krankten an ihrer Langstrohigkeit, ihrer Lageranfälligkeit und ihrer schlechten Kornausbildung, es schien fast so, als hätten sich eher die schlechten als die guten Eigenschaften der Eltern verbunden. Dies konnte nur durch intensive züchterische Arbeit behoben werden und als Zeichen der allerersten Erfolge wurde die neue Kulturpflanze Triticale in verschiedenen Ländern zum Anbau freigegeben: Zuerst in Ungarn und Mexiko (1968), in Spanien und Kanada (1969), dann in Australien (1979), Frankreich und Italien (1980) und schließlich in Polen (1982). Je nach den Gepflogenheiten der einzelnen Länder wurden Sommer- oder Winterformen gezüchtet. Wegweisend war die Entwicklung der Sommertriticalesorte ARMADILLO in Mexiko beim „Internationalen Zentrum für die Verbesserung von Mais und Weizen" (CIMMYT). Sie entstand durch eine spontane (Rück-)Kreuzung von hexaploidem Triticale mit einer mexikanischen Weichweizensorte, die ein so genanntes Zwerggen (*reduced height gene, Rht*) trug. Die Rückkreuzung führte dazu, dass das zweite Roggenchromosom (2R) durch das zweite Chromosom des D-Genoms des Weizens (2D) ersetzt wurde. Dadurch entstand ein Substitutionstriticale, der einen deutlich höheren Kornertrag, eine höhere Fruchtbarkeit der Ähre und eine verbesserte Kornausbildung hatte. Durch die zusätzliche Kurzstrohigkeit dank des Zwerggens war diese Sommerform ein wirklicher Durchbruch. Während die ersten ungarischen Triticale 140–160 cm lang und äußerst lageranfällig waren, konnte die Wuchshöhe durch die Einkreuzung des Zwerggens und weiterer Züchtungsanstrengungen auf rund 100–120 cm verringert werden. Später setzte der polnische Züchter Tadeusz Wolski ähnliche Strategien ein, um den Wintertriticale zu verbessern. Auch die Probleme der geringen Fruchtbarkeit und der schlechten Kornausbildung wurden schließlich auf züchterischem Wege gelöst. Während bei den ersten Triticale viele Ährchen nicht befruchtet waren und damit keine Körner trugen und die entstehen-

Abb. 6.5 Verbreitungsgebiete von Triticale (Quelle: Max-Planck-Institut für Züchtungsforschung, Köln)

den Körner oft verkümmert und missgebildet waren, unterscheiden sich moderne Triticalesorten nicht mehr von den besten Weizen- und Roggensorten.

6.2   Heutiger Anbau und Verwendung

Triticale wird heute weltweit auf knapp 4 Mio. ha angebaut (◘ Abb. 6.5). Die größten Flächen sind in Polen, Weißrussland, Frankreich und Deutschland. Auch in China, Russland, Australien, Litauen, Spanien und Ungarn findet sich noch ein nennenswerter Anbau (> 100.000 ha).

Die Tabelle (◘ Tab. 6.2) zeigt, dass es eine langwierige Anstrengung vieler Züchter in zahlreichen Ländern brauchte, um aus der botanischen Kuriosität Triticale eine konkurrenzfähige Kulturpflanze zu entwickeln. Alles, was bei den natürlich entstandenen Kulturpflanzen durch Anbau und jahrtausendelange Auslese erreicht wurde, musste hier in kurzer Zeit erfolgen, sollte das Projekt auch kommerziell erfolgreich sein. Dabei kam es auch zu erheblichen Ertragssteigerungen. In den 20 Jahren von 1984–2004 erfolgte mehr als eine Verdopplung der Kornerträge. Diese hohen Erträge konnten weltweit bis heute jedoch nicht gehalten werden. Dies liegt auch daran, dass Triticale oft auf schlechteren Böden angebaut wird oder auf Böden, die übersäuert sind und unter Aluminiumtoxizität leiden. Deshalb werden in Deutschland mit seinen vergleichsweise günstigen Anbaubedingungen immer wesentlich höhere Erträge erzielt als im weltweiten Durchschnitt, was gleichzeitig ein Maß für die hohe Leistungsfähigkeit dieser neuen Kulturpflanze ist.

⊙ Tab. 6.2 Die Entwicklung der weltweiten Verbreitung von Triticale und seines Kornertrages. (Nach Oettler 2005; FAOSTAT 2013)

Jahr	Anzahl Länder	Gesamte Anbaufläche (ha)	Kornertrag (dt/ha)	
			Weltweit	Deutschland
1977	1	2.983	17,1	-
1984	6	185.497	20,2	40,0
1994	24	1.452.560	32,8	54,1
2004	28	3.045.730	45,1	64,8
2012	36	3.702.934	37,0	61,8

Anbaufläche (ha)

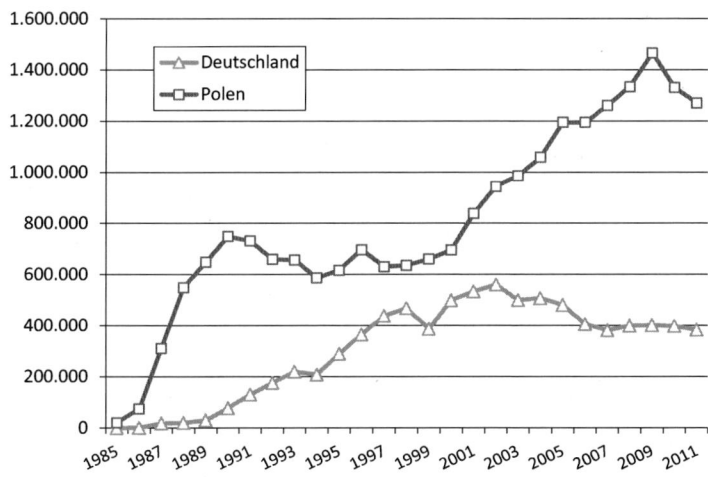

⊙ Abb. 6.6 Entwicklung der Anbaufläche von Triticale in Polen und Deutschland von den Anfängen bis 2012. (Nach FAOSTAT 2013)

Für Deutschland besonders wichtig waren die Anstrengungen des polnischen Züchters Tadeusz Wolski, seine erfolgreichen Sorten waren die ersten Triticale, die auch in Deutschland zugelassen und angebaut wurden. Und Polen ist heute noch das Land mit der weltweit größten Anbaufläche. Die Anbauflächen in Deutschland und Polen zeigen die Erfolgsgeschichte dieser neuen Kulturpflanze Triticale (⊙ Abb. 6.6). In Polen wuchs die Anbaufläche in nur fünf Jahren von nahe Null auf fast 800.000 ha. In Deutschland wiederholte sich der Erfolg in etwas gedämpfterer Form einige Jahre später. Damit ist Triticale in relativ kurzer Zeit zu einer bedeutenden Fruchtart und einem Wirtschaftsfaktor für die deutsche Landwirtschaft geworden. Triticale ersetzte in erster Linie den Roggen, weil er auf mittleren bis guten Böden bessere Erträge zeigt. Ein weiterer Vorteil des Triticale war von Anfang an, dass er – ähnlich wie Weizen – in vollem Umfang verfüttert werden kann, während Roggen aufgrund seiner

Exkurs

Evolution vor der Haustür

Die frühen Triticalesorten waren frei von zahlreichen Schadpilzen, vor allem den Rostarten (Braun-, Gelb- und Schwarzrost) und dem Echten Mehltau. Diese Pilze können nur auf lebendem Gewebe existieren. Sie sind zwar auf Weizen und Roggen, den beiden Eltern des Triticale, weit verbreitet, aber sie konnten das Kreuzungsprodukt Triticale nicht infizieren. Die neue Kulturpflanze war in ihrem Repertoire nicht vorgesehen, sie hatten nicht die passenden Schlüssel (Effektoren), um Triticale zu „knacken". Und das war für die Landwirte ein wichtiges Argument zum Anbau von Triticale: Einsparung von Pflanzenschutzmitteln, Schonung der Umwelt, höherer Gewinn. Durch den verstärkten Anbau nahm aber auch der Druck auf die Schadpilze zu und die natürlichen Mechanismen der Evolution setzten ein. So kam es in Deutschland um das Jahr 2000 zum ersten Befall mit Braunrost, 2004 zur ersten Mehltau- und 2009 zur ersten Gelbrostepidemie. Die Pilze hatten es durch zufällige Veränderungen des Erbgutes (Mutation) geschafft, ihre Arsenale an die neue Wirtspflanze anzupassen. Es hatten sich spezielle Rassen herausgebildet, die jetzt Triticale befallen konnten und zwar viel stärker als die ursprünglichen Getreidearten Weizen und Roggen, bei denen seit Jahrzehnten eine Züchtung auf Krankheitsresistenz stattfand. Beim Mehltau konnten Forscher nachweisen, dass die neuen Triticalerassen vom Weizen stammten, denn sie konnten Triticale und Weizen gleich gut befallen, Roggen dagegen nur in seltenen Fällen. Dies zeigt, wie sich nicht nur die Kulturpflanzen, sondern auch ihre Schaderreger evolutionär immer weiterentwickeln und sich gegenseitig ein ständiges Rennen liefern – ein überzeugendes Beispiel für die Evolution, die täglich auf unseren Feldern abläuft.

Inhaltsstoffe von den Nutztieren nur in Anteilen von bis zu 50 % vertragen wird.

Die Anbaufläche von Triticale in Deutschland erfuhr seit 2002, als 561.000 ha Triticale angebaut wurden, einen Rückgang. Der Anbau stabilisierte sich bis heute auf rund 400.000 ha.

Die polnische Sorte LASKO, mit der Mitte der 1980er Jahre die Erfolgsgeschichte des Triticale in Deutschland begann, begeisterte die Landwirte durch ihre Blattgesundheit: Die Bestände blieben bis zur Ernte frei von Krankheiten – das war sensationell! Mit der größeren Verbreitung, den steigenden Erträgen und den damit verbundenen höheren Düngungsgaben traten aber auch im Triticale zunehmend Krankheiten auf (▶ Exkurs).

Im Jahr 2010 wurde ein neues Kapitel der Triticalezüchtung aufgeschlagen, es erfolgte weltweit erstmals in Frankreich die Zulassung einer **Hybridsorte bei Triticale**, die von dem deutschen Pflanzenzüchter Elmar A. Weissmann stammte. Die Technik der Hybridzüchtung wurde erstmals bei Mais erfolgreich in den USA angewandt und führte dort zu einer Revolution (▶ Kap. 7). Mais als Fremdbefruchter zeigt eine sehr hohe Hybridwüchsigkeit (Heterosis). Triticale gilt zwar als Selbstbefruchter, aber als „Erbe" seines Vaters, des Fremdbefruchters Roggen, zeigt er eine deutlich höhere Auskreuzungsrate als Weizen. Experimentell konnten durch die Hybridzüchtung bei Triticale Mehrerträge von bis zu 20 % gegenüber den Eltern erreicht werden.

Eigentlich ist Triticale selbst schon eine (Gattungs-)Hybride. Aber durch die Entwicklung genetisch verschiedener Erbkomponenten und deren gezielte Kreuzung kann zusätzliche Heterosis genutzt werden. Die zugelassene Triticalehybridsorte ist das Ergebnis einer mehr als 15-jährigen Entwicklungsarbeit. Dabei galt es zusätzliche Hürden

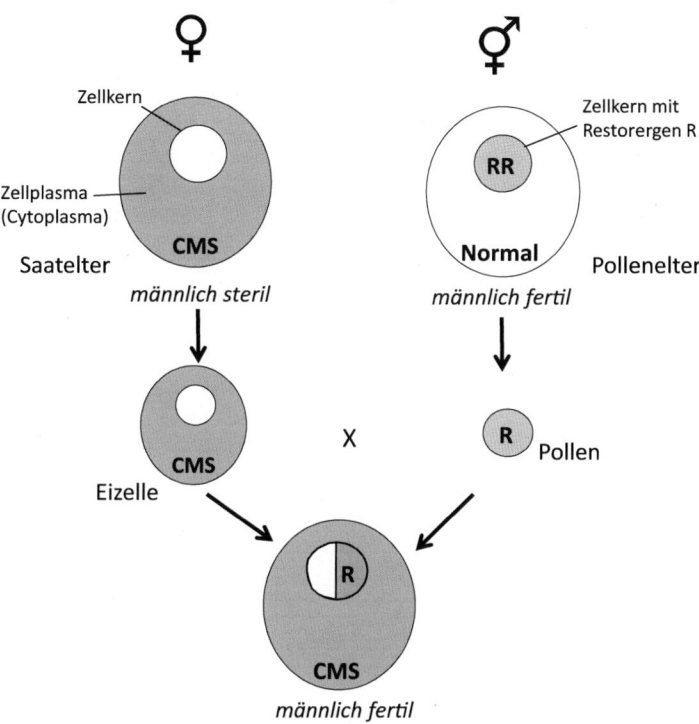

◘ Abb. 6.7 Herstellung von Kreuzungen mit CMS; das Kreuzungsprodukt ist aufgrund des dominant vererbten Restorergens (*R*) männlich fertil

zu überwinden. Bei Mais werden gezielte Kreuzungen in großflächigem Feldmaßstab einfach durch das Abschneiden des männlichen Blütenorgans, der Fahne (▶ Kap. 7), hergestellt. Die Pflanze wird dadurch rein weiblich (kastriert) und dient als Saatelter. Triticale dagegen ist zwittrig, männliche und weibliche Geschlechtsorgane sitzen in derselben kleinen Blüte und lassen sich nicht so einfach kastrieren. Dafür ist ein spezielles, in der Natur gelegentlich auftretendes Phänomen, die cytoplasmatisch-männliche Sterilität (CMS), erforderlich (◘ Abb. 6.7). Der positive Hybrideffekt (Heterosis) führt beim Landwirt nicht nur zu einem höheren Kornertrag, sondern zu einer höheren Leistungsfähigkeit, auch unter schlechten Anbaubedingungen (Ertragsstabilität).

6.3 Getreide verfüttern

Triticale wird heute praktisch ausschließlich als **Futter für Schweine und Geflügel**, zum Teil auch für Rinder, verwendet. Die Hauptanbaugebiete liegen daher in den viehstarken Regionen Deutschlands (Niedersachsen, Nordrhein-Westfalen, Bayern und Brandenburg). Er kann auch in weniger günstigen Lagen angebaut werden, beispielsweise in den Mittelgebirgen; hier können die Triticale-Erträge bis zu 25 % über

Was ist CMS?

Die cytoplasmatisch-männliche Sterilität (CMS) ist ein natürlicher Prozess, bei dem durch Veränderung der DNS der Mitochondrien unter bestimmten Umständen kein Pollen mehr gebildet wird (◘ Abb. 6.7). Die entstehende Pflanze ist dann männlich steril und kann in beliebigem Umfang als Mutter (Saatelter) für die Herstellung von Hybriden dienen. Da die Vererbung rein mütterlich durch das Cytoplasma erfolgt, sind auch die Nachkommen einer sol-chen Pflanze männlich steril. Damit beim Anbau die Pflanzen wieder pollenfertil und damit befruchtungsfähig werden, muss die Vaterkomponente (Pollenelter) der Kreuzung ein spezielles Gen mitbringen, das so genannte Restorergen (R). Dieses Gen wird im Zellkern vererbt und sorgt trotz Vorhandensein von CMS für die Wiederherstellung der männlichen Fertilität. Damit können die Nachkommen der Kreuzung wieder ganz normal sich selbst oder andere Pflanzen im Bestand befruchten. CMS wird bei allen Pflanzen zur Herstellung von Hybridsorten benötigt, die zwittrig sind, bei denen männliche und weibliche Geschlechtsorgane in derselben Blüte sitzen. Dies ist neben Triticale auch bei Roggen, Sonnenblumen, Zuckerrüben und vielen Gemüsearten der Fall. Beim Triticale stammt die CMS aus einer speziellen Weizenform.

denen des Weizens liegen. Seine Protein- und Stärkegehalte, die höher als bei Roggen sind und fast den Weizen erreichen, und seine, verglichen mit Weizen, größere Robustheit im Anbau haben viele Landwirte überzeugt. Dabei ist er billiger zu produzieren als Weizen, weil er weniger Düngung und Pflanzenschutz benötigt und hat zudem eine hervorragende Futterqualität.

Die **Produktion von Futtermitteln** ist ein wesentlicher Einsatzbereich unserer Getreidearten. Wir leisten uns den Luxus, mehr als die Hälfte unseres Getreides, das wir jährlich produzieren, an Schlachttiere zu verfüttern. In Deutschland werden je Jahr rund 13 Mio. Rinder, 27 Mio Schweine, 130 Mio. Geflügel und 2 Mio. Schafe und Ziegen (2010/2011) großgezogen. Diese gewaltigen Tierherden müssen natürlich ernährt werden. Dazu gibt es verschiedene Kategorien von Futtermitteln, die den Tieren Stärke, Eiweiß und Fett liefern. Von den insgesamt 82 Mio. t Futtermitteln (umgerechnet in Getreideeinheiten), die 2009/10 verbraucht wurden, waren 26 Mio. t Getreidekörner. Hinzu kommen noch der gesamte Silomais, die Pressrückstände des Rapses und importiertes Soja.

Heute werden mehr als 90 % der Triticaleernte entweder vom Landwirt im eigenen Betrieb verfüttert oder an industrielle Mischfutterhersteller verkauft (◘ Abb. 6.8). Aber auch die anderen Getreide werden zu einem bedeutenden Teil zur Tierfütterung verwendet. Der Silomais landet natürlich ausschließlich im Trog, aber auch Hafer, Gerste und Weizen werden häufig verfüttert. Beim Körnermais sind dies noch fast 70 % und beim Roggen immer noch über 30 %. Dabei sind diese Zahlen immer noch zu tief angesetzt, denn sie erfassen nur die Verwendung in industriell erzeugten Futtermitteln. Der Rest des Körnermais zum Beispiel wird vom Landwirt im eigenen Betrieb verfüttert, auch bei Weizen werden weitere 20 % im Betrieb verfüttert, die von der Statistik nicht erfasst werden.

Fakten zum Fleischkonsum

In den vergangenen 50 Jahren hat sich der weltweite Fleischverbrauch von 70 Mio. t im Jahr 1961 auf mittlerweile rund 300 Mio. t/Jahr (2012) vervierfacht. Der Fleischverbrauch betrug in Deutschland 2011 statistisch 89,2 kg/Kopf, in den Entwicklungsländern sind es 32,4 kg. Ein Großteil des heute genutzten Weidelandes eignet sich zu keiner anderen landwirtschaftlichen Nutzung als extensiver Weidehaltung. In Deutschland gilt dies vor allem für die Mittelgebirgslagen, das Voralpenland und die Alpen selbst. Hier werden hochwertige Milch- und Fleischprodukte erzeugt, die unsere Nahrungspalette sinnvoll ergänzen. Die Produktionskapazität dieser extensiven Viehhaltung lässt sich allerdings nicht mehr wesentlich steigern. Die meisten Masttiere in

Deutschland fressen deshalb nicht mehr Gras und Heu, sondern importiertes Soja und selbstproduziertes Getreide. Die Umwandlungsrate von pflanzlichen in tierische Kalorien pro Kilogramm schwankt zwischen 2:1 bei Geflügel, 3:1 bei Schweinen, Zuchtfischen, Milch und Eiern und 7:1 bei Rindern. Ein großer Teil der Nahrungsenergie bleibt also auf der Strecke. Nach Berechnungen der Umweltorganisation der Vereinten Nationen könnten die Kalorien, die bei der Umwandlung von pflanzlichen in tierische Lebensmittel verloren gehen, theoretisch 3,5 Mrd. Menschen ernähren.
Die intensive Viehhaltung hat auch enorme Auswirkungen auf die Umwelt. Von der eisfreien Erdoberfläche werden 26 % für die Viehwirtschaft genutzt. Sie trägt weniger als 1,5 %

zur globalen Wirtschaftsleistung bei, aber sie verursacht 18 % der weltweiten Treibhausgasemissionen und steht damit sogar noch vor dem Transportsektor. Zusätzlich erhöht sie den Einsatz von Pflanzenschutzmitteln und Antibiotika und die Belastung des Süßwassers mit Stickstoff und Phosphat. Würden nur die Männer in Deutschland ihre Essgewohnheiten an die der Frauen anpassen, also weniger Fleisch, dafür mehr Obst und Gemüse essen, könnte eine Fläche von ca. 1,5 Mio. ha im In- und Ausland für andere Zwecke freiwerden und ca. 15 Mio. t Treibhausgase und 60.000 t Ammoniak weniger emittiert werden.
Quelle: ▶ http://www.weltagrarbericht.de/

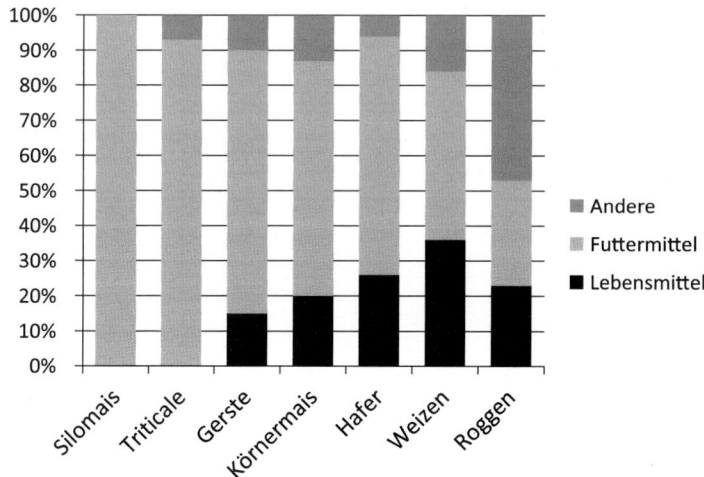

▶ **Abb. 6.8** Verwendung von Getreide für Lebens- bzw. Futtermittel oder andere Zwecke in Deutschland

Prinzipiell könnte man Triticale auch zum Brotbacken verwenden. Bisher ist es jedoch noch nicht gelungen, seine ungünstigen Backeigenschaften, vor allem die zu hohen Enzymaktivitäten und damit verbunden die schlechte Verkleisterungseigenschaften der Stärke zu beseitigen. Gerade diese Eigenschaften machen ihn zu einem günstigen Rohstoff für die Bioethanolherstellung. Ähnlich wie Roggen wird auch Triticale als Substrat für die Biogaserzeugung eingesetzt.

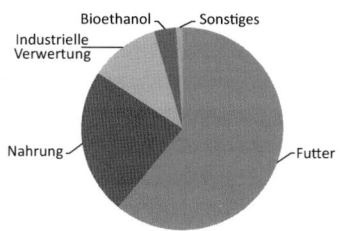

Verwertung von Getreide in der EU
(Quelle: http://www.ami-informiert.de)

Zusammenfassung und Ausblick

Triticale ist die erste vom Menschen erzeugte Getreideart. Sie stellt eine Kreuzung zwischen Weizen und Roggen dar, die in der Natur nur äußerst selten vorkommt. Es gibt Triticaleformen mit achtfachem und sechsfachem Chromosomensatz. Nur die letztere Form hat sich als leistungsfähig erwiesen. Heute wird Triticale durch Kreuzung von Hartweizen und Roggen hergestellt. Anschließend erfolgen eine Embryokultur und eine Behandlung der entstehenden Pflanze mit Colchicin zur Verdopplung des Chromosomensatzes. Resultat ist ein Triticale, der durch weitere Kreuzungen und Selektionen in seinen Leistungen so weit verbessert wird, dass er als eine robuste, ertragreiche Kulturpflanze mit hohem Eiweißgehalt gilt. Die ersten Triticalesorten wurden 1968 angebaut, heute sind sie in 36 Ländern, darunter Deutschland, Polen und Frankreich, verbreitet. Seit wenigen Jahren gibt es auch eine Hybridzüchtung bei Triticale, die auf der cytoplasmatisch-männlichen Sterilität beruht. Das Korn dient in erster Linie der Fütterung von Nutztieren, es kann aber auch zur Gewinnung von Bioethanol eingesetzt werden. Die vollständige Pflanze wird heute auch als Substrat für die Biogasgewinnung verwendet.

Literatur

FAOSTAT (2013) Food and Agriculture Organization of the United Nations. http://fa-ostat.fao.org/site/567/DesktopDefault.aspx?PageID=567#ancor

Oettler G (2005) The fortune of a botanical curiosity – Triticale: past, present, and future. J Agric Sci 143:329–346

Weiterführende Literatur

Oettler G (2008) Triticale, *x Triticosecale* Wittmack – Die erste vom Menschen geschaffene Getreideart. In: Röbbelen G (Hrsg) Die Entwicklung der Pflanzenzüchtung in Deutschland (1908–2008). Gesellschaft für Pflanzenzüchtung eV, Göttingen, S 320–325

Mais – Goldene Ernte

Thomas Miedaner

T. Miedaner, *Kulturpflanzen*,
DOI 10.1007/978-3-642-55293-9_7, © Springer-Verlag Berlin Heidelberg 2014

Mais gehört heute zu den produktivsten Kulturpflanzen. Weltweit werden auf nahezu 180 Mio. ha über 875 Mio. t Körner geerntet (Körnermais), das sind 34 % der gesamten Getreideproduktion. Hinzu kommt noch sein Einsatz als Futtermittel (Silomais) in nördlicheren Gefilden, etwa bei uns in Deutschland, sowie die Nutzung als Energielieferant (Energiemais). Maisstärke ist auch ein wichtiges Ausgangsprodukt für Biokunststoffe, als Fermentationsrohstoff, etwa zur Zuckerherstellung, und für andere Stärkenutzungen. Als C_4-Pflanze hat Mais gegenüber den heimischen Getreiden einen alternativen Weg, um Kohlenstoffdioxid für die Photosynthese zu fixieren, und nutzt deshalb die Sonnenenergie am besten aus. Neben seiner Produktivität überrascht Mais vor allem durch die Vielfalt seiner Erscheinungs- und Nutzungsformen. Kaum eine andere Fruchtart verdeutlicht so sinnreich wie Mais das Vorhandensein genetischer Vielfalt (◩ Abb. 7.1d, ◩ Abb. 7.5).

7.1   Einordnung in das Pflanzenreich und Formenvielfalt

Mais (*Zea mays* L.) ist ein **einjähriges Gras** und gehört wie die anderen Getreidearten zu den Süßgräsern (*Poaceae*), hier jedoch in eine andere Unterfamilie. Mais ist diploid (*2n = 2x = 20*) und Fremdbefruchter. Dabei erfolgt die Befruchtung der weiblichen Blüten durch Pollen anderer Maispflanzen, die durch den Wind herangetragen werden (windbürtig). Die Pflanze hat einen einzigen kräftigen Trieb, der bis zu 6 m hoch werden kann (◩ Abb. 7.1c). Als Besonderheit sitzen beim Mais die männliche und weibliche Blüte an verschiedenen Stellen einer Pflanze. Weibliche Blütenstände wachsen an Blattachseln am mittleren Halm und sind von Hüllblättern (Lieschen) umgeben. Aus jedem einzelnen, weiblichen Blütchen ragt ein 20–40 cm langer Griffel mit einer klebrigen Narbe. An der Spitze des Kolbenansatzes treten die Griffel aller Blütchen in einem dichten Büschel (Seide) aus den Lieschblättern hervor (◩ Abb. 7.1a). Die männlichen Blütenstände befinden sich als endständige Rispe an der Spitze der Pflanze und schütten zur Blütezeit den Pollen aus (◩ Abb. 7.1b). Jetzt kann die Bestäubung und Befruchtung der Kornanlage erfolgen. Danach trocknen die Griffel ab und im kolbenförmigen Fruchtstand entwickeln sich bis zur Reife Maiskörner, die bei modernen Sorten goldgelb sind.

Mais hat **zahlreiche Kornformen** (▶ Box), die sich äußerlich, aber auch in der Zusammensetzung ihrer Inhaltsstoffe deutlich unterscheiden. Beim Mais gibt es, im Gegensatz zu den anderen Getreidearten, einen hornigen und einen mehligen Teil des Mehlkörpers (Endosperm). Es gibt auch Maisformen mit unterschiedlichen Farbpigmenten in den Körnern, von weiß über gelb bis hin zu rot und blau, purpur bis fast schwarz. Einige Indianerstämme bevorzugten aus rituellen Gründen bestimmte Farben. Bekannt ist der blaue Mais der Hopi. In Peru sind auf den Märkten heute noch bunte Maisformen zu sehen (◩ Abb. 7.1d). Diese Farbvarianten werden durch einzelne Gene ver-

◘ Abb. 7.1 Mais (*im Uhrzeigersinn*): **a** Weibliche Maisnarben während der Blüte . **b** männliche Maisfahnen während der Blüte. **c** Maisfeld. **d** peruanischer Mais in einem Marktkorb (Quelle zu **c**: bigpicture.com/ corn-field; zu **d**: Flickr.com/Peruvian_corn byJenny Mealing)

ursacht. Da die Blüten fremdbefruchtet werden, kann jede von ihnen im Extremfall von einem anderen Vater bestäubt werden. Dann sitzen an einem einzelnen Kolben viele verschiedenfarbige Körner: Rote und bräunliche Maiskörner reihen sich neben gelben, blaufarbene neben milchig-weißen, glasige neben getrübten. Besonders faszinierend sind jene Körner, die selbst gemustert sind, sei es gestreift oder gesprenkelt, mal der Länge nach halbiert, mal ohne erkennbare Symmetrie. Dies ist die optisch gut erkennbare Wirkung von springenden DNS-Elementen (Transposons), die einzelne Gene der Farbstoffsynthese ein- oder ausschalten. Diese Entdeckung der „springenden Gene" brachte der

◘ Tab. 7.1 Unterschiede zwischen Mais und Teosinte

Mais	Teosinte
Ein dicker Halm je Pflanze	Viele dünne Halme je Pflanze
Großer Kolben	Zierliche Ähre
Feste Spindel	Zerbrechliche Spindel
Ca. 500 Körner/Kolben	Ca. 5–12 Körner/Ähre
Winzige Fruchtbecher	Steinharte Fruchtschale
Weiche, stark reduzierte Hüllspelzen	Kräftige Hüllspelzen

amerikanischen Pflanzengenetikerin Barbara McClintock 1983 den Nobelpreis ein. Springt ein solches mobiles Element beispielsweise in das Gen, welches eine dunkle Farbe des Maiskorns bewirkt, färbt sich das Korn an dieser Stelle goldgelb.

Kornformen beim Mais

Hartmais (*flint* = Kiesel, Feuerstein, flach, rund). Die reifen Körner besitzen um das stärkereiche Nährgewebe herum gleichmäßig hartes, hornartiges Endosperm (◘ Abb. 7.5c).

Zahnmais (*dent* = Zahn). Die reifen Körner sind in der Mitte eingesunken, weil nur hier der hornige Teil des Endosperms zu finden ist. Die meisten in den USA angebauten Sorten gehören zum Zahnmais (◘ Abb. 7.5c).

Puffmais (*popcorn*). Das gesamte Nährgewebe ist hornartig. Durch Erhitzen platzen die Körner.

Zuckermais (*sweet corn*). Da Zuckermaisarten ein Gen fehlt, wandelt sich bei der Reife der Zucker nicht in Stärke um, der Geschmack bleibt süß. Die Körner schrumpfen entsprechend bei der Reife (◘ Abb. 7.5b). Zuckermais wird deshalb vor Abschluss des Reifeprozesses (Milchreife) geerntet und unreif gegessen.

Stärkemais (*flour corn*). Die Körner haben kein Hornendosperm, sondern nur ein weiches und stärkehaltiges Nährgewebe und lassen sich daher besser als andere Maisformen zu Mehl mahlen. Körner und Kolben dieser Maisform fanden sich unter anderem in den Gräbern der Inkas und Azteken.

Wachsmais (*waxy corn*). Die Körner sehen wachsartig aus, weil sie einen Überzug aus Amylopektin haben.

Spelzmais (*pod corn*). Altertümliche Maisform, bei der jedes Korn von Spelzen umgeben ist, wird heute nicht mehr angebaut (◘ Abb. 7.5b).

☐ **Abb. 7.2** Teosinte (*links*) wächst buschig mit einer Vielzahl von Trieben und kleinen Ähren in der Blattachsel und einer männlichen Rispe am Triebende (*unten links*: Körner, *unten rechts* Ähren). Moderner Mais (*rechts*) entwickelt dagegen nur einen kräftigen Halm mit wenigen, großen Kolben in den Blattachseln und einer männlichen Rispe am oberen Ende (Quelle zu Teosinte: A. USDA-NRCS PLANTS Database / Hitchcock, A.S. (rev. A. Chase). 1950. Manual of the grasses of the United States. USDA Miscellaneous Publication No. 200. Washington, DC)

7.2 Wilde Vorfahren und die Entstehung des Maises

Fast 100 Jahre lang blieben die Vorfahren des Maises umstritten, weil er kaum nahe Verwandte hat. Seit langem schon war **Teosinte** bekannt, aber die Unterschiede zwischen beiden Pflanzen waren so groß, dass sich früher viele Botaniker keine direkte Abstammungslinie vorstellen konnten (☐ Tab. 7.1). Bis es sich herausstellte, dass durch die Wirkung von einigen wenigen Genen ein großer Teil dieser Unterschiede erklärt werden konnte. Eine Gemeinsamkeit ist, dass bei beiden Pflanzen männliche Geschlechtsorgane oben und die weiblichen in der Blattachsel mitten in der Pflanze sitzen. Aber Teosinte ist eine buschige, vielverzweigte Pflanze mit sehr vielen, kleinen Ähren (☐ Abb. 7.2), während Mais heute nur noch aus einem kräftigen Stängel mit ein bis zwei Kolben besteht.

Teosinte hat zierliche Ähren mit 5–12 Körnern, die einzeln in so steinharten Samenschalen eingeschlossen sind (☐ Abb. 7.5a), dass sie selbst den Verdauungstrakt von Tieren unbeschadet überstehen können. Teosinte ist sehr vielgestaltig, es werden heute vier Arten bzw. Unterarten

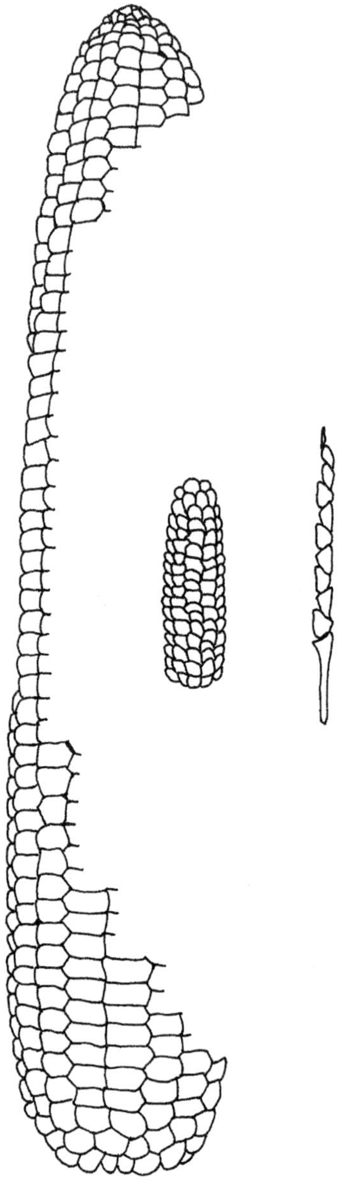

■ **Abb. 7.3** Der moderne Maiskolben (*links*) erscheint als Monstrosität, wenn man ihn mit der zierlichen Ähre der Teosinte (*rechts*) vergleicht. Kreuzungen zwischen Mais und Teosinte können zu kleinkolbigen Formen (*Mitte*) führen, die an frühe archäologische Funde erinnern

unterschieden, einige sind ausdauernd (perennierend), andere einjährig (annuell). Der Name stammt aus der Sprache der Nahuátl-Indianer und bedeutet „Korn der Götter". Für die Evolution des Maises entscheidend sind zwei annuelle Formen von Teosinte, die heute zusammen mit dem Kulturmais als Unterart von *Zea mays* gelten.

Systematik

Zea mays	ssp. *mays*	Kulturmais
	ssp. *mexicana*	Mexikanische Teosinte
	ssp. *parviglumis*	Balsas-Teosinte

Beide Teosinte-Formen sind problemlos mit Kulturmais kreuzbar, es ergeben sich fertile Nachkommen (■ Abb. 7.5a) und das ist der Grund, warum Botaniker sie heute in dieselbe Art stellen. Molekulare Untersuchungen zeigten, dass die Balsas-Teosinte (Unterart *parviglumis*) der direkte Vorfahr von Mais ist. Diese Pflanze wächst wild in den Tälern des südwestlichen Mexikos, vor allem entlang von Flüssen und auf Hügeln, sie verbreitet sich heute auch als Unkraut in kultivierte Äcker. Am häufigsten findet man sie entlang des Balsas-Flusses in den feuchten Tropen an den Hängen des Pazifiks in Mexiko, daher auch der Name. Es wird heute als gesichert angenommen, dass Kulturmais trotz seiner enormen Vielgestaltigkeit nur ein einziges Mal hier entstanden ist. Aus den molekularen Daten kann man auf eine **Domestikation um etwa 7000 v. Chr.** schließen, wobei aufgrund der statistischen Unsicherheiten ein großer zeitlicher Spielraum bleibt (3700–11.000 v. Chr.).

Daraufhin begann man in dieser Region nach Überresten des prähistorischen Mais zu suchen. Dolores Piperno, die Kuratorin des Smithsonian Museums in Washington D.C., stellte 2009 neue Funde vor, die direkt aus dem Balsas-Tal stammten und zumindest auf 6700 v. Chr. (*uncal*) datiert wurden. Im Xihuatoxtla-Unterstand fanden sich neben den Maisresten auch solche von Kürbis (*squash*) und Steinwerkzeuge zum Zerkleinern und Mahlen der Körner. Damit scheint die frühere Hypothese, dass Mais bereits sehr früh (ca. 8000–5000 *cal* v. Chr.) im trockenen Tehuacán-Tal im Hochland Zentralmexikos domestiziert wurde, endgültig widerlegt. Übrigens zeigen die molekularen Daten auch, dass es zu einem späteren Zeitpunkt noch Einkreuzungen der mexikanischen Teosinte (ssp. *mexianca*) in den Kulturmais gab. Der japanische Wissenschaftler Y. Matsuoka berichtet von einigen Landrassen aus Mexiko, bei denen bis zu 12 % ihres Genoms enge Verwandtschaft zur mexikanischen Teosinte aufweisen.

Bei heutigem Mais finden wir riesige Kolben mit über 500 nackten Körnern an einer festen Zentralachse, fast ohne Spelzen (■ Abb. 7.3). Sie sitzen so fest an der Spindel, dass sie sich auch bei der Reife nicht lösen und höchstens ganze Kolben auf den Boden fallen. Dadurch befinden sich dann aber so viele Keimlinge auf so kleiner Fläche, dass sie sich durch die enorme Konkurrenz gegenseitig Licht, Wasser und Nährstoffe

Gene, die den Mais zum Mais machen

Vor allem zwei Gene sind bis heute intensiv erforscht, die bei der tiefgreifenden Umwandlung von Teosinte in Kulturmais eine zentrale Rolle spielten: *TGA* (*teosinte glume architecture*) und *tb1* (*teosinte branched 1*). Beides sind regulatorische Gene, die entscheidend für den Stoffwechsel der Pflanze sind. *TGA* bewirkt die enorme Ausbildung der Spelzen und der harten Fruchtschale von Teosinte, während *tb1* für den verzweigten Wuchs mit den vielen Blütenorganen bei Teosinte verantwortlich ist. Der unverzweigte,

einhalmige Wuchs des modernen Kulturmais wird als eine Voraussetzung für die Entwicklung des geradezu riesigen Kolbens angesehen, der den Mais so produktiv macht. Für beide Gene finden sich bei Teosinte und Mais jeweils unterschiedliche Varianten (Allele). Jeweils eine kleine Veränderung (Mutation) in diesen Genen führt bereits zu den Eigenschaften des Maises. In wilden Teosintepopulationen fand sich das Maisallel von *tb1* bereits in Häufigkeiten von bis zu 30 %. Es war also für die frühen Bauern einfach, auf

dieses Gen zu selektieren. Bei *TGA* unterscheidet sich die Genvariante des Maises nur in einer einzigen Aminosäure von der Variante der Teosinte. Trotzdem hat diese Mutation vielfältige Wirkungen auf die Zellwandbestandteile, Ablagerung von Kieselsäure, das dreidimensionale Samenwachstum und vor allem die Samengröße. Die typische Wildpflanzeneigenschaft der zerbrechlichen Spindel wird durch ein weiteres, einzelnes Gen bewirkt.

wegnehmen. Deshalb kann sich Mais auch nicht selbst aussäen oder verwildern. Ohne Hilfe des Menschen würde er in wenigen Generationen aussterben. Damit wurden die in ▶ Kap. 1 genannten Domestikationsmerkmale bei Mais durch menschliche Auslese auf die Spitze getrieben.

7.3 „Speise der Götter" – Mais im vorkolumbischen Zeitalter

Als Kolumbus auszog, um Indien zu entdecken, landete er mitten in der Karibik und fand dort Mais als Grundnahrungsmittel der Inselbewohner. Damals bedeckte der Maisanbau der Indianer bereits eine riesige Fläche von den mittleren Anden Südamerikas über Zentralmexiko, wo der Mais entstanden war, und die Karibik bis hinauf in den Osten der USA und das südliche Kanada (◘ Abb. 7.4). Es gab damals bereits 200–300 Maissorten. Innerhalb weniger Jahrtausende war es den Indianern gelungen, durch eine zunächst vielleicht unbewusste, später gezielte Auswahl Mais zu züchten, der leicht zu ernten war und hohe Erträge lieferte.

Noch einmal zurück nach **Mittel- und Südamerika.** Der älteste Hinweis auf Pollen von Kulturmais außerhalb der Balsas-Region findet sich bisher in San Andrés auf der karibischen Seite Mexikos und datiert von 5100 v. Chr. Danach müsste der kultivierte Mais zu dieser Zeit bereits aus den tropischen Niederungen der Balsas-Region über das zentralmexikanische Hochland bis in das tropische Tiefland Yucatans auf der anderen Seite Mexikos verbracht worden sein (◘ Abb. 7.4). Von den tropischen Tiefländern Mexikos verbreitete er sich über Guatemala bis nach Kolumbien. Der Mais kam im nördlichen Tiefland Südamerikas schon um 5500 v. Chr. an und verbreitete sich dann auf zwei Wegen weiter: Einmal über die tropischen Tiefländer vom nördlichen Südamerika in die Karibik und entlang der Ostküste Brasiliens nach

Süden sowie über die Höhenlagen Südamerikas entlang der Andenhochfläche bis ins heutige Chile. Dies lässt sich aus Verwandtschaftsanalysen heutiger Mais-Landrassen schließen.

Um 1200 v. Chr. trat mit den Olmeken in Südmexiko die erste Hochkultur im modernen Sinne auf. Sie beruhte, wie die nachfolgenden Zivilisationen der mexikanischen Mayas und Azteken sowie teilweise der südamerikanischen Inkas, auf Mais und die Menschen wussten sehr genau, was sie diesem produktiven Getreide verdankten. Mais war die Basis des Bevölkerungswachstums und ihrer beeindruckenden kulturellen und architektonischen Leistungen, denn die Nahrung im Überfluss ließ ihnen Zeit für Kultur, Wissenschaft und Politik. Bei allen Indianern des Doppelkontinents galt Mais als heilig, weshalb man ihn göttliche Ehren zukommen ließ. Das Symbol dieser Verehrung war eine Maisgottheit. Der Maisgott war vom Sonnengott gezeugt und von der Erd- oder Mondgöttin geboren worden. Das Fest des Grünen Maises ist alleine dem Mais gewidmet und wird auch heute noch gefeiert. Den mittelamerikanischen Kulturen war Mais wichtiger als Gold, die Azteken opferten sogar jedes Jahr Menschen im Wachstumsverlauf des Maises, um eine gute Ernte zu erhalten. Die Maya nannten sich nach ihrem Schöpfungsmythos selbst „Menschen aus Mais", weil dies der Grundstoff war, aus dem die Götter die Menschen schufen. „Aus gelbem und weißem Mais machten sie sein Fleisch, aus Maisbrei die Arme und Beine des Menschen". Die Farben des Maises entsprechen dabei den Hautfarben der Menschen. Bei den Pueblo-Indianern erzählte man in einem Mythos über die Herkunft des Maises, dass die beiden Maismütter *Blue Corn Woman* und *White Corn Maiden* durch die Dachöffnung eines Zeremonien- und Versammlungsraums auf die Erde geklettert sind und den Mais mitbrachten. Ein Kind bekam bei der Geburt einen Maiskolben als Fetisch, mit dessen Hilfe es ein Leben lang erinnert werden sollte, dass die Maismütter allen Menschen, Tieren und Pflanzen das Leben schenkten. Die Pawnee Nordamerikas – als einziger Büffeljägerstamm – opferten zu Ehren des Maisgottes noch Mitte des 19. Jahrhunderts eine Jungfrau. Dieser Stamm hatte ferner in ihrem heiligen Stammesbündel als Erinnerung an ihr Leben als Ackerbauern einen steinernen Maiskolben als Fetisch enthalten.

Im Gegensatz zum Getreide der Alten Welt, Weizen, Gerste, Hafer und Roggen, kultivierten die Indianer Mais nicht als Flächenkultur. Während bei Weizen rund 300 Pflanzen auf einem Quadratmeter stehen, sind es bei Mais nur 9–12 Pflanzen/m². So konnte er in reiner Handarbeit angebaut werden und die verringerte Konkurrenz gegenüber den Nachbarpflanzen ließ ihn zu einem wahren Riesen unter den Getreiden werden. Deshalb ergibt er trotz dieser „Gartenbaukultur" noch heute einen höheren Ertrag als die Flächenkultur Weizen.

Die Vielfalt des Maises zu erhalten war den **indianischen Bauern** eine tiefe Verpflichtung. Die Körner der schönsten Kolben wurden als Saatgut verwendet. Darüber hinaus betrieben sie keine weitere Auswahl der einzusäenden Körner, die unterschiedlichen Maisvarietäten wurden absichtlich in Mischkulturen angepflanzt. Damit riskierten sie zwar

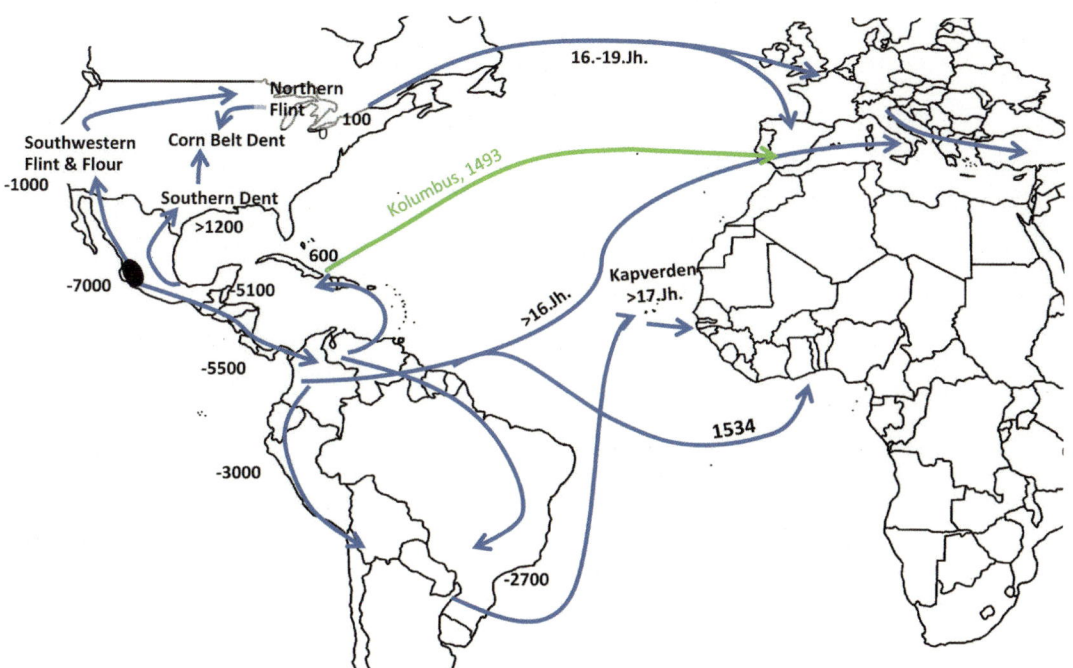

Abb. 7.4 Verbreitung des Maises vom Ursprungsgebiet der Balsas-Teosinte (*schwarz*) nach Süd- und Nordamerika, die wichtigsten Ausgangspopulationen sowie die Einführung des Maises nach Europa und Afrika; die Daten (– = v. Chr., ohne Angabe = n. Chr.) bezeichnen die Ankunft des Maises in der jeweiligen Region. (Verändert nach Tenaillon und Charcosset 2011; Mir et al. 2013)

Ertragseinbußen, stellten aber ihre Kulturen auf eine breite genetische Basis, die sie vor Krankheiten und Schädlingen schützte. Zum selben Zweck duldeten die mexikanischen Indianer auch wilde Teosinte in ihren Maisfeldern. Es kam dann automatisch zur gegenseitigen Befruchtung (Kreuzung) und die entstandenen Pflanzen waren in der Regel besonders kräftig und wüchsig. In Mexiko kultivierte Kreuzungen zwischen modernem Mais und wilder Teosinte ergaben Pflanzen mit einer Höhe von 3,7–4,6 m. Die Kolben dieser Pflanzen sind in der Regel sehr klein, aber sie verbreiten ihren Pollen im weiten Umkreis und es spalten dann in den nachfolgenden Generationen immer wieder Pflanzen mit erwünschten Eigenschaften heraus. Auf diese Weise, glaubten die Indianer, „verjünge" sich ihr Mais. Die Indianer kannten auch genau den Zusammenhang zwischen Teosinte und Mais. In vielen Teilen Mexikos bezeichneten sie die Teosinte auch als *madre de maiz*, als „Mutter des Maises". Das Wort Teosinte leitet sich von dem aztekischen *teocentli* ab, was so viel bedeutet wie „die von Gott kommende Speise".

Die Indianer bauten den Mais in der Regel zusammen mit Bohnen und Kürbis als Mischkultur an. Das ist in Lateinamerika bis heute üblich. Die Bohnen konnten am festen hohen Stängel des Maises hochranken und der Kürbis breitete sich am Boden aus, hielt die Feuchtigkeit zurück und verringerte das Unkrautwachstum. Die Indianer teilten das Land in Felder auf wie ein Schachbrett, und in der Mitte eines jeden Feldes wurden Erdhügel aufgehäuft, in welche die Frauen Löcher

■ **Abb. 7.5** Genetische Variation beim Mais (*im Uhrzeigersinn*): **a** Samen von Teosinte (*links*), der Kreuzung aus Teosinte und Mais (*Mitte*) und modernem Mais (*rechts*). **b** Maiskolben aus unterschiedlichen Populationen und Kornformen (von *links* nach *rechts*): moderner Hybridmais, urtümlicher Spelzenmais, verschiedene Indianermaisformen, Erdbeermais, schwarzer Mais, Zuckermais (reif geerntet), verschiedene Indianermaisformen, bunter Mais) **c** Samen von vier modernen Maisformen (*im Uhrzeigersinn*): peruanischer Mais mit den größten Körnern der Welt, Indianermais, Hartmais und Zahnmais

bohrten und sowohl Maiskörner als auch Bohnen und Kürbiskerne hineinwarfen. Die Küstenbewohner steckten außerdem tote Fische in die Erdhaufen, um den Mais zu düngen. Ganz erstaunlich in der Entwicklungsgeschichte des Maises ist, dass die Kolbengröße innerhalb von nur wenigen Jahrtausenden förmlich explodierte. Die ältesten gefundenen Kolben waren nicht größer als 2 cm, vor etwa 5000 Jahren waren sie dann schon 7 cm groß. Im Laufe der nächsten 3000 Jahre erreichten die Kolben das 50-fache Volumen gegenüber den frühesten Funden.

Zeitlich sehr viel später, aber genauso erfolgreich fand die **Verbreitung des Maises nach Norden** statt (■ Abb. 7.4). Diese erfolgte durch das nördliche Mexiko und die südwestliche USA bis in die nördliche USA und ins südliche Kanada. Der Mais hat sich nach archäologischen Untersuchungen im Südwesten der heutigen USA zwischen 2000 v. Chr. bis 500 n. Chr. über weite Teile des Landes verbreitet. Aus Trincheras am Rio Casas Grandes im nördlichen Chihuahua und Las Playas im nördlichen Sonora stammen Funde kultivierten Mais, die auf 1000 v. Chr. datiert sind. Die ersten Ackerbausiedlungen im Südwesten der heutigen USA liegen auf den Niederterrassen von Flüssen. Eventuell wurde Mais hier ausgesät, nachdem die Frühjahrsüberschwemmungen zurückgegangen waren. Seit 1100 v. Chr. sind aus dem Gebiet von Tucson (Arizona) kleinere Bewässerungsanlagen bekannt. Aus der Palo-Blanco-Phase, die etwa von 200 v. Chr. bis ca. 700 n. Chr. dauerte, sind Kolben mit einer Länge von 8–10 cm bekannt, die 113–163 Körner aufwiesen. Von dort verbreitete sich der Mais bis zum Sankt-Lorenz-Strom im südlichen Kanada, wodurch kühletolerante Formen selektiert wurden (*Northern Flint*). Aber auch nahe Pittsburgh südlich der Großen Seen wurden in der Fundstätte *Meadowcroft Rockshelter* Mais und Kürbiskerne gefun-

	Tab. 7.2 Erste Beschreibungen von Mais in Europa	
Zeit	**Vorgang**
1492	Christoph Kolumbus erwähnt Mais in seinem *diario* als Hirse (*panizio*)
1493	Der spanische Geistliche Peter Martyr d'Anghiera berichtet an Kardinal Sforza in Rom von einer Pflanze namens *maiz*. Ein Jahr später schickt d'Anghiera dem Kardinal „weiße und schwarze" Samen der Hirse (*panizio*) per Kurier nach Rom
1517	Fresken aus der Gegend von Rom zeigen Mais
1523	Erste Erwähnung in Bayonne, Südwestfrankreich
1532	Ältestes erhaltenes Exemplar einer getrockneten Maispflanze im Herbarium des Gherardo Cibo in Rom
1535	Gonzalo Fernández de Oviedo y Valdés berichtet in seiner *Historia general de las Indias ...*, dass 1530 in Avila (Nordkastilien) 2 m hoher Mais (*mahizal*) wuchs
1539	Hieronymus Bock widmet dem Mais in seinem *Newe Kreütter Buch* (Straßburg) ein ganzes Kapitel („Von dem Welschen Korn") und beschreibt seinen Anbau
1542	In dem *Newe Kreüterbuch* (deutsch 1543) des Tübinger Medizinprofessors Leonhard Fuchs erscheint die älteste wissenschaftliche Abbildung von Mais („Türckisches Korn")
1570	Mais ist in Norditalien verbreitet (P. A. Matthioli (1570): *Commentaires sur les six livres ...*, Lyon 1570 und Venetiis (1571): *Compendium de plantis omnibus*)
1574	Feldmäßiger Anbau von Mais in der Türkei und am oberen Euphrat bezeugt

den, Überreste der archaischen Stufe der so genannten *Woodland*-Kultur, die hier 2500 Jahre lang von etwa 1100 v. Chr. an dauerte. Zwischen 800 und 1100 n. Chr. ist Maisanbau auch in den nördlichsten Anbauregionen Amerikas bezeugt, wahrscheinlich war die Ausbreitung aber schon früher erfolgt. Als die Europäer ankamen, war Mais das Grundnahrungsmittel der indianischen Bevölkerung auch im östlichen Teil der USA und Kanadas geworden, die eine Mischwirtschaft von Jäger- und Sammlertum sowie Ackerbau betrieben. Mit molekularen Markern unterscheidet man heute mindestens sieben amerikanische Populationen (■ Abb. 7.4). Durch die Verbreitung des Maises über praktisch den ganzen amerikanischen Kontinent entwickelten sich durch natürliche Auslese zahlreiche unterschiedliche Formen, Farben und Größen, die jeweils an andere Klimabedingungen angepasst sind (■ Abb. 7.5a–c).

7.4 „Von dem Welschen Korn"

Christoph Kolumbus brachte Mais schon von seiner ersten Reise 1493 mit nach Spanien (■ Abb. 7.4). Er hatte auf Kuba erste große Felder dieser neuen Pflanze gefunden und neben den Kolben auch die indianische Bezeichnung mitgebracht. Denn sein Wort „mays" leitet sich von „mahiz" ab, dem Wort für Mais in Taino, der Sprache der Arawak. Doch während Mais von den Völkern Mittel- und Südamerikas wie eine Gottheit verehrt wurde, erkannte in Spanien noch niemand seine Möglichkeiten. Hier fand er zunächst kaum Verbreitung (■ Tab. 7.2).

Er wurde zwar hier und da gartenbaulich genutzt, aber populär wurde Mais im nördlichen Spanien und südwestlichen Frankreich erst während des 17. Jahrhunderts.

Die ersten Europäer, die den Vorteil des Maises als Ackerfrucht und Nahrungspflanze erkannten, waren die Italiener, die aller Wahrscheinlichkeit nach ihren Mais nicht über Spanien bezogen, sondern direkt aus Südamerika (◘ Abb. 7.4). Er wurde zum ersten Mal in Rovigo angebaut, wo er sich in die Ländereien Venedigs und der Lombardei verbreitete. 1577 wurden auf dem Gut der Fürsten Gonzaga bei Mantua rund 850 ha mit Mais bestellt und knapp 40 Jahre später war Mais auf allen Getreidemärkten dieser Gegenden anzutreffen. Die Venezianer brachten den Mais mit ihrer weitreichenden Handelsflotte zu den Völkern des östlichen Mittelmeeres, u. a. auch zu den Türken, die ihn bald zu ihrem nationalen Getreide machten. Sie herrschten damals im Osmanischen Reich über die gesamte Balkanhalbinsel, weite Teile des heutigen Ungarns, der Slowakei und Rumäniens und natürlich die heutige Türkei. Der Maisanbau in diesen Ländern war auch ohne weitere Züchtung von großem Erfolg gekrönt, weil das heiße Klima ideal für diese tropische Pflanze war. Vom Erfolg beflügelt wurde Mais von den Türken wieder nach Italien zurückverkauft, aber auch nach Russland und Österreich gebracht. Diese Völker übernahmen den türkischen Namen *kukuru* und so heißt er heute noch in beiden Ländern *kukuruz*.

Die Portugiesen, die ein weltumspannendes Kolonialreich in Südamerika, Afrika und Südostasien aufbauten, brachten den Mais noch zu Beginn des 16. Jahrhunderts nach Afrika und Indien. Von dort wanderte er weiter nach dem heutigen Myanmar, Tibet und China. Schon im Jahre 1578 zeichnete Li Shin-Chen eine Maispflanze in seinem Buch. Auch die europäischen Einwanderer in Amerika übernahmen den Mais sehr rasch. Obwohl sie von Europa her eigentlich Weizen und Roggen gewohnt waren, wurden sie offensichtlich von den Vorteilen des Maises überzeugt. Er stellt bei warmen Sommertemperaturen wenig sonstige Ansprüche, kann auch ohne landwirtschaftliches Gerät wie ein Gemüse gezogen werden und liefert reichlich Ertrag. Die europäischen Siedler nannten den Mais *Indian corn*, später dann einfach nur *corn*, so wie sie zu Hause auch den Roggen als „Korn" bezeichnet hatten.

Nach **Mitteleuropa** kam der Mais bereits Anfang des 16. Jahrhunderts von Italien über die Lombardei, Tirol und die Schweiz den Rhein abwärts ins Elsass bis nach Baden und Württemberg. Auf die italienische Herkunft spielt sein Name „Welsches Korn" an, den Hieronymus Bock 1539 verwendete. Dieses Buch enthält die älteste, in gedruckter Form vorliegende Beschreibung des Maises in deutscher Sprache und ist sehr exakt. Bock erwähnt die charakteristischen, in den Blattachseln sitzenden Kolben („runde kolbechte ähern") ebenso wie die in Zeilen angeordneten Körner, die damals noch bunt waren („… dreier oder viererley farben, etlichs rot, etlichs braun, etlichs geel und etlichs gantz weiß"), die langen Narben, die Kälteempfindlichkeit der Pflanze („mag zumal keyn frost") und die späte Erntezeit („wird spat nemlich imm Augustmonat …") . Hieronymus Bock war damals Pfarrer in Horn-

◘ Abb. 7.6 Abbildung des Maises in dem *Newe Kreüterbuch* (deutsch 1543) des Tübinger Medizinprofessors Leonhard Fuchs. (Quelle: http://www.waimann.de/abbild/817.html)

bach bei Zweibrücken und musste die Pflanze dort gesehen haben. Sogar ihren Geschmack beschreibt er („gibt gut schön weiß meel un süß brott doch etlicher massen eyns fremden geschmacks"). Deutlich wird aus der Beschreibung auch, dass Bock erst neue Wörter erfinden musste, um diese fremde Pflanze zu beschreiben. Er zieht immer wieder Vergleiche mit Hirse und Gerste heran.

Leonhard Fuchs nannte den Mais in seinem Kräuterbuch von 1543 „Türckisch Korn" (◘ Abb. 7.6), ähnlich wie die Franzosen, Schweden, Dänen, Holländer, Polen und Tschechen. Diese Namensgebungen müssen aber nicht zwangsläufig auch mit den Türken zu tun haben, sondern lassen sich eventuell auch als Volksetymologie mit der Herkunft aus dem vermeintlichen Orient bzw. den „heidnischen Ländern" erklären. Fuchs schreibt, dass Mais fast überall wachse und in vielen Gärten gezogen würde („darumb sie nun fast gemein seind und in vilen gärten gezilt werden"). Das weist darauf hin, dass Mais damals nicht großflächig angebaut wurde, sondern wie bei den Indianern als Gartenkultur. Die Abbildung von Leonhard Fuchs ist die erste gedruckte Darstellung einer blühenden und fruchtenden Maispflanze (◘ Abb. 7.6).

Molekulare Verwandtschaftsanalysen zwischen heutigen Maisformen zeigen die wesentlichen Routen, auf denen sich Mais seit der Entdeckung Amerikas weltweit verbreitete (◘ Abb. 7.4). So sind heutige Maissorten aus dem südlichen Spanien und Marokko tatsächlich noch mit Mais aus der Karibik verwandt und können damit direkt mit Kolumbus in Verbindung gebracht werden. Die traditionellen Landsorten Mitteleuropas stammen dagegen von den *Northern Flints* Nordamerikas ab, die sich in Europa vom nördlichen Frankreich ab dem 16. Jahrhundert ostwärts verbreiteten. Diese Maisherkunft wird in Deutschland wegen ihrer Kühletoleranz heute noch in modernen Sorten als ein Kreuzungspartner genutzt. Wir wissen aus historischen Aufzeichnungen, dass es nach Kolumbus Entdeckung geradezu modern wurde, nach Amerika zu fahren und zwischen 1492 und 1539 gab es zahlreiche offizielle Expeditionen aus England, Spanien und Frankreich, so dass sich genügend Gelegenheiten boten, immer wieder Maisformen aus Nordamerika einzuführen. Auch später noch erfolgte die Einführung von Maissorten aus dieser Region, etwa 1604 in das nördliche Spanien. Verwandtschaftsbeziehungen zwischen südeuropäischen Landrassen (Italien, Südspanien und Galizien) und Sorten aus dem nördlichen Südamerika zeigen noch eine dritte Route, auf der Mais nach Europa eingeführt wurde. 1514 sandten Portugiesen, die sich in Kolumbien festgesetzt hatten, Mais an den päpstlichen Hof in Rom. Auch die Spanier sandten ab dem frühen 16. Jahrhundert Mais aus Kolumbien nach Hause. Die Portugiesen brachten von hier aus 1534 den ersten Mais nach Sao Tomé in Westafrika. Auf einer zweiten Route führten die Portugiesen auch Mais aus dem südlichen Brasilien und nördlichen Argentinien auf die Kapverdischen Inseln, von wo er seinen Weg auf das afrikanische Festland fand. Interessant für die Kulturpflanzenforschung ist, dass diese weltweite Verbreitung des Maises kein Zufallsprodukt war, sondern ganz bewusst von Franzosen, Spaniern und Portugiesen gefördert wurde, beispielsweise um billige Nahrung für die Sklaven zur Verfügung zu haben.

Sicher waren die damaligen Sorten trotz ihrer Herkunft aus den nördlichen USA nur schlecht für den Anbau in Mitteleuropa geeignet und sie dürften nur in den warmen Weinbauklimazonen des südlichen Badens und entlang des Neckars überhaupt reif geworden sein. Johann Burger schreibt noch 1809 in seinem Buch „Vollständige Abhandlung über die Naturgeschichte, Cultur und Benutzung des Maises oder Türkischen Weizens": „Von Basel bis Frankfurt mit Einschluss mit Württemberg und dem Elsass pflanzt man den Mais häufig an, und seine Cultur gewinnt dort jährlich an Umfang." Trotzdem waren die Flächen bescheiden. Lediglich nach Kartoffelmissernten wollte man den Maisanbau forcieren. Vor allem nach den Hungerjahren 1846 und 1847 wurde versucht, besser angepasste Sorten auszulesen. Statistiken zeigen aber, dass zwischen 1868 und 1898 in Baden und Württemberg Maisanbau auf nur 2600 ha stattfand. Auch in Ostdeutschland experimentierte man mit Mais. Trotzdem wurden 1893 in ganz Deutschland nur 4500 ha angebaut, der Mais war einfach zu wärmeliebend und exotisch. Seinen botanischen Namen erhielt der Mais im achtzehnten Jahrhundert durch Carl von Linné: *Zea mays*. *Zea* geht auf ein Wort der alten Griechen zurück, mit dem diese den Dinkel bezeichneten, *mays* ist der indianische Name für Mais aus der Karibik, und bedeutet „das unser Leben Erhaltende".

7.5   Mais macht satt … und krank

Im 17. Jahrhundert war der Mais in Südosteuropa als Volksnahrung nicht mehr wegzudenken. Im Gegensatz zu Weizen ist das Maismehl nur schlecht zum Backen geeignet, die Mexikaner machten *tortillas* daraus, flache Pfannkuchen, in Südeuropa aß man es als Brei in Form von *polenta* (Italien), oder „Türkensterz" (Österreich).

Erstaunlich sind die soziokulturellen Begleiterscheinungen, die sich im Gefolge der Einführung der neuen Kulturpflanze zeigten und die einen tiefen Einblick in die damaligen Feudalstrukturen der Landwirtschaft geben (Montanari 1993). Die Italiener bauten bereits Ende des 16. Jahrhunderts Mais an. Ursprünglich pflegten die italienischen Bauern ihren Mais nur im Garten zum Hausgebrauch. Diese Art der Kultur hatte auch den angenehmen Vorteil, von den Abgaben an den Grundherrn befreit zu sein, denn was im Garten wuchs, war seit jeher unveräußerliches Eigentum des Bauern. Feldmäßig scheint Mais im 16. Jahrhundert nur selten angebaut worden zu sein. Dies änderte sich aber recht bald und schon Anfang des folgenden Jahrhunderts war Mais auf allen Getreidemärkten Venetiens und der Lombardei anzutreffen. Inzwischen waren die Grundherren hellhörig geworden. Es blieb ihnen nicht verborgen, dass der riesenhaft wachsende Mais auch als Ackerkultur hervorragend geeignet war. Die Bauern wehrten sich zunächst dagegen, denn durch den Maisanbau wurden die traditionellen Getreidearten massiv zurückgedrängt. Doch die Grundherren setzten sich ob ihrer größeren Macht durch. Für sie brachte Mais im Vergleich zu Weizen enorme Einkommensmöglichkeiten. Einmal war der Ertrag viel höher und zweitens konnten sie mit Mais das Überleben der Bauern sehr viel billiger sichern als mit den weniger ertragreichen herkömmlichen Getreidearten. So brachte in Westungarn Mais im 18. Jahrhundert ein durchschnittliches Aussaat-/Ernteverhältnis von 1:80, der Roggen lieferte magere 1:6 und der Weizen noch weniger. Ähnlich dürften die Verhältnisse auch in Italien gewesen sein. Zudem konnten die Grundherren nun den gesamten Weizen auf den Märkten teuer verkaufen, da er als Brotgetreide bei den höheren Ständen unverzichtbar war.

Dadurch bildete sich **in der Ernährung eine Zweiklassengesellschaft**. Den abhängigen Bauern wurde nur noch Mais zur Ernährung zugestanden und die Tagelöhner und Lohnarbeiter wurden über die hohen Weizenpreise indirekt zum Maisverbrauch gedrängt. Das bäuerliche Essen wurde durch die Entwicklung eines frühen, landwirtschaftlichen Kapitalismus noch eintöniger als jemals zuvor. Zu dem Druck der Grundbesitzer gesellte sich auch noch der Hunger als großer Förderer des Maises. Um die Mitte des 18. Jahrhunderts scheint die Ernährungslage besonders kritisch gewesen zu sein: „… und normalerweise überall dort, wo es Jahre gibt, die knapp an Weizen sind, greift man auf eine Speise zurück, die im wesentlichen gut und nahrhaft ist", schrieb der frühe Agrarwissenschaftler Giovanni Battara aus Rimini 1778. Auch auf dem Balkan war der nackte Hunger der Wegbereiter des Maises. Nach der Krise der Jahre 1740/41 tauchte der Mais überall als Ackerfrucht auf und statt Brei aus Gerste und Hirse wurde jetzt Polenta aus Maisgrieß gegessen. Und zunehmend wurde diese sättigende, aber eintönige Speise zur Grundlage des Überlebens der ländlichen Bevölkerung und das hatte erhebliche gesundheitliche Konsequenzen.

Seit dem 18. Jahrhundert grassierte unter der armen Bevölkerung Südeuropas eine **rätselhafte Krankheit namens Pellagra**, die mit Hautausschlägen begann und in ihrem Verlaufe zu Durchfall und Erbrechen, schließlich zu Störungen des Nervensystems, fortschreitender Demenz und innerhalb von einigen Jahren zum Tod führte. Als es zu einer endemischen Krankheit in Norditalien kam, benannte Francesco Frapoli von Mailand sie *pelle agra* (*pelle*, Haut; *agra*, sauer). Erstmals wird von der Pellagra um 1730 aus der spanischen Provinz Asturien berichtet, dann taucht sie wenig später in Frankreich und Norditalien auf, um sich schließlich bis auf den Balkan weiter zu verbreiten. Das Tragische daran ist, dass man von Anfang an Pellagra als ernährungsbedingte Krankheit erkannte und dass sehr geringe Mengen Fleisch oder frisches Gemüse genügen, um Pellagra zu vermeiden. Doch wenn man beides nicht hat, drohen chronisches und maßloses Elend durch die einseitige Maiskost. Der Zusammenhang zwischen Mais und Pellagra wurde zuerst 1735 von Casal in Spanien beschrieben, aber die genauen Ursachen blieben unbekannt. Die Ausweitung der Pellagra begleitete den Siegeszug des Maises in Südeuropa seit den 30er und 40er Jahren des 18. Jahrhunderts und der endgültigen Etablierung im 19. Jahrhundert nach der Hungersnot von 1816/17. Mais war zur Grundlage des Bevölkerungswachstums geworden, ähnlich wie im Norden Europas die Kartoffel. Erst zu Beginn des 20. Jahrhunderts fand man heraus, dass Pellagra die Folge eines Mangels an der essentiellen Aminosäuren Tryptophan in verfügbarer Form ist. Es ist Ausgangsstoff für Niacin (Nikotinsäure), welches wiederum das lebenswichtige Vitamin B freisetzt. Die ersten erfolgreichen Therapien gegen Pellagra bestanden dann auch in der Verabreichung von Bierhefe, die ausreichend Vitamin B enthält. Später wiederholte sich das Auftreten der Pellagra in

Afrika, als portugiesische Händler den Mais dorthin brachten und er wieder zum Grundnahrungsmittel ganzer Völker wurde.

Manche vermuten, dass die Entwicklung des Glaubens an Vampire mit Pellagra zusammenhing. Genau wie die Vampire in den Überlieferungen Sonnenlicht meiden müssen, um ihre Stärke zu erhalten und ihrem Zerfall zu entgehen, sind Pellagra-Erkrankte hypersensitiv gegenüber Sonnenlicht. Zudem schließen klinische Symptome von Pellagra Schlaflosigkeit, Aggression, Ängstlichkeit und anschließende Demenz mit ein. All dies könnte in die Vampir-Legenden und europäischen Volkserzählungen um 1700 mit eingeflossen sein.

Interessanterweise hat es Pellagra in der Heimat des Maises nie gegeben, auch dann nicht, als die spanischen Eroberer den Indianern den ausschließlichen Maisanbau aufzwangen und ihre Gärten vernichteten. Heute ist dieses Rätsel gelöst: Das uralte Wissen um die richtige Zubereitung des Maises war nicht mit über den Atlantik gekommen. In Europa wurde, wie von Weizen und Roggen gewohnt, einfach das trockene Korn gemahlen und weiter verarbeitet, die Indianer weichten dagegen die ganzen Körner ein, kochten und verarbeiteten sie unmittelbar weiter oder trockneten die Masse wieder und handelten sie als Mehl. Dabei fügten sie beim Kochen Holzasche oder gelöschten Kalk hinzu, die beide die Schale der Maiskörner weich und die Körner leichter verdaulich machten und vor allem schlossen sie das im Mais enthaltene Niacin auf und machten es der menschlichen Verdauung überhaupt erst zugänglich. Diese Verarbeitungstechnik, die als **Nixtamalisierung** bezeichnet wird, wurde in Oaxaca in Mexiko nachweislich bereits um 1500 v. Chr. verwendet und ist wohl erheblich älter.

7.6 Einführung der Hybridsorten als bahnbrechende Innovation

Anfang des 20. Jahrhunderts wurde in den USA **eine neue Methode der Pflanzenzüchtung** entwickelt, eine völlig neue Technologie: die Hybridzüchtung. Sie ermöglichte in der Folgezeit ungeahnte Ertragsfortschritte bei Mais. Dabei werden aus genetisch unterschiedlichen Maisformen **Inzuchtlinien** [▶ Inzuchtlinien] entwickelt und intensiv auf ihre Leistung untersucht und ausgelesen. Nur die besten Linien werden dann zur Hybride gekreuzt. Wenn man aber einen Fremdbefruchter, wie Mais, zur Selbstbefruchtung zwingt, werden seine Nachkommen sehr kümmerlich, sind kaum lebensfähig, zeigen einen geringe Wuchshöhe, Chlorophylldefekte, kleine Körner und viele Pflanzen gehen ganz ein (**Inzuchtdepression** [▶ Inzuchtdepression]). Solche negativen Folgen der **Inzucht** [▶ Inzucht] waren bei Haustieren schon lange bekannt, deshalb hüteten sich alle Bauern davor, bei Rindern, Ziegen, Schafen und Schweinen etwa Geschwister miteinander zu paaren oder Mütter mit Söhnen, Väter mit Töchtern etc. Kreuzt man aber die überlebenden ingezüchteten Individuen untereinander, dann wachsen die Nachkommen nicht nur besser, sondern sie über-

Inzuchtlinien: Pflanzen, die z. B. durch mehrfache Selbstbefruchtung erzeugt werden

Inzuchtdepression: Defekte bei Fremdbefruchtern, die durch Inzucht hervorgerufen werden, z. B. verminderte Pflanzenhöhe, verringerte Korngröße, verringerte Vitalität. Inzuchtdepression wird durch die Kreuzung von nicht-verwandten Inzuchtlinien wieder aufgehoben (Hybride)

Inzucht: Paarung unter Verwandten, die strengste Form der Inzucht ist die Selbstbefruchtung einer Pflanze

Wie entstehen Hybridsorten?

Aus (mindestens) zwei genetisch unterschiedlichen Ausgangspopulationen, die auch als **Genpools** [▶ **Genpools**] bezeichnet werden, entwickelt der Hybridzüchter reinerbige (homozygote) **Inzuchtlinien** [▶ **Inzuchtlinien**]. Dies kann er über einen mehrjährigen Selbstungsprozess oder, moderner, über die Anwendung der Doppelhaploiden (DH)-Technik erreichen. Die Inzuchtlinien werden stufenweise scharf selektiert, zunächst auf ihre Eigenleistung für Frühreife, Kolbenhöhe, Standfestigkeit und Krankheitsresistenzen, später auf ihre **Kombinati-**onsfähigkeit [▶ **Kombinationsfähigkeit**] für Ertrag. Am Ende dieses Selektionsprozesses bleiben nur wenige Linien von jedem Genpool (A, C bzw. B, D) übrig. Die jeweils besten Kreuzungen aus diesen intensiv vorselektierten Linien verschiedener Genpools werden als Hybridsorten vermarktet. Verschiedene Hybridtypen wurden dabei entwickelt: Einfachkreuzungen (*Singles*, A x C), Drei-Wege-Hybriden (*Threeways*, A·B x C), Doppelhybriden (*Doubles*, A·B x C·D).

Hybridsorten [▶ **Hybridsorten**] nutzen Heterosis, zeigen also gegenüber den Eltern eine erhebliche Mehrleistung, und haben eine höhere physiologische Leistungsfähigkeit, gerade unter ungünstigen Anbau- und Witterungsbedingungen. Allerdings ist diese Heterosis nur in der F_1-Generation, also der direkten Nachkommenschaft einer Kreuzung, maximal. Wird das Erntegut von Hybridsorten erneut ausgesät, sinkt die Mehrleistung und die Kornerträge werden deutlich geringer. Der Landwirt sollte also jedes Jahr neues Saatgut kaufen, wenn er die Vorteile der Hybriden nutzen will.

Genpool: Genetisch unterschiedliche Ausgangspopulationen

Heterosis (Hybridwüchsigkeit): Mehrleistung des Kreuzungsproduktes in der F_1-Generation im Vergleich zur mittleren Leistung der Eltern

Kombinationsfähigkeit: Leistung von Inzuchtlinien nach Kreuzung mit Inzuchtlinien des anderen Genpools

Hybride, Hybridsorte: Entsteht durch Kreuzung von zwei oder mehr vorselektierten Inzuchtlinien

Populationssorte: Entsteht durch offenes, isoliertes Abblühen von zahlreichen vorselektierten Familien

treffen oft sogar ihre Eltern im Ertrag. Dies gilt für Pflanzen genauso wie für Tiere und bei Mais beobachtete das schon Charles Darwin. Zu Beginn des 20. Jahrhunderts erkannten die amerikanischen Wissenschaftler Edward M. East und George H. Shull erstmals das Potential dieses Phänomens, das Shull 1908 **Heterosis** [▶ **Heterosis**] nannte. Er schlug vor, gezielt Inzuchtlinien bei Mais zu entwickeln, um diese Hybridwüchsigkeit für die Landwirtschaft zu nutzen. Bis die ersten **Hybridsorten** [▶ **Hybridsorten**] verkauft werden konnten, dauerte es aber noch über 20 Jahre. Ein Grund dafür war die geringe Leistung der Inzuchtlinien, die damals nicht direkt zur Sortenentwicklung genutzt werden konnten. Als dann aber dieses Problem von Donald E. Jones 1918 durch die Bildung von Doppelhybriden gelöst worden war, konnte die kommerzielle Entwicklung von Hybridsorten beginnen.

Betrug in den USA die (experimentelle) **Anbaufläche von Hybridmais** um 1935 nur 78 ha, so nahm der Hybridmais bereits fünf Jahre später 30 % der gesamten Maisanbaufläche in Anspruch. In Iowa waren es damals schon 80 %. Dabei brachten die ersten Hybridsorten durchschnittlich 14 % mehr Ertrag gegenüber den herkömmlichen **Populationssorten** [▶ **Populationssorten**]. Nochmals 5 Jahre später standen bereits über 60 % der gesamten amerikanischen Maisfläche unter Hybridanbau, in Iowa waren es schon 100 %. Diese schnelle Verbreitung war auch ein Erfolg früher Pioniere, wie dem späteren Vizepräsidenten der USA, Henry Wallace, die landauf, landab die neue Errungenschaft propagierten.

Durch die Hybridsorten verbesserte sich die Ertragsleistung des amerikanischen Mais um durchschnittlich 20 %. Fast noch wichtiger ist, dass bis zur Einführung der Hybridzüchtung die Maiserträge vom Amerikanischen Bürgerkrieg bis 1925 stagnierten und keinerlei Fortschritte zeigten (◘ Abb. 7.7), weil die damaligen Zuchtmethoden für den Fremdbefruchter Mais ungeeignet waren. Mit zunehmender

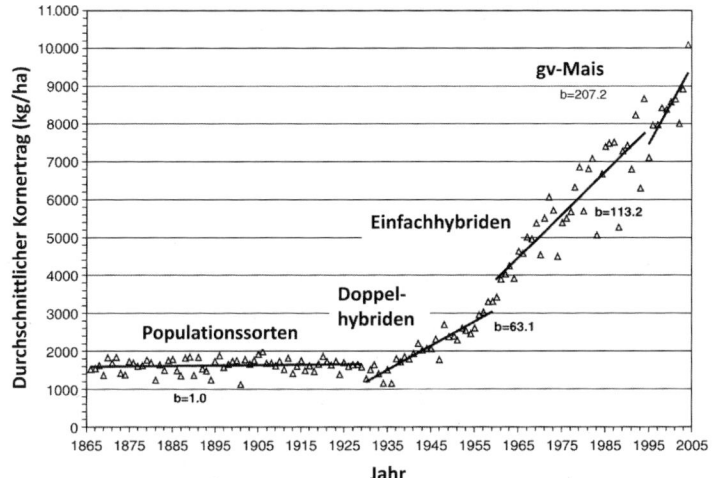

■ **Abb. 7.7** Anstieg der US-Kornerträge bei Mais von der Zeit des Bürgerkrieges bis 2005 in Zusammenhang mit der Entwicklung von neuen Technologien: Hybridsorten und gentechnisch veränderter (gv) Mais; *b* durchschnittliche Steigerung des Kornertrages je Jahr in kg/ha. (Verändert nach Troyer 2006)

Verwendung von Hybridsorten steigerten sich die durchschnittlichen Ernten in den USA noch weiter. In den Vorkriegsjahren 1934/35 lagen sie bei maximal 14 dt/ha, nach dem Krieg 1948/52 jedoch schon bei 24,5 dt/ha. Das ist in wenigen Jahren eine Steigerung um 75 % und manche Wirtschaftswissenschaftler erklären, dass erst durch diese enorme Steigerung der Maisproduktivität, die die USA zum weltgrößten Maisexporteur machten, sowohl der Zweite Weltkrieg als auch das Atombombenprogramm finanziert werden konnten.

Diese Entwicklung der Hybridzüchtung hatte noch eine weitere **sozio-ökonomische Auswirkung**, über die bisher wenig nachgedacht wurde. Durch die Einführung von Hybridsorten wurde dem Landwirt das Betriebsmittel „Saatgut" aus der Hand genommen und seine Herstellung an Spezialisten delegiert. Dies ist eine völlige Neuorientierung, da der Landwirt seit Beginn der Landwirtschaft selbst für sein Saatgut verantwortlich war und dieses nach bestem Wissen und Gewissen produzierte, eventuell auch die schönsten Pflanzen selektierte, und dadurch eine allmähliche Anpassung der Sorte an die Gegebenheiten seines Betriebes stattfand, sei es in klimatischer Hinsicht, im Hinblick auf Bodenverhältnisse oder betriebswirtschaftliche Gegebenheiten. Die Bauern Mittel- und Südamerikas selektierten den Mais beispielsweise zusätzlich auf bestimmte Kornbeschaffenheiten oder Kornfarben. All das ist jetzt nicht mehr möglich. Hybridsorten sollten auch aus biologischen Gründen nicht mehr wieder ausgesät werden (▶ Exkurs), weil durch **Inzuchtdepression [▶ Inzuchtdepression]** die Kornerträge in der nächsten Generation um rund 30 % sinken. Die Verlagerung der Verantwortung für das Saatgut vom Landwirt auf spezialisierte Firmen passte in den 1930er Jahren gut in das zunehmend arbeitsteilige Konzept einer Industrialisierung der Landwirtschaft, wird heute aber von

> **Exkurs**
>
> ### Warum sind heute alle Maiskörner in den Industriestaaten gelb?
>
> Bei Mais gibt es eine spezielle Genvariante, yellow1 (*y1*), die nur in den Körnern aktiviert wird und gelbe Körner mit höheren Mengen an Karotinoiden produziert, die eine Vorstufe für die Vitamin A-Bildung sind. Als in den USA entdeckt wurde, dass durch den gelben Mais seine Qualität für die Tierernährung verbessert wird, kreuzte man dieses Gen *y1* in das gesamte US-Maismaterial ein und überführte die weiße in die gelbe Kornfarbe. Andere Industriestaaten haben dieses Material dann übernommen. In anderen Ländern und Kontinenten gibt es bis heute noch weiße, teilweise auch bunte Maissorten.

manchen Interessengruppen beklagt. Vor allem ökologisch wirtschaftende Landwirte hätten gerne wieder ihr eigenes Saatgut produziert. Dies ist bei Mais heute nicht mehr möglich, weil es keine aktuellen Populationssorten mehr gibt, sondern nur noch die Hybridsorten mit „eingebautem Vermehrungs-Schutz". Solche Diskussionen gelten übrigens nicht nur für Mais, sondern auch für viele Gemüsearten, die nur noch in Form von Hybridsorten existieren. Anzumerken bleibt, dass die Landwirte jeweils freiwillig den Übergang zur Hybridzüchtung vollzogen haben, weil sie an den höheren Erträgen und ihren weiteren Vorteilen interessiert waren, und diese auch die entsprechend höheren Preise für Hybridsaatgut weitaus überkompensierten.

Der stetige Aufwärtstrend der **Kornerträge bei US-Mais** bleibt bis heute ungebrochen (◻ Abb. 7.7). Durch die Entwicklung neuer Hybridtypen und den Einsatz der Biotechnologie in den letzten Jahrzehnten konnten ständig neue Ertragsfortschritte erzielt werden. Verschiedene Studien haben gezeigt, dass bei Mais rund 60 % des in der Abbildung dargestellten Ertragsfortschrittes auf die Züchtung zurückgehen. Der Rest wird durch verbesserte Mineraldüngung sowie andere technische Neuerungen verursacht. Der Hybridmais hat in den USA längst die komplette Maisanbaufläche eingenommen. Denn die Vorzüge der Hybridsorten liegen nicht nur bei ihrem höheren Ertrag. Die heute verbreiteten Einfachhybriden sind in ihren Beständen auch homogener und gleichmäßig in Blüte und Reife. Es ist somit einfacher, den optimalen Erntetermin zu bestimmen.

Eine ähnliche Erfolgsgeschichte erlebten die **Hybridsorten später auch in Deutschland**. Hier konnte man aufgrund der politischen und wissenschaftlichen Isolierung Deutschlands während des Nationalsozialismus erst nach dem Zweiten Weltkrieg mit der Hybridzüchtung beginnen. Der damalige Direktor des Max-Planck-Institutes für Züchtungsforschung, Wilhelm Rudorf, bereiste 1948 die USA und begann gleich nach seiner Rückkehr mit Plänen für ein Hybridmais-Zuchtprogramm in Deutschland. 1950 wurde von privaten Firmen die „Arbeitsgemeinschaft Deutscher Hybridmais" gegründet und ein Jahr später starteten vier Zuchtprogramme für verschiedene Reifegruppen. Die

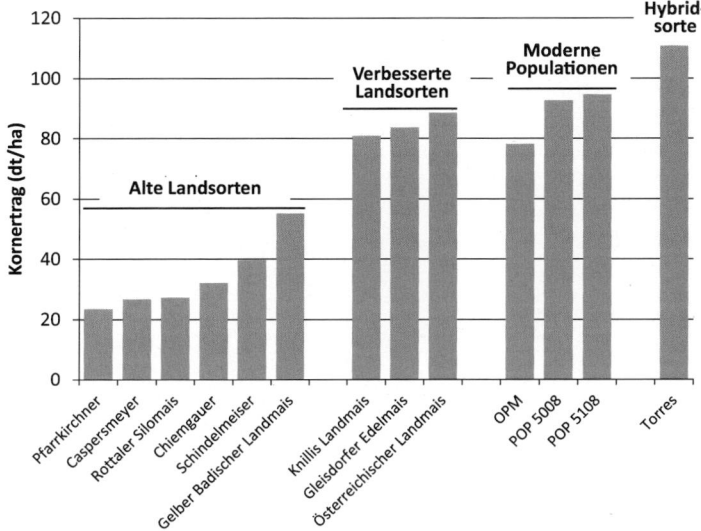

Abb. 7.8 Kornerträge von alten Landsorten, verbesserten Landsorten, modernen Populationen und einer modernen Hybridsorte. (Nach B. Eder, LfL Freising, mündl. Mitteilung 2014)

Züchter und Wissenschaftler hatten von Anfang an mit den kühlen Frühjahrstemperaturen in Deutschland zu kämpfen, was für eine Kulturpflanze subtropischen Ursprungs eine große Herausforderung darstellt. Erst die Verwendung einer alten französischen Population des Hartmaises (*Flint*) für das deutsche Zuchtprogramm brachte Erfolg. Diese Maisform ging auf Pflanzen zurück, die aus Nordamerika stammten (*Northern Flints*), von Hause aus kühletoleranter waren und ab dem 16. Jahrhundert nach Europa eingeführt wurden. Dadurch hatte der Hartmais Zeit, sich an das kühlere Klima Nordeuropas anzupassen. Noch heute bestehen die meisten Maishybriden in Deutschland aus Linien von Hart- (*flint*) und Zahnmais (*dent*). Der Hartmais bringt neben der Kühletoleranz im Frühjahr auch Frühreife und Frohwüchsigkeit, der Zahnmais Standfestigkeit und hohe Erträge. 1956 wurde in Deutschland die erste Maishybride, zurückgehend auf US-amerikanische Linien, zugelassen. Damals betrug die gesamte Maisanbaufläche 53.000 ha, davon waren 47.000 ha Silomais. Der Mais wurde weniger als Nahrungsmittel begrüßt als zur Viehfütterung eingesetzt. Mit dem zunehmenden Wohlstand zeichnete sich bereits ein Trend zum verstärkten Fleischkonsum ab, außerdem gab es immer weniger Arbeitskräfte in der Landwirtschaft. Die Maispflanze war mit ihren voll mechanisierbaren Arbeitsschritten daher willkommen. Die ersten Hybridsorten brachten bereits rund 40 % Ertragsfortschritt gegenüber den herkömmlichen Landsorten, die als **Populationssorten** [► **Populationssorten**] zudem sehr anfällig für vorzeitiges Umfallen (Lager) und gegenüber der Stängelfäule und sowie spätreif waren. Die modernen **Hybridsorten** [► **Hybridsorten**] waren wesentlich besser für die maschinelle Ernte geeignet, da sie eine gleichmäßige Kolben-

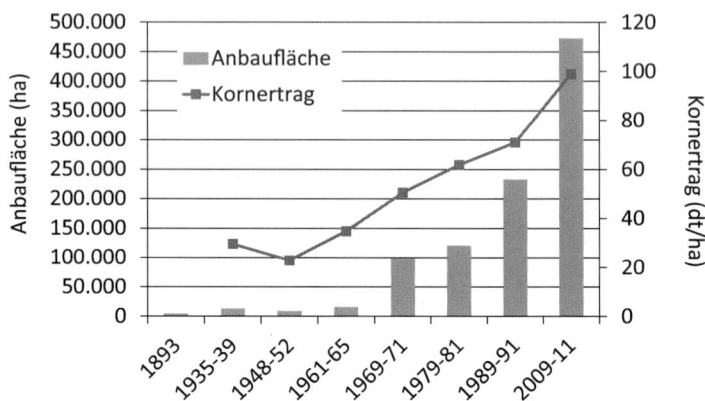

■ **Abb. 7.9** Entwicklung von Kornertrag und Anbaufläche von Körnermais in Deutschland (ab 2009 inklusive Ostdeutschland). (Nach Statistische Jahrbücher Deutschland)

höhe, Kolbenstiellänge und Kolbenstellung hatten. Als erste Sorte, die ausschließlich aus neuen, in Deutschland entwickelten Linien entstand, erhielt die von F. Wolfgang Schnell, Hohenheim, gezüchtete Doppelhybride „Velox" 1965 Sortenschutz.

Welchen enormen Vorteil die Hybridsorten auch in Deutschland brachten, zeigt ein Anbauversuch aus Bayern, bei dem alte süddeutsche und österreichische Landsorten des 19. Jahrhunderts zusammen mit verbesserten Landsorten, modernen experimentellen Populationen und einer aktuellen Hybridsorte im selben Versuch über zwei Jahre angebaut wurden (■ Abb. 7.8). Die Landsorten brachten vergleichsweise bescheidene Erträge, nur der „Gelbe badische Landmais" stach heraus. Die verbesserten Landsorten waren hinsichtlich ihres Ertrags deutlich überlegen. Daran hat sich auch bei den modernen Populationen nicht viel geändert, da seit den 1950er Jahren kaum noch Populationszüchtung erfolgte. Die Hybridzüchtung brachte dagegen einen enormen Sprung. Moderne Hybridsorten zeigen einen so großen Abstand zu den alten Landsorten, dass diese nicht mehr anbauwürdig sind. Deshalb werden heute in Europa, auch in der Ökologischen Landwirtschaft, bei Mais nur noch Hybridsorten verwendet.

Durch die Einführung der Hybridzüchtung und verbesserte landwirtschaftliche Methoden haben sich in Deutschland die Kornerträge in den letzten 50 Jahren mehr als verdreifacht (■ Abb. 7.9). Ein großer Teil dieses Ertragsfortschrittes, man schätzt ihn auf rund 60 %, ist auf die Pflanzenzüchtung zurückzuführen. Der Zuchtfortschritt bei Mais in Deutschland speiste sich zunächst aus einer zunehmend besseren Anpassung der ursprünglich subtropischen Kulturpflanze an rauere, deutsche Klimabedingungen. Denn bei Temperaturen unter 20° C ist das Wachstum von Mais gehemmt und unter 6° C können irreparable Schäden auftreten. Insbesondere die Auslese auf rasche Jugendentwicklung, Kühletoleranz und Frühreife führten zu früheren Aussaat- und späteren Erntetermine und damit indirekt zu steigenden Erträgen. Denn je länger der Mais Zeit zur Reife hat, umso mehr Ertrag kann er produzieren. Neben der Kühletoleranz im Jugendstadium ist dazu eine rasche Abreife im Herbst erforderlich. Ist Mais während seiner Kornfüllungsphase im September/Oktober kühlen Temperaturen ausgesetzt, zeigt sich dies in Ertragsverlusten und sinkender Qualität.

Weitere Meilensteine zu höherem Ertrag waren die Auslese auf Toleranz gegenüber höherer Bestandesdichte, die internationale Kooperation, rasche Züchtungszyklen und ein hoher Kapitaleinsatz der privaten Zuchtfirmen. Während früher zur Aussaat 4–8 Pflanzen/m² empfohlen wurden, werden moderne Sorten mit 9–12 Pflanzen/m² angebaut. Auch die Verwendung von Linien aus verschiedenen Genpools sowie der internationale Austausch von Zuchtprogrammen führt schon innerhalb der europäischen Anbaugebiete von Südfrankreich über Deutschland bis nach Ungarn zu einem schier unerschöpflichen Reservoir an genetischer Vielfalt, die eine Basis für den Selektionserfolg darstellt. Eine weitere Stellschraube für den Zuchtfortschritt ist die Zeit. Je rascher ein Zyklus von der Kreuzung bis zur fertigen Sorte durchlaufen werden kann, umso höher ist der Zuchtfortschritt pro Zeiteinheit. Und dabei ist der Mais mit seiner kurzen Vegetationsperiode unschlagbar, weil der Züchter zwei Vegetationsperioden je Jahr nutzen kann. Während bei uns Winter herrscht, werden auf der Südhalbkugel in Chile Kreuzungen durchgeführt und Hybriden hergestellt. Das Saatgut wird nach Deutschland geschickt und hier im Sommer desselben Jahres geprüft. Dadurch halbiert sich die Dauer der Züchtung. Bereits nach vier bis fünf Jahren ist die neue Sorte fertig, während dies bei Winterweizen bis zu acht Jahre dauert. Und noch eines darf nicht vergessen werden: Bei Mais als Hybridobjekt sind die Einnahmen des Zuchtunternehmens durch Saatgutverkauf garantiert, es kann seine Gewinne zuverlässig kalkulieren und wesentlich höhere Beträge langfristig in die Züchtungspraxis und -forschung investieren als bei anderen Sortentypen, wo die Landwirte häufig noch selbst ihr Saatgut produzieren (Nachbau). Dies führt weltweit zu einem rund fünffach höheren Kapitalzufluss in die Maiszüchtung verglichen mit der Weizenzüchtung. Und mehr Kapital, richtig eingesetzt, bedeutet in der Züchtung immer höheren Zuchtfortschritt, in Deutschland waren das in den vergangenen Jahrzehnten 117 kg (= 1,17 dt) Mehrertrag je Hektar und Jahr. Durch die Anwendung biotechnologischer Methoden hat sich der Ertragsfortschritt in den USA sogar noch beschleunigt. In Deutschland ist dies aufgrund des faktischen Verbots des Anbaus gentechnisch veränderter Pflanzen erst einmal nicht zu erwarten.

7.7 Heutiger Anbau und Verwendung

Mais wird heute vor allem in den wärmeren Gebieten der Welt angebaut (◙ Abb. 7.10). Dort dient er ausschließlich als Körnermais; für viele Menschen Südeuropas, Südamerikas und Afrikas ist Mais ein täglich genutztes Grundnahrungsmittel. In Deutschland unterscheiden

◘ Abb. 7.10 Herkunfts- (*dunkelgrau*) und Verbreitungsgebiete (*hellgrau*) von Mais (Quelle: Max-Planck-Institut für Pflanzen-züchtungsforschung, Köln)

wir bei der Verwertung des Maises zwischen **Körnermais, Silomais und Energiemais**. Beim Körnermais werden, ähnlich wie bei Weizen, Gerste und Roggen, nur die Körner der ausgereiften Maispflanze verwendet, die aus Haltbarkeitsgründen einen Wassergehalt von nur 14 % haben dürfen. Die Körner haben neben der Fütterung („Kraftfutter") für Rinder, Schweine und Geflügel weitere Verwendungsmöglichkeiten, wie z. B. die Ethanol- und Stärkegewinnung. Der Anbau von Körnermais konzentriert sich in Deutschland auf die wärmeren Gebiete, vor allem Baden, das südliche Bayern, das Münsterland sowie Teile Sachsens und Brandenburgs.

Beim **Silomais** wird die ganze Pflanze unreif mit einem Wassergehalt von ca. 30–35 % geerntet. Durch die Mischungen der Pflanzenteile entsteht ein gutes Futtermittel für Mastrinder und Milchkühe. Diese Verwendung wurde speziell für den Maisanbau in den nördlichen Anbaugebieten, wo der Körnermais nicht mehr reif wird, ab Anfang des 20. Jahrhunderts entwickelt. Heute findet in Mitteleuropa Silomaisanbau von den Alpen bis nach Dänemark und Südschweden statt. In Deutschland findet man ihn vor allem in den viehstarken Regionen.

Eine neue Entwicklung ist die Verwendung von Mais als **Substrat für Biogasanlagen (Energiemais)**. Dazu wird der Energiemais ebenfalls gehäckselt und siliert, um ganzjährig Substrat zur Verfügung zu haben. In großen Fermentern wird das Maishäcksel, meist zusammen mit Gülle, durch spezialisierte Bakteriengesellschaften vergoren und es entstehen 50–55 % Methan, der Rest ist vor allem Kohlendioxid. Das Methan wird in Blockheizkraftwerken zur Erzeugung von Strom und

Sauerkraut für die Kuh

Bei Silomais wird die gesamte Pflanze in unreifem Zustand über der Bodenoberfläche abgeschnitten, zerkleinert und in Silos gelagert. In den luftdichten Behältern kommt es zu einer Milchsäuregärung, ähnlich wie bei der Herstellung von Sauerkraut, wodurch sich Mais in eine haltbare Silage verwandelt, die ganzjährig als Futter dient. Eine gute Silomaissorte sollte neben einer hohen Gesamtmasse auch einen möglichst großen Kolben tragen, da die Nährstoffe der unreifen Körner aufgrund ihrer guten Verdaulichkeit und ihres hohen Nährstoffgehaltes wesentlich zum Futterwert beitragen. Außerdem sollte auch die restliche Pflanze (Stängel, Blätter) für das Rind gut verdaulich sein. Genauso erfolgt auch die Haltbarmachung des Energiemais für die Biogasgewinnung.

Wärme verbrannt. Das dabei entweichende Kohlenstoffdioxid ist in der Umweltbilanz deutlich weniger klimaschädlich als der derzeitige deutsche Strommix. Der führt zum Ausstoß von 0,58 kg CO_2-Äquivalenten/kWh, während es beim Biogas maximal 0,17 kg CO_2-Äquivalente/kWh sind. Der Unterschied kommt dadurch zustande, dass das bei der Verbrennung von Biogas ausgestoßene CO_2 kurz zuvor vom Mais der Atmosphäre entnommen wurde und damit weitgehend klimaneutral ist. Was nach der Vergärung im Fermenter übrig bleibt, kann als wertvoller Dünger wieder auf dem Feld verwendet werden.

Im Jahr 2000 hat die Bundesregierung über das Erneuerbare-Energien-Gesetz (EEG) Bonuszahlungen für nachwachsende Rohstoffe in Biogasanlagen eingeführt, um die „grüne" Stromproduktion (regenerative Energien) zu fördern. Für die Landwirte eröffnete sich damit eine neue, attraktive Einnahmequelle als „Energiewirt". Der Bau von Biogasanlagen wurde staatlich durch günstige Darlehen gefördert und eine festgelegte Vergütung zur Stromeinspeisung für 20 Jahre garantiert. Zurzeit erreicht man mit Mais von allen Pflanzen den höchsten Methanertrag, was fast zu einer Verdopplung der Maisanbaufläche in Deutschland führte (◼ Abb. 7.11). So wurden 2000 auf 1,2 Mio. ha Silomais angebaut, heute (2013) sind es 2 Mio. ha Silo- und Energiemais. Dabei blieb die Silo- und Körnermaisfläche weitgehend stabil, der Energiemais hat dagegen bis 2012 eine rasante Aufwärtsentwicklung erfahren. Deshalb stammen auch über 70 % des Biogassubstrates aus Maissilage, der Rest vor allem aus Silage von Roggen und Triticale. Diese Entwicklung hat nicht nur Befürworter, da der Anbau oft in jahrelangem Daueranbau von Mais durchgeführt wird. Doch für diese pflanzenbaulichen Aspekte ist der Landwirt verantwortlich, nicht der Mais. Er hat nun einmal eine sehr große Masseleistung und ist damit ein wichtiger Baustein für eine ressourcenschonende Kreislaufwirtschaft mit geringeren CO_2-Emissionen. Um den Anbau nachhaltig und umweltschonend zu gestalten und andere Kulturpflanzen nicht von ihren Flächen zu verdrängen, entwickeln Forscher neue Sorten und Ansätze zur Optimierung der Anbausysteme mit einem Fruchtwechsel,

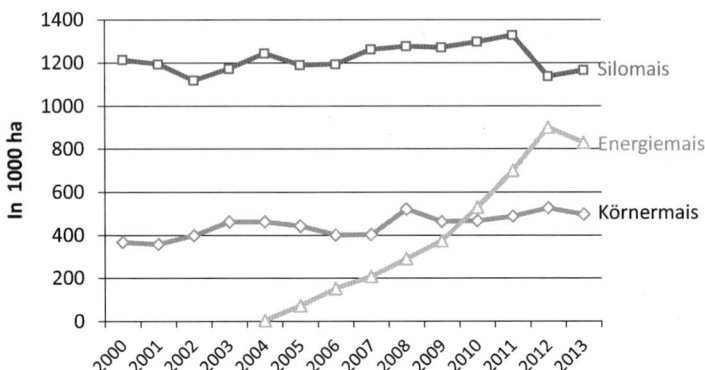

◻ Abb. 7.11 Anbauflächen von Körner-, Silo- und Energiemais in Deutschland. (Nach Deutsches Maiskomitee 2014, DESTATIS)

beispielsweise mit Winterroggen (▶ Kap. 3), Wintertriticale (▶ Kap. 4) oder Pflanzenmischungen. Der kombinierte Anbau mit Begleitpflanzen und Zwischenfrüchten soll zudem die Pflanzenvielfalt und die Biomasseerträge je Hektar weiter steigern. Für die Nutzung von Mais für die Biogasanlage zählt nur die Trockenmasse je Flächeneinheit, er soll mit einem Wassergehalt von ca. 65–70 % geerntet werden. Die **Steigerung des Biomasseertrages** wird beim Energiemaisanbau erreicht, indem der Landwirt in spätere Reifegruppen wechselt und damit ein höheres Ertragspotenzial nutzt. Im Gegensatz zum Silomais bietet nämlich beim Energiemais der Kolben keine besonderen Vorteile, es kommt nur auf die verfügbare Biomasse an.

In den USA geht man bei der Bioenergiegewinnung aus Mais einen völlig anderen Weg. Hier setzt man auf den **Biokraftstoff Ethanol**. Dazu werden Stärke und Cellulose der Pflanze enzymatisch zu Zucker abgebaut, mit Hefen zu Bioethanol vergoren, aufbereitet und mit einem Anteil von 10–15 % dem Benzin beigemischt. In Deutschland wird für diesen Zweck vor allem Roggen (▶ Kap. 3) verwendet. Inzwischen werden in den USA rund ein Drittel der gesamten Maisernte zur Bioethanolerzeugung genutzt. Dies führt zu deutlich geringeren Maisexporten der USA und auf dem Weltmarkt zu Preissteigerungen, die natürlich vor allem die armen Länder mit unzureichender Nahrungsmittelproduktion treffen.

In Deutschland wird nur ein winziger Anteil des Maises direkt als Nahrungsmittel verwendet, das meiste dient der Futter- bzw. Energiegewinnung. Für die **Gewinnung von Lebensmitteln** werden zumeist Produkte, wie Maismehl, Grieß, Speisestärke und Maiskeimöl hergestellt. Sie werden in diversen Lebensmitteln weiterverarbeitet. Dazu gehören Soßen, Puddings, Cornflakes, Gebäck, Margarine, Mayonnaise und natürlich Popcorn. Maismehl ist besonders für Menschen mit Glutenunverträglichkeit eine wichtige Zutat. Aus den Spindeln der Maiskolben gewinnt man zudem Xylit, einen Zuckeraustauschstoff für Diätlebensmittel und zahnfreundliche Kaugummis. In den USA wird Mais in großem Umfang zur Zuckergewinnung verwendet. Genau wie bei der Ethanolproduktion wird die Maisstärke enzymatisch gespalten und die entstehenden Zuckermoleküle für die Süßung von Lebensmitteln, etwa Erfrischungsgetränke, Limonaden oder Süßwaren, eingesetzt. Erst durch dieses günstige Verfahren konnte beispielsweise Coca-Cola so billig werden. In den USA geht man davon aus, dass rund 4000 Produkte in einem typischen Supermarkt Maisbestandteile enthalten.

Mais ist heute auch ein wichtiger **Lieferant für Industrierohstoffe.** Die Spindeln und die im Maiskorn gebildete Stärke finden mittlerweile in mehr als 600 Produkten des täglichen Lebens Anwendung. Die Stärke geht zum einen in die Herstellung von Papier, Pappe und Fermenten, zum anderen in die Textilproduktion und die chemische sowie pharmazeutische Industrie. Besonders die Zuckermoleküle aus der Stärke dienen als Baustein für innovative Verfahren, bei denen ganz neue Werkstoffe entstehen. Sie sind Ausgangsstoff für kompostierbare Verpackungsmaterialien oder z. B. für Garne und Stoffe, vergleichbar mit Polyester und Nylon. Auch der Einsatz von Maiskeimöl in Reinigungsmitteln, Farben und Linoleum spart fossile Rohstoffe. Die Fasern der Spindeln erweitern die Palette an umweltfreundlichen Produkten, wie Leichtbau- und Dämmplatten, Ölbindemittel, Poliermittel und Brandschutzbeschichtungen.

7.8 Mais als Produkt der Gentechnologie

Gentechnologie ist ein Zweig der Biotechnologie, der durch das Einbringen zusätzlicher Gene oder die Veränderung vorhandener Gene die Eigenschaften der Pflanzen verbessern will. US-Forscher schreiben der breiten Anwendung dieser Technik die größte Ertragssteigerung des Maises in seiner Geschichte zu (◨ Abb. 7.7). Der große Vorteil der Gentechnologie ist, dass aufgrund der Universalität des genetischen Codes alle in der Natur verfügbaren Gene genutzt werden können, um den Mais zu verbessern. Gegenwärtig sind dies vor allem bakterielle Gene, es ist aber auch denkbar, Gene aus Lachs, Reis oder Karotten in den Mais einzubringen.

Derzeit werden bei Mais vor allem **zwei Einsatzbereiche der Gentechnologie in der breiten Praxis** genutzt: Herbizidtoleranz und Insektenresistenz. Bei der Herbizidtoleranz wird der Mais mit jeweils einem zusätzlichen bakteriellen Gen versehen, das ihm ermöglicht, auch solche Unkrautvernichtungsmittel (Herbizide) zu ertragen, die normalerweise für alle Pflanzen tödlich sind. Das hat den Vorteil, dass dabei nur ein einziges Mittel genügt, um alle unerwünschten Pflanzen auf dem Maisfeld auszuschalten, ohne den Mais selbst zu schädigen. Dies vereinfacht den Anbau, weil bisher, je nach vorhandener Unkrautpopulation, verschiedene Mittel mit unterschiedlicher Wirksamkeit nötig waren. Bei der Insektenresistenz schützt sich der Mais selbst vor beißenden oder saugenden Insekten. Hier wird ein Gen aus dem Bakterium *Bacillus thuringiensis* (*Bt*) in den Mais eingebracht, das ein Eiweiß produziert, das sehr spezifisch einzelne Insektengruppen abtötet, wenn sie in die Maispflanze eindringen. Man kennt heute eine Vielzahl solcher *Bt*-Eiweiße, die für Warmblüter völlig ungefährlich sind, aber die Entwicklung von schädlichen Käfern oder Schmetterlingen in der Pflanze unterbinden.

Gentechnik bei Mais – Heute und in Zukunft

Herbizidtoleranz:

- *Durch ein zusätzliches bakterielles Gen wird Mais tolerant gegen Breitbandherbizide, die alle anderen Pflanzen abtöten.

Insektenresistenz:

- *Nutzung von Genen für verschiedene insektentoxische Eiweiße des Bakteriums *Bacillus thuringiensis*.

Anpassung an Klima- und Standortfaktoren:

- *Trockentoleranz: Das Gen *cspB* aus *Bacillus subtilis* soll Pflanzen über Stresssituationen wie Trockenheit helfen und dann höhere Erträge bewirken.
- Toleranz gegenüber erhöhten Salz- und Schwermetallgehalten im Boden.

Veränderte Produkteigenschaften:

- Erhöhter Ölgehalt und damit gesteigerter Energiegehalt.
- *Erhöhung des Anteils der Aminosäuren Lysin und Tryptophan sowie Verminderung des Gehalts an bitter schmeckender Sinapinsäure (*high-lysine* Mais).
- Produktion des Enzyms Phytase in Körnern zur besseren Verwertung des Phosphors aus dem Futter bei Schweinen und Hühnern, Verringerung der Phosphatbelastung in Gülle und Stalldung.
- Erhöhter Gehalt an verschiedenen Vitaminen (v. a. Vitamin B, C und E, Beta-Karotin).

Nachwachsende Rohstoffe, Energieerzeugung:

- *Bildung einer hitzebeständigen Alpha-Amylase in Maiskörnern zum besseren Aufschluss der Maisstärke und höherer Effektivität bei der Herstellung von Bioethanol.
- Erhöhter Stärkegehalt und damit höhere Ausbeute bei der Bioethanolerzeugung.
- Bildung bestimmter Stärkevarianten und Erhöhung des Stärkegehaltes für neuartige Kunststoffe.

Produktion von pharmazeutischen Wirkstoffen

* Für diese Einsatzbereiche sind (meist in den USA) bereits staatliche Zulassungen erteilt worden.

Weltweit wurde 2013 auf **57 Mio. Hektar gentechnisch-veränderter (gv) Mais** angebaut (◻ Abb. 7.12), das entspricht 35 % der weltweiten Ernte. Der Anbau erfolgt vor allem in den USA, Kanada, Brasilien, Argentinien und Südafrika. In diesen Ländern sind 75–95 % der gesamten Maisanbaufläche mit gv-Mais belegt. Mehr als die Hälfte der Sorten

Millionen Hektar

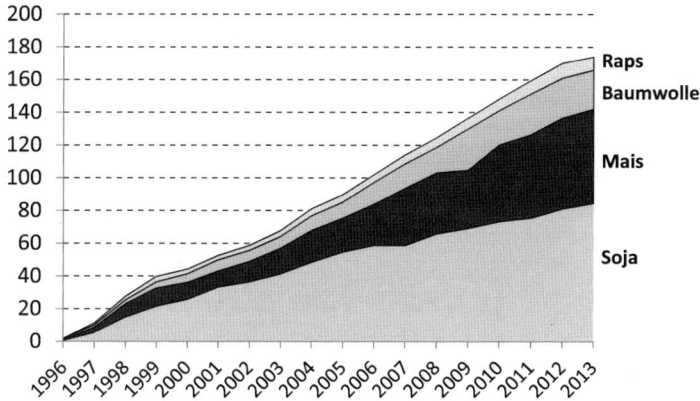

◨ Abb. 7.12 Anbaufläche von genetisch veränderten Kulturpflanzen weltweit. (Nach Transgen 2014)

in den USA verfügt über mehrere zusätzliche Gene für Insekten- und Herbizidresistenzen (*stacked genes*). Inzwischen werden auch mehrere Varianten des *Bt*-Eiweißes in dieselbe Pflanze eingebracht, um gleichzeitig Resistenzen gegen mehrere Schädlinge (Maiszünsler, Westlicher Maiswurzelbohrer) zu bewirken und Risiken der Resistenzbildung der Schaderreger gegen die neuen Abwehrmechanismen vorzubeugen.

In Zukunft könnten mehr gentechnisch veränderte Sorten auf den Markt kommen; die im Glossar genannten Zwecke stehen kurz vor ihrer Einführung. In Deutschland und den meisten EU-Ländern werden derzeit (2013) keine gentechnisch veränderten Pflanzen in der Landwirtschaft genutzt.

Zusammenfassung und Ausblick

Mais wurde im Balsas-Tal im südwestlichen Mexiko aus der Vorgängerpflanze Teosinte von den dortigen Völkern erstmals um 7000 v. Chr. kultiviert (◨ Abb. 7.13). Durch Auslese auf bestimmte Genvarianten wurde das vielhalmige Gras mit den kleinen Ähren und den in harten Fruchtkapseln eingeschlossenen Körnern zum Mais, der nur noch einen einzelnen dicken Halm bildet und seine ganze Kraft in einen Kolben steckt. Er verbreitete sich über Jahrtausende praktisch über ganz Süd- und Nordamerika bis ins heutige Kanada und wurde von allen Völkern als „Speise der Götter" verehrt. Kolumbus brachte ihn schon von seiner ersten Reise mit. Die Italiener nutzten seine Produktivität als erste, später machten ihn die Türken zu ihrem Nationalgetreide und schließlich eroberte er die wärmeren Teile Europas. In Südeuropa wurde er durch die Großgrundbesitzer zur Volksnahrung gemacht, weil er billig zu produzieren ist. Dabei ist eine alleinige Ernährung mit Mais ungesund, denn die lebenswichtigen Aminosäuren Lysin und Tryptophan können aus Mais nicht ohne Weiteres aufgeschlossen werden, es kommt zu einer Mangelkrankheit (Pellagra).

In Deutschland fristete der Mais bis in die 1960er Jahre aufgrund seiner hohen Wärmeansprüche nur ein Schattendasein. Erst die Einfüh-

v. Chr.

_um 7000_   Domestikation von Teosinte

n. Chr.

_800_   Mais hat die nördlichsten
Regionen Amerikas erreicht

_1493_   Kolumbus bringt Mais nach
Spanien

_1539_   Beschreibung von Mais in
Deutschland (H. Bock)

_1839_   Maisanbau in Deutschland: ca. 4.500 ha

_1938_   Maisanbau in Deutschland: 190.000 ha

_1950er_   Beginn der Hybridzüchtung in Deutschland

_1965_   Erste deutsche Hybridsorte

_1990_   Maisanbau auf 1,6 Mio ha

_1995_   Anbau von gentechnisch-verändertem Mais genehmigt
(USA)

_2009_   Erstes Maisgenom vollständig sequenziert

_2012_   Maisanbau auf 2,5 Mio ha in Deutschland;
zweitwichtigste Ackerfrucht nach Weizen

◘ **Abb. 7.13** Zeittafel (Quelle der Grafik: www.pflanzenforschung.de)

rung einer neuen Züchtungstechnologie, der Hybridzüchtung, die ab 1908 in den USA entwickelt wurde, und die Einkreuzung kältetoleranter Hartmaisformen machte ihn auch bei uns zur wichtigen Kulturpflanze. Neben seiner traditionellen Rolle als Futtermittel für Rinder, Schweine und Geflügel wird Mais heute in den vielfältigsten Bereichen eingesetzt, auch bei der Gewinnung von Biogas für die Energieerzeugung. Dieser Betriebszweig führte zu einer weiteren Ausdehnung der Anbauflächen, so dass Mais in Deutschland heute nach Weizen die zweitwichtigste Fruchtart ist. Dabei kam es in den letzten Jahrzehnten zu größeren Ertragssteigerungen als bei allen anderen Kulturpflanzen. In den USA wird gentechnologischen Methoden eine große Rolle bei dieser Leistungssteigerung zugeschrieben, weltweit bestehen bereits 35 % der Maisernte aus gentechnisch veränderten Sorten. Der Klimawandel wird in Deutschland den wärmeliebenden Mais zum Gewinner machen, solange eine gute Wasserversorgung gewährleistet ist.

Literatur

Bock H (1539) Das Kreütter Buch [...]. Straßburg
DESTATIS. Statistisches Bundesamt. Landwirtschaft. Internet: https://www.destatis.de/DE/ZahlenFakten/Wirtschaftsbereiche/LandForstwirtschaftFischerei/Land-Forstwirtschaft.html
Deutsches Maiskomitee (2014). Internet: http://www.maiskomitee.de/web/public/Fakten.aspx/Statistik

Fuchs L (1543) New Kreüterbuch [...]. M. Isengrin, Basel

Matsuoka Y, Vigouroux Y, Goodman MM, Sanchez JG, Buckler E, Doebley J (2002) A single domestication for maize shown by multilocus microsatellite genotyping. Proc Natl Acad Sci USA 99:6080–6084

Mir C, Zerjal T, Combes V, Dumas F, Madur D, Bedoya C, Dreisigacker S, Franco J, Grudloyma P, Hao PX, Hearne S, Jampatong C, Laloë D, Muthamia Z, Nguyen T, Prasanna BM, Taba S, Xie CX, Yunus M, Zhang S, Warburton ML, Charcosset A (2013) Out of America: tracing the genetic footprints of the global diffusion of maize. Theor Appl Genet 126:2671–2682

Piperno DR (2001) On maize and the sunflower. Science 292:2260–2261

Ranere A, Piperno D, Holst I, Dickau R, Iriarte J (2009) The cultural and chronological context of early Holocene maize and squash domestication in the Central Balsas River Valley, Mexico. PNAS 106:5014-5018

Statistische Jahrbücher Deutschland. Internet: https://www.destatis.de/DE/Publikationen/StatistischesJahrbuch/StatistischesJahrbuch_AeltereAusgaben.html

Tenaillon MI, Charcosset A (2011) A European perspective on maize history. Comptes Rendus Societe de Biologie 334:221–228

Transgen (2014) Gentechnisch veränderte Pflanzen: Anbau 2012 weltweit auf 170 Millionen Hektar. http://www.transgen.de/anbau/flaechen_international/531.doku.html. Zugegriffen: 12. Januar 2014

Troyer AF (2006) Adaptedness and Heterosis in Corn and Mule Hybrids. Crop Sci 46:528–543

Weiterführende Literatur

Alber KD (2008) Mais, Zea mays L. Erfolg mit Hybridsorten. In: Röbbelen G (Hrsg) Die Entwicklung der Pflanzenzüchtung in Deutschland (1908–2008). Gesellschaft für Pflanzenzüchtung eV, Göttingen, S 325–331

Beadle GW (1980) Die Vorfahren des Mais. Spektrum Wiss März 1980:93–99

Doebley J (2004) The genetics of maize evolution. Annu Rev Genet 38:37–59

Duvick DN (2001) Biotechnology in the 1930 s: the development of hybrid maize. Nat Rev Genet 2:69–74

Goldman IL (1998) From out of old fields comes all this new corn: An historical perspective on heterosis in plant improvement. In: Lamkey KR, Staub JE (Hrsg) Concepts and Breeding of Heterosis in Crop Plants. Crop Science Society of America, Madison, Wisconsin

Hoff M (2010) A window on maize evolution. PloS Biol 8(6):e1000411 doi:10.1371/journal.pbio.1000411

Körber-Grohne U (1987) Nutzpflanzen in Deutschland. Kulturgeschichte und Biologie. K Theiss, Stuttgart

Mixon B (2009) Wild grass became maize crop more than 8,700 years ago. http://www.nsf.gov/news/news_summ.jsp?cntn_id=114445

Piperno DR, Flannery KV (2001) The earliest archaeological maize (Zea mays L.) from highland Mexico: New accelerator mass spectrometry dates and their implications. Proc Natl Acad Sci USA 98:2101–2103

Schwanitz F (1967) Die Evolution der Kulturpflanzen. Bayerischer Landwirtschaftsverlag, München, Basel, Wien

Sluyter A, Dominguez G (2006) Early maize (Zea mays L.) cultivation in Mexico: dating sedimentary pollen records and its implications. Proc Natl Acad Sci USA 103:1147–1151 (Abstract)

Raps – Vom Leuchtöl zum Lebensmittel

Thomas Miedaner

T. Miedaner, *Kulturpflanzen,*
DOI 10.1007/978-3-642-55293-9_8, © Springer-Verlag Berlin Heidelberg 2014

Öle und Fette sind ein wichtiger Bestandteil unserer Ernährung. Traditionell kannten unsere Vorfahren um die Zeitenwende nur zwei Ölpflanzen: Lein und Mohn. Erst ab dem 16. Jahrhundert kam der Raps hinzu, der im Frühsommer ganze Landstriche in ein sattes Gelb taucht (◘ Abb. 8.1). Er liefert eine große Menge Öl, das früher wegen seiner Bitterstoffe und dem hohen Anteil an Erucasäure als minderwertig galt. Durch die züchterische Veränderung des Fettsäuremusters hin zu einer Pflanze, die erucasäurefrei ist und einen hohen Ölsäuregehalt aufweist („Nullraps"), ist daraus heute ein ernährungsphysiologisch wertvolles Speiseöl geworden, das direkt in der Küche, aber auch für die Margarine- und Mayonnaiseherstellung verwendet wird. Die Rückstände der Ölgewinnung, der so genannte Presskuchen, enthalten wertvolles Eiweiß für die Tierfütterung. Er kann heute unbedenklich eingesetzt werden, da neben der Erucasäure auch die Senföle (Glucosinolate), die früher seine Verwendung einschränkten, durch Pflanzenzüchtung stark verringert wurden („Doppelnullraps"). Im Rapsöl ist die Sonnenenergie in einer Dichte gespeichert, die etwa der von Dieselkraftstoff entspricht. Deshalb kann er in speziellen Motoren direkt zum Antrieb oder als Beimischung zum Diesel verwendet werden. In Zukunft könnte der Raps auch Omega-3-Fettsäuren produzieren und damit Algen oder Fische als bisher einzige Lieferanten ablösen.

8.1 Einordnung in das Pflanzenreich, Vorfahren und Verwandte

Die Gattung *Brassica*, landläufig auch als Kohl bezeichnet, wurde schon 1753 von Carl von Linné in seiner *Species Plantarum* veröffentlicht und gehört zur Familie der Kreuzblütengewächse (*Brassicaceae*, früher *Cruciferae*). Der Name kommt von der charakteristischen Form der Blüte, in der sich vier Blütenblätter in Form eines Kreuzes diagonal gegenüberstehen. Zu der Gattung *Brassica* gehören heute etwa 39 Arten; davon werden viele als Kulturpflanzen verwendet. Durch die bewusste oder unbewusste Selektion durch den Menschen sind zahlreiche, zum Teil völlig verschiedene Formen entstanden, die heute als Unterarten und Varietäten geführt werden. Beispielsweise ist der Kopfkohl (*Brassica oleracea* convar. *capitata*) eine Unterform des Gemüsekohls (*Brassica oleracea*) mit den Varietäten Weißkohl (var. *alba*), Rotkohl (var. *rubra*) und Wirsing (var. *sabauda*).

Abb. 8.1 Moderner Raps (*im Uhrzeigersinn*): **a** einzelner Blütenstand, **b** blühendes Rapsfeld, **c** Rapskörner

---

Systematik

Raps	*Brassica napus*
– Ölraps	*Brassica napus* ssp. *napus*
– Schnittkohl	*Brassica napus* ssp. *pabularia*
– Steck-, Kohlrübe	*Brassica napus* ssp. *rapifera*
Gemüsekohl	*Brassica oleracea* mit Kopfkohl, Blumenkohl, Broccoli, Kohlrabi, Rosenkohl, Grünkohl etc.
Rübsen	*Brassica rapa* mit Mairübe, Teltower Rübchen, Ölrübsen, Chinakohl, Pak Choi etc.

Raps (*Brassica napus*) ist eine bis zu 2 m hohe Pflanze mit reichverzweigten Stängeln, von denen jeder einen Blütenstand trägt (Abb. 8.1a). Deshalb bringt eine einzige Pflanze Tausende von Samen hervor (Abb. 8.1c). Das Blatt ist dunkelgrün, bereift und kahl, die Pflanze hat eine kräftige Pfahlwurzel. Es gibt drei botanische Unterarten: Beim Ölraps (Unterart *napus*) werden die Samen, beim Schnittkohl (Unterart *pabularia*) die Blätter und bei der Steck- oder Kohlrübe (Unterart *rapifera*) die unterirdischen Wurzelknollen genutzt.

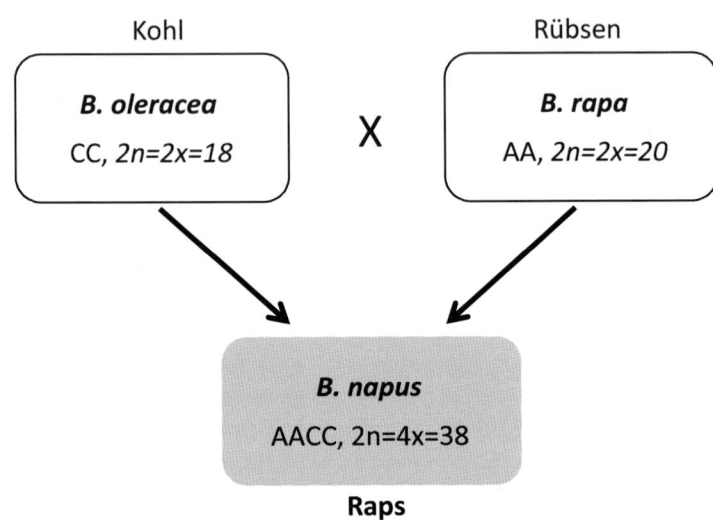

Kohl   Rübsen

B. oleracea
CC, 2n=2x=18

X

B. rapa
AA, 2n=2x=20

B. napus
AACC, 2n=4x=38

Raps

◘ **Abb. 8.2** Die Entstehung des Rapses durch Kreuzung aus Kohl und Rübsen. *Buchstaben* bezeichnen jeweils einen vollständigen Chromosomensatz, *2n* Anzahl der Chromosomen in den Körperzellen, *x* Anzahl der Chromsomensätze (Ploidiestufe)

Beim **Schnittkohl** (Scherkohl in Norddeutschland, auch Schnittreps, Kohlreps) werden die jungen Blätter der noch nicht schossenden Pflanzen geerntet und gekocht. Dies war in den 1930er und 1940er Jahren im Spätherbst und vor allem im Frühjahr, wenn es keine andere Frischkost gab, eine wertvolle und billige Quelle frischen Gemüses. Es gab eigene Sorten, die für diesen Zweck verwendet wurden. Dank Gewächshaussalat und Frühgemüse aus südlichen Ländern ist diese Verwendung des Rapses völlig aus der Mode gekommen. **Steckrüben** haben eine annähernd runde Form, eine grüne bis gelbliche, bei manchen Sorten auch rötliche, derbe Schale und weißliches bis gelbes Fleisch mit einem herbsüßen, an Kohl erinnernden Geschmack. Die Steckrüben erreichten Deutschland im 17. Jahrhundert aus Skandinavien, daher auch der Name Schwedische Rübe (engl. *swede, turnip*). Der tatsächliche Ursprung der Steckrübe ist jedoch ungeklärt. In Notzeiten waren Steckrüben mehrfach die letzte Nahrungsreserve für die Bevölkerung. In die Geschichte eingegangen ist der „Steckrübenwinter" während des Ersten Weltkriegs 1916/1917 („Früh Kohlrübensuppe, mittags Koteletts von Kohlrüben, abends Kuchen von Kohlrüben"). Ursache war eine missglückte Kartoffelernte im Herbst 1916. Steckrüben wurden damals als Schweinefutter angebaut und dienten jetzt als Grundlage vieler Gerichte. Da Steckrüben in der Bevölkerung trotz der schlechten Ernährungslage unbeliebt waren, hatte die *Reichskartoffelstelle* am Ende des Winters 1917 noch etwa 80 Mio. Zentner Steckrüben übrig, die zwangsverteilt wurden. Dabei sind die Steckrüben besser als ihr Ruf. Kocht man sie mit Sellerie, Kohlrabi oder Möhren, so nehmen sie deren Geschmack an. Sie können auch mit Gurken eingekocht oder mit Äpfeln zu Apfelmus verarbeitet werden. Auf jeden Fall spart man dann erheblich am Ursprungsgemüse. Im

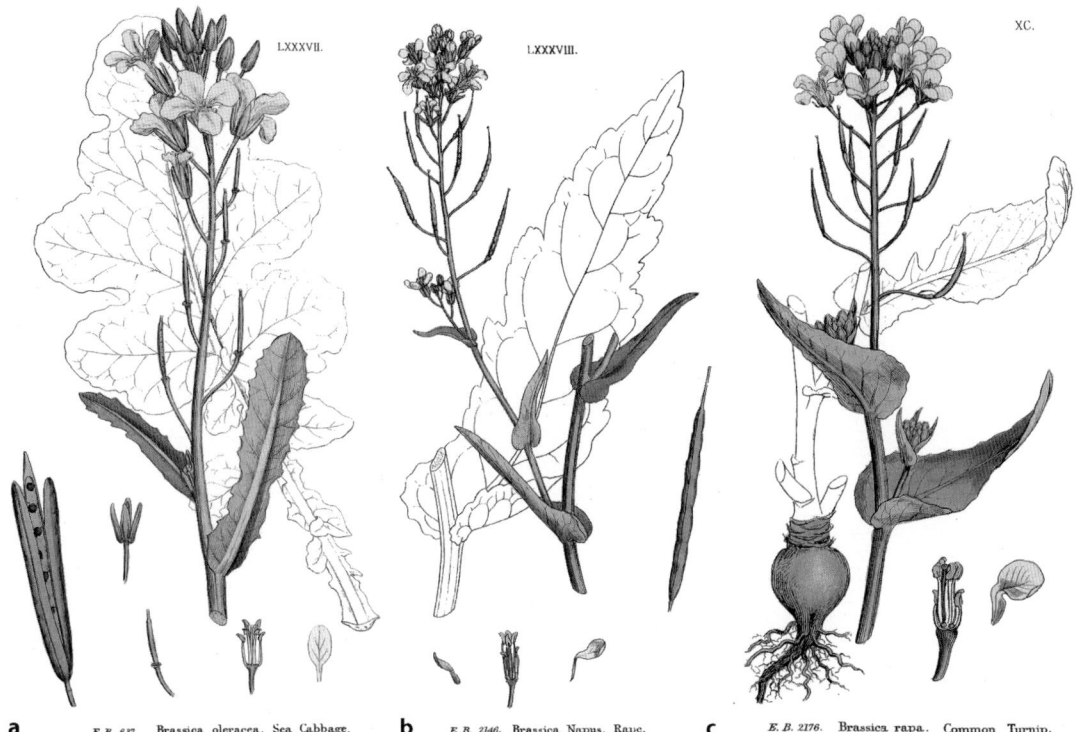

a *E. B. 637. Brassica oleracea. Sea Cabbage.*   **b** *E. B. 2146. Brassica Napus. Rape.*   **c** *E. B. 2176. Brassica rapa. Common Turnip.*

◘ Abb. 8.3 **a** Kohl (*Brassica oleracea*, hier wilder Kohl), **b** Raps (*Brassica napus* ssp. *napus*), **c** Rübsen (*Brassica rapa*). (Quelle: Watson und Dallwitz 1992)

Hungerwinter 1946/47 nach dem Zweiten Weltkrieg kamen in Ermangelung ausreichender Nahrungsmittel wieder die Ersatzrezepte für Steckrüben zum Einsatz.

Großflächig wird heute nur der **Ölraps** als Winter- oder Sommerform benutzt. Raps ist eine diploide Pflanze (*2n = 2x = 38 Chromosomen*). Er ist ein partieller Fremdbefruchter, d. h. es kann sowohl zu Selbst- als auch zur Fremdbefruchtung kommen, wobei letztere durch Insekten vermittelt wird. Als reiche Nektarquelle ist er eine beliebte Bienenweide. Er setzt sich, wie Brotweizen und Hafer, aus zwei unterschiedlichen Genomen zusammen, die durch Kreuzung mit nachfolgender Chromosomenverdopplung entstanden sind (▶ Kap. 2); im Falle von Raps durch die Kreuzung von Kohl und Rübsen (◘ Abb. 8.2). Dabei waren nur Kulturformen der beiden Eltern beteiligt, deshalb gibt es von Raps keine Wildformen.

Rübsen als ein Elter des Rapses (◘ Abb. 8.3) sieht ihm sehr ähnlich, ist jedoch zierlicher, bleibt kleiner und hat dünnere Stängel. Das Blatt ist grasgrün und stark behaart. Die Pflanze hat eine kürzere Vegetationszeit, ist winterhärter und anspruchsloser, bringt aber auch geringere Erträge. Aus den Samen kann ebenfalls Öl gewonnen werden. Rübsen war ursprünglich ein Unkraut in den Feldern, wo und wann es in Kultur genommen wurde, ist unklar. Sicher ist nur, dass die Ableitung der Kulturformen aus Wildrübsen (*B. rapa* ssp. *campestris*) in unterschiedlichen Gebieten zu unterschiedlichen Zeiten erfolgte, so etwa Pak Choi (*B. rapa* ssp. *chinensis*) als Blattgemüse in Indien und Pakistan, Chinakohl (ssp. *pekinensis*) als Kopfkohl schon im alten China, die Weiß-, Herbst- oder Mairübe (ssp. *rapa*) in Italien und Griechenland im klassischen Altertum. In Deutschland bekannt ist das Teltower Rübchen, eine Ableitung aus der Weißrübe, die besonders in Brandenburg um die Stadt Teltow kultiviert wurde.

Der zweite Elter, Kohl, ist eine zweijährige Pflanze, d. h. die Blüte erscheint erst im zweiten Jahr, ähnelt dann aber stark den Blüten von Raps und Rübsen (◻ Abb. 8.3). Seine Nutzung ist schon aus dem klassischen Altertum bekannt, in Europa erscheint er allerdings erst im Mittelalter. Damals war er Bestandteil jeden Nutzgartens und schon der Plan für den Klostergarten von St. Gallen (um 820) enthält ein Kohlbeet. Wildkohl hat seine Hauptverbreitung im Mittelmeerraum, kommt aber auch an den Küsten des Atlantischen Ozeans von Nordspanien bis nach Helgoland vor.

Das Ursprungsgebiet des Rapses ist unbekannt. Sein erstes Auftreten ist für Nordholland belegt. Möglicherweise entstand Raps als eine seltene Kreuzung in einem holländischen Hausgarten, wo Kulturrübsen und Kohlformen nebeneinander wuchsen und blühten.

8.2   Das Gold des Nordens

Raps wurde im späten Mittelalter in den Niederlanden erstmals in Kultur genommen. Der älteste schriftliche Beleg stammt von 1366 und er wird hier zusammen mit Kohl und Senf als *raepsaet* aufgeführt und wohl auch schon angebaut. Zumindest wird er gemeinsam mit den Getreiden „gerst, spelte, amer …" genannt. 1421 wird in einer Urkunde von den Zehnten gesprochen, die der Pfarrer von „rapen, van raepsade …" zu erhalten hat. Die Herkunft des Namens wird aus dem mittellateinischen *rapacium semen* abgeleitet, das sich auf Rübsensamen (*B. rapa*) bezieht. Hieraus wurde *rabsamen, rapsaat*, das sich im Laufe der Zeit zu Raps abschliff (vgl. englisch *rape seed*). Das mittelhochdeutsche *ruobesamen* wurde im Neuhochdeutschen zu Rübsen.

Sehr ausführlich und sachkundig beschreibt Konrad Heresbach um 1570 den Rapsanbau am Niederrhein. Und im 17. Jahrhundert wurde Raps auf den neu eingedeichten Böden Nordhollands im großen Stil angebaut. Die Holländer stellten daraus Leuchtöl und Seifen als wichtige Ausfuhrartikel her. Die Bürger der reichen flandrischen Städte waren wohl auch die ersten, die Rapsöl zur Beleuchtung benutzten; in Deutschland genügte ein Kienspan, Talgkerze oder das „Lichtfass" ein offenes Gefäß, das mit tierischem Abfallfett gespeist wurde. Lampen mit Rapsöl waren dagegen geruchloser und brannten heller. Für Speisezwecke benutzten die Bauern und Bürger lieber das Leinöl, das beim Flachsanbau zur Fasergewinnung als Nebenprodukt abfiel. Es schmeckte nicht so bitter und wurde nicht so schnell ranzig wie das damalige Rapsöl. Durch die niedrigen Getreidepreise in jener Zeit mussten sich die holländischen Bauern nach etwas anderem umsehen und bauten verstärkt solche „Handelspflanzen" an. Von Holland verbreitete sich der Rapsanbau im 16. und 17. Jahrhundert in das nordwestliche Deutschland. In Ostdeutschland wurden lange die nahe verwandten Rübsen angebaut. Holländische Handwerker brachten den Raps auch nach Belgien, wo er schon im 16. Jahrhundert erwähnt wird, und im 18. Jahrhundert dann auch nach England. Als im 19. Jahrhundert die Landwirtschaft allgemein einen enormen Aufschwung nahm, war Rapsanbau in Holstein und Friesland, in den fruchtbaren Gegenden der Braunschweiger und Magdeburger Börde, in Thüringen und Schlesien verbreitet. In Süddeutschland wurde der Raps sehr zögerlich angebaut, nur in der Pfalz gab es einige Flächen.

In Norddeutschland war Raps deshalb so weit verbreitet, weil er dort günstig in die extensive Feldgraswirtschaft eingebaut werden konnte. Dabei sät man Gras mit Klee vermengt in die Äcker und nutzt sie mehrere Jahre als Rinderweide. Durch die Bodenruhe, die Stickstoffsammlung des Klees und den Dung der Kühe erhöht sich so die Bodenfruchtbarkeit und Nährstoffe reichern sich im Boden an. Dieses so genannte „Feldgras" wurde dann im Sommer umgebrochen und Raps eingesät, der dann auch ohne Düngung einen recht guten Ertrag brachte. In der Marsch wurde schon 1763 Raps regelmäßig und großflächig angebaut. Da hier auch Mangel an Brennstoffen herrschte, wurde das harte, verholzte Rapsstroh gerne für diesen Zweck verwendet. Das war auch deshalb klug, weil das Rapsstroh nicht wie das Getreidestroh vom Vieh gefressen wird und es wegen seiner Härte sehr viel schwerer in den Boden einzuarbeiten ist. Die geernteten Körner wurden nach Hamburg verkauft und dort zu Öl geschlagen („Gold des Nordens"). Bei der Ernte musste man sehr vorsichtig sein, da die Schoten leicht platzten und die Körner dann ausfielen. Deshalb schnitt man ihn oft in den frühen Morgenstunden, wenn das Pflanzengewebe noch feucht vom Tau war und klopfte ihn nach dem Abtrocknen auf Laken aus. Sollte das Dreschen in der Scheune stattfinden, wurden die Ladewagen ebenfalls mit Laken ausgekleidet, um nicht zu viele Körner zu verlieren.

Diese Schwierigkeiten bei Anbau und Ernte waren ein Grund für den nur langsamen Vormarsch des Rapses außerhalb der norddeutschen Feldgraswirtschaft seit dem 16. Jahrhundert. Als nach der Ablösung der mittelalterlichen Dreifelderwirtschaft die Brache erstmals mit Kulturpflanzen bestellt wurde, wäre Raps geeignet gewesen. Da er aber schon im August/September gesät werden muss, hätte er nur im Winterfeld angebaut werden können. Dort machte er dann aber dem lebensnotwendigen Brotgetreide Konkurrenz. Es war einfacher auf der Brache eine Sommerkultur anzubauen, die zudem für zusätzliches Futter sorgen sollte, da die Brache als Viehweide jetzt wegfiel. Außerdem war Raps sehr anspruchsvoll im Hinblick auf Bodenqualität, Düngung und Wasserversorgung. Winterfrost, Schädlingsbefall, Wildverbiss und ungünstiges Erntewetter machten seinen Anbau damals äußerst risikoreich. Und vor allem brauchte er im Vergleich zum Getreide sehr viel mehr Pflege, ähnlich der Zuckerrübe.

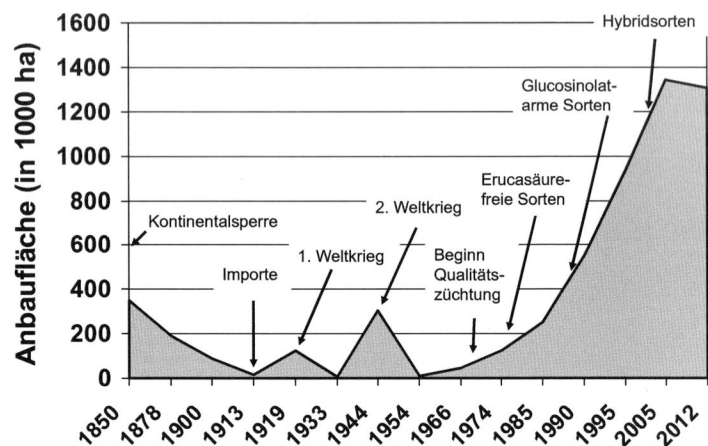

Abb. 8.4 Das Auf und Ab des Rapsanbaus von 1850 bis heute und seine Gründe

8.3   Vom Tranersatz zum wertvollen Speiseöl

Der Umfang des Rapsanbaus hing immer vom Getreidepreis ab. War dieser niedrig, so suchten die Bauern Alternativen und wichen unter anderem auf Raps aus. Bei kriegsbedingter Getreideknappheit, wie etwa während der Revolutionskriege im 18. Jahrhundert, ging man dann wieder zum begehrten Getreide über. Erst im frühen 19. Jahrhundert wurde der Rapsanbau wieder lukrativer. Im bürgerlichen Deutschland waren inzwischen alle, die es sich leisten konnten, zur Beleuchtung ihrer Wohnungen auf Öllampen übergegangen und die Preise für Tran als Leuchtmittel stiegen wegen der übermäßigen Nutzung der nordatlantischen Walbestände und immer geringeren Fangmengen. So erlebte der Raps einen Aufschwung, der zusätzlich durch die Kontinentalsperre Napoleons angeheizt wurde (Abb. 8.4). In der Folgezeit war Raps die Ölpflanze des nordwestlichen Deutschlands und der Niederlande. Kleinere Anbauregionen gab es auch in England und Schweden, in Nordfrankreich nutzte man den Raps, der hier als *colza* bekannt war, ab Mitte des 18. Jahrhunderts in verstärktem Umfang.

Um 1865 sollte sich das wiederum gründlich ändern. Jetzt war man auf das Petroleum zur Beleuchtung umgestiegen, das wesentlich billiger war, und zur Ernährung bevorzugte man die ausländischen Speiseöle, wie Kokos- und Erdnussöl, wegen ihres besseren Geschmackes und den erschwinglichen Preisen dank der florierenden Dampfschifffahrt aus den damaligen europäischen Kolonien. Der Rapsanbau sank bis zum Ersten Weltkrieg bis zur Bedeutungslosigkeit.

Mit dem beginnenden Ersten Weltkrieg wendete sich das Blatt wieder, weil Deutschland von der Einfuhr ausländischer Fette abgeschnitten wurde. Prompt schnellte die Anbaufläche von Raps wieder in die Höhe. Und so sollte es weiter gehen. Nach Kriegsende wollte kein

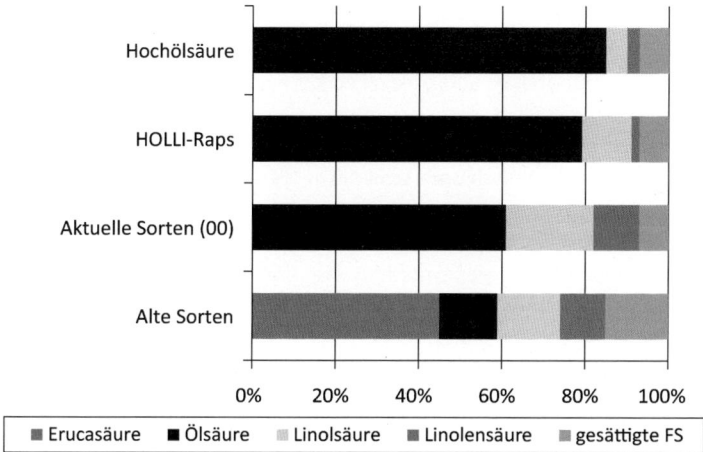

Abb. 8.5 Fettsäuregehalte verschiedener Rapstypen

Mensch mehr Rapsöl essen. Wegen seines schlechten Geschmacks und der Erinnerung an harte Jahre war er als „Kriegsmargarine" verschrien und die Anbauflächen sanken. Ende des Zweiten Weltkriegs wurde jedoch wieder mehr Raps angebaut als jemals zuvor in Deutschland: 304.000 ha, die nur mit Mühe und Not ausreichten, den Grundbedarf an Öl zu decken. 1954 ging die Fläche wieder so stark zurück, dass sie in den Anbaustatistiken gar nicht mehr erscheint. So ist Raps ein schönes Beispiel dafür, dass der Anbau von Industriepflanzen, also solchen Pflanzen, die weniger zur Ernährung, sondern vor allem zur Rohstoffgewinnung dienen, stark von der jeweiligen wirtschaftlichen Konkurrenz der Alternativfrüchte und vor allem vom Preis abhängt (☐ Abb. 8.4).

Das starke Schwanken der Anbauflächen änderte sich erst mit Beginn der **Qualitätszüchtung bei Raps**. Die Züchter verstanden es nämlich, auf genetischem Wege das Fettsäuremuster des Rapses so gründlich zu ändern (☐ Abb. 8.5), dass er plötzlich ein begehrtes Nahrungsmittel wurde. Das Fett des „alten" Rapses wurde aufgrund des hohen Anteils an Erucasäure (45–50 %) schnell ranzig, außerdem geriet diese Fettsäure in den Verdacht gesundheitsschädlich zu sein. Der „neue" Raps enthält dagegen keine Erucasäure (und Eicosensäure) mehr und stattdessen die für die Ernährung wertvolle Ölsäure. Diese grundlegende Veränderung der „inneren Werte" des Rapses begann, als der kanadische Wissenschaftler R. K. Downey in einer alten deutschen Sommerrapssorte (Liho) 1963 einzelne Pflanzen entdeckte, deren Samen kaum Erucasäure (0–2 %) enthielten und dafür mehr Ölsäure bildeten. Aus diesen Mutterpflanzen wurden in Kanada rasch neue Sorten entwickelt, die schon ab 1971 großflächig angebaut und unter dem neugeschaffenen Markennamen Canola (***Can**adian **o**il, **l**ow **a**cid*) vertrieben wurden. Inzwischen wird dieses Kunstwort in ganz Nordamerika für Raps verwendet, auch weil das englische Wort *rape* gleichzeitig „Vergewaltigung" bedeutet.

Die Welt der Fette

Fett oder Öl …

… das hängt davon ab, ob ein Fett bei Raumtemperatur fest (Fett) oder flüssig (Öl) ist.

Natürliche Fette …

… sind ein Gemisch unterschiedlicher Fettsäuren.

Fettsäuren …

… werden eingeteilt nach der Anzahl ihrer Kohlenstoff- (C-) Atome (Kettenlänge), typischerweise sind es 12–22 C-Atome, praktisch immer eine geradzahlige Anzahl.

Ungesättigte Fettsäuren …

… sind solche mit C=C-Doppelbindungen in den Fettsäureresten.

Pflanzliche Fette …

… enthalten viele ungesättigte Fettsäuren und liegen daher meist als Öle vor.

Essentielle Fettsäuren …

… kann der menschliche Körper nicht selbst bilden; sie müssen über die Nahrung zugeführt werden.

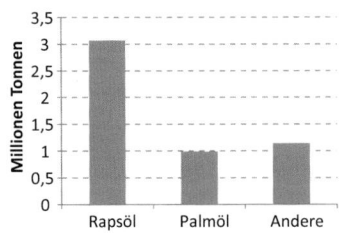

Verbrauch von Pflanzenöl in Deutschland 2012 (Quelle: http://www.ovid-verband.de/unsere-branche/daten-und-grafiken/)

In Deutschland mussten die Züchter den erucasäurefreien kanadischen Sommerraps erst zur Winterform umzüchten, weil die Winterform bei uns mehr Ertrag bringt. Bereits 1973 wurde in Deutschland eine Rapssorte des neuen Typs (Nullraps) zugelassen. Jetzt stand erstmals ein Öl zur Verfügung, das in Zusammensetzung, Geschmack und Verträglichkeit mit dem ernährungsphysiologisch hochwertigen Olivenöl zu vergleichen war.

Die Einführung des Nullrapses war eine große logistische Herausforderung. Bei der Ernte auf den Boden gefallene Rapskörner (Ausfallraps) blieben viele Jahre keimfähig und kamen mit der Bodenbearbeitung immer wieder nach oben. Stammten sie von den „alten Sorten" mit hohem Erucasäuregehalt, dann verdarben sie die Qualität der neuen Ernte. Auch auf den Flächen, auf denen das Saatgut der neuen Sorten hergestellt wurde, durfte mindestens sieben Jahre kein Raps gestanden haben. Außerdem neigt Raps in hohem Maße zur Fremdbefruchtung. Bei der Umstellung der Rapsqualitäten mussten deshalb alle Bauern einer Region mitmachen, damit durch die Fremdbefruchtung nicht die Qualität der neuen Sorten gefährdet wurde. Dies war auch deshalb wichtig, damit bei den überregional einkaufenden Ölmühlen nicht ein Gemisch aus neuen und alten Sorten ankam, das überhaupt nicht zu gebrauchen gewesen wäre. Diese Umstellung des Rapsanbaus erfolgte in Norddeutschland zur Aussaat 1974, in Bayern und Baden-Württemberg zur Aussaat 1976.

Und noch etwas haben die Züchter erreicht. Die Rückstände der Samen, die beim Herauspressen des Rapsöls entstehen, enthalten noch 36 % Eiweiß, 2–5 % Fett und Kohlenhydrate und könnten ein hervorragendes Viehfutter abgeben. Allerdings enthalten sie auch **scharf schmeckende Senföle (Glucosinolate)**, die das Vieh nicht gerne annimmt und die bei starkem Verzehr zu Magenschmerzen führen. Als nun der Rapsanbau aufgrund der Veränderung seines Fettsäuremusters immer weiter zunahm, stellte sich die Frage, wohin mit den an sich wertvollen Pressrückständen? In ihrer bisherigen Zusammensetzung konnten sie nur in geringen Anteilen in Futtermittel eingemischt werden und der Rest war unbrauchbar. Auch dieses Problem konnte nur auf züchterischem Wege gelöst werden. Ausgehend von einzelnen Pflanzen einer polnischen Sommerrapssorte (Bronowski) entwickelten die Züchter ab 1967 Formen, die nur noch ein Zehntel des früheren Senfölgehaltes enthielten. Seit 1988 werden in Deutschland für Speisezwecke praktisch nur noch Sorten angebaut, die erucasäurefrei und glucosinolatarm (Doppelnullsorten) sind. Das nach der Ölpressung verbleibende Rapsschrot enthält jetzt nur noch einen sehr geringen Senfölgehalt (unter 18 µmol) und einen Anteil an günstigen, essentiellen Aminosäuren, der dem optimal zur Fütterung geeigneten Sojaschrot entspricht.

Tatsächlich ist Rapsöl heute ein wertvolles Speiseöl und die Anbaufläche schnellte Ende der 1990er Jahre auf 1 Mio. ha (◘ Abb. 8.4). Allein zwischen 1990 und 2001 verdoppelte sich die Anbaufläche. Dazu beigetragen hat auch das Aufkommen der neuen Hybridsorten seit 1995, die einen deutlichen Ertragsfortschritt brachten. Zu Beginn dieses Jahrhunderts diente fast die Hälfte der Rapsernte der Margarineherstellung, der Rest wird als Speiseöl und für die übrige Ernährungsindustrie eingesetzt. Dank der ständigen Arbeit der Züchter, begleitet von wissenschaftlicher Forschung, ist aus der alten Rapspflanze, deren Öl man nur aus Not verzehrte, eine völlig neue Kulturpflanze geworden. Raps gehört heute zu einem der beliebtesten Speiseöle, eine Karriere, die noch vor wenigen Jahrzehnten niemand für möglich gehalten hätte. Elf große und mehr als 40 kleinere Ölmühlen verarbeiten die gesamte Rapsernte in Deutschland. Rapsöl ist heute noch vor Sonnenblumen- und Olivenöl das bedeutendste deutsche Speiseöl! Eine erstaunliche Karriere, wenn man seine Anfänge als billiges Lampenöl bedenkt.

Weltweit wird Raps heute vor allem in Mittel- und Osteuropa als Winterform und in Kanada, Indien, China und Japan als Sommerform angebaut (◘ Abb. 8.6).

8.4 Raps als Biodiesel und Eiweißfutter

Unter deutscher Ratspräsidentschaft hatte die Europäische Union 2007 das für alle Mitgliedsstaaten verbindliche Ziel beschlossen, dass ab dem Jahr 2020 der Anteil erneuerbarer Energien im Transportsektor mindestens 10 % betragen muss. Damit bekam der Raps eine neue Chance der Verwertung (Non-Food). Prinzipiell kann naturbelassenes Rapsöl direkt in Dieselmotoren verwendet werden. Energetisch wäre dies am günstigsten, allerdings bedarf es einer eigens dafür angepassten Verbrennungstechnik, wie etwa dem Elsbett-Motor. Für alle anderen Motoren muss das Rapsöl verändert werden, um daraus

◘ **Abb. 8.6** Herkunfts- (*rot/dunkelgrau*) und Verbreitungsgebiet (*grün/hellgrün*) von Raps (Quelle: Max-Planck-Institut für Pflanzenzüchtungsforschung, Köln; verändert)

Biodiesel zu gewinnen. Nach der Ernte wird die Rapssaat in Ölmühlen zu Rapsöl gepresst. Je Hektar können ca. 1500 l Pflanzenöl produziert werden. Das anfallende Rapsschrot geht als Eiweißlieferant in die Futtermittelindustrie. Durch eine einfache chemische Reaktion wird das Pflanzenöl zu Biodiesel – Pflanzen-/Rapsmethylester (PME/RME) – umgewandelt. Heute werden in Deutschland jedem Dieselkraftstoff 5–7 % Biodiesel beigemischt.

Raps ist pflanzenbaulich keine ganz einfache Kulturpflanze. Es sind mindestens dreijährige Anbaupausen nötig, damit sich im Boden keine schädlichen Pilze und Fadenwürmer (Nematoden) anreichern, die die Ernte schädigen. Insgesamt wurden in Deutschland im Jahr 2013 knapp 1,5 Mio. ha angebaut; dies ist gleichzeitig die maximale Fläche, die in Deutschland mit Raps angebaut werden kann. Rund 900.000 ha davon dienen nicht zur Gewinnung von Nahrung, sondern werden als Biodiesel und andere industrielle Rohstoffe (Non-Food) eingesetzt.

Da Biodiesel aus Pflanzen gewonnen wird, trägt er zur Erreichung des europäischen Richtwerts zur Veminderung der Treibhausgase und zur Erreichung der Vorgaben des Kyoto-Protokolls bei. Moderne Biokraftstoffe produzieren durchschnittlich zwei Drittel weniger Treibhausgasemissionen als herkömmliche Kraftstoffe für den Verkehr. Jede Tonne Biodiesel ermöglicht eine Einsparung von 3,5 t fossilem Kohlendioxid. Im Gegensatz zu herkömmlichen Dieselkraftstoffen enthält Biodiesel keinen Schwefel und ist biologisch schnell abbaubar. Daher wird Biodiesel nicht als Gefahrgut klassifiziert und ist in die Wassergefährdungsklasse 1 (schwach wasserge-

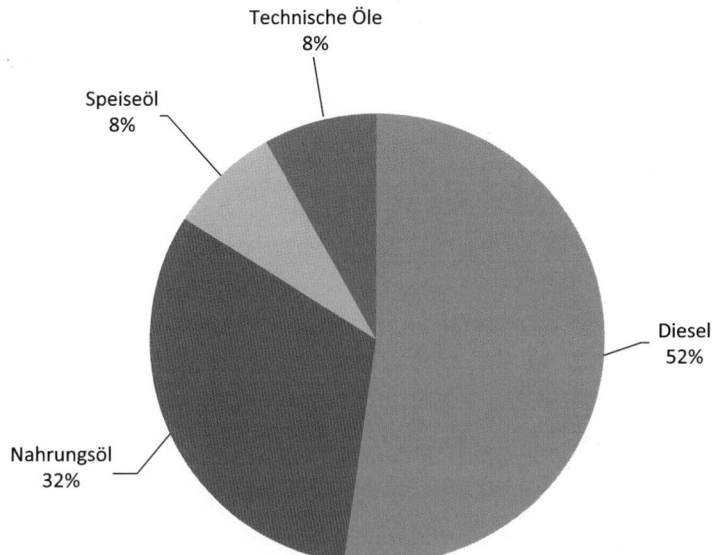

Technische Öle
8%

Speiseöl
8%

Diesel
52%

Nahrungsöl
32%

□ Abb. 8.7 Verwendung von Raps in Deutschland 2011/12 ; „Nahrungsöl" bezeichnet Rapsöl, das in der industriellen Lebensmittelerzeugung, z. B. der Margarineherstellung, verwendet wird. (Nach AMI 2013)

fährdend) eingestuft. Zudem senkt Biodiesel die Rußemissionen im Straßenverkehr. Daneben kann Rapsöl auch als umweltfreundliches und biologisch abbaubares Sägekettenöl, Weichenschmieröl und Hydrauliköl verwendet werden.

Allerdings ist die Herstellung von Biodiesel derzeit wesentlich teurer als der Kauf von aufgearbeitetem Erdöl. Sie lohnt sich nur wegen dem gesetzlichen Zwang zur Beimischung von Biodiesel. Da aber beim Anbau von Raps ebenfalls Diesel verbraucht und für die Produktion der Dünge- und Pflanzenschutzmittel zusätzlich CO_2 freigesetzt wird sowie der Prozess der Umwandlung in RME sehr energieaufwändig ist, fällt die Gesamtenergiebilanz von Biodiesel leider relativ schwach aus. Andere nachwachsende Rohstoffe wie Holz liefern fünfmal so viel Energie je Hektar. Selbst Bioalkohole (Ethanol oder Methanol, „Holzgeist") sind billiger als Biodiesel.

Gut die Hälfte des Rapsöls wird heute entweder zu Biodiesel verarbeitet oder ohne eine weitere chemische Umwandlung als Pflanzenölkraftstoff genutzt (□ Abb. 8.7). Etwa 30 % fließen in die Nahrungsmittelproduktion, weitere 8 % werden direkt als Speiseöl verwendet. Der Rest dient als Bestandteil technischer Fette und Öle sowie industrieller Anwendungen.

Nach Abtrennen des Öls bleiben 60 % der Rapssaat als eiweißreicher Rapskuchen und Rapsextraktionsschrot übrig. Damit werden Schweine, Rinder und neuerdings auch Geflügel gefüttert. Nach Sojaschrot ist Rapsschrot in Deutschland und in der EU das wichtigste Eiweißfuttermittel. Der Anteil von Rapsschrot ist in Deutschland höher als in der übrigen EU. Zwischen 1985 und 2012 ist der Verbrauch von

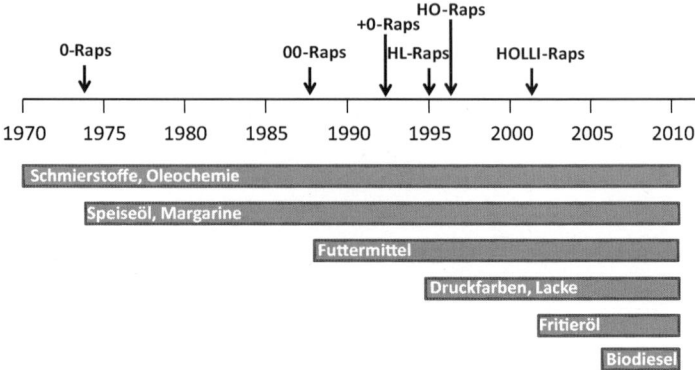

◘ Abb. 8.8 Veränderte Fettsäuremuster (Zeitstrahl) und Verwertungsrichtungen (Erklärung s. Text)

Rapsschrot in Deutschland von 1,2 auf 3,5 Mio. t gestiegen. Ohne diese Proteine aus dem Rapsschrot müsste etwa die Hälfte mehr Soja vom Weltmarkt eingeführt werden als gegenwärtig. Damit macht uns Raps unabhängiger von Importen und hilft bei der ökologisch orientierten Tierhaltung, da die deutsche Rapsernte keine gentechnisch-veränderten Sorten enthält und eine Milch- oder Fleischerzeugung mit der Kennzeichnung „gentechnikfrei" ermöglicht.

8.5   Maßgeschneiderte Rapsöle

Raps ist ein Paradebeispiel dafür, wie durch konventionelle Pflanzenzüchtung Inhaltsstoffe so verändert werden können, dass die hergestellten Produkte entweder gesünder sind oder für einen speziellen Einsatzbereich optimiert werden (◘ Abb. 8.8). Dadurch können neue Märkte und Absatzquellen erschlossen werden, die volkswirtschaftlich bedeutsam sind.

Rapsöl war schon immer ein wertvoller Rohstoff für die Oleochemie und für die Verwendung als Schmierstoff. Mit der Einführung von Nullraps 1974 wurde sein Öl als Speiseöl besonders wertvoll und ist inzwischen aus dem Supermarktregal nicht mehr wegzudenken. Im Vergleich zu anderen Pflanzenölen weist es jetzt den höchsten Gehalt an gesunden, ungesättigten Fettsäuren (91 %) und den niedrigsten Anteil an gesättigten Fettsäuren auf. Die Lebensmittelindustrie nahm diese neue Rapsqualität sofort in ihr Portfolio auf und stellte nicht nur neue Öle für die Küche her, sondern verwendete Raps auch in breitem Umfang für ihre fetthaltigen Produkte, an erster Stelle Margarine. Der Doppelnullraps, der seit 1988 angebaut wird, wertete durch seine geringen Glucosinolatgehalte den Presskuchen für die Tierfütterung auf, erschloss dadurch weitere Absatzquellen als Futtermittel und ersetzt heute teilweise die Sojaimporte. Und trotzdem gibt es durch Pflanzenzüchtung und neuerdings den Einsatz der Gentechnologie völlig neue Rapsformen, die spezielle Einsatzmöglichkeiten erlauben.

Vorhandene Rapsqualitäten (kursiv für Spezialzwecke):

0-Raps	Keine Erucasäure
00-Raps	Keine Erucasäure, geringer Glucosinolatgehalt (Standardqualität)
+0-Raps	*Hoher Erucasäure-, niedriger Glucosinolatgehalt*
HL-Raps	*Hochlaurinraps*
HO-Raps	*Hochölsäureraps*
HOLLI-Raps	*Hoher Ölsäure-, geringer Linolensäuregehalt*

So wurde Anfang der 1990er Jahre ein **Hocherucasäureraps („Plusnull", +0, HEAR, *high eruic acid rapeseed*)** entwickelt, der bis zu 65 % Erucasäure und trotzdem geringe Glucosinolatgehalte aufweist. Er wird in der chemischen Industrie, z. B. als Additive für Kunststoffe, verwendet und mit einem Marktpotenzial von derzeit 60.000 t beziffert.

Seit 1995 gibt es in den USA einen **HL (*high laurin*)-Raps**, der durch den Einbau eines Gens aus der Lorbeere produziert wurde. Er enthält statt den üblichen 0,1 % bis zu 40 % Laurinsäure, die in zahlreichen Produkten von Seife, Zahnpasta bis hin zu Lacken verwendet wird und herkömmlicherweise aus Kokos- und Ölpalmen stammt. Der Anbau von Raps mit speziellen Ölqualitäten in Industrieländern verringert die Importabhängigkeit, ist leichter bezüglich Umweltverträglichkeit kontrollierbar und erhöht letztlich den volkswirtschaftlichen Nutzen.

Zu den neuen Formen gehört auch der **Hochölsäureraps (HO, *high oleic acid*)**, der bis zu 85 % der wertvollen Ölsäure enthält (◻ Abb. 8.5) und durch herkömmliche Selektion gewonnen wurde. Wenn Ölsäure gesättigte Fettsäuren in der Nahrung ersetzt, werden zu hohe Cholesterinwerte im Blut gesenkt, vor allem die für die Arterien ungünstige LDL-Fraktion. Die nützliche HDL-Fraktion bleibt hoch und schützt so vor Herzinfarkt und Schlaganfall. Außerdem wird Ölsäure in die Zellmembranen eingebaut und macht sie weniger anfällig für oxidative Schäden. Es war unter anderem die Ölsäure, die dem Olivenöl seinen „gesunden Ruf" eintrug. Für HO-Öle aus Raps oder Sonnenblumen wird in der EU bis 2020 ein Marktpotenzial von rund 1 Mio. t/Jahr gesehen, weil die Gastronomie verstärkt diese Öle nachfragt. In den USA werden HO-Öle auch als Produkte für den riesigen Tiefgefriermarkt und als Sprühöle für Snacks, Cracker und Chips verwendet. In Kalifornien gilt beispielsweise seit 2010 ein Verbot von (teil)gehärteten Fetten, die jetzt u. a. durch HO-Öle ersetzt werden.

Linolensäure ist eine essentielle, also für den Menschen notwendige, Fettsäure. Allerdings verkürzt sie die Lebensdauer des Öls und sollte nicht zu hoch erhitzt werden. Deshalb wurde der **HOLLI-Raps (*High Oleic – Low Linolenic*)** entwickelt (◻ Abb. 8.5), der bei hohem Ölsäuregehalt wenig Linolensäure aufweist. Er ist speziell für den Einsatz in Großküchen geeignet (engl. *hot kitchen type*, ◻ Abb. 8.5). Das Öl dieser Sorten hat eine längere Haltbarkeit bei hohen Temperaturen und einen geringeren Gehalt an Transfettsäuren nach Erhitzung. Dadurch eignet es sich besonders zum Frittieren und Braten und eröffnet neue Märkte und Verwendungsmöglichkeiten für hochwertiges Rapsöl.

Durch **Gentechnik** kann die Angebotspalette an Fettsäuremustern beim Raps noch weiter ausgeweitet werden. Dadurch kann entweder der natürliche Gehalt bestimmter wirtschaftlich interessanter Öle sehr stark erhöht, unerwünschte Fettsäuren ganz ausgeschaltet bzw. neue Ölqualitäten erzeugt werden, die es bisher bei Raps nicht gibt, wie etwa den HL-Raps. Dies ist relativ leicht möglich, weil Raps, im Gegensatz etwa zu Reis, Weizen oder Roggen, gentechnisch einfach zu verändern ist und ein Großteil der an der Fettspeicherung beteiligten Enzyme und ihre Gene bekannt sind. Die konventionelle Züchtung kommt beim Gehalt jeder Fettsäure an natürliche Grenzen, die Industrie möchte jedoch möglichst reine Öle, um Reinigungs- und Separierungskosten zu senken. Sehr hochöl- oder erucasäurereiche Sorten mit Gehalten von > 90 % sind deshalb nur durch Gentechnik erzielbar.

Eine Fragestellung für die Zukunft dreht sich um die Gewinnung von **Omega-3-Fettsäuren**. Solche auch als **langkettige, mehrfach ungesättigte Fettsäuren (LCPUFA,** *long chain polyunsaturated fatty acid*) bezeichneten Substanzen können vom menschlichen Körper selbst nicht in ausreichender Menge produziert werden. Mehrere Studien haben inzwischen belegt, dass sie neben physiologischen Funktionen auch gesundheitsfördernde Wirkungen haben, beispielsweise zur Unterstützung des Herz- und Kreislaufsystems. Aus diesem Grund wird der Verzehr von Omega-3-Fettsäuren seit Jahren empfohlen. Die natürlichen Quellen sind jedoch auf Seefische und Algen begrenzt, gleichzeitig steigt aber stetig der Bedarf an derartigen Nahrungsmitteln. Ziel ist es daher, über die Produktion der langkettigen Omega-3-Fettsäuren in Raps und Lein diese Versorgungslücke zu schließen und damit gleichzeitig eine nachhaltige und ökologisch sinnvolle Quelle zu erschließen. Raps und Lein verfügen bereits über einen hohen Gehalt einer Omega-3-Fettsäure, der Alpha-Linolensäure. Diese Substanz ist üblicherweise der Ausgangspunkt für die Herstellung langkettiger Omega-3-Fettsäuren.

Anders als bei Fischen und Algen fehlen Raps und Lein allerdings die nötigen Werkzeuge, also die entsprechenden Enzymsysteme, um sie auch tatsächlich zu produzieren. Auf Wegen der klassischen Züchtung lassen sich solche Enzyme nicht in Ölpflanzen einbringen, deshalb blieb den Wissenschaftlern hier allein der biotechnologische Ansatz. In einem ersten Schritt isolierten sie hierzu alle für die Herstellung der Omega-3-Fettsäuren wichtigen Gene aus Algen und transferierten diese in Raps- und Leinpflanzen. Parallel dazu spürten sie mithilfe klassischer Selektionszüchtung Raps- und Leinlinien auf, die natürlicherweise einen hohen Ausgangsgehalt an Alpha-Linolensäure aufwiesen. In der Kombination beider Wege konnten die Wissenschaftler schließlich tatsächlich transgene Lein- und Rapspflanzen mit erhöhtem Gehalt der Omega-3-Fettsäuren Eicosapentaensäure und Arachidonsäure entwickeln. Gleichzeitig wurde neben den züchterischen Maßnahmen versuchsweise eine an mehrfach ungesättigten

1366	Erste Erwähnung in einer holländischen Urkunde
16. Jh.	Rapsanbau in Norddeutschland
19.Jh.	Rapsöl ist wichtigster Lampenbrennstoff Anbau auf 350.000 ha
1974	Nullraps: erucasäurefrei
1987	Doppelnullraps: erucasäurefrei mit wenig Senf-ölen (Glycosinolate)
1995	Ertragssteigerung durch Raps-hybriden
2000	Anbau auf über 1 Mio ha
2008	Rapshybriden auf 90% der Anbaufläche verbreitet
2011	Rapsöl wichtigstes heimisches Speiseöl und Verwendung als Biodiesel; Anbau auf 1,4 Mio ha

◘ **Abb. 8.9** Zeittafel (Quelle der Grafik: www.pflanzenforschung.de)

Fettsäuren reiche Margarine erzeugt, um die ernährungsphysiologischen Wirkungen eines solchen Produktes zu testen.

So ist die Züchtung auf spezielle Fettsäuremuster beim Raps immer noch nicht ans Ende gekommen. Auch der **Anteil gering gesättigter Fettsäuren**, der bei Raps mit durchschnittlich 7 % sowieso schon niedrig ist, kann durch gentechnische Ansätze auf rund 3 % verringert werden. **VLCPUFA-Raps** (*very long chain polyunsaturated fatty acid*) bildet sehr langkettige, mehrfach ungesättigte Fettsäuren, die einen therapeutischen und ernährungsphysiologischen Nutzen haben sollen. Diese Öle werden normalerweise von Pflanzen nicht hergestellt, es konnte aber im Labor gezeigt werden, dass dies durch Veränderung von nur drei Genen im Raps möglich ist. Von einer Markteinführung sind diese neuen Rapssorten aber noch weit entfernt, weil der Anteil der gewünschten Fettsäuren im Samen noch zu gering ist, um wirtschaftlich lohnend zu sein.

Allerdings gibt es noch kein ausreichendes Wissen über mögliche Wechselwirkungen von Genen, die an der Fettsäuresynthese beteiligt sind. In manchen Konstrukten kommt es zu einer Aktivierung anderer Stoffwechselkreisläufe, die das erzeugte Fett dann wieder abbauen. Da Fettsäuren nicht nur Speicherstoffe sind, sondern auch Grundsubstanz der Membranen und der Signalvermittlung können sich gentechnische Veränderungen des Fettsäuremusters auch auf andere Reaktionen der Pflanzen auswirken. Dies muss intensiv in umfangreichen Freilandversuchen erforscht werden, um nachhaltige und aussichtsreiche neue Rapsformen zu entwickeln.

Zusammenfassung und Ausblick

Raps ist eine junge Kulturpflanze. Er entstand aus der Kreuzung von Rübsen und Kohl, wahrscheinlich in Nordwesteuropa, und wurde erstmals 1366 in einer niederländischen Urkunde zusammen mit anderen fetthaltigen Pflanzen erwähnt (■ Abb. 8.9). Erst ab dem 16. Jahrhundert wurde der Raps in den Niederlanden und Norddeutschland breiter genutzt, ab dem 18. Jahrhundert auch in Frankreich, England und Schweden. Sein Aufschwung begann als im frühen 19. Jahrhundert die Vorzüge der Pflanzenöle für die Nutzung als Leuchtmittel weithin bekannt und der bis dahin verwendete Waltran aufgrund der Überfischung des Nordatlantiks teurer wurde. Als das billige Petroleum aufkam, sank die Nachfrage nach Raps wieder, für Speisezwecke wurde er wegen seiner Bitterkeit wenig eingesetzt, es blieb nur die Verwendung als Grundstoff für Seifen und Schmiermittel. Der Preis und damit der Anbau wurden stark beeinflusst von den Importen billiger und besser schmeckender Pflanzenöle aus den damaligen Kolonien. Nur in Kriegsjahren, als Deutschland von den Importen abgeschnitten war, besann man sich auf den Raps. Der steile Anstieg des modernen Rapsanbaus in Deutschland begann Anfang der 1980er Jahre als durch die Qualitätszüchtung zuerst erusasäurefreier Raps entstand (Nullraps), der damit zu einem wertvollen Lebensmittel wurde, und dann glucosinalatarmer Raps (Doppelnullraps) entwickelt wurde, dessen Pressrückstände unbeschränkt als wertvolles Eiweißfuttermittel für Tiere verwendet werden. Das 2007 beschlossene Zumischungsgebot von Biodiesel in Dieselkraftstoff zur Verminderung der CO_2-Emissionen beschleunigte in Deutschland seinen Höhenflug und führte zu einem Anbau in Deutschland auf 1,4 Mio. ha. Damit sind die Produktionsreserven weitgehend ausgeschöpft. Etwa 50 % des erzeugten Rapsöls wird zu Biodiesel bzw. Kraftstoff verarbeitet, 30 % in der Nahrungsmittelproduktion als hochwertiges Öl und weitere 8 % direkt als Speiseöl verwendet. Das Rapsöl soll in Zukunft weiter optimiert werden. So gibt es heute schon durch herkömmliche Züchtung Rapsformen mit hohem Ölsäuregehalt (HO-Raps), kombiniert mit geringem Linolensäuregehalt (HOLLI-Raps). Durch Gentechnik kann Raps erzeugt werden, der wertvolle Omega-3-Fettsäuren produziert oder extrem hohe Gehalte an einzelnen Fettsäuren besitzt.

Literatur

AMI (2013) Agrarmarkt Informations-Gesellschaft mbH. Internet: http://www.ami-informiert.de/
Watson L, Dallwitz MJ (1992) The families of flowering plants: Descriptions, illustrations, identification, and information retrieval. Version: 19th August 2014. Internet:http://delta-intkey.com/angio/images/ebo00871.jpg und http://delta-intkey.com/angio/images/ebo00891.jpg

Weiterführende Literatur

Gupta SK, Pratap A (2007) History, Origin, and Evolution. Adv Bot Res 45:1–20
Hart V, Kühl R (2009) Die Öle der Zukunft. DLG-Mitteilungen. Saatgut-Magazin 7:3–5
Scarth R, Tang J (2006) Modification of *Brassica* oil using conventional and transgenic approaches. Crop Science 6:1225–1236
Schröder-Lemke G (1989) Die Entwicklung des Raps- und Rübsenanbaus in der deutschen Landwirtschaft. Th Mann, Gelsenkirchen-Buer (Sonderdruck für NPZ KG Hohenlieth)

Zuckerrüben – Hauptsache süß

Thomas Miedaner

T. Miedaner, *Kulturpflanzen*,
DOI 10.1007/978-3-642-55293-9_9, © Springer-Verlag Berlin Heidelberg 2014

Zucker war immer ein begehrtes, da seltenes Gut. Denn in Mitteleuropa gab es früher als natürliches Süßungsmittel nur Honig. In der Zeit der Kreuzzüge stießen die Europäer erstmals auf reinen, kristallinen Zucker, gewonnen aus Zuckerrohr. Dieser avancierte zum extrem teuren Luxusgut, das sich nur der Adel und der reiche Klerus leisten konnten. Erst Mitte des 18. Jahrhunderts wurde entdeckt, dass auch die Futterrübe (Runkelrübe, ■ Abb. 9.1b) Zucker enthält. Seit damals wurde der Zuckergehalt dieser Rüben von rund 2 % auf ca. 20 % gesteigert, die Zuckerrübe war geboren. Sie war von Anfang an eine „Designerpflanze", die erste Pflanze, die der Mensch ganz gezielt und planmäßig zu seinen Zwecken umgestaltete. Und heute ist dank der Zuckerrübe der Zucker so billig, dass er bei manchen Menschen zum Problem wird – als Dickmacher und Suchtstoff.

9.1 Einordnung in das Pflanzenreich, Vorfahren und Verwandte

Die Zuckerrübe ist eine zweijährige Pflanze. Sie bildet im ersten Jahr in ihrem vegetativen Entwicklungszustand eine große Blattrosette, der obere Teil der Wurzel verdickt sich zur Rübe (■ Abb. 9.1a). Sie hat eine Pfahlwurzel, die bis zu 1,5 m tief in den Boden reicht. Die Ernte findet im ersten Jahr statt, da hier die Speicherung des Zuckers als Reservestoff für das nächste Jahr erfolgt. Und um den Zucker geht es ja in erster Linie. Die Rübe kann ein Gewicht von bis zu 1,2 kg erreichen. Im zweiten Jahr, der generativen Phase, entsteht ein etwa 1,5 m hoher verzweigter Blütenstand mit einer Unmenge von unscheinbaren Blüten (■ Abb. 9.1c). Es bilden sich Samenknäuel mit mehreren miteinander verwachsenen, keimfähigen Samen. Durch Spätfröste oder durch längere Perioden mit Temperaturen zwischen 0 und 8° C nach der Aussaat (**Vernalisation [▶ Vernalisation]**) kann bereits unplanmäßig schon im ersten Jahr die Rübe Blütentriebe (Schosser) bilden. Diese wirken sich störend auf die maschinelle Ernte aus und verursachen Mindererträge, da die Rübenkörper klein bleiben und somit einen geringen Zuckerertrag liefern. Sie müssen deshalb von Hand entfernt werden. Gleichzeitig ist die „Schossfestigkeit" ein wichtiges Zuchtziel.

Die Zuckerrübe ist eine Kulturform der Gemeinen Rübe (*Beta vulgaris*), eine diploide Art mit neun Chromosomenpaaren ($2n = 2x = 18$). Heute werden alle Wild- und Kulturformen als Unterarten (*subspecies*, ssp.) dieser Art betrachtet, da sie sich miteinander kreuzen lassen und dabei fruchtbare Nachkommen bilden. Es gibt zwei Wildformen innerhalb der Art: *Beta vulgaris* ssp. *adanensis* kommt im östlichen Mittelmeerraum vor, in Griechenland, Zypern, Israel, dem westlichen Syrien und in der Türkei. *Beta vulgaris* ssp. *maritima*, auch Meerrübe, Strandrübe, Wilde Bete, Meermangold, Seemangold oder Wilder Mangold genannt, bevorzugt die Küstengebiete Westeuropas (■ Abb. 9.1d), wächst aber auch rund um das

Vernalisation: Natürliche Anregung des Schossens und Blühens bei Pflanzen durch eine längere Kälteperiode

❑ **Abb. 9.1** Futter- und Zuckerrübe (von *links* nach *rechts*): **a** Zuckerrüben im Feld, **b** Futterrüben im Feld, **c** Blütenstand einer Zuckerrübe (Schosser) im zweiten Jahr, **d** Wildrübe (*Beta vulgaris* ssp. *maritima*) (Quelle zu **a**: Beneo; zu **b**: Bilddatenbank der Saaten-Union; zu **c**: Landwirtschaftlicher Informationsdienst Zuckerrübe (LIZ), Koordinationsstelle Elsdorf; zu **d**: pantelleriatrekking)

Mittelmeer über den Nahen und Mittleren Osten bis nach Indien. In Deutschland kommt sie beispielsweise auf Helgoland und an der Ostseeküste an sandigen und steinigen Stränden vor. Die Meerrübe gilt heute als Stammform aller kultivierten Formen, die botanisch als Gruppen (*varietas*, var.) innerhalb der Unterart *Beta vulgaris* L. ssp. *vulgaris* geführt werden.

Systematik

Gemeine Rübe, Bete	*Beta vulgaris*
Wilde Rübe	ssp. *adanensis*
Meerrübe (Wildform)	ssp. *maritima*
Alle Kulturformen	*Beta vulgaris* ssp. vulgaris
Futterrübe	var. *crassa/alba*
Rote Rübe, Rote Bete	var. *conditiva*
Stielmangold	var. *flavescens*
Blattmangold	var. *cicla*
Zuckerrübe	var. *altissima*

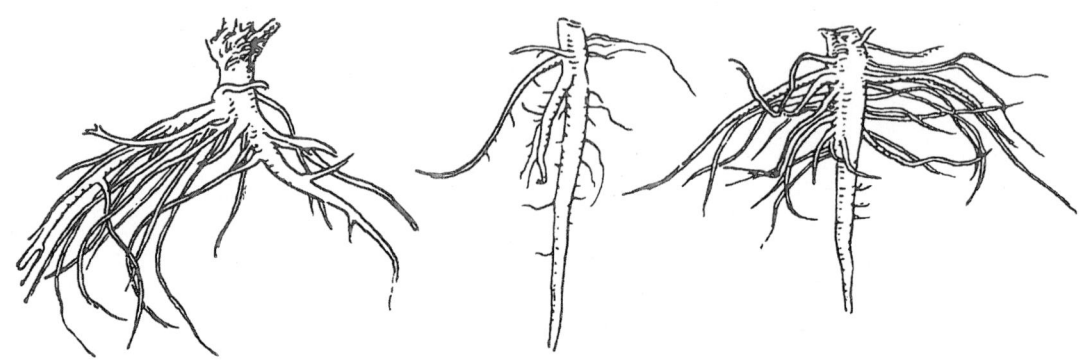

◘ **Abb. 9.2** Wurzelformen wilder Pflanzen der Meerrübe (*Beta vulgaris* ssp. *maritima*), siehe auch ◘ Abb. 9.7. (Nach Schneider 1939)

Die Meerrübe oder Wilde Bete kann mit ihrer tiefen Pfahlwurzel (◘ Abb. 9.2) auch Trockenheit und hohe Salzgehalte überstehen, die Blätter bleiben selbst in Extremsituationen noch grün. Sie schmecken nach Aussage von Körber-Grohne (1987) angenehm erfrischend, die schmale Wurzel der jungen, einjährigen Pflanzen ist zart und wohlschmeckend.

Die Domestikation der Wildrübe ist kaum erforscht. Man nimmt an, dass mit dem Aufkommen des Ackerbaus Wildformen zuerst im mediterranen Raum oder in Vorderasien als Blattgemüse kultiviert wurden. Die ersten archäologischen Funde über den Anbau stammen aus Sizilien im 2. Jahrtausend v. Chr. Aus der Wildrübe wurden von den Menschen des Mittelmeerraumes verschiedene Nutzpflanzen kultiviert: Stiel- und Blattmangold, bei dem entweder die dickfleischigen, verbreiterten Stiele oder die Blätter genutzt werden, Rote und Weiße Bete, bei der der untere Teil des Stängels und der obere Teil der Wurzel zu einer kugelförmigen Rübe verdickt ist, und die Runkel- oder Futterrübe.

In Griechenland wird *Beta* im 4. und 5. Jahrhundert v. Chr. mehrfach als allgemein gebräuchliches Gemüse erwähnt, wobei bei vielen schriftlichen Berichten bis ins Mittelalter hinein nicht klar ist, welche Rübenform gemeint ist. Die Römer nutzten die Meerrübe der Küstenregion als Futter für Tiere und als Gemüse. Rote Bete kam bereits in römischen Rezepten vor und wird in englischen Rezepten erstmals im 14. Jahrhundert erwähnt. Nach Deutschland kamen Mangold und/ oder Bete durch die Römer, nachgewiesen anhand von Früchten aus römischen Kastellen. Die Verwendung von *Beta* als Blattgemüse („Römisches Gras", *Beta cicula*) kann seit der systematischen Anlage von Klostergärten durch Mönche im 9. Jahrhundert nachgewiesen werden, während die Nutzung als Wurzelgemüse offenbar erst später hinzu kam. Die gewöhnliche Rübe (Futterrübe, Runkelrübe) war als Winterfutter für die Tiere weitverbreitet (◘ Abb. 9.1b). Mangold, Rote Bete und Futterrübe sind in Kräuterbüchern des 16. Jahrhunderts, beispielsweise im Buch von Leonhart Fuchs aus Tübingen, bereits ausführlich beschrieben. In der Landwirtschaft verbreitete sich die Futterrübe von Spanien bis in die Niederlande; die Runkelrübe wird zuerst von Hieronymus Bock (1546, Kreutterbuch) für das Rheinland genannt. Sie leitete sich von einer gelbrindigen Form der gewöhnlichen Rübe (Bete) ab. Gegen 1700 wurde sie in der Pfalz angebaut und verbreitete sich dann über ganz Deutschland. Um 1750 hatten die Runkelrüben in Mitteldeutschland schon große Bedeutung als Futterpflanzen erlangt. Wolf Helmhardt von Hohberg beschreibt in seiner *Georgica curiosa* (Nürnberg, 1682), dass „… Rote Rüben, Mangold oder Beißkohl nur in den Gärten als Salat und Blattgemüse, Runkelrüben aber fast nur am Rhein und in Franken zu finden" seien. 1786 kam die Runkelrübe nach England. Von Deutschland aus wurde sie auch in das heutige Tschechien und Österreich-Ungarn verbreitet. Im 18. Jahrhundert setzte sich hier der feldmäßige Anbau durch und im 19. Jahrhundert war sie dann im gesamten Mitteleuropa die wichtigste Futterpflanze. Die Bauern liebten sie damals, weil sie ideal zur Nutzung der früheren Brache war und hohe Erträge brachte, da sie den Stickstoff aus Mist, Jauche oder Chilesalpeter gut verwertete. Durch die hohe Nährstoffkonzentration der Rübe konnte der Viehbestand wesentlich vergrößert werden, was bei dem damaligen enormen Bevölkerungswachstum in Deutschland sehr wichtig war. Daneben ergab die Futterrübe als Armeleuteessen eine schmackhafte Suppe, die aus Speck, Zwiebeln und Stückchen der Rübe gekocht wurde.

Auch im breiten Volk war die Rübe beliebt: Kinder bastelten aus ihr furchterregende Laternen wie heute aus Kürbissen. Das Basteln dieser „Rübengeister" geht zurück auf die keltischen und römischen Feste der Wintersonnenwende *Samhain* und *Pomona*, die ab 835 n. Chr. zu den Bräuchen in der Nacht vor Allerheiligen wurden, heute als Halloween bekannt. Die Rüben dienten nach dem Glauben der Kelten und Römer dazu, die Geister der Toten während der dunklen Jahreszeit zu vertreiben, deshalb auch die furchterregenden geschnitzten Gesichter.

Mit dieser Geschichte ist die Runkelrübe, zusammen mit dem Raps, eine der jüngsten Kulturpflanzen. Aus ihr wurde seit dem Ende des 18. Jahrhunderts die Zuckerrübe selektiert [▶ Selektion].

Selektion (Auslese): Bewusste Auswahl nach bestimmten Kriterien durch den Menschen. Im Gegensatz dazu findet „natürliche" Selektion aufgrund von Umweltfaktoren statt.

9.2 Die Rübe und der Zucker – ein Ausflug in die Politik

Die Mitteleuropäer hatten ihre erste Begegnung mit dem reinen Zucker während der Kreuzzüge als die Ritter aus dem kulturell unterentwickelten europäischen Mittelalter auf die hochstehende, verfeinerte Kultur der Araber stießen. Sie brachten den Zucker aus indischem Zuckerrohr nach Mitteleuropa und übernahmen mit dem Produkt auch den Namen. Um 1350 kostete Zucker rund 35 % des Goldwertes. Er war so teuer, dass ein normal Sterblicher ihn zeit seines Lebens nie zu Gesicht bekam und selbst besser betuchte Handwerker und Kaufleute ihn nur aus der Apotheke kannten, wo er grammweise verkauft wurde, um die bitteren Tränke, Absude und Pillen der Naturmedizin des Mittelalters zu versüßen.

Der **Preis für Zucker** blieb extrem hoch, bis um 1550 die Zuckerrohrproduktion in der Karibik begann, eines der schrecklichsten und grausamsten Kapitel der Menschheitsgeschichte. Dank der Sklaven und der großen Konkurrenz, die sich die Plantagen untereinander machten, wurde Zucker vom Luxus- zum Massenartikel. Inzwischen hatten sich auch die Köche des Kristalls angenommen, die Innungen der Zucker- und Lebkuchenbäcker waren entstanden. „Zucker verderbt keine Speis", schreibt schon 1544 der Arzt Gualtherus Ryff. Eine weitere Zunahme erlebte der Zuckerkonsum Ende des 17. Jahrhunderts durch das Erstarken des Bürgertums und die weite Verbreitung von Kaffee, Tee und Kakao. Diese anregenden, aber von Natur aus bitteren Stoffe konnte man nur mit Zucker genießen und zur Herstellung von Schokolade war er sowieso unverzichtbar. So erlebte der Zuckerhandel im 18. Jahrhundert einen enormen Aufschwung, kontrolliert wurde er zu 60 % von den Briten. Britische Schiffe fuhren nach Afrika zur Übernahme von Sklaven, verbrachten sie auf die karibischen Inseln und füllten ihre Laderäume auf der Rückfahrt mit Zucker für Europa.

Die **Entdeckung eines deutschen Wissenschaftlers** sollte die Wende im Zuckergeschäft anbahnen. Die Geschichte liest sich heute noch wie ein Krimi und ist ein Paradebeispiel dafür, wie massiv die Politik in die Pflanzenproduktion eingreifen kann. 1747 veröffentlichte Andreas Sigismund Marggraf, Direktor der physikalischen Klasse der Königlichen Akademie der Wissenschaften in Berlin, seinen Befund: „Die Runkelrübe führt in sich nicht nur etwas Zuckerähnliches, sondern einen wahren, vollkommenen Zucker, der dem aus dem Zuckerrohre gewonnenen Zucker völlig gleicht". Dass reife Rüben süß schmecken, wusste schon früher jedes Bauernkind, jetzt war aber klar, dass es derselbe begehrte Stoff war, nämlich die Saccharose, der in der Karibik mit einem ungeheuren Einsatz an Menschen und Kapital produziert wurde. Doch die Zeit war noch nicht reif, um diese Entdeckung wirtschaftlich umzusetzen, letztlich nahm kaum jemand Notiz von ihr.

Das sollte sich mit dem Erscheinen eines neuen starken Mannes, **Napoleon Bonaparte**, ändern, der die Staaten Europas in einen Krieg nach dem anderen stürzte. England, Österreich und Russland gegen Frankreich, Preußen blieb zunächst neutral. Die Schiffe wurden jetzt für andere Dinge gebraucht als für den Zuckerhandel, die Preise stiegen wieder. Gleichzeitig fand in San Domingo in der Karibik ein Sklavenaufstand statt, der die Zuckerproduktion der Insel zum Erliegen brachte, die Vorräte wurden noch knapper. Dies waren günstige Zeiten für Franz Carl Achard, den Nachfolger Marggrafs. Jahrelang hatte er auf einem Versuchsgut in der Nähe Berlins Versuche mit Rüben durchgeführt und nach Formen mit höherem Zuckergehalt gesucht. Der preußische König Friedrich Wilhelm III. gewährte ihm ein Darlehen.

1801 entstand in Cunern in Niederschlesien die erste Rübenzuckerfabrik der Welt.

Unter den englischen Zuckerhändlern und den Kolonialzuckerfabriken brach Panik aus. Sie boten Achard die ungeheure Summe von 200.000 Talern, wenn er seine Bemühungen einstellte. Doch er ließ sich nicht bestechen und machte weiter. Die Franzosen waren von der Idee begeistert, ihren ärgsten Feinden, den Engländern, einen Haupterwerbszweig kaputt zu machen. Außerdem schnitt die Seeblockade durch die britische Flotte Frankreich von seinen Besitzungen auf Haiti und damit von seinem billigen Importzucker ab. Die Kontinentalsperre 1806 tat ein Übriges. Jetzt kam kein Gramm Rohrzucker mehr legal auf den europäischen Kontinent. Deshalb war der Rübenzucker plötzlich begehrt. Napoleon persönlich befahl den Anbau von 32.000 ha Zuckerrüben, aufgrund von Saatgutmangel konnte aber nur ein Fünftel der Fläche bestellt werden.

Das **Zuckergeschäft** war schon immer ein hochpolitisches Metier und das gilt auch für den Zucker aus Rüben. Er wurde massiv von den europäischen Regierungen unterstützt, denn eine unabhängige Zuckerproduktion war nicht nur ein verlockendes Prestigeobjekt, sondern ein höchst einträgliches dazu. Von Kindesbeinen an können die Menschen einfach nicht vom Zucker lassen und spülen damit Steuern und Gewinne in die Kassen von Staat und Unternehmern. Der Wettlauf Rübe gegen Rohr begann. Um 1810 produzierten in Frankreich schon 150 Betriebe Zucker aus Rüben. Mit dem Ende der Kontinentalsperre erlitten diese Bemühungen einen herben Rückschlag, denn der Rohrzucker aus den Kolonien war einfach billiger. Damit mussten in Deutschland innerhalb weniger Jahre die Zuckerfabriken wieder schließen. Anders in Frankreich! Die Franzosen verboten einfach die Einfuhr von Rohrzucker, um die heimische Rübe und die dazugehörige Industrie zu schützen. In Deutschland wurde die Zuckerproduktion aus der Rübe hingegen erst wieder attraktiv, als es Achard in den Jahren nach 1800 gelungen war, den Zuckergehalt durch Auslese zu steigern. Damals begann auch wieder das Interesse an einer einheimischen Zuckerproduktion zu wachsen. Zwanzig Jahre später stellte der Rübenzucker schon eine ernst zu nehmende Konkurrenz für das Rohr dar und Mitte des 19. Jahrhunderts waren die europäischen Märkte für Rohrzucker praktisch verschwunden. Diese Konkurrenz erleichterte auch die Sklavenbefreiung in der Karibik, die 1834 erfolgte und eine indirekte, aber epochemachende Leistung der Pflanzenzüchtung war. Achard hatte das bereits vorausgesehen, er schrieb: „… als Mittel aber betrachtet, das Elend einer halben Million im Joche der härtesten Tyranney seufzender Menschen aufzuheben, wird diese Angelegenheit für die gesamte Menschheit äußerst wichtig und wohltätig".

9.3 Die erste Industriepflanze – eine zuckersüße Züchtung

Marggraf hatte ganz richtig festgestellt, dass alle damals kultivierten Rübenformen (◘ Tab. 9.1), Kohlenhydrate in Form von Saccharose, Frucht- und Traubenzucker, Stärke und Pektinen enthalten. Das Besondere an den Rüben ist, dass sie einen großen Teil Saccharose enthalten, die im Folgenden der Einfachheit halber nur noch als Zucker bezeichnet wird.

Definition

Kohlenhydrate: Stoffklasse, die alle Zucker umfasst. Dazu zählen Einfachzucker (Monosaccharide, z. B. Glucose), Zweifachzucker (Disaccharide, z. B. Saccharose), Vielfachzucker (Polysaccharide, z. B. Stärke, Zellulose, Pektine).
Saccharose: Disaccharid mit je einem Molekül Traubenzucker (Glucose) und Fruchtzucker (Fruktose);
Rüben-, Rohr-, Kristall-, Haushaltszucker: Saccharose aus Zuckerrüben bzw. Zuckerrohr
Rohzucker, Weißzucker: Spezialbegriffe aus der Zuckerproduktion (◘ Abb. 9.4).

Als Achard dieses Wissen verwerten wollte, tat er auch aus heutiger Sicht das einzig Richtige. Er verglich 26 Runkelrübensorten (◘ Abb. 9.1b) und wählte eine Landsorte aus der Gegend von Halberstadt wegen ihres etwas höheren Zuckergehaltes aus. Dabei handelte es sich wahrscheinlich um eine natürliche Kreuzung zwischen Futterrübe und Mangold. Aus diesem Material, der so genannten „Weißen Schlesischen Rübe", gingen alle späteren Zuckerrüben hervor. Allerdings war es 1786, als Achard begann, noch lange nicht soweit. Seine Formen hatten noch einen Zuckergehalt von unter 2 %, eine kaum lohnende Angelegenheit. Trotzdem blieb er am Ball und schon 14 Jahre später war ein Zuckergehalt von fast 6 % erreicht.

Franz Carl Achard war der Erste, der in Deutschland durch **planmäßige Auslese** versuchte, bessere Formen der Rübe zu erzielen. Er fand Nachfolger, die sich weiter um die Steigerung des Zuckerertrages kümmerten. So gab es seit 1822 in Quedlinburg bereits eine Firma A. Keilholz, die mit Zuckerrübensaatgut handelte, und bis 1850 folgten an diesem Ort vier weitere Firmen. Dabei ist heute nicht mehr zu klären, ob sie wirklich auch Züchtung betrieben, oder nur eine Art Vermehrung und Handel. 1850 wurde dort die Firma der Gebrüder Dippe gegründet, die sich seit 1860 ganz der Zuckerrübenzüchtung verschrieb. Eine Ursache des „Zuckerrübenbooms" in Quedlinburg am Rande des Harzes waren die hervorragenden Böden und die Gründung einer Zuckerfabrik (1834), die Arbeitsplätze und Geld in das kleine Städtchen brachten. Deshalb entwickelte sich auch in einem anderen Dorf ganz in der Nähe eine heute weltbekannte Firma für Zuckerrübenzüchtung. Im Jahre 1838

◨ **Tab. 9.1** Anteil Kohlenhydrate in 100 g frischen Erntematerials (modernes Material, nach Körber-Grohne 1987)

Kulturform	Erntematerial	Kohlenhydrate (g)
Mangold	Blatt, Blattstiele	2,8–4,0
Rote Bete	Rüben	6,8–8,7
Futterrüben	Rüben	6,7–10,6
Zuckerrüben	Rüben	17,0–25,0

Zuckergehalt (%)

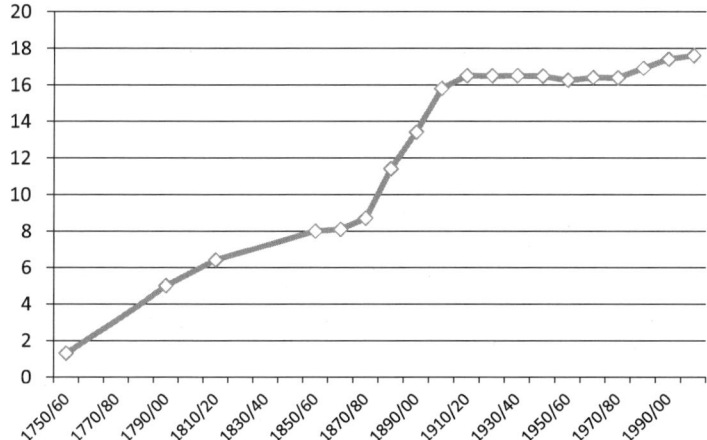

◨ **Abb. 9.3** Die Entwicklung des Zuckergehaltes von 1750 bis heute. (Nach Strube Saatzucht 2014)

gründeten ein gutes Dutzend Bauern und Handwerker eine Zuckerrübenfabrik in Kleinwanzleben. Neun Jahre später erwarb der Landwirt Matthias Christian Rabbethge (1804–1903) einen kleineren Hof und Anteile an dieser Zuckerfabrik. Zusammen mit seinem Schwager Julius Giesecke gründete er eine Firma zur Verbesserung der Rüben, aus der später dann die heutige KWS SAAT AG (Einbeck) hervorging, die als Klein Wanzlebener Saatzucht noch heute den Namen ihres Gründungsortes trägt. Das Erstaunliche dabei ist, dass man damals weder in Klein Wanzleben noch in Quedlinburg ein genaues Verfahren zur Bestimmung des Zuckergehaltes in Rüben hatte. Wie auch der bedeutende französische Rübenzüchter Louis de Vilmorin nutzte man in Deutschland Mitte des 19. Jahrhunderts das unsichere Salzwasserverfahren. Nur die Rüben, die beim Eintauchen in Salzwasser auch bei hohem Salzgehalt noch untergingen, also ein hohes spezifisches Gewicht aufwiesen, wurden zur weiteren Züchtung verwendet. Matthias Rabbethge nutzte 1862 als Erster ein Polarimeter, ein Gerät zur Konzentrationsbestimmung von wässrigen Zuckerlösungen. Damit kann unmittelbar im Saft der Rübe der Zuckergehalt bestimmt werden. Aber erst ab 1891 waren Serienuntersuchungen

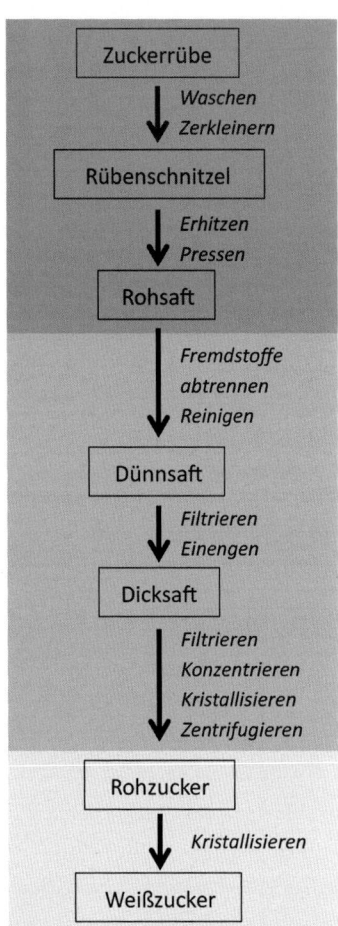

Zuckerrübe

↓ *Waschen*
↓ *Zerkleinern*

Rübenschnitzel

↓ *Erhitzen*
↓ *Pressen*

Rohsaft

↓ *Fremdstoffe abtrennen*
↓ *Reinigen*

Dünnsaft

↓ *Filtrieren*
↓ *Einengen*

Dicksaft

↓ *Filtrieren*
↓ *Konzentrieren*
↓ *Kristallisieren*
↓ *Zentrifugieren*

Rohzucker

↓ *Kristallisieren*

Weißzucker

◘ **Abb. 9.4** Schema zur Zuckergewinnung

von Tausenden von Proben innerhalb kurzer Zeit möglich. Damals lag der Zuckergehalt aber schon bei knapp 12 % (◘ Abb. 9.3). Verbesserte Zuchtmethoden und die bessere Untersuchungstechnik erlaubten eine effizientere Auslese und der Zuckergehalt stieg bis 1910/20 auf 16 %. Heute erhält man aus der Zuckerrübe im Durchschnitt 18 % Zucker.

Die im Herbst geernteten Zuckerrüben werden gewaschen und in dünne, lange Schnitzel zerkleinert (◘ Abb. 9.4). In der Extraktionsanlage werden die Rübenschnitzel mit heißem Wasser behandelt, damit der zuckerhaltige Saft und andere pflanzeneigene Substanzen gelöst werden. Die übrigbleibenden Schnitzel werden als Viehfutter verwendet, der gewonnene trübe Saft ist bräunlich („Rohsaft"). Er enthält neben etwa 15–17 % Zucker noch Eiweißstoffe, Salze und Pflanzensäuren, die ausgefällt und über Filter entfernt werden. Damit ist eine klare hellgelbe Flüssigkeit, der „Dünnsaft", entstanden. Da Zucker nur aus einer hochkonzentrierten Lösung kristallisiert werden kann, wird das Wasser im Dünnsaft solange bei ca. 130° C verdampft, bis ein Trockensubstanzgehalt von fast 75 % erreicht ist. Der jetzt zähflüssige, goldgelbe Saft wird als „Dicksaft" bezeichnet. Der Dicksaft wird filtriert und weiter konzentriert, bis er die für das Kristallwachstum erforderliche Zuckerkonzentration besitzt. Die Kristallisation wird unter gleichzeitiger Zugabe von weiterem Dicksaft und Wasserverdampfung fortgesetzt, bis die Kristalle die gewünschte Größe aufweisen. Anschließend werden die Kristalle vom Sirup (dem restlichen Dicksaft) durch Zentrifugieren getrennt. Der während der Zentrifugation ablaufende Saft, die Melasse, wird zur Tierfütterung genutzt. Die im Sieb zurückgehaltenen Kristalle werden mit heißem Wasser oder Dampf gewaschen, um noch anhaftenden Sirup zu entfernen. Jetzt ist der braune Rohzucker entstanden, der in dieser Weise verwendet werden kann. Zur Herstellung von Weißzucker wird der Rohzucker in zwei weiteren Stufen kristallisiert, gesiebt und verpackt.

Der Zuckergehalt war die wichtigste Voraussetzung für eine hohe Wirtschaftlichkeit der Zuckergewinnung aus Rüben. Daneben musste auch der Ertrag verbessert und **die Zuckerrübe gezielt auf die Bedürfnisse einer neuen Industrie hin entwickelt werden** (◘ Tab. 9.2). Und dabei spielt nicht nur der Zuckerertrag eine Rolle, sondern auch die möglichst effiziente Gewinnung des Zuckers.

Die Zuckerextraktion aus der Rübe ist ein aufwändiges Verfahren (◘ Abb. 9.4). Verschiedene chemische Inhaltsstoffe, **so genannte Nichtzuckerstoffe**, verbinden sich bei dem Einkochen der Rübenschnitzel in der Fabrik mit dem begehrten Zucker und verringern so die Ausbeute. Deshalb gilt es für den Züchter, die Gehalte an Kalium, Natrium und verschiedenen Stickstoffverbindungen möglichst gering zu halten. Das ist kein leichtes Unterfangen, da diese Stoffe für das Wachsen und Gedeihen der Rübenpflanzen in bestimmtem Maße nötig sind. Trotzdem ist es über die Jahre intensiver Züchtung gelungen, den Anteil dieser Stoffe zu verringern und damit die Zuckerausbeute deutlich zu erhöhen (◘ Tab. 9.2).

Die **Einzelfrüchtigkeit** erhöht die „Anbaufreundlichkeit" für den Bauern. Das ist ein Aspekt, der erst mit der aufkommenden Mechanisierung in der Landwirtschaft wichtig wurde. Bei den Rüben sind immer mehrere Blüten miteinander verwachsen. Deshalb bilden sich auch Knäuel mit 3–4 Samen (multigerm, ◘ Abb. 9.5). Diese Mehrfrüchtigkeit verringert eigentlich das Anbaurisiko. Denn keimt einmal ein Same nicht, so sind noch mehrere „Ersatzpflanzen" vorhanden. Allerdings

◘ Tab. 9.2 Der lange Weg von der Futter- zur Zuckerrübe

Verändertes Merkmal der Rübe	Bedeutung
Zuckergehalt	Steigerung von 2 % auf heute 18–20 % ermöglicht wirtschaftliche Zuckergewinnung
Rübenertrag	Steigerung des Rübenertrages als eine Komponente des Zuckerertrages (*Zuckerertrag = Rübenertrag × Zuckergehalt/100*)
Gehalt an „Nichtzuckerstoffen"	Kalium, Natrium, Amino-Stickstoff erschweren die Zuckerausbeute und müssen im Gehalt verringert werden
Rübenform und -sitz	Glatte, schlanke Rübenkörper mit wenig Wurzelanhang und tiefem Sitz im Boden erleichtern Ernte und Zuckergewinnung (◘ Abb. 9.8)
Lagerungsfähigkeit	Die industrielle Verarbeitung erfolgt oft erst Wochen nach der Ernte; es soll möglichst wenig Zucker durch „Veratmung" der Pflanze verloren gehen
Einzelfrüchtigkeit (Monogermie)	Erleichterung der Aussaat durch Samenknäuel, die nur noch einen Keimling (statt mehreren) enthalten
Hybridzüchtung	Einführung der Hybridzüchtung (▶ Kap. 7) führte nahezu zu einer Verdopplung des jährlichen Ertragsanstiegs von 0,8 dt/ha auf 1,4 dt/ha

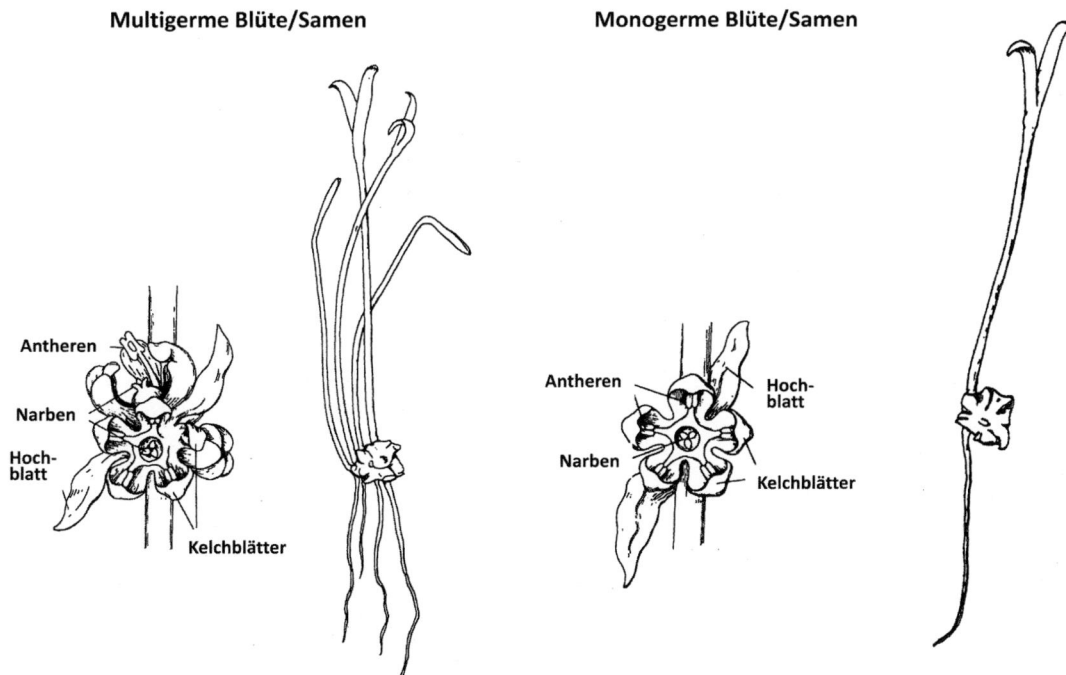

Multigerme Blüte/Samen

Antheren

Narben

Hoch-
blatt

Kelchblätter

Monogerme Blüte/Samen

Antheren

Narben

Hoch-
blatt

Kelchblätter

◘ Abb. 9.5 Der „normale" Fall der mehrfrüchtigen Rübe (multigerm) mit mehreren, miteinander verwachsenen Blüten, Samen und Keimlingen sowie die einzelfrüchtige Mutante mit nur einem Keimling (monogerm). (Nach Poehlmann 1987, verändert)

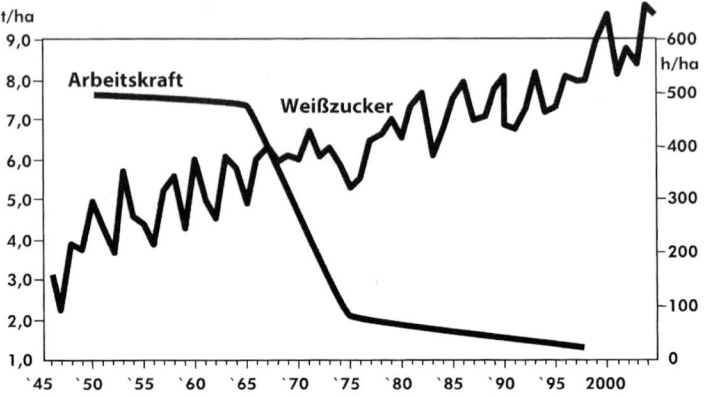

Abb. 9.6 Entwicklung des jährlichen Arbeitszeitbedarfs pro Hektar und des Ertrages an Weißzucker seit 1946. (Nach Schechert und Strube 2008) (Quelle: Gesellschaft für Pflanzenzüchtung, Quedlinburg)

keimen meist 2–4 Samen gleichzeitig, die Keimlinge machen sich dann gegenseitig Konkurrenz. Deshalb müssen die überschüssigen Pflänzchen wieder entfernt werden. Dies geschah früher von Hand. Einige Wochen nach der Aussaat konnte man in den großen Rübenanbaugebieten ganze Scharen von Frauen sehen, die Tag für Tag riesige Flächen mit der Hacke bearbeiteten und die Rübenpflanzen „vereinzelten".

Als jedoch die **Arbeitskräfte in der Landwirtschaft** immer knapper und teurer wurden, ging man dazu über, die Samenknäuel mechanisch zu zerkleinern, abzuschleifen und zu polieren, so dass nur noch ein einziger Samen übrig blieb. Aber dieser nahm die Behandlung oft übel, keimte nicht und damit war nichts gewonnen. Der Durchbruch zur Lösung dieses Problems gelang auf genetischem Wege. Durch Auslese von sehr seltenen Rübenformen gelang es erstmals 1938 dem Ehepaar Savitzky aus Russland Zuckerrüben mit einzelfrüchtigen Samenknäueln (monogerm, ◻ Abb. 9.5) zu erzeugen. Diese Arbeiten wurden nach dem Zweiten Weltkrieg in den USA fortgesetzt, von 300.000 Einzelpflanzen wurden zwei Pflanzen gefunden, die einzelfrüchtig waren. Auf das Gen dieser zwei Pflanzen gehen heute weltweit alle einzelfrüchtigen Zuckerrübensorten zurück. In Deutschland wurde die erste monogerme Sorte 1966 zugelassen (Gemo). Die Zuckerrübensamen werden dabei gleich „auf Endabstand" gesät, das aufwändige Hacken entfällt. Und diese Eigenschaft ist der eigentliche Grund, warum wir auch heute noch wirtschaftlich Zuckerrüben anbauen können. Der Arbeitszeitbedarf wurde so stark verringert, dass bei heutiger Mechanisierung eine einzige Person genügt, um den gesamten Zuckerrübenanbau von der Aussaat bis zur Ernte vorzunehmen (◻ Abb. 9.6). Der Arbeitszeitkraftbedarf verringerte sich dadurch von 500 Stunden je Hektar und Jahr auf nur noch 5 Stunden je Hektar und Jahr … und die Erträge an Weißzucker vervielfachten sich.

An der enormen Steigerung der Erträge war auch die **Einführung der Hybridzüchtung** Mitte der 1960er Jahre beteiligt, die bei Mais

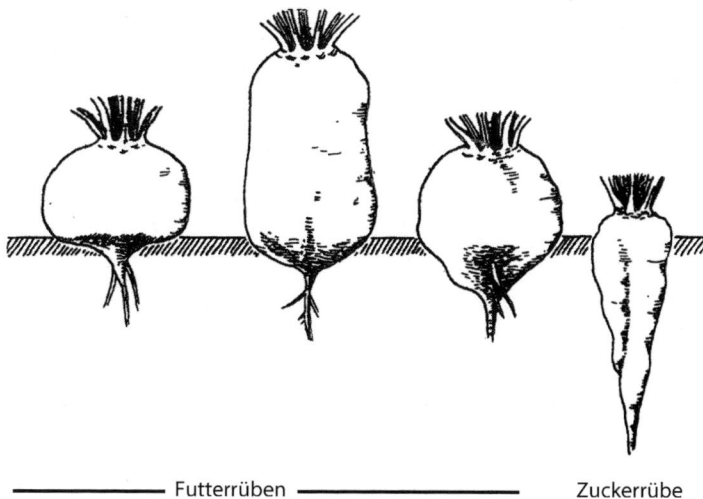

——————— Futterrüben ———————   Zuckerrübe

▪ **Abb. 9.7** Drei Formen der Futterrübe (*links*: Plattkugel, Walze, Kugel) und Form der Zuckerrübe (*rechts*). (Nach Klapp 1967) (Quelle: Paul Parey Verlag)

schon früher so erfolgreich war (▶ Kap. 7). Dadurch verdoppelte sich bei Zuckerrüben nahezu der jährliche Ertragsanstieg und die Inhaltsstoffe waren jetzt leichter züchterisch zu verändern. Ähnlich wie bei Triticale muss auch bei der zwittrigen Zuckerrübe die cytoplasmatisch-männliche Sterilität (CMS, ▶ Kap. 6) eingeführt werden, um großflächig Kreuzungen durchführen zu können.

Anspruchsvoll ist die Zuckerindustrie, was die **„Schönheit" der Rübe angeht, ihre äußere Form** (▪ Abb. 9.7). Bei der Futterrübe kommt es nur auf „Dickleibigkeit" und Masse an. Zudem soll ein guter Teil aus dem Boden herausragen, damit sie leichter zu ernten ist. Beides sind Todsünden für die Zuckerrübe, die eine ganz andere Figur braucht. Schlank und glatt soll sie sein, damit bei der Ernte möglichst wenig Erde anhaftet (▪ Abb. 9.8b), die in der Zuckerfabrik mühsam wieder abgewaschen und entsorgt werden muss. Sie soll tief im Boden sitzen und schnell in die eigentliche Rübe übergehen, weil sich im oberen Teil, dem so genannten Rübenkopf, geringere Zuckergehalte finden als im Rübenkörper.

Eine gute **Lagerungsfähigkeit** der Rüben ist nötig, weil eine Zuckerfabrik nicht die ganze Ernte auf einmal verarbeiten kann. Andererseits kann der Landwirt aber auch nicht bei jedem Wetter ernten. Deshalb liegen Zuckerrüben häufig wochenlang am Feldrand oder in der Fabrik. Dabei sollen sie nicht von Schädlingen befallen werden und möglichst wenig Zucker durch Atmung verlieren, denn das ist bares Geld.

Damit ist die Entwicklung der Zuckerrübe (▪ Abb. 9.8), ein gutes Beispiel, dass für Kulturpflanzen der Ertrag alleine nicht ausreicht, um erfolgreich zu sein. Es kommt auch auf die Inhaltsstoffe und die „Pflegeleichtigkeit" an. Und damit war die Zuckerrübe die erste Pflanze, die speziell für die Ansprüche eines Industriezweigs entwickelt wurde,

9

Abb. 9.8 Zuckerrübe – Aussehen und Krankheiten (*im Uhrzeigersinn*): **a** Zuckerrüben im Feld, von oben ist nur der Blattapparat zu sehen. **b** Zwei Zuckerrübensorten mit unterschiedlichem Rübenkörper: kleine Wurzelrinne mit wenig Erdanhaftung (*links*), große Wurzelrinne (*rechts*). **c** Befall mit Rizomania, der virösen Wurzelbärtigkeit (*links* und *Mitte*) im Vergleich zu einer gesunden Rübe aus demselben Feld (*rechts*). **d** Befall mit Wurzelälchen (Rübenzystennematode, *Heterodera schachtii*) in einem frühen Entwicklungsstadium der Zuckerrübe, die kranke Rübe (*links*) ist deutlich kleiner als die gesunde (*rechts*). Quelle zu **b**. USDA by Peggy Greb; zu **c**. KWS SAAT AG, Dr. B. Holtschulte; zu **d**. Landwirtschaftlicher Informationsdienst Zuckerrübe (LIZ), Koordinationsstelle Elsdorf

heute würde man sie „Designerpflanze" nennen. Das Prinzip kam zwar aus der Natur, aber die industriell wichtigen Eigenschaften wurden ihr durch Einkreuzung seltener Formen und stetige Auslese gezielt beigebracht.

9.4   Anspruchsvoll und arbeitsintensiv

Nicht nur für die Züchter, auch für den Landwirt ist die Zuckerrübe eine sehr anspruchsvolle und früher auch arbeitsreiche Frucht. Die Aussaat erfolgt Ende März/Anfang April, wenn die Böden genügend abgetrocknet sind. Die Zuckerrübe setzt eine perfekte Saatbettbereitung und

Aussaattechnik sowie dauernde Beseitigung der Unkrautkonkurrenz voraus. Erst wenn sich die Blätter dicht schließen, kann die Zuckerrübe für sich selbst sorgen. Die Rübe produziert mehr Masse als jede andere Kulturpflanze in Mitteleuropa. Doch das hat seinen Preis. Sie muss optimal mit Nährstoffen versorgt werden und das machte den Bauern mit dem Beginn des Zuckerrübenanbaus große Probleme. Denn damals begann erst die Entwicklung des Mineraldüngers durch die Industrie. Um 1880 wurde in Deutschland im Durchschnitt nur 0,7 kg Stickstoff je Hektar gedüngt, das ist nicht mehr als eine Prise. Heute empfehlen moderne Fachbücher bei Zuckerrübenanbau 70–120 kg Stickstoff/ha. Da ist es kein Wunder, dass es in den frühen Tagen des Zuckerrübenanbaus unweigerlich zu erheblichem Nährstoffentzug aus den Böden kam, obwohl damals die Erträge gerade mal halb so hoch waren wie heute. Da es kaum Dünger gab, verfielen die Bauern auf den logischen Schluss, dass der Boden einfach nur tiefer bearbeitet werden muss. Wenn der Zuckerrübe eine lockere Bodenschicht von 30 cm zur Verfügung steht, sind darin mehr Nährstoffe enthalten als bei einer Bodenschicht von 5–6 cm, wie sie damals für Getreide als ausreichend angesehen wurde.

Aber das ist leichter gesagt als getan. Durch die damals so genannte Tiefkultur lassen sich zwar mehr Nährstoffe nutzen, aber die Anforderungen an die Technik sind wesentlich höher und vor allem kostet es sehr viel mehr Zugkraft. Für das erstere waren die Landmaschinenhersteller zuständig, die sich Anfang des 19. Jahrhunderts gerade zu etablieren begannen. Sie entwickelten zum Beispiel ab 1850 einen Spezialpflug für den Zuckerrübenanbau, der tatsächlich eine Bearbeitungstiefe von bis zu 30 cm ermöglichte.

Dieser Fortschritt hatte seinen Preis. Um einen solchen Pflug auf den guten, aber schweren Böden zu ziehen, reichten nicht mehr ein bis zwei Ochsen oder Pferde aus, wie beim leichten Getreidepflug, sondern es wurden zwei bis vier Gespanne, also vier bis acht Tiere, benötigt. Damit konnten damals nur reiche Bauern mit dem Zuckerrübenanbau beginnen. Sie benötigten die besten Böden, eine große Zahl an Arbeitskräften zum „Vereinzeln" und zum Unkrauthacken sowie viele Zugtiere, die sonst über das Jahr hinweg in dieser Menge nicht gebraucht wurden. Dafür war aber auch der Gewinn aus dem Zuckerrübenanbau unübertroffen hoch. Deshalb stieg in Deutschland der Anteil der Ackerfläche, der mit Zuckerrüben bestellt wurde, von 1,3 % (1883) auf 2,2 % (1913). Die hohen Einkommen der Rübenbauern, verbunden mit zunehmendem Arbeitskräftemangel, der durch technische Neuerungen aufgefangen werden musste, führten indirekt auch dazu, dass etwa der Magdeburger Raum während des 19. Jahrhunderts zu einem florierenden und innovativen landwirtschaftlichen Zentrum wurde. Hier fand man die beste Ausstattung an Landmaschinen in Deutschland und die jeweils neuesten Modelle. Die Bauern der Börde wurden damit zum Motor der Industrialisierung der Landwirtschaft und diese Entwicklung wurde durch die Industriepflanze Zuckerrübe erst möglich.

Der Anbau von Zuckerrüben hatte noch weitere positive Nebenwirkungen auf die Landwirtschaft. Von der tiefen Bodenbearbeitung und den dadurch vermehrt pflanzenverfügbaren Nährstoffen profitierten auch noch die nachfolgenden Früchte. So ernteten die Bauern durch den Zuckerrübenanbau deutlich mehr Getreide. In der Magdeburger Börde stiegen von 1865–1874 die Erträge bei Weizen von 19 auf 25 dt/ha und bei Hafer von 16 auf 23 dt/ha. Gleichzeitig wurden die Bauern durch einen biologischen Trick zum Fruchtwechsel gebracht. Wenn man mehrmals hintereinander Zuckerrüben auf derselben Fläche anbaut, vermehrt sich ein gefährlicher Schädling im Boden: Der Rübennematode oder das Wurzelälchen (*Heterodera schachtii*). Dieser kleine, weiße Fadenwurm nutzt die Rübe für seine Ernährung. Bei mehrjährigem Rübenanbau kann er sich so stark vermehren, dass es zu Ertragseinbußen bis hin zum Totalausfall kommt (🔲 Abb. 9.8d). Erstmals entdeckt und wissenschaftlich beschrieben wurde der verhängnisvolle Wurm 1859. Danach stellte man schnell fest, dass die Rübe eine mindestens 4-jährige Anbaupause braucht, bevor sie ohne Schaden wieder auf dieselbe Fläche gesät werden kann. So entstanden wichtige Prinzipien des Pflanzenbaus aus zufälligen Beobachtungen und mussten oft durch herbe Rückschläge bezahlt werden.

Der Zuckerrübenanbau benötigte zwar eine große Zahl von Ochsen oder Pferden zum Ziehen der Tiefpflüge, aber er sorgte gleichzeitig auch für die Ernährung der Tiere. Das Rübenblatt ist sehr nährstoffhaltig und lässt sich ausgezeichnet verfüttern. Ebenso sind die Rückstände aus der Zuckerfabrik – Schnitzel und Melasse – wertvolle Futtermittel, enthalten sie doch noch restlichen Zucker, damals noch mehr als heute, da die Zuckergewinnung noch nicht so rationell vor sich ging. Und nicht nur die Zugochsen konnten ernährt werden, der Zuckerrübenanbau gab auch der Haltung von Milchkühen und Mastochsen erhebliche Impulse. Um die Mitte des 19. Jahrhunderts begann in Folge der Industrialisierung ein rascher Anstieg der Bevölkerung. In knapp 100 Jahren, von 1814–1910 verdreifachte sich die deutsche Bevölkerung. Deshalb können die pflanzenbaulichen Fortschritte durch die Einführung des Zuckerrübenanbaus – und die in Folge gestiegenen Getreideerträge – gar nicht hoch genug eingeschätzt werden. Von Agrarhistorikern wird der Zuckerrübenanbau als die wichtigste Neuerung seit Abschaffung der Brache und Einführung des Kartoffelanbaus angesehen.

9.5   Die Zuckerrübe heute ... und der Niedergang der alten Runkel

Die Zuckerrübe wird heute vorwiegend im gemäßigten Klimabereich kultiviert. Hauptverbreitungsgebiet ist Europa, aber auch in den USA, Kanada, Nordafrika und einigen asiatischen Ländern wird sie angebaut (🔲 Abb. 9.9). In Europa erfolgt der Anbau von Dänemark bis nach Italien und Griechenland. Anders als in Mittel- bzw. Nordeuropa wird die Zuckerrübe in den Mittelmeerländern nicht im Frühjahr ausge-

Abb. 9.9 Verbreitung der kultivierten Rübenformen weltweit (*rot/dunkelgrau* Ursprungsgebiet, *grün/hellgrau* Anbaugebiet) (Quelle: Max-Planck-Institut für Pflanzenzüchtungsforschung, Köln)

sät, sondern in den Monaten Oktober bzw. November, um die Winterfeuchtigkeit zu nutzen. Die Ernte erfolgt dann im nachfolgenden Sommer.

Durch die intensive Pflanzenzüchtung seit rund 250 Jahren, ist der Zuckergehalt inzwischen an einem Punkt angekommen, der sich nur noch in geringem Maße steigern lässt. Zucker und Öl sind die pflanzlichen Inhaltsstoffe, die die meiste Energie zu ihrer Herstellung benötigen, deshalb gibt es physiologische Obergrenzen ihrer Produktion in der Pflanze.

Wir ernten heute im Durchschnitt rund 600 dt/ha Rüben; bei einem Zuckergehalt von durchschnittlich 18 % ergeben sich daraus rund 110 dt **Zuckerertrag je Hektar**. Dieser muss dann nochmal um 10–12 % Ausbeuteverluste verringert werden, um den „bereinigten Zuckerertrag" zu erhalten. Während sich heute der Zuckergehalt züchterisch nur noch moderat erhöhen lässt, ist die Zuckerausbeute seit 1950 deutlich gestiegen (**Tab. 9.3**). Durch die Verringerung von Inhaltsstoffen, die die Gewinnung des Zuckers erschweren (Nichtzuckerstoffe, v. a. Kalium, Natrium, mehrere Stickstoffverbindungen), kann heute bei gleichem Zuckergehalt aus der Rübe deutlich mehr Zucker gewonnen werden als früher. Während von 1950 bis 1995 der Zuckergehalt nur um 1 % stieg, erhöhte sich der bereinigte Zuckergehalt um drei Prozentpunkte. Die Zuckererträge erhöhten sich dadurch sogar um rund 50 %, während sich die bereinigten Zuckererträge nahezu verdoppelten. Und diese Tendenz setzt sich bis heute fort. Der Zuckergehalt stieg von 1995 bis 2012 nur noch um 0,7 %, der Zuckerertrag und der bereinigte Zuckerertrag aber um jeweils weitere 40 %.

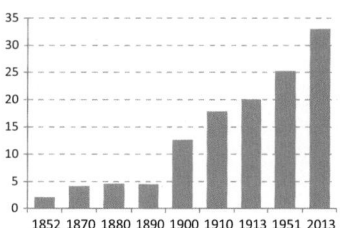

Zuckerverbrauch pro Kopf in Deutschland (kg) (Quelle: http://vegetarische. wordpress.com/2011/06/10/total-sugar-consumption-in-u-s-vs-germany/ (ergänzt))

Tab. 9.3 Erhöhung von Zuckergehalt und -ausbeute in Parzellenversuchen. (Nach Schechert und Strube 2008; Bundessortenamt Hannover 2012)			
	1950	1995	2012
Zuckergehalt (%)	16,6	17,6	18,3
Bereinigter Zuckergehalt (%)	12,5	15,5	16,5
Zuckerertrag (dt/ha)	80	121	170
Bereinigter Zuckerertrag (dt/ha)	58	110	152

Eine große Gefahr drohte dem Zuckerrübenanbau Anfang der 1980er Jahre durch die Ausbreitung einer Viruskrankheit, der Wurzelbärtigkeit (Rizomania). Das Virus wird von an sich harmlosen Bodenpilzen verbreitet und führt zu einer abnormen Entwicklung von Wurzeln (◘ Abb. 9.8c). Der Rübenkörper wird dadurch erheblich kleiner, verhärtet sich und ist für die Zuckergewinnung nicht mehr geeignet; im schlimmsten Fall kommt es gar nicht mehr zur Ausbildung einer Rübe. Die Ursache ist das *Beet necrotic yellow vein virus* (BNYVV), das von dem Bodenpilz *Polymyxa betae* auf die Rübe übertragen wird. Die Krankheit wurde in den 1970er Jahren in Italien entdeckt und befand sich weniger als zehn Jahre später schon in den ersten deutschen Anbaugebieten. Das Virus breitete sich dann so rasch aus, dass der Zuckerrübenbau wirtschaftlich in Frage gestellt wurde. Mit Hilfe von Resistenzquellen aus den USA und Italien gelang es, 1983 die erste rizomaniatolerante Sorte auf den Markt zu bringen. Toleranz heißt, dass sich zwar das Virus weitervermehrt, aber die Pflanze keine oder nur noch geringe Schäden zeigt. Leider waren diese Sorten der ersten Generation nur wenig leistungsfähig. Auf Standorten ohne Virusbefall hatten sie einen etwa 15 % geringeren Zuckerertrag, nur auf Standorten mit starkem Virusbefall konnten sie ihren Vorteil ausspielen und waren rentabel. Erst durch jahrzehntelange weitere Züchtungsarbeit konnten ab 1995 Sorten angeboten werden, die auch unter Nichtbefall eine hohe Leistung zeigen. Heute sind die meisten in Deutschland angebauten Sorten ertragreich und rizomaniatolerant. Zwei andere wichtige Krankheiten, gegen die erfolgreich widerstandfähige Zuckerrüben gezüchtet wurden, ist der Befall mit Wurzelälchen (Nematoden, ▶ Abschn. 9.4) und mit einem Schadpilz, der Blätter und Rübe krank macht (*Rizoctonia solani*). Inzwischen gibt es Sorten, die gegen alle drei Krankheiten widerstandsfähig sind und trotzdem denselben Rüben- und Zuckerertrag erbringen wie die anfälligen Sorten. Dies ist eine große Leistung der Pflanzenzüchtung, die dafür sorgt, dass der Zuckerrübenanbau in Deutschland weiterhin attraktiv für die Landwirte bleibt.

Zuckerrüben werden in Deutschland heute auf rund 400.000 ha angebaut. Sie brauchen tiefgründigen, nährstoffreichen und steinfreien Boden, wie er sich nur in besonders bevorzugten Anbaugebieten findet. Die größten zusammenhängenden Zuckerrübenregionen Deutschlands sind heute die Hildesheimer und Magdeburger Börde

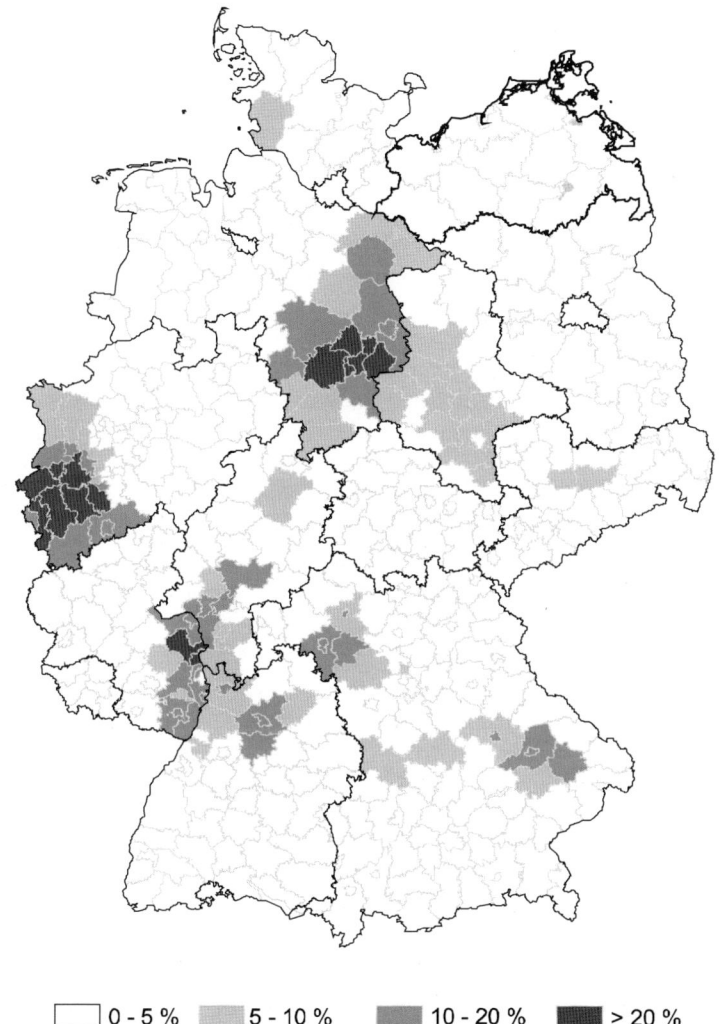

0 - 5 %   5 - 10 %   10 - 20 %   > 20 %

Abb. 9.10 Anteil der Zuckerrübe an der Ackerfläche nach Landkreisen. (Nach http://www.ima-agrar.de/Agraratlas.29.0.html) (Quelle: information.medien.agrar e.V. (i.m.a), Bonn)

sowie die Köln-Aachener Bucht. Es gibt dann noch kleinere Gebiete wie die Soester Börde, einige Gegenden in Südhessen, in der Oberrheinischen Tiefebene, in Nordwürttemberg und Bayern (☐ Abb. 9.10).

Der **Anbau der Futterrübe** (Runkel) wird dagegen in den amtlichen Statistiken schon gar nicht mehr ausgewiesen. Er beträgt noch rund 5000 ha. Damit führt die Futterrübe nur noch ein Schattendasein, wenn man bedenkt, dass nach dem Zweiten Weltkrieg die Anbaufläche in Westdeutschland alleine noch 600.000 ha betrug. Damals galt die Futterrübe noch als „Königin der Futterpflanzen", weil sie Zucker, Mineralstoffe und Eiweiß in einem optimalen Verhältnis enthält, deshalb eine hohe Verdaulichkeit besitzt, für die Tiere sehr schmackhaft und bekömmlich ist und für Milchkühe nach dem Kalben besonders viel

Energie liefert. Ihr Niedergang begann mit dem Aufstieg des Maises (▶ Kap. 7), der viel einfacher anzubauen, zu ernten und zu lagern ist. Während das bereits auf dem Feld gehäckselte Erntegut bei Mais einfach in Fahrsilos vergoren, weitgehend verlustfrei ganzjährig gelagert und technisch einfach für die tägliche Fütterung portioniert wird, müssen die Rüben im Herbst aufwändig in Erdmieten gepackt werden, zur Fütterung gehäckselt werden und zudem sind die Masseverluste durch die Lagerung beträchtlich. Deshalb ist in der Rindviehfütterung die Rübe heute bedeutungslos. Futterrüben oder Runkelrüben, wie sie früher hießen (runkel = dick, mächtig), werden heute nur noch in kleinen Parzellen zum Verkauf an Pferde- oder Kleintierhalter und Jäger angebaut.

Aber auch die **Zukunft der Zuckerrübe** ist wieder ungewiss. Bisher ist der Anbau für die Landwirte lukrativ. In guten Jahren erlösen sie mit Zuckerrüben den doppelten Gewinn (Deckungsbeitrag) wie beim Anbau von Weizen, in schlechten Jahren immer noch etwa denselben Gewinn. Aber Zucker und Zuckerpreis sind, wie zu Napoleons Zeiten, immer noch ein Politikum ersten Ranges. Die Welthandelsorganisation (WTO, *World Trade Organisation*) drängt auf eine weitgehende Liberalisierung des Welthandels und möchte die EU dazu bringen, ihre subventionierten Exporte von Zucker zu begrenzen, um ärmeren Ländern mehr Chancen mit ihrem Rohrzucker auf dem Weltmarkt einzuräumen. Außerdem wird die Zuckermarktordnung geändert. Denn noch ist der Zuckermarkt der EU stark reguliert: 85 % des Bedarfs müssen europäische Zuckerrüben decken, 15 % wird, als Zugeständnis an die WTO, vom Weltmarkt importiert – hauptsächlich Rohrzucker. Außerdem kann kein Landwirt einfach nur so Zuckerrüben produzieren. Er braucht eine „Quote", d. h. einen Liefervertrag, der die Abnahme durch eine Zuckerfabrik bis zu einer bestimmten Menge garantiert. Nun soll die Quotenregelung bis zum Jahr 2017 abgeschafft werden. Denn durch die günstigen klimatischen Voraussetzungen in Deutschland produzieren wir zwar viel Zucker, der ist aber deutlich teurer als auf dem Weltmarkt. Wegen der höheren Sonneneinstrahlung, den niedrigen Arbeitslöhnen, geringen Umwelt- und Qualitätsauflagen und fehlenden sozialen Sicherungssystemen, lässt sich in tropischen Ländern der Zucker aus dem Zuckerrohr einfach kostengünstiger herstellen. Wenn die strikte Einfuhrregulierung in Europa wegfällt, kann die Lebensmittelindustrie ihren Zucker unbegrenzt dort kaufen, wo er am billigsten ist, beispielsweise in Brasilien. Dort ist er derzeit (2013) für rund 450 €/t zu haben, während der festgelegte EU-Binnenmarktpreis bei 710 €/t liegt. Dies hätte natürlich Auswirkungen auf die Anbaufläche von Zuckerrüben in Deutschland – immerhin sind wir in der EU zusammen mit Frankreich der größte Produzent. Der Kampf „Rübe gegen Rohr" wird also von Neuem beginnen. Einen Vorteil für die europäische Zuckerrübe kann es nur geben, wenn die Produktion in Europa billiger wird oder Alternativen für die Verwendung der Zuckerrübe geschaffen werden. Beides könnte in Zukunft wahr werden.

Alternativen zur Zuckerproduktion gibt es für die Rübe bereits heute: Biogas- und Bioethanolproduktion (▶ Kap. 7). Bei beiden Pro-

Billiger Zucker aus Brasilien und seine Konsequenzen:
- Abholzung, Brandrodung von Regenwäldern und Feuchtsavannen
- Umwidmung von Landflächen
- Landkonzentration und Landkonflikte
- Verdrängung der Eigenversorgung, Hunger
- Hoher Wasserverbrauch

zessen hat die Zuckerrübe hervorragende Ausbeuten, weil Zucker ein hochenergetischer Stoff ist, der sich von den Bakterien, gleich ob bei der Biogasgewinnung oder der alkoholischen Gärung, besonders rasch und leicht umsetzen lässt. So hat ein Langstreckentest mit PKW ergeben, dass man mit Biogas aus den unterschiedlichen Quellen unterschiedlich weit fahren kann (s. ◘ Abbildung „Mit Biogas von 1 Hektar kann man…"). Allerdings sind die Lagerungs- und Verarbeitungskosten bei Zuckerrüben derzeit von allen Vergleichsfrüchten noch am höchsten. Dies kann die weitere Selektion auf hohen Rübenertrag noch ändern. Im Gegensatz zum Zuckergehalt sind hier durchaus Steigerungen möglich.

Einen noch größeren Produktionsschub könnte die **Entwicklung von „Winterrüben"** geben. Ähnlich wie bei dem Wechsel vom Sommer- zum Winterweizen Anfang des 20. Jahrhunderts könnte heute ein Wechsel von der Sommer- zur Winterfrucht bei Zuckerrüben eine Ertragssteigerung von 20–30 % bringen. Es wird dadurch die Anbauphase (Vegetationsperiode) verlängert, die Winterfeuchtigkeit besser ausgenutzt und eine Frühsommertrockenheit kann die dann schon etablierte Pflanze besser überstehen als kurz nach der Saat. Aber dafür sind zwei Voraussetzungen nötig, die derzeit beide noch nicht gegeben sind: Winterfestigkeit und Schossresistenz. Winterfestigkeit ist die Fähigkeit, den Winter ohne Schaden zu überstehen. Diese Eigenschaft ist in den heutigen Zuckerrüben nicht verankert, es gibt aber – besonders bei den eher milden Wintern in Norddeutschland – Formen, die dort deutlich besser den Winter überstehen als andere. Hier können also durch herkömmliche Auslese Fortschritte erzielt werden. Anders ist es bei der Schossfestigkeit. Die Rübe bildet nach einem Kältereiz (Vernalisation) unweigerlich die für den Landwirt unerwünschten Blüten und Samen. Dann geht ein großer Teil ihrer Energie in die Blütentriebe und nicht mehr in die Speicherwurzel. Dies findet auch dann statt, wenn die Aussaat im Herbst erfolgt, im Folgejahr kommt es dann gar nicht erst zur Rüben-, sondern gleich zur Samenbildung. Das lässt sich auf herkömmlichem Wege nicht vermeiden.

Es gibt aber **gentechnische Ansätze**, die hier helfen könnten, denn die Bereitschaft zur Blüte wird durch ein einziges Steuergen wesentlich beeinflusst. Dieses so genannte Schossergen *b* (engl. *bolting*, schossen) kann durch den Einsatz spezieller Steuerelemente in der lebenden Pflanze gezielt abgeschaltet werden (*gene silencing*, ► Exkurs). Dadurch werden die Effekte der Vernalisation unterbunden, es kommt trotz Kältereiz im Winter nicht zur Blüten- und Samenbildung und die Rübe kann im Spätsommer geerntet werden. Dabei gibt es noch einen weiteren Vorteil: Der Anbau von Zuckerrüben erfolgt normalerweise von April bis September/November, ihre Verarbeitung von September bis Januar. Da nicht alle geernteten Zuckerrüben zur gleichen Zeit verarbeitet werden können, entstehen durch die Lagerung große Speichersubstanzverluste durch Spaltung der Saccharose in Glucose und Fruktose. Durch den Anbau von schossfesten Winter- und „normalen" Sommerrüben lassen sich die Aussaat- und Erntetermine so variieren,

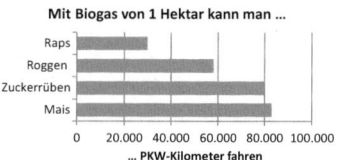

Quelle: FNR e.V.

Exkurs

Gene gezielt ausschalten (*gene silencing*)

Wenn die Zelle ein Gen abliest, fertigt sie dafür zunächst eine Abschrift der gewünschten Sequenz von der doppelsträngigen DNS, die mRNS (*messenger*-Ribonukleinsäure, Boten-RNS). Nur dieses Molekül verlässt den Zellkern und bestimmt, welches Eiweiß nach dieser Vorlage gebildet wird. Die mRNS entsteht stets als ein einzelner Strang. Bringt man in den Zellkern doppelsträngige RNS (dsRNS) einer bestimmten Sequenz, dann wird sowohl das irreguläre doppelte als auch das normale einsträngige RNS-Molekül abgelesen. Damit wird die zu übertragende Information zerstört, das zugehörige Protein wird nicht gebildet. Diese Störung der zelleigenen Proteinproduktion trägt den Namen RNS-Interferenz (RNSi). Heute kennt man neben der dsRNS noch weitere Typen interferierender RNS, die auch natürlicherweise vorkommen (z. B. bei Viren). Der große Vorteil des Verfahrens: Wer die Sequenz der Original-DNS kennt, kann die passenden interferierenden RNS-Moleküle im Reagenzglas herstellen, in die Pflanze einbringen und damit die **Expression [▶ Expression]** jedes beliebigen Gens – oder gleich mehrere – ausschalten. Die Erbsubstanz DNS im Kern der Zelle bleibt dabei vollkommen unberührt.

Expression (Genexpression) bedeutet, dass die genetische Information eines Gens in Protein übersetzt wird und damit in Erscheinung tritt

Herbizidtoleranz: Durch ein zusätzliches bakterielles Gen wird die Pflanze tolerant gegen Breitbandherbizide, die alle anderen Pflanzen abtöten

dass die Gesamterntezeit (Kampagne) und Weiterverarbeitung weitgehend ohne Zuckerverluste verlängert werden kann. Doch das ist heute noch eine Zukunftsvision und würde auch die gesellschaftliche Akzeptanz von gentechnisch-veränderten (gv) Kulturpflanzen voraussetzen.

In den USA sind gentechnisch veränderte, **herbizidtolerante [▶ Herbizidtoleranz]** Zuckerrüben schon seit einigen Jahren zugelassen und der Anbau ist nach einer erneuten Prüfung der Umweltauswirkungen durch die US-Landwirtschaftsbehörde USDA seit 2012 wieder ohne Einschränkungen erlaubt. Trotz gerichtlicher Auseinandersetzungen blieb der Anteil an gv-Zuckerrüben mit 90–96 % der Gesamtanbaufläche in den letzten Jahren konstant. Dies zeigt, wie vorteilhaft diese gv-Kulturpflanze für die amerikanischen Landwirte ist, weil die Zuckerrübe in ihrem Jugendstadium gegen Unkraut und Ungras kaum konkurrenzfähig ist und ein Einsatz von Herbiziden unvermeidbar ist.

Zusammenfassung und Ausblick

Die Zuckerrübe ist eine reine Industriepflanze. Sie wurde in Deutschland und später auch in Frankreich planmäßig aus der Runkelrübe durch Auslese auf maximalen Zuckerertrag entwickelt (◘ Abb. 9.11). Damit war es Europa durch massive Unterstützung der Politik möglich, vom Rohrzucker aus den tropischen Ländern unabhängig zu werden, was zur Abschaffung der Sklaverei in den damaligen Kolonien beitrug. Der Zuckergehalt wurde von 2 % auf zunächst 6 %, später bis auf 18–20 % gesteigert. Auch der Rübenertrag erfuhr eine deutliche Erhöhung, gleichzeitig wurde auf eine gleichmäßige Rübenform und hohe Lagerfähigkeit ausgelesen. Die Zuckerrübe lieferte auch technische und pflanzenbauliche Impulse für die Landwirtschaft selbst: Schwere Pflüge, Zugochsen und eine große Zahl von Arbeitskräften waren früher zum Anbau nötig; aber sie führte auch zu erhöhtem Ertrag der nachfolgenden Frucht. Die Züchtung auf Einzelfrüchtigkeit der Blüte hielt den Anbau von Zuckerrüben bei sinkendem Arbeitskräfteangebot konkurrenzfähig. Dabei verringerte sich der erfor-

1747	Entdeckung des Zuckers in der Runkelrübe durch A.S. Marggraf
1767	Verfahren zur industriellen Zuckergewinnung
1786	F.C.Achard steigert den Zuckergehalt von unter 2% auf 6%
1801	Weltweit erste Zuckerfabrik in Schlesien
1830	Erste Kreuzungsversuche
1866	Mendelsche Regeln als Grundlage der Pflanzenzüchtung
1891	12% Zuckergehalt
1930	500 Arbeitskraftstunden je Hektar, 15% Zuckergehalt 50 dt Zucker je Hektar
1966	Erste genetisch monogerme Hybridsorte aus deutscher Züchtung
1983	Erste rizomaniatolerante Zuckerrübensorte
2005	Zuckerrübensorten mit Toleranz gegen drei Krankheitserreger
2011	5 Arbeitskraftstunden je Hektar, 18-20% Zuckergehalt 120-150 dt Zucker je Hektar

◙ **Abb. 9.11** Zeittafel (Quelle des Bildes: www.pflanzenforschung.de)

derliche Arbeitskräftebedarf von 500 h/ha auf heute 5 h/ha, gleichzeitig verdoppelte sich der Zuckerertrag und der bereinigte Zuckerertrag stieg alleine seit 1950 um nahezu das Dreifache. Längst wird die Zuckerrübe nicht mehr nur zur Zuckergewinnung eingesetzt. Sie dient auch der Erzeugung von Biogas- und Bioethanol zur Energiegewinnung. Eine Entwicklung von Zuckerrüben als Winterfrucht durch gentechnische Maßnahmen könnte einen weiteren Sprung der Produktivität bringen.

Literatur

Bundessortenamt Hannover (2012) Wertprüfungsberichte Zuckerrüben
v. Hohberg WH (1682) Georgica curiosa. Endter, Nürnberg
Klapp E (1967) Lehrbuch des Acker- und Pflanzenbaues, 6. Aufl. Parey, Berlin, Hamburg
Körber-Grohne U (1987) Nutzpflanzen in Deutschland. Kulturgeschichte und Biologie. K Theiss, Stuttgart
Poehlmann JM (1987) Breeding Field Crops. Avi Publishing Company, Westport
Schechert A, Strube H (2008) Zuckerrübe, *Beta vulgaris* L. In 5 statt 600 Stunden die doppelte Zuckermenge. In: Röbbelen G (Hrsg) Die Entwicklung der Pflanzenzüchtung in Deutschland (1908–2008). Gesellschaft für Pflanzenzüchtung eV, Göttingen, S 342–358
Schneider F (1939) Züchtung der Beta-Rüben. In: Handbuch der Pflanzenzüchtung, 1. Aufl. Bd. IV., S 1–95
Strube Saatzucht (2014) Internet: http://www.strube.net/service/zuckerrueben/thema-des-monats/?n=7-16-81-615

Kartoffeln – Geschenk der Götter

Thomas Miedaner

T. Miedaner, *Kulturpflanzen*,
DOI 10.1007/978-3-642-55293-9_10, © Springer-Verlag Berlin Heidelberg 2014

Die Kartoffel steht weltweit von der Anbaufläche her an zehnter Stelle der wichtigsten Kulturpflanzen. Sie ist heute vor allem in den nördlichen Regionen mit Anbauschwerpunkten in (Ost-)Europa verbreitet, aber auch in China und Indien. Obwohl die Kartoffel die Ernährungsbasis der Indios in den Hohen Anden war, wurde ihr großer Einfluss auf die Menschheitsgeschichte erst nach ihrer Einführung nach Europa im 16. Jahrhundert und weiten Anbauverbreitung im 18. Jahrhundert deutlich. Sie gedeiht auf fast allen Böden bis in große Höhen und bringt selbst unter einfachsten landwirtschaftlichen Bedingungen rund vierfach höhere Erträge als Getreide. Überall, wo die Kartoffel eingeführt wurde, wuchs die Bevölkerung. Die billige Ernährung durch die Kartoffel war die Basis der raschen Industrialisierung Westeuropas, mit den Folgen einer enormen Kapitalansammlung der Oberschicht und der Verarmung der in den Städten zusammengezwängten Industriearbeiter. Auch heute trägt die Kartoffel zur Welternährung bei, zumal sie ernährungsphysiologisch wertvoll ist und selbst bei alleinigem Verzehr nicht, wie Mais und Reis, zu Mangelernährung führt.

10.1   Einordnung in das Pflanzenreich, Vorfahren und Verwandte

Die Kartoffel (*Solanum tuberosum* L.) gehört zur Familie der Nachtschattengewächse (*Solanaceae*) und ist damit verwandt mit Tomate, Paprika, Aubergine und Tabak. Die krautige Pflanze (◨ Abb. 10.1) kann eine Höhe von bis zu einem Meter erreichen und trägt im Sommer weiße bis dunkelviolette Blüten. Die giftigen grünen Früchte sind Beeren mit zahlreichen Samen (generative oder geschlechtliche Vermehrung). Zur Ernährung dienen dagegen die sich im Boden befindlichen Kartoffelknollen (◨ Abb. 10.1b). Die Vermehrung für den Feldanbau erfolgt vegetativ, d. h. ungeschlechtlich, über die Knollen. Pro eingepflanzter Kartoffelknolle („Pflanzkartoffel") können in der Regel 12–15 (Tochter-)Knollen geerntet werden. Bei dieser Fortpflanzung über Knollen sind alle Nachkommen genetisch identisch (Klone). Sind Kartoffelknollen eine Zeit lang dem Licht ausgesetzt, entstehen aus den Knospen („Augen") Lichtkeime mit grünen Blättern (◨ Abb. 10.1c). Dies zeigt schon, dass die Kartoffelknolle keine Wurzel, sondern eine Verdickung des Sprosses ist. Wird eine Knolle eingepflanzt, wachsen neben den oberirdischen grünen Trieben unterirdische Seitentriebe, die so genannten Stolone, an denen sich durch Verdickung neue Knollen bilden. Diese (Spross-)Knollen sind die Speicherorgane der Pflanze. Wurzeln an der Basis der Sprossachse und an den Knoten der Stolonen sorgen für die Wasser- und Nährstoffaufnahme. Kartoffelpflanzen sind sehr anpassungsfähig und stellen an Klima, Boden und Fruchtfolgestellung keine besonders hohen Ansprüche.

Die Abstammung der Kartoffel gehört zu den kompliziertesten unter den Nutzpflanzen und ist immer noch Gegenstand heftiger

⬛ **Abb. 10.1** Kartoffel (*im Uhrzeigersinn*): **a** Blühende Kartoffelsorten im Feld. **b** Vielfältiges Angebot von (Bio-)Kartoffeln auf deutschen Märkten: Rotschalige Cherie, Violetta, Rosa Tannenzäpfle und Bamberger Hörnle im Vergleich zu einer modernen Speisekartoffel (*oben rechts*). **c** Auskeimende Augen der Kartoffel. **d** Einzelne Kartoffelpflanze im Feld. **e** Kartoffelblüte

wissenschaftlicher Diskussionen. Das beginnt bei der Taxonomie und liegt daran, dass man heute rund 200 knollentragende Kartoffelarten (Sektion *Petota*) kennt, die zum Teil sehr nah miteinander verwandt sind und von denen einige untereinander spontan fruchtbare Nachkommen bilden. Die indianischen Völker Südamerikas achteten nicht auf die Reinheit ihrer Kartoffeln, wie in der modernen Landwirtschaft, sondern bauten alles bunt gemischt durcheinander, was zu weiteren Kreuzungen innerhalb und manchmal auch zwischen den Arten führte. Hinzu kommt, dass viele Kartoffelarten Fremdbefruchter sind, also Kreuzungen zwischen verschiedenen Formen gefördert werden, und sie sich ebenfalls vegetativ fortpflanzen, so dass sich auch sterile Kreuzungsprodukte mit einer ungeraden Zahl an Chromosomensätzen über die Knollen weiter vermehren können.

Die Grundzahl der Chromosomen ist bei allen Kartoffelarten $n = 12$. Dabei gibt es unterschiedliche Ploidiestufen (Anzahl von Chromosomensätzen): diploide *(2n = 2x = 24)* und tetraploide *(2n = 4x = 48)* sind die üblichen, es kommen aber auch triploide *(2n = 3x = 36)* und pentaploide *(2n = 5x = 60)* Arten vor. Unsere heute weltweit angebaute Kulturkartoffel ist tetraploid, die vier Genome können nicht unterschieden werden (Genomkürzel: AAAA). Im Laufe der Kulturgeschichte wurden in Südamerika verschiedene Kartoffelarten kultiviert, heute unterscheidet man neun Gruppen.

Systematik

Solanum L. sect. *Petota*

S. tuberosum L.

Ajanhuiri-Gruppe (*2x*)	Südperu bis Zentralbolivien
Stenotomum-Gruppe (*2x, 3x, 4x*)	
	Kolumbien bis Nordargentinien
Phureja-Gruppe (*2x, 3x, 4x*)	Peru (östliche Tiefebenen)
Chaucha-Gruppe (*3x*)	Ecuador bis Nordperu
Juzepczukii-Gruppe (*3x*)	Zentralperu bis Nordargentinien
Curtilobum-Gruppe (*5x*)	Ostvenezuela, Zentralperu bis Nordargentinien
Andigenum Gruppe (*4x*)	Ostvenezuela bis Nordargentinien
Chilotanum-Gruppe (*4x*)	südliches Zentralchile
Tuberosum-Gruppe (4x)	**weltweit**

Innerhalb dieser Gruppen gibt es viele Formen, die sich nur molekular, aber nicht vom Aussehen her unterscheiden lassen. Sie können sich kreuzen und fruchtbare Nachkommen erzeugen. Die Tuberosum-Gruppe kommt wild nicht vor, hier werden die außerhalb Südamerikas gezüchteten und angebauten Kulturkartoffeln zusammengefasst. In Südamerika selbst werden heute noch Kartoffelformen aus verschiedenen Gruppen angebaut, die die Indios schon vor Jahrtausenden kultivierten.

Wildkartoffeln wachsen heute von den südöstlichen USA über Mexiko und Mittelamerika bis in die Südspitze Chiles (◘ Abb. 10.2). Die meisten der wilden Arten kommen aus Südamerika, sind diploid, Fremdbefruchter und besitzen ein genetisches System, das Selbstbefruchtung verhindert (selbstinkompatibel). Sie wachsen von den kalten Andenregionen (3000–4500 m Höhe) bis in wärmere Gebirgstäler, in subtropischen, feuchten Wäldern genauso wie in trockenen Hochebenen und nebligen Küstentälern. Durch natürliche Kreuzungen sind sie hochvariabel und können sich praktisch allen Gegebenheiten anpassen. Die selteneren tetraploiden Arten, aus denen unsere Kulturkartoffel hervorging, bringen deutlich höhere Erträge. Die Knollen von Wildkartoffeln sind in der Regel klein und bitter im Geschmack, was auf giftige Alkaloide (Solanin) zurückgeht, mit denen sie sich gegen ihre Fraßfeinde und gegen pilzliche Fäulnis verteidigen. Der Solaningehalt von Kartoffeln war früher wesentlich höher als heute. Noch in einer Studie vom Mai 1943 wurde der Solaningehalt von Kartoffeln der Sorte „Voran" mit 32,5 mg/100 g angegeben, wobei kleine, grüne Kartoffeln bis zu 55,7 mg/100 g erreichten. Heute verfügbare Kartoffelsorten weisen einen Solaningehalt von 3–7 mg/100 g in der Schale auf, der Gehalt im Kartoffelkörper ist noch wesentlich gerin-

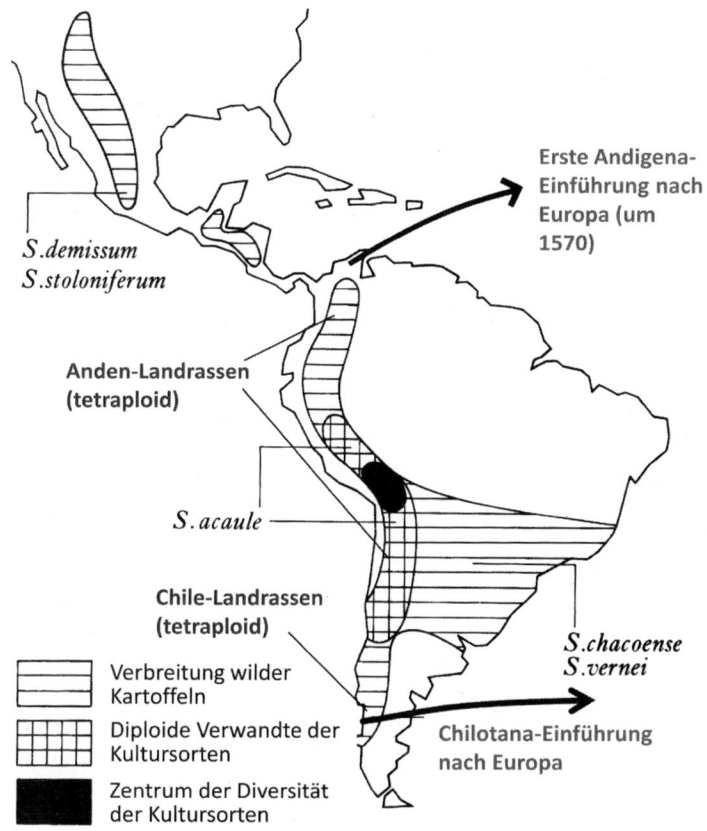

Abb. 10.2 Verbreitung der Wildkartoffeln in Südamerika mit der Nennung ausgewählter Arten. (Nach Simmonds 1976, verändert)

ger (0,02–0,1 mg/100 g). Da sich ein großer Teil des Solanins direkt in bzw. unter der Schale befindet, wird durch das Schälen der Kartoffel der Gehalt an Solanin weiter reduziert. Alle grünen Teile der Pflanze enthalten dagegen auch heute noch hohe Solaninmengen. Liegen Kartoffelknollen im Licht und werden grün, dann bilden sie an diesen Stellen wieder Solanin.

Bei der Abstammung der heutigen, weltweit verbreiteten Kulturkartoffel (Tuberosum-Gruppe) herrscht Einigkeit darüber, dass die Andenkartoffel (Andigenum-Gruppe) eine wichtige Rolle spielte. Umstritten ist jedoch immer noch, welches die genauen Ausgangsform(en) dieser Gruppe war. David M. Spooner et al. (2005) zeigten durch molekulare Untersuchung von zahlreichen wilden und kultivierten Formen, dass die Kulturkartoffel, ausgehend von Wildformen im mittleren oder südlichen Peru, nur in einem Gebiet in Kultur genommen wurde und sich von dort aus verbreitete.

Die tetraploiden Arten kommen in zwei unterschiedlichen Regionen Südamerikas vor (◘ Abb. 10.2): In den hohen Anden von Venezuela bis Argentinien (Anden-Landrassen, Andigenum-Gruppe) sowie mit einer deutlichen Verbreitungslücke von rund 600 km auf dem Chiloé-Archipel in Chile, dem benachbarten Chonos-Archipel und den angrenzenden Ebenen des südlichen Zentralchile (Chile-Landrassen, Chilotanum-Gruppe). Diese kultivierten Landsorten aus Chile leiten sich von den Anden-Landrassen ab und entstanden wahrscheinlich durch Kreuzung mit einer weiteren Wildart aus Bolivien oder Argentinien.

10.2 Überlebenskünstler aus den Hohen Anden

Die indigene Bevölkerung Mittel- und Südamerikas hat im Verlauf ihrer Geschichte mehr Wildpflanzen kultiviert und der menschlichen Ernährung nutzbar gemacht als jede andere Kultur der Welt. Und während man früher dachte, dass die Bauern Südwestasiens die ersten gewesen seien, die Pflanzen kultivierten, so wissen wir heute, dass die Indios Mexikos und Perus so ziemlich um dieselbe Zeit mit dem Anbau von Mais und Kartoffeln begannen. Die größte Diversität wilder Kartoffelarten findet sich heute im Bereich des Titicacasees in Peru und Bolivien (◘ Abb. 10.2), wo die Kartoffel möglicherweise auch zwischen 8000 und 5000 v. Chr. erstmals kultiviert wurde. Auf dem Grund einer Höhle im Chilca-Canyon in der Küstenebene Perus nahe Lima fanden sich Überreste von möglicherweise kultivierten Kartoffelknollen aus der Zeit um 5000 v. Chr. Weitere Funde aus Peru datieren von 2500–1500 v. Chr. Es wird angenommen, dass die ersten Kartoffeln auf Terrassen mittlerer Höhe in Flusstälern angebaut wurden, die sich von der Küste in die Hohen Anden ziehen. Von diesen Bergterrassen, *Andenes*, haben die Anden ihren Namen. Und die Völker der Hohen Anden waren die einzigen großen Kulturen, deren Existenz auf Kartoffeln und nicht auf Getreide beruhte.

Die Kartoffel hatte auch in den vorkolumbianischen Kulturen der Anden eine hohe Bedeutung für die Ernährung. So finden sich zahlreiche Darstellungen frischer und gefriergetrockneter Kartoffeln auf den Gefäßen der Moche-Kultur im nördlichen Peru (1.–8. Jh. n. Chr.), auf Urnen aus dem Nazca-Tal (650–700 n. Chr.) und Töpfen der Inkas. Klassischerweise wurden von den südamerikanischen Kulturen Mais und Quinoa in den niedrigeren Küstenregionen angebaut, Kartoffeln und andere Knollenfrüchte in größeren Höhen. Die Terrassenkultur in den Andentälern bewahrte Feuchtigkeit und schützte die Bodenkrume vor Erosion. Durch die extreme Kleinräumigkeit und den fehlenden Austausch zwischen den Tälern kam es zur Auslese von Tausenden von Landsorten, die sehr variabel in Form, Größe, Schalen- und Fleischfarbe (◘ Abb. 10.1b) sind und jeweils auf die speziellen ökologischen Bedingungen ihres Tales angepasst waren. Die Indios hatten bereits die Dammkultur erfunden, die wir heute noch praktizieren. Zwei große Probleme der Kartoffel als Grundnahrungsmittel sind ihre nur begrenzte Lagerfähigkeit und der hohe Transportaufwand, beides bedingt durch den hohen Wassergehalt von rund 75 %. Auch dafür hatten die indigenen Völker der Anden Lösungen entwickelt. Eine Lösung ist die natürliche Gefriertrocknung (*chuños*) in Frostnächten, auf die sonnige Tage folgten. Die giftigen Alkaloide, die auch die Knollen vieler Landrassen noch enthalten, wurden durch wochenlanges Wässern in Gebirgsbächen ausgewaschen. So konnten die Kartoffeln über Jahre haltbar gemacht werden und wurden durch den Wasserverlust leichter, was ihren Transport in niedrigere Lagen ermöglichte. *Chuños* wurden in Suppen und Eintöpfen wieder mit Wasser versehen und verzehrt. Eine andere Methode der Haltbarmachung, vor allem in niedrigeren Höhenlagen, wo eine Gefriertrocknung nicht möglich war, waren *papa seca*, dehydrierte Kartoffeln. Dazu wurden die Knollen gekocht, geschält, geschnitten, sonnengetrocknet und dann zu Stärkepulver vermahlen, das noch heute als Beilage zu Gemüse und Schweinefleisch verwendet wird.

Auch einen weiteren Nachteil der Kartoffel wussten die Indianer Südamerikas aufzufangen: Die große Krankheitsanfälligkeit. Da die Kartoffel als Knolle und nicht über Samen vermehrt wird, reichern sich in dem wasserhaltigen Gewebe schnell Pilze, Bakterien und Viren an, die dann beim Wiedereinpflanzen der Knolle in das nächste Anbaujahr übertragen werden. Die meisten dieser Krankheiten werden bei der Bildung von Samen nicht weiter verbreitet. Baut man im eigenen Garten immer wieder Kartoffeln an, in dem man einfach die Knollen des Vorjahres in die Erde steckt, dann werden die Kartoffelpflanzen immer kränker, hellgrüner und kleinwüchsiger („Abbau"). Außerdem wird die Kartoffel auch von Fadenwürmern (Nematoden) und Insekten (z. B. Kartoffelkäfer oder Blattläuse) befallen. Hinzu kommt, dass in Europa durch die ungeschlechtliche Vermehrung über Knollen jedes Kartoffelfeld aus nur einem einzigen Genotyp (Klon) besteht, d. h. alle Pflanzen sind genetisch identisch. Sind sie gegen einen bestimmten Krankheitserreger anfällig, hat dieser leichtes Spiel und kann das ganze Feld zerstören.

Die Indios Südamerikas schützten sich vor Krankheits- und Schädlingsbefall durch biologische Vielfalt. Sie unterschieden nicht nach Arten, sondern bauten Mischungen verschiedener Kartoffelformen an. Sie tolerierten über Jahrtausende die Einwanderung wilder Kartoffelformen in ihre Felder, von denen sich einige spontan (von alleine) mit den kultivierten Formen kreuzten und säten sogar gesammelte Samen wilder Kartoffeln auf ihren winzigen Terrassenfeldern aus. Durch natürliche Selektion bildeten sich zahlreiche Schutzmechanismen (Resistenz) gegen viele Schaderreger der Kartoffeln. Durch die so entstehende enorme genetische Vielfalt der Kartoffel (Diversität) können sich Krankheitserreger nicht so schnell ausbreiten und nicht so viele Schäden anrichten (**Koevolution [▶ Koevolution]**). Hinzu kommt, dass manche wilden Kartoffelformen stark spezialisiert sind, so dass Kreuzungen mit ihnen zu noch größerer genetischer Vielfalt führen. Es gibt beispielsweise eine Wildart, die so stark behaart ist, dass Käfer auf ihr nicht entlang krabbeln können und sie deshalb meiden. Die Indios entwickelten in den Hohen Anden sogar frostresistente Kartoffelformen, die bis in 4500 m Höhe wuchsen und selbst nach sommerlichen Schneestürmen noch Knollen erbrachten.

Wichtige Krankheiten der Kartoffel

Viren:
– X-, Y-Virus
– Blattrollvirus

Bakterien:
– Knollennassfäule
– Schwarzbeinigkeit
– Kartoffelschorf

Pilze:
– Kraut- und Knollenfäule
– Wurzeltöterkrankheit
– Dürrfleckenkrankheit

Insekten:
– Kartoffelkäfer
– Blattläuse

Koevolution. Prozess der wechselseitigen Anpassung von Wirt und Krankheitserreger; er führt zu Resistenzbildungen des Wirtes und höherer Spezialisierung des Erregers

Es ist für uns in der modernen Landwirtschaft unvorstellbar, welche **biologische Vielfalt** heute noch auf den Feldern der Bauern in den Anden herrscht und wie genau diese ihre Kartoffeln kennen. Stef de Haan (2009) untersuchte dafür in seiner Doktorarbeit über mehrere Jahre die Kartoffelfelder von acht Dorfgemeinschaften mit molekularen Markern und interviewte bis zu 160 Bauern. Er fand auf den Feldern mehrere Wildarten und Kulturkartoffeln in unterschiedlichen Häufigkeiten wieder. Durch gegenseitige Befruchtung vor allem der diploiden, offenblühenden und fremdbefruchtenden Kartoffeln ist der Unterschied zwischen „kultiviert" und „wild" vage, es findet ein ständiger genetischer Austausch (Genfluss) statt. Der Prozess läuft wohl auch umgekehrt, so dass aus kultivierten Formen erneut Wildkartoffeln werden. Dazu passt, dass manche wilde Kartoffelformen bevorzugt in der Nähe von menschlichen Siedlungen vorkommen, wo sie den fruchtbaren Boden für sich nutzen. Ein einziges Feld hatte nach seinen Untersuchungen bis zu 100 unterscheidbare Kartoffelformen. Als de Haan 101 Bauern bat, die Namen ihrer Kartoffelformen in ihrer Landessprache (Quechua) aufzuschreiben, kamen 879 Namen zusammen und die Bauern waren in der Lage, rund 80 % der Kartoffeln im Feld richtig den Namen zuzuordnen. Die Kartoffeln aller acht Dörfer zusammen genommen ergaben mindestens 400 genetisch unterschiedliche Sorten, in einem einzelnen Dorf gab es bis zu 163 visuell unterscheidbare Kartoffelformen! Hinzu kommt, dass der Kartoffelanbau eines einzigen Bauern auf 3–9 Feldern mit einer Größe von 660–1600 m² stattfindet. Die Kleinräumigkeit der dortigen Berglandwirtschaft ist eine zusätzliche Risikoverminderung bei Krankheits- oder Schädlingsbefall. In tieferen Lagen werden für den Markt auch in den Anden moderne Sorten mit höheren Erträgen angebaut, aber für den lokalen Konsum und in den Höhenlagen hat die riesige Vielfalt der traditionellen Formen bis heute überlebt. Dies trägt dazu bei, dass die Indios seit Jahrtausenden eine prinzipiell so krankheitsanfällige Pflanze wie die Kartoffel erfolgreich kultivieren und als Lebensgrundlage verwenden konnten.

10.3 Der Beginn der Globalisierung im 16. Jahrhundert

Als die Spanier zwischen 1525 und 1543 das Inkareich eroberten, fanden sie überall im Hochland von Peru Felder mit einem eigentümlichen Kraut mit violetten oder rosa Blüten und kleinen hochgiftigen Früchten. Die Indios mussten die neugierigen Eroberer mühsam davon abhalten, das Kraut oder die Früchte zu essen. Als die Spanier dann die nährstoffreichen Knollen zu sehen bekamen, verwechselten sie diese mit der äußerlich ähnlichen Süßkartoffel (*batata*) und nannten sie spanisch *patata*. Die Engländer schlossen sich diesem Trugschluss an. Deshalb heißt die Kartoffel heute im englischen Sprachraum *Irish potato* oder *white potato*, im Unterschied zur Süßkartoffel (*sweet potato*). Als die Italiener erstmals die Kartoffel sahen, brachten sie diese in Verbindung mit den einheimischen Trüffeln, die auch unterirdisch wachsen, und der italienische Name für Trüffel (*tartufolo*) gab der Kartoffel auch ihre deutsche und russische Bezeichnung. Noch Friedrich der Große sprach von „Tartuffeln" oder „Tartüffeln".

Doch Kartoffeln, Mais, Tomaten und Paprika waren nicht das Einzige, was im Zeitalter der Entdeckungen ab dem 15. Jahrhundert aus Amerika importiert wurde und Weizen, Gerste und Pferde waren nicht das Einzige, was umgekehrt von Europa nach Amerika exportiert wurde. In Wirklichkeit fand ein gigantischer Austausch von Kultur- und Zierpflanzen, Tieren und Krankheiten statt, die nicht nur Europa und die beiden Amerikas betraf, sondern auch den Rest der Welt. In der englischsprachigen Literatur wird diese erste Phase einer Globalisierung *Columbian exchange* genannt, weil alles mit der ersten Fahrt des Kolumbus 1492 begann. Auch wenn er kein Gold und keine seltenen Gewürze, nicht einmal die Kenntnis des Seeweges nach Indien mitbrachte, so hat er doch mit der Einfuhr von Mais, Tomaten und Zuckerrohr die Welt grundlegend verändert. Doch das ahnte damals noch niemand, seine Reisen galten wirtschaftlich als Fehlschläge. Und Kolumbus war erst der Anfang, seine Nachfolger brachten in großem Stile Kulturpflanzen und Tiere in beide Richtungen. Diesem bis dahin unvorstellbaren Artenaustausch ist es zu verdanken, dass es heute Tomaten in Italien, Paprika in Ungarn, Apfelsinen und Reis in den USA, Schokolade in der Schweiz und Chilipfeffer in Thailand gibt. Der Mais ist übers Meer nach Afrika gelangt, die Süßkartoffel nach Ostasien, Weizen, Gerste, Apfel und unsere Haustiere nach Amerika, Australien und Neuseeland, Rhabarber und Eukalyptus nach Europa. Ohne diesen kolumbischen Austausch wäre Europa wohl kaum zur Weltmacht aufgestiegen und die USA wären heute nicht einer der größten Weizenexporteure der Welt. Denn dieser Austausch war durchaus geplant und gezielt vonstatten gegangen. Dabei wurden wohl mehr Arten aus Europa nach Amerika exportiert als umgekehrt. Es gab regelrechte Gesellschaften, die dafür sorgten, dass es in den Gärten und auf den Feldern der Siedler in den „Neuen Ländern" genauso aussah wie zu Hause.

Doch es kamen nicht nur erwünschte Lebewesen übers Meer. Mindestens genauso viel Einfluss hatten Krankheitserreger, die unfreiwillig zwischen Menschen und Pflanzen ausgetauscht wurden. Die Syphilis war eine Geißel aus Amerika, obwohl sie in Europa gerne als „Französische Krankheit" bezeichnet wurde, Pest, Pocken, Grippe, Masern, Mumps, Schnupfen aus Europa dezimierten nach unterschiedlichen Schätzungen 75–90 % der indigenen Bevölkerung Amerikas, weil sie keinerlei Abwehrmechanismen gegen diese neuen Krankheitserreger hatten.

Aber auch Kulturpflanzen in Europa waren verheerenden Epidemien ausgesetzt, als die passenden Krankheitserreger einige Jahrhunderte später nachrückten. Dies betraf sowohl alte europäische Kulturpflanzen, Paradebeispiel ist die Weinrebe, als auch alle neuen amerikanischen Kulturpflanzen. Die Weinrebe, die seit Jahrtausenden in Europa kultiviert wurde, kam ab Mitte des 19. Jahrhunderts durch neue Pilzkrankheiten (Echter und Falscher Mehltau) und Schädlinge (Reblaus) aus Amerika an den Rand der Ausrottung. Gegen die Schadpilze spritzen wir heute noch intensiv Pflanzenschutzmittel, die verheerenden Schäden der Reblaus konnten durch Einführung resistenter amerikanischer Reben als Unterlage der europäischen Rebe kontrolliert werden. Noch verheerender waren die Einschleppung der Kraut- und Knollenfäule der Kartoffel (▶ Abschn. 10.6), des Kartoffelkäfers oder des Blauschimmels des Tabaks nach Europa. Umgekehrt „erbte" Amerika von uns die Hessenfliege des Getreides und den **Maiszünsler** [▶ **Maiszünsler**] (*European corn borer*). Seit knapp zehn Jahren macht ein neuer Maisschädling aus den USA bei uns Furore, der Maiswurzelbohrer. Der „kolumbische Austausch" und die Globalisierung von Kulturpflanzen und ihren Krankheiten geht also weiter!

Maiszünsler. Ursprünglich in Europa heimischer Schmetterling, wo die Larven auf verschiedenen Pflanzenarten wie Hirse, Hanf, Hopfen oder Beifuss lebten. Er wurde zwischen 1910 und 1920 nach Nordamerika verschleppt

10.4 Schweinefutter, Giftpflanze und Lepraknolle – Der schwierige Start der Kartoffel in Europa

Eine der ältesten Beschreibungen der Kartoffel stammt von Cieza de Léon, der Expeditionen durch Südamerika begleitete und 1553 seinen Reisebericht veröffentlichte. Über die Indios der Hochtäler um den Titicacasee schrieb er: „Ihre Hauptnahrung ist die Kartoffel. … sie trocknen diese Kartoffeln in der Sonne". Die Spanier brachten mehrfach Kartoffeln in ihr Heimatland, darunter auch eine Mustersendung direkt an den Hof König Philipps II. Nach den ersten Beschreibungen waren es rotschalige Kartoffeln mit großen violetten Blüten. Auch weiter im Süden, in der Küstenebene des heutigen Chiles, bauten die Indios Kartoffeln an. Der Sage nach soll Francis Drake die Kartoffel in England eingeführt haben, aber das ist eine Legende. Wahrscheinlicher war es ein Sklavenhändler, der sie aus Venezuela im Jahre 1565 mitbrachte. Dabei handelte es sich um gelbschalige Kartoffeln mit weißen oder violetten Blüten.

Die Frage der Herkunft der europäischen Kartoffel, die sich von hier aus in die restliche Welt verbreitete, konnte durch molekulare Untersuchungen der Gruppe um David M. Spooner geklärt werden (Rios et al. 2007). Er untersuchte die Herkunft von Kartoffeln von den Kanarischen Inseln, dem abgelegenen Fleck Europas, wo die Kartoffel eventuell schon 1562 von Seefahrern eingeführt und 1567 das erste Mal schriftlich als Nahrungsmittel erwähnt wurde. Hier werden heute noch kleine Kartoffeln mit bunten Schalen und unterschiedlichsten Formen angebaut und molekulare Marker zeigen, dass sie eine große Vielfalt aufweisen und aus der Andigenum-, Chaucha- und Chilotanum-Gruppe stammen. Die ältesten Herbarexemplare stammen von Kartoffeln aus der Andenregion und auch die frühen Holzschnitte zeigen oft Kartoffeln mit langen Stolonen und sehr kleinen Knollen (◪ Abb. 10.3), ein typisches Zeichen, wenn Kurztagpflanzen im Langtag angebaut werden. Offensichtlich gab es mehrere Einführungen sowohl der Anden- als auch der Chile-Landrassen nach Europa, aber die Chile-Landrassen waren aufgrund ihres Langtagcharakters besser an die hiesigen Bedingungen angepasst und wurden spätestens seit 1811 zur einzigen Quelle der europäischen Sorten. Dies zeigen auch Studien zur Chloroplasten-DNS, bei denen bei 99 % der heutigen europäischen Sorten eine chilenische Herkunft nachgewiesen werden konnte.

Von kurzen und langen Tagen

Pflanzen hängen bei wichtigen Entwicklungsprozessen, insbesondere bei Blüten-, Frucht- und Knollenbildung, von der Tageslänge ab (Photoperiodismus); die Dunkel- bzw. Nachtphase ist hierbei entscheidend für das Verhalten der Pflanze, das genetisch bedingt ist. Es lassen sich drei Typen von Pflanzen unterscheiden: Kurztagpflanzen, Langtagpflanzen und tagneutrale Pflanzen. Die Entstehung der Kulturformen von Mais und Kartoffel fand in den Tropen bei Kurztagverhältnissen statt. In Europa herrscht im Sommer aber Langtag, so dass spezielle tagneutrale Formen selektiert werden mussten, die trotz der langen Sommertage Blüten und Samen bzw. Knollen bildeten. Tropische Maisformen oder Andigenum-Kartoffeln aus Südamerika beginnen in Deutschland erst im Herbst mit der Blüten- bzw. Knollenbildung, wenn der Kurztag einsetzt.

In Europa wurden Kartoffeln zunächst als botanische Rarität gehandelt und einzelne Knollen und Samen als Geschenk von Fürstenhof zu Fürstenhof geschickt. Sie galten als so kostbar, dass der spanische König Philipp II. dem erkrankten Papst Pius IV. im Jahre 1565 einige Knollen sandte. Aus heute unerklärlichen Gründen wurde die Kartoffel in Europa damals überhaupt mehr als Medizin, denn als Nahrungspflanze angesehen. Eingeweihte schrieben ihr auch liebesfördernde Eigenschaften zu und Lord Byron erzählte noch im frühen 19. Jahrhundert von den „traurigen Einflüssen von Leidenschaften und Kartoffeln". Kartoffeln wurden von den Naturforschern, Ärzten und Apothekern ab der zweiten Hälfte des 16. Jahrhunderts in Gärten gezogen. Der Hofbotaniker der englischen Königin schrieb 1597 ein ganzes Kapitel über die Kartoffel. Die älteste Abbildung einer europäischen Kartoffelpflanze ist ein Aquarell von Phillipe de Sivry (1588). Der Schweizer Botaniker Gaspar Bauhin gibt 1596 eine genaue botanische Beschreibung. Noch 1601 bildet sie der niederländische Botaniker Carolus Clusius (Charles de l'Écluse) in seinem Buch „Geschichte seltener Pflanzen" (*Rariorum Plantarum Historia*) ab (◘ Abb. 10.3), was darauf hinweist, dass sie immer noch als Kostbarkeit gehandelt wurde. Die Botaniker gaben die Kartoffel untereinander weiter und pflegten sie in fürstlichen Gärten, so 1587 in Breslau, 1588 in Nürnberg, seit 1590 in Hessen-Darmstadt in den Gärten des Landgrafen Wilhelm IV, 1598 in Bad Boll im Schwäbischen (◘ Abb. 10.4).

Doch über den Status eines interessanten Exoten kam die Kartoffel in Mitteleuropa zunächst nicht hinaus. Zu hartnäckig waren die Vorurteile gegen diese nahrhafte Frucht, die man aus der Erde ausgraben musste. In Frankreich wie in Deutschland glaubte man allgemein, die Kartoffel verursache Lepra – nur weil gerade, als die Kartoffel nach Europa eingeführt worden war, diese Seuche ausgebrochen war. Auch für Rachitis und Schwindsucht wurde sie als Grund angeführt. Falls

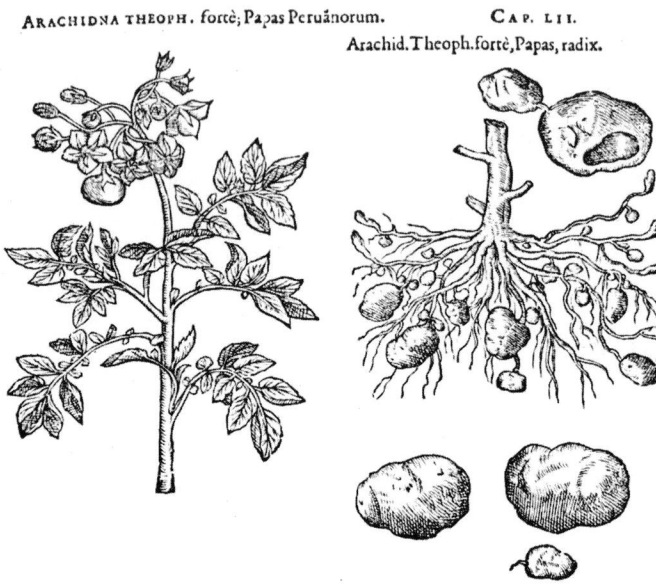

ARACHIDNA THEOPH. forrè; Papas Peruânorum.   CAP. LII.

Arachid.Theoph.fortè,Papas, radix.

○ **Abb. 10.3** Abbildung der Kartoffel aus der „Geschichte seltener Pflanzen" von C. Clusius (1601). Es werden kleine Knollen gezeigt mit langen Stolonen, was typisch ist für den Anbau einer Kurztagspflanze unter den Langtagsbedingungen Mitteleuropas und zeigt, dass die abgebildete Kartoffel aus der Andigenum-Gruppe stammte. (Quelle: Carolus Clusius, *Rariorum Plantarum Historia*. Antwerpen, 1601 via Wikimedia Commons, file Arachnida Teoph.png)

dann doch mal Kartoffeln angebaut wurden, dienten sie höchstens als Schweinefutter. Die Vorurteile über die Kartoffel wurden noch gefördert, als der berühmte Botaniker und spätere Direktor des Wiener Botanischen Gartens, Clusius, schrieb, dass sie zu den äußerst giftigen Nachtschattengewächsen gehört. Damit hatte er botanisch zwar recht, aber er hatte vergessen, darauf hinzuweisen, dass die Knolle nur wenig des giftigen Solanins enthielt, das beim Kochen weitgehend in das Kochwasser übergeht. Auch in Frankreich war man mit dem Verzehr von Kartoffeln sehr zurückhaltend, sie taugten nach damaliger Meinung höchstens als Nahrungsmittel für die Armen. Nachteilig war auch, dass man aus Kartoffeln weder Brot backen noch Brei herstellen konnte, was damals die Hauptnahrungsquellen der Bevölkerung darstellte. Die Schotten lehnten die Kartoffel höchst pragmatisch ab, weil sie nicht in der Bibel erwähnt wurde. Und es gab noch mehr Negativpropaganda. So schrieb der französische Philosoph Denis Diderot in seiner *Encyclopédie*, man könne „sie nicht als Genuss bezeichnen … sie ist für jene, die lediglich am Nährwert interessiert sind".

Als Nahrungsmittel wurde die Kartoffel in Mittel- und Westeuropa immer nur dann wahrgenommen, wenn es zu Hungersnöten kam. Damals war Europa ein politisch unruhiges Gebiet. Ständig kam es zu kleinen und größeren Kriegen und wenn fremde Truppen durch das Land zogen, dann plünderten sie nicht nur die Dörfer und Städte,

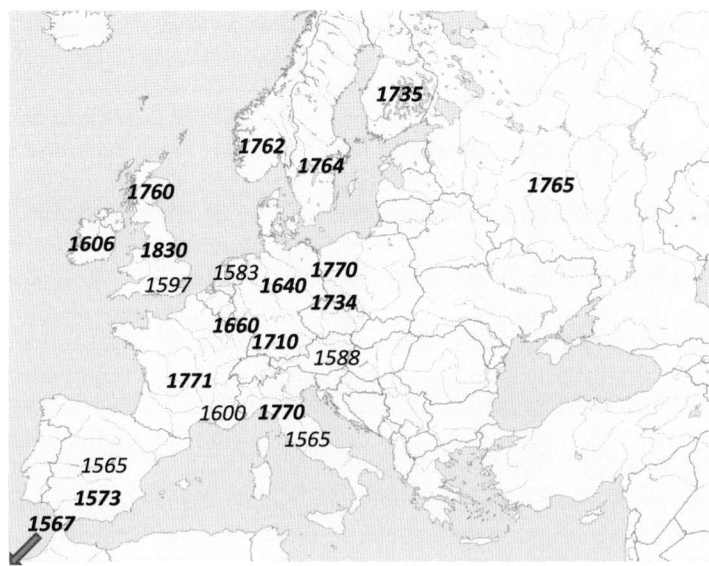

Abb. 10.4 Wichtige Daten zur Einführung der Kartoffel in Europa (*fett*: Feldanbau). (Nach Ames und Spooner 2008, ergänzt)

sondern ernährten sich von dem, was sie auf dem flachen Land fanden. Und was sie nicht essen oder mitnehmen konnten, wurde verbrannt. So kam es häufig zu kriegsbedingten Hungersnöten, einfach weil die Felder zerstört worden waren. Auch die eigenen Soldaten mussten sich von dem ernähren, was sie sich von den Bauern holten. Hier hatte die Kartoffel den einfachen Vorteil, dass sie unterirdisch wuchs und es den räubernden Soldaten viel zu mühsam war, sie auszugraben und sich dreckig zu machen. So schrieb Houghton in einer Landwirtschaftszeitung vom 15.12.1699 über die Kartoffel: „… in drei aufeinanderfolgenden Kriegen, wenn alles Getreide über der Erde zerstört worden war, rettete sie diese (die Kartoffel); weil die Soldaten sie nicht ausrotten konnten, wenn sie nicht das ganze Land umgegraben hätten und die Erde gesiebt …“. Das Zitat stammt aus Irland und diese regnerische, aber fruchtbare, unruhige Insel im Westen Europas war auch das erste Land, in dem die Kartoffel großflächig angebaut wurde. Wahrscheinlich wurde sie von Großgrundbesitzern eingeführt, aber das verliert sich im Dunkel der Geschichte. Jedenfalls wird schon 1662 berichtet, dass in der Zeit des Hungers, nur die Kartoffel „Tausende armer Leute“ vor dem Hungertod gerettet habe. Knapp 30 Jahre später schrieb ein gewisser Stevens über Irland: „Die einfachen Leute sind mit etwas Brot zufrieden und wenn sie dieses nicht haben, essen sie Kartoffeln, die mit Sauermilch Hauptbestandteil ihrer täglichen Nahrung sind“.

Die Kartoffel enthält Proteine, Mineralstoffe und Vitamine in so wertvoller und ausgewogener Zusammensetzung, dass man ohne Mangelernährung praktisch nur von Kartoffeln leben könnte. Dazu sind täglich etwa 20–25 Kartoffeln nötig, die ca. 2500 Kalorien enthalten. Schon wenige Knollen genügen, um den täglichen Vitamin C-Be-

darf eines erwachsenen Menschen zu decken. Deshalb wurde sie von
Kapitänen als Schiffsverpflegung und Gegenmittel gegen den gefürch-
teten Skorbut geschätzt.

In Irland fühlte sich die Kartoffel in dem kühl-feuchten Klima und
auf den kargen Böden wohl. Durch die Realteilung waren in Irland die
Flächen eines Bauern oft nur handtuchgroß. Anbau, Ernte und Verarbeitung der Kartoffel waren einfacher als bei Getreide und konnten
auch ohne Maschinen, aber mit großer Plackerei von Hand erledigt
werden. Dazu wurde ein Stück ungepflügtes Land von 1–2 m Breite
und der erforderlichen Länge mit Mist gedüngt und die Saatkartoffeln darauf gesetzt. Sie wurden von breiten Gräben aus, die auf jeder
Seite der Parzelle gegraben wurden, mit Erdsoden (*turves*) bedeckt
und wenn die Sprosse durch die Oberfläche brachen, häufte man weitere Erde darauf. Mehr war bis zur Ernte nicht nötig und die Iren
bezeichneten diese Anbaumethode treffenderweise als „faules Bett"
(*lazy bed*). Während des 18. und 19. Jahrhunderts dehnte sich in Irland
der Kartoffelanbau mehr und mehr aus. 1814 wurden Kartoffeln auf
etwa 80.000 ha und 22 Jahre später auf dem Doppelten der Ackerfläche angebaut. In derselben Zeit wuchs die Bevölkerung von etwa
3,6 Mio. auf 8,2 Mio. Menschen, eine Zahl, die bis heute nicht wieder erreicht wurde. Die Bevölkerungsdichte war damals höher als im
heutigen China. Über 90 % des gesamten in Irland anfallenden Dungs
soll damals für den Kartoffelanbau eingesetzt worden sein und es wird
von hohen Dunggaben von 80–100 dt/ha berichtet. Damit erzielten
die Iren um 1780 Durchschnittserträge von 160 dt/ha, eine enorme
Menge, wenn man bedenkt, dass damals die durchschnittlichen Getreideerträge bei 13 dt/ha für Weizen und Hafer und 18 dt/ha für
Gerste lagen. Rechnet man diese Gewichte auf die Trockenmasse um,
weil die Kartoffel ca. 80 % Wasser enthält, das reife Getreidekorn aber
nur 14 %, so wurden damals bei Kartoffeln 32 dt/ha Trockenmasse, bei
Getreide aber nur 11–16 dt/ha Trockenmasse geerntet, die Kartoffel
brachte also doppelt so viel Trockenmasseertrag. Und das war damals
bei den einfachen Landwirtschaftsmethoden, die oft Mindererträge
und Missernten brachten, Grund genug, der Kartoffel immer mehr
Fläche einzuräumen. Auch der Reisende J. Young, der von 1776–1778
durch Irland zog, schreibt, dass in Kerry die Armen von Kartoffeln und
Sauermilch lebten und von einem Hering dann und wann. Angeblich
soll eine Familie von 5–6 Personen 130–260 kg Kartoffeln pro Woche
verbraucht haben, was aber sicher auch die Kartoffeln zum Verfüttern
einschließt. Immerhin nennt er selbst diese Menge „nahezu unglaub-
lich". Schätzungen zeigen aber, dass gegen 1840 in Irland der Anteil
der Kartoffeln zur Deckung des täglichen Gesamtenergiebedarfs mit
1750 Kalorien extrem hoch war. Damit hingen die gesamte Ernährung
und die Landwirtschaft der Insel von der Kartoffel ab.

10.5 Hunger ist der beste Koch

Auch in Mitteleuropa hatte die Kartoffel politische Förderer, unter ihnen Friedrich Wilhelm von Preußen, Maria Theresia von Österreich, Katharina die Große von Russland oder später Zar Peter. Trotzdem blieb die Ablehnung der Bauern weit verbreitet. Diese hatte nicht nur mit dem Sprichwort: „Was der Bauer nicht kennt, frisst er nicht" oder allgemeinen Vorurteilen zu tun, sondern durchaus auch handfeste Gründe. Da war zuerst einmal die Giftigkeit der Pflanze. Obwohl heutige Kartoffeln in ihrer Knolle praktisch kein Solanin mehr enthalten, war das früher anders. So gibt es Berichte von 1818, dass bestimmte Kartoffelsorten ein Kratzen und Brennen im Halse verursachten. Außerdem hatten um dieselbe Zeit die Kartoffeln noch immer unregelmäßige Formen mit tief liegenden Augen, die schwer zu schälen waren und somit viel Abfall produzierten (◘ Abb. 10.1b). Kein Wunder, dass die Kartoffel 100 Jahre früher nur als Schweinefutter angesehen wurde. Außerdem waren die von den Spaniern ursprünglich eingeführten Andigenum-Kartoffeln aus Peru wegen ihres Langtagcharakters (s. o.) für den Anbau in Europa nicht geeignet. Dies führte dazu, dass spätestens ab 1811 nur noch Kartoffeln chilenischer Abstammung, die besser in unseren sommerlichen Langtag passten, angebaut wurden. Aus diesen Chile-Landrassen wurden die heute überall in der Welt verbreiteten Kulturkartoffelsorten ausgelesen. Und noch ein Problem hatten die mitteleuropäischen Bauern mit der Kartoffel. Sie bestellten auch im 17. Jahrhundert ihre Felder immer noch mit der aus dem Mittelalter übernommenen Dreifelderwirtschaft. Weil damals auf dem Winter- und Sommerfeld der Getreideanbau stattfand, musste die Ernährung des Viehs vor allem auf der Brache erfolgen. So gab es für den Anbau der Kartoffel überhaupt keine freien Kapazitäten. Deshalb bedurfte es eines gründlichen Umdenkens, wozu die Abschaffung der Brache und zahlreiche pflanzenbauliche Änderungen gehörten, um die Kartoffel in Mitteleuropa heimisch zu machen.

Ein 1621 in Linz veröffentlichtes Kochrezept mit Kartoffeln zeigt, dass sie damals bereits im österreichischen Raum zumindest bekannt war, vielleicht auch angebaut wurde. Böhmische Protestanten mögen sie nach dem Ende des Dreißigjährigen Krieges 1648 in die calvinistische Pfalz, ins lutherische Sachsen oder nach Brandenburg gebracht haben, denn in Böhmen kannte man damals den Kartoffelanbau zumindest in Hausgärten. Möglicherweise kam die Kartoffel aber auch durch pfälzische Bauern oder holländische Kolonisten nach Brandenburg. Ab etwa 1640 versuchten die Landesoberen sie in Niedersachsen und Westfalen einzuführen, in Württemberg begann die Glaubensgemeinschaft der Waldenser mit ihrem Anbau um 1710. In Preußen versuchte schon der Soldatenkönig, Friedrich Wilhelm I., nach einer Getreidemissernte den Kartoffelanbau zu verordnen, was aber offensichtlich wenig erfolgreich war. Denn sein Sohn, Friedrich II. („der Große"), befahl ab 1744 durch mehrere Kabinettsorder wiederum die „Anpflanzung des Erd Gewächses in Unsern Provintzien" und verteilte kostenlos Saatkartoffeln. Aber

Kartoffeln gegen den Hunger

Am 13. März 1770 müssen der Obervogt von Rosenberg und Vertreter von Balgach vor dem eidgenössischen Landvogt in Rheineck erscheinen. Nach der Einführung der Kartoffeln in der Kälteperiode zwischen 1763 und 1771, als das Getreide im Rheintal nur schlecht gedieh, weigern sich die Balgacher auch von den Kartoffeln den Zehnt an den Balgacher Grundherrn, das Kloster St. Gallen, abzuführen, der bei Getreide Pflicht ist. Als Kompromiss mussten die Balgacher zahlen, durften aber auf kleinen, zehntfreien Landstücken „Erdäpfel" für den „Hausgebrauch" anpflanzen. (Quelle: Tagblatt Online, 18. Mai 2010, http://www.tagblatt.ch/ostschweiz/stgallen/rheintal/rt-ur/Kartoffeln-gegen-den-Hunger;art166,1546475) diese obrigkeitliche Maßnahme brachte zunächst keinen Erfolg. Der Legende nach begannen die Bauern erst schwankend zu werden, als sich Friedrich persönlich in Breslau auf einen Balkon setzte und, allem Volke sichtbar, Kartoffeln verzehrte. Doch noch bis in die 1770er Jahre hinein gab es noch behördliche „Instructionen" zum Kartoffelbau, die auch praktische Anleitungen und Ratschläge enthielten.

Es waren wohl eher Kriege und Hungersnöte, die die Bevölkerung zur Kartoffel bekehrten. So führte der Siebenjährige Krieg (1756–63) in Preußen nicht nur zu einer Verminderung der Bevölkerung um mehr als 10 %, sondern auch zu Hunger und Elend. Die schwere Hungersnot von 1770 tat ein Übriges, um die Bevölkerung von den Vorteilen der Kartoffel zu überzeugen. Danach war die Kartoffel auch in Preußen als allgemeines Nahrungsmittel akzeptiert. Immerhin hatte man damals ausgerechnet, dass sich auf einer englischen Quadratmeile 1000 Menschen von Fleisch, 8000 Menschen von Getreide, von Kartoffeln aber 12.000 Menschen ernähren konnten.

Ähnlich war es auch in anderen Regionen Mitteleuropas (❏ Abb. 10.4). In München etwa hielten die Menschen noch 1795 nichts von der Kartoffel und die Schweizer wurden auch erst durch die Hungersnot 1772 überzeugt. In den Vogesen begann man mit dem Kartoffelanbau schon deutlich früher im Zuge der Verwüstungen durch die schwedischen Truppen im Dreißigjährigen Krieg (1618–1648). Im restlichen Frankreich war sie dagegen verpönt und wurde erst durch Baron Antoine Auguste Parmentier ab 1781 populär. Er hatte die Kartoffel als Gefangener während des Siebenjährigen Krieges 1757 in Hannover kennengelernt. Internierten feindlichen Soldaten gab man damals nur den schlimmsten Fraß und das war damals nach landläufiger Meinung die Kartoffel, die höchstens für Schweine geeignet war. Doch Parmentier bemerkte als gelernter Apotheker, dass er trotz der sehr einseitigen Kartoffeldiät auf die man ihn unfreiwillig setzte, keine Mangelerscheinungen entwickelte. Zurück in Frankreich, begann er für die Kartoffel zu trommeln. Er empfahl seinem König Ludwig XVI. deren Einführung in Frankreich zur Verminderung des Hungers und richtete am königlichen Hof ein mehrgängiges Mahl aus, das nur aus Kartoffelgerichten bestand. König Ludwig XVI. trug zeitweise sogar eine violette Kartoffelblüte am Revers, um für die neue Pflanze zu werben. Aber auch hier ging es nicht ohne Tricks, um die Bauern von den Vorteilen der Kartoffel zu überzeugen. So ließ sich Parmentier vom König ein bekanntermaßen unfruchtbares Stück Land in der Nähe von Paris namens *Les Sablon* (die sandige Ebene) zuweisen und pflanzte darauf Kartoffeln. Da er wusste, dass die Bauern automatisch alles Verbotene für gut hielten, ließ er rund um das Feld königliche Wachen aufstellen, die aber nachts zurückgezogen wurden. Und es dauerte nicht lange, da begannen die Bauern der Umgebung bei Mondlicht Kartoffeln zu ernten. Und bald bauten sie sie auch freiwillig an. Dieselbe Geschichte wird übrigens auch vom „Alten Fritz" (Friedrich II von Preußen) erzählt, so dass sie wohl eher in das Reich der Legenden gehört. Die Franzosen nannten die Kartoffel *pomme de terre*, Erdapfel, eine Bezeichnung, die auch in manche deutschen Dialekten übernommen wurde, so die pfälzische *Grumbeere* („Grundbirne"), die *ardäppel* im Erzgebirge und die *Härdöpfel* auf Schweizerdeutsch. Als „Pommes" ist die französische Bezeichnung in Deutschland inzwischen zur Bezeichnung der Pommes frites allgegenwärtig.

Parmentier überzeugte auch Benjamin Franklin, der damals amerikanischer Botschafter in Frankreich war, mit seinem mehrgängigen Menü aus Kartoffelgerichten. Und so reimportierten die Amerikaner die Kartoffel aus Europa. Gegen Ende des 18. Jahrhunderts war die Kartoffel in Europa als Grundnahrungsmittel anerkannt. Sie wurde jetzt auf steigenden Anbauflächen kultiviert. Im Zuge der Kolonialisierung verbreiteten sie die Europäer nach Afrika, wo sie in den Höhenlagen Kenias heute noch gedeiht, und auch nach Asien. So wurden die Chinesen bereits im 16. Jahrhundert über portugiesische Missionare mit der Kartoffel bekannt.

10.6 Die irische Katastrophe

Die Iren waren zum ersten europäischen Volk der Kartoffelesser geworden, wenn auch nicht freiwillig. Seit dem 16. Jahrhundert war Irland faktisch englische Kolonie und wurde jahrhundertelang von englischen *Landlords* erbarmungslos ausgebeutet. Der Getreideanbau war hier wegen des hohen Niederschlags und der kargen Böden immer schwierig gewesen und die geringen Erträge mussten die Iren nun nach England exportieren. Auch deshalb setzten die Iren von Anfang an auf die Kartoffel. Aber diese einseitige Abhängigkeit von einer einzigen Pflanze musste irgendwann zur Katastrophe führen. Und sie kam 1845 in Form einer neuen Pflanzenkrankheit. Nach einer kühlen, langanhaltenden regnerischen Periode im Sommer brach in wenigen Wochen der Kartoffelanbau völlig zusammen. Das Kraut wurde innerhalb kürzester Zeit braun und starb ab, die gebildeten und selbst die schon geernteten Knollen verfaulten und stanken unerträglich. Damals machte sich erstmals in Europa eine Krankheit aus Amerika bemerkbar, die Kraut- und Knollenfäule, hervorgerufen von einem Pilz mit dem komplizierten Namen *Phytophthora infestans*. Er wurde wahrscheinlich schon gegen 1840 mit Kartoffelknollen aus Mittelamerika eingeschleppt und verbreitete sich unbemerkt unter den Pflanzkartoffeln. Die europäischen Kartoffeln hatten keine Widerstandsfähigkeit gegen diesen Pilz und so konnte er praktisch die ganze Ernte vernichten. Und das nicht nur einmal.

Die Epidemie von 1845 begann bereits im Frühsommer in Holland, breitete sich dann in ganz Nordeuropa aus und erreichte im September schließlich Irland. Von da an kam es in Irland zu sechs Hungerjahren hintereinander (*Hungry Forties*), wobei rund 1 Mio. Menschen starben. Die Landbesitzer, die selbst in England lebten, schätzten die Situation falsch ein und dachten, es wäre eine „normale" Hungerszeit, die bei den geringen Ernten damals öfter vorkam. Sie lehnten zunächst jede Hilfe ab und als sie dann endlich kam, war es viel zu wenig und

Hungernde irische Familie gräbt verzweifelt nach Kartoffeln (Quelle: London Illustrated News 1849)

10

Exkurs

Chronologie der Irischen Katastrophe (*Irish potato famine*)

1845	Im September verbräunt das Kartoffelkraut, die Knollen verrotten im Boden und im Lager
1846	Die Krankheit kehrt wieder, es gibt kaum noch Vorräte, erste Hungersnöte
1847	Bitterkalter Winter mit schrecklichen Hungersnöten. Die Erntemenge im darauffolgenden Herbst war qualitativ gut, aber viel zu klein. Da immer noch viele Menschen hungerten, eröffnete die Regierung Suppenküchen
1848	Es kommt wieder vielerorts zum Totalverlust der Kartoffelernte
1849	Die Kartoffelernte ist erneut von der Krankheit betroffen, aber schwächer als im Vorjahr
1850	Ende der Hungersnöte, es war nahezu ein Drittel der Bevölkerung durch Hunger gestorben oder nach Amerika ausgewandert

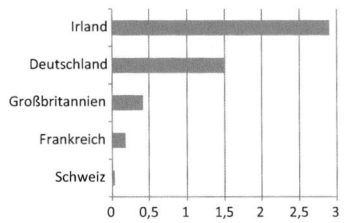

Einwanderung von verschiedenen europäischen Ländern in die USA (1840–1860, in Millionen) (Quelle: http://historiana.eu/case-study/irish-diaspora-1840s/immigration-north-america-country-origin)

viel zu spät. Die Katastrophe erreichte 1847 in einem bitterkalten Winter ihren Höhepunkt. Allein in Galway starben Tausende, die in eilig geschaufelten Massengräbern beerdigt werden mussten. Es gab weder Geld für Särge noch Kraft genug, um einzelne Gräber auszuheben. In Zusammenhang mit dem wirtschaftlichen Zusammenbruch Irlands emigrierten rund 1,5 Mio. Menschen. Sie wanderten in elenden Hungerszügen zu den Häfen und gaben ihr letztes Erspartes aus, um in die Neue Welt zu gelangen. Dort gründeten sie in den jungen Vereinigten Staaten ganze Stadtviertel und fanden Arbeit als Polizisten in Boston, Fabrikarbeiter in Chicago und Feuerwehrmänner in New York. Nach genetischen Untersuchungen haben 10 % der US-Bevölkerung irische Wurzeln. Und zwei ihrer Nachkommen, John F. Kennedy und Ronald Reagan, wurden dort viel später sogar Präsidenten.

Freilich war diese lange Krankheitsepidemie nicht auf Irland beschränkt. Auch in ganz Mitteleuropa fiel die Kartoffelernte praktisch aus. Aber in keinem anderen Land war die Bevölkerung so ausschließlich von der Kartoffel abhängig wie in Irland. Die Ertragsverluste durch die Kartoffelkrankheit wurden 1845 in Irland auf etwa 30 % geschätzt. In den Niederlanden waren sie wesentlich höher und betrugen 70 %, in Württemberg waren es 55 % und es kam überall zu Nahrungsengpässen. Aber in diesen Ländern wurde auch in großem Umfang Getreide angebaut, das nicht von dieser Krankheit befallen wird. Dies zeigt, dass die Kraut- und Knollenfäule in Irland nur der unmittelbare Auslöser war, der große Hunger hatte dagegen sozio-ökonomische Gründe: Die Ausbeutung der irischen Bauern durch Landbesitzer und englische Kapitaleigner, der Zwang, in großem Umfang Weizen zu exportieren, die winzigen Ackerflächen, die durch Realteilung entstanden waren, die mangelhafte Hilfe für die hungernde irische Bevölkerung.

10.7 Der Motor der Industrialisierung

Am Beispiel Irland hatte die Kartoffel vor der Krankheitsepidemie gezeigt, dass sie auf kleinem Raum sehr viele Menschen ernähren kann. Und sie war die Ursache für eine Verdreifachung der Bevölkerung auf der Grünen Insel. Dies blieb auch in England nicht unbemerkt. Als hier die **Industrialisierung mit dem Aufbau einer Kohle- und Stahlindustrie** begann, zogen jährlich Tausende Menschen vom Land in die rasch wachsenden Städte in der Hoffnung, Arbeit zu finden. Und überall, wo die Fabriken aus dem Boden schossen, nahm auch der Kartoffelanbau erheblich zu. So pries Adam Smith, der Begründer der klassischen Volkswirtschaftslehre und leidenschaftlicher Verfechter der kapitalistischen Weltordnung, in seinem Hauptwerk von den „Ursachen des Wohlstandes der Nationen" (1776) die Nützlichkeit der Kartoffel, um eine große Arbeiterschaft mit geringen Kosten am Leben zu erhalten. Sein Ruf verhallte nicht ungehört. Dies zeigt die Klage des sozial denkenden W. Cobbett, der 1828 gegen die Kartoffel Front machte, weil sie die hemmungslose Ausbeutung der Arbeiter ermögliche. Friedrich Engels nannte die Kartoffel „den wichtigsten aller Rohstoffe, die eine geschichtlich umwälzende Rolle spielten". Überall wo sich die Industrialisierung ausbreitete, stiegen Kartoffelanbau und -verzehr um heute kaum noch vorstellbare Mengen. In Frankreich etwa wurden am Ende des 19. Jahrhunderts auf 1,5 Mio. ha Kartoffeln angebaut. Heute sind es noch knapp 20 % davon. In Deutschland ist der Vergleich wegen der wechselnden Grenzen schwieriger, aber die Tendenz ist dieselbe. Noch 1913 wurden in Deutschland auf 3,5 Mio. ha Kartoffeln angebaut, heute sind es – bei einem verkleinerten Staatsgebiet – weniger als 10 % davon.

Besonders aufwärts ging es mit den Kartoffelernten – und der Bevölkerungsentwicklung – als der Gießener Chemiker Justus von Liebig 1840 entdeckte, dass Guano, konzentrierter Vogelkot, besonders günstig auf das Pflanzenwachstum wirkt und die ersten Pioniere begannen, das feinkörnige Gemenge aus Phosphaten und Nitraten in Kartoffeläcker einzuarbeiten. Die Kartoffel kann hohe Nährstoffgaben besonders gut verwerten und die Kombination aus Kartoffel und Guano war eine weitreichende Erfindung für die damalige Ernährung. Die französische Kartoffelernte stieg beispielsweise von 21 Mio. Hektolitern im Jahr 1815 um über 400 % auf 117 Mio. Hektoliter 1840. Die Nahrungsmittelproduktion Europas verdoppelte sich und dank der Kartoffel und des Guanos wurden die Europäer trotz des enormen Bevölkerungswachstums erstmals seit über 1000 Jahren wieder regelmäßig satt. „Neue Kulturpflanzen beeinflussen … nicht nur den Ackerbau selbst, sondern auch die gesellschaftlichen Verhältnisse der Ackerbau treibenden Bevölkerung", schreibt der Historiker Michael Mitterauer (2001).

Die **Abschaffung der Brache** war zunächst der größte Vorteil für die Landwirtschaft. Denn dadurch wurde der Weg zu einer erheblichen Steigerung der Nahrungsmittelerzeugung frei. Kartoffeln, Zuckerrüben, hochwertige Futterpflanzen und andere Kulturen konnten jetzt auf der Fläche angebaut werden, die vor Einführung der Düngung brachliegen musste, um neue Nährstoffe anzureichern. Dadurch stieg natürlich mit einem Schlag der Anteil der Ackerfläche. Wurden um 1800 noch etwa 25 % der gesamten landwirtschaftlichen Nutzfläche als Brache genutzt, so waren es im Jahre 1878 nur noch 9 %. Die billige Kartoffel ermöglichte neben der Ernährung der städtischen Bevölkerung auch die Entwicklung einer Schweinemast. So betrug die Zahl der Schweine in Deutschland um 1800 nur annähernd 4 Mio., bis 1873 stieg sie auf 7,1 Mio.. Damit diente die Kartoffel indirekt auch dem Fleischkonsum, der mit der wachsenden Bevölkerung – und den allmählich ansteigenden Arbeiterlöhnen – einherging. In Schwaben sagt man heute noch, dass die Kartoffel nur dann gut schmecke, „wenn sie durch den Magen einer Sau" gegangen sei. Der vermehrte Düngeranfall durch die Tierproduktion steigerte wiederum die Erträge der Kulturpflanzen auf dem Acker. Dasselbe wurde durch den Anbau von hochwertigen Leguminosen (Klee, Luzerne) als Futterpflanzen erreicht, die den Stickstoffgehalt im Boden erhöhen. Als die Kartoffel erst einmal akzeptiert war, begann gleich ihre Weiterentwicklung und Verbesserung. So nahm in Frankreich die Zahl der Sorten erheblich zu. Waren es 1757 nur sieben Sorten, die von den Landwirten angebaut wurden, und 1779 neun Sorten, so waren Ende des 18. Jahrhunderts bereits 40 Sorten im Anbau. In England listete *Lawson's Agriculturist's Manual* 1836 genau 146 Kartoffelsorten, 1882 waren es rund 400 Sorten.

Gleichzeitig mit der Verbreitung der Kartoffel begann überall das **Bevölkerungswachstum**. Es ist naturgemäß schwierig, zu entscheiden, was hier Ursache und Wirkung war. Im 18. Jahrhundert verdoppelte sich die Bevölkerung in den Niederlanden und Deutschland, wuchs um 80 % in England, um 50 % in Schweden, um 40 % in Spanien und um 30 % in Frankreich. Detaillierte sozialkundliche Studien zeigen, dass das Wachstum auf einer höheren ehelichen Fruchtbarkeit beruhte. Die billige Kartoffel als Grundnahrungsmittel verminderte für die Unterschicht die Lebenshaltungskosten so sehr, dass eine sofortige Heirat möglich wurde. Das Unterschichtenmädchen brauchte auch keine teure Aussteuer, sie hatte nur wenige, einfache Wünsche. Also stand dem frühen Heiraten und Kinderkriegen nichts mehr im Wege. Die unlösbare Frage ist, ob es den Armen ohne die Kartoffel besser gegangen und die Ausbeutung im frühen Industriezeitalter geringer gewesen wäre – oder nur die Menschen hungriger.

Durch die starke Abhängigkeit der ärmeren Schichten von der Kartoffel ergab sich auch eine spezifische Verwundbarkeit. Dies zeigt dramatisch das irische Beispiel. Aber auch in Deutschland war die Hungerkrise 1846–48 in den Regionen am stärksten, wo die Menschen am meisten von der Kartoffel abhingen und nur wenig entwickelte landwirtschaftliche Märkte vorhanden waren. Denn die Kartoffel ist wegen des hohen Wassergehaltes und damit hohen Gewichtes nur teuer zu transportieren und eher ein Mittel der Eigenversorgung als des Marktes. Dadurch förderte ihr Anbau nicht gerade die Marktöffnung der kleinbäuerlichen Wirtschaft. In diesen Regionen gab es kaum Alternativen zur Kartoffel. Umgekehrt hat sie außerhalb dieser zeitlich begrenzten Krise, die ja durch die Krankheitsanfälligkeit der Kartoffel bedingt war, das Ernährungsverhalten der Bevölkerung revolutioniert und dazu beigetragen, den Hunger als existenzbedrohendes Schicksal vergessen zu machen. Dies gilt insbesondere für Gegenden, die für Getreidebau nur wenig geeignet sind, die Mittelgebirgslagen etwa, oder der Alpenraum. Da die Kartoffel auch mit kargen Böden und großen Höhen gut zurecht kommt, andererseits aber viel Niederschläge braucht, ist sie für diese Naturräume, wo das Getreide nur schlecht wächst, besonders gut geeignet. Und zu ihrem Anbau genügt als Arbeitsgerät im Extremfall eine Hacke. Deshalb war die Kartoffel gerade für die Menschen, die von der kargen Berglandwirtschaft abhingen, eine Erlösung. Und sie führte auch hier zu einer Erhöhung der Bevölkerungszahl. So verminderte in den Alpen die Einführung der Kartoffel um 1750 nachweislich die Zeitspanne zwischen Heirat und erster Geburt erheblich.

Die Kraut- und Knollenfäule war nicht die einzige Krankheit, die aus Amerika zu uns kam. Ein mindestens genauso gefürchteter Schädling ist der **Kartoffelkäfer** (*Leptinotarsa decemlineata*, übersetzt „Zehnstreifen-Leichtfuß"). Er kam aus dem US-Bundesstaat Colorado; im Amerikanischen wird der Kartoffelkäfer daher auch *Colorado beetle* genannt. Seine ursprüngliche Nahrungspflanze war ein anderes Nachtschattengewächs, der Übergang auf die Kartoffel vollzog sich im Verlauf des Vordringens weißer Siedler in den Westen der USA, die dort auch Kartoffelpflanzungen anlegten. In Europa wurde der Kartoffelkäfer erstmals 1877 in den Hafenanlagen von Liverpool und Rotterdam gesichtet. In Deutschland sind die ersten Funde für Mülheim am Rhein und Torgau ebenfalls für 1877 belegt. Bereits zu dieser Zeit wurde von erheblichen Anstrengungen berichtet, die Plage einzudämmen. 1887 und 1914 traten neue, größere Befallsherde in Europa auf. 1922 vernichtete der Käfer sämtliche Kartoffelbestände in der Region um Bordeaux. Der Kartoffelkäfer und seine Larven ernähren sich von den Blättern, sie können selbst hohe Solaninkonzentrationen vertragen. Kartoffelkäfer können innerhalb kurzer Zeit ganze Felder kahl fressen. Es werden aber auch andere Nachtschattengewächse, insbesondere Tomate, Paprika und Tabak befallen. Der Kartoffelkäfer hat in Europa keine natürlichen Fressfeinde und kann sich deshalb bei entsprechender Witterung ungehindert vermehren. Deshalb wurden noch während des Zweiten Weltkriegs immer wieder ganze Schulklassen losgeschickt, um die Käfer von den Kartoffelstauden ab zu sammeln.

Der Kartoffelkäfer war auch ein beliebtes Propagandamittel. Als er sich um 1950 in der damaligen DDR so sprunghaft vermehrte, dass man die Situation nicht mehr in den Griff bekam, behauptete die DDR-Führung, der Käfer sei durch amerikanische Flugzeuge gezielt als biologische Waffe zur Sabotage der sozialistischen Landwirtschaft

Abb. 10.5 Kartoffel – Ursprungs- (*rot/dunkelgrau*)- und Verbreitungsgebiet (*grün/hellgrau*) (Quelle: Max-Planck-Institut für Pflanzenzüchtungsforschung, Köln)

abgeworfen worden („Amikäfer"). Das gleiche Argument hatten zuvor im Zweiten Weltkrieg schon die Nationalsozialisten gebraucht.

10.8 Chips, Pommes & Co.

Die Kartoffel wurde nach ihrer allgemeinen Einführung auch von der **Industrie als Rohstoff** entdeckt. Die Geschichte der Kartoffelverarbeitung beginnt mit dem Kartoffelschnaps, denn schon etwa ab der zweiten Hälfte des 18. Jahrhunderts wurde es üblich, die Ernteüberschüsse an Kartoffeln in Branntwein umzuwandeln. Ihren Höhepunkt erreichte die Schnapsbrennerei aus Kartoffeln aber erst Ende des 19. Jahrhunderts bis etwa zu Beginn des Zweiten Weltkrieges. 1919 wurden nahezu 80 % des Alkohols aus Kartoffeln gewonnen. Auch Stärke wurde zunächst in häuslicher Produktion mit einfachsten Mitteln hergestellt. Erst mit der Industrialisierung beginnt die Stärkegewinnung aus Kartoffeln in großem Maßstab. War bis dahin der Weizen Stärkelieferant Nummer eins, so hatte jetzt auch die Kartoffel ihre Chance. Um 1890 gab es in Deutschland etwa 800 Betriebe, die Stärke aus Kartoffeln produzierten. Auch die Gewinnung von Zucker aus Stärke, die heute in den USA in großem Stil aus Maisstärke praktiziert wird, wurde damals schon zu einer ernsthaften Konkurrenz für den Rübenzucker.

Immer noch ungelöst waren die Probleme der Lagerung und des teuren Transports der Kartoffeln. 1894 machte sich der „Verein der Stärkeinteressenten in Deutschland" zusammen mit dem „Verein der Spiritus-Fabrikanten in Deutschland" Gedanken über die Frage, wie

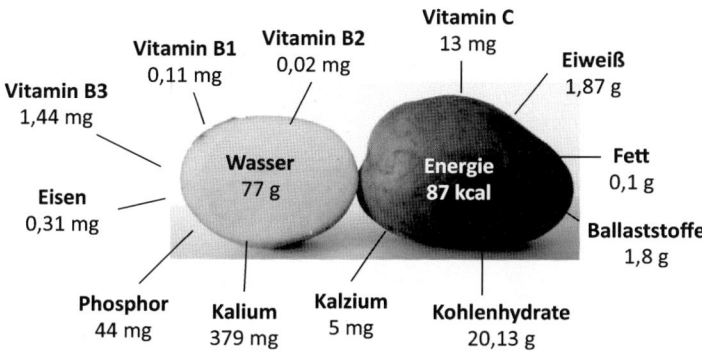

Vitamin B3 1,44 mg

Vitamin B1 0,11 mg

Vitamin B2 0,02 mg

Vitamin C 13 mg

Eiweiß 1,87 g

Vitamin B3 1,44 mg

Eisen 0,31 mg

Wasser 77 g

Energie 87 kcal

Fett 0,1 g

Ballaststoffe 1,8 g

Phosphor 44 mg

Kalium 379 mg

Kalzium 5 mg

Kohlenhydrate 20,13 g

◘ **Abb. 10.6** Nährstoffgehalte der Kartoffel (pro 100 g, nach dem Kochen in der Schale und dem Schälen unmittelbar vor dem Verzehr). (USDA, 2013)

man eine Kartoffelkonserve herstellen könnte. Es wurden Preisausschreiben veranstaltet, um neue Verfahren der Kartoffeltrocknung zu entwickeln und in die Praxis umzusetzen. Der Erfolg blieb allerdings mäßig, niemand wollte sich für die Trockenkartoffel begeistern und so wurde sie bis in die 1950er Jahre hauptsächlich als Viehfutter verwendet. Einzig in Kriegszeiten stieg der Absatz an Trockenprodukten. Das Image der Kartoffel-Trockenprodukte als Notspeise hielt sich auch nach dem Krieg, als die Produktpalette sich schon erheblich erweitert hatte.

Die Kartoffel wird heute vor allem in den gemäßigten Breiten angebaut (◘ Abb. 10.5). Die größten Anbaugebiete liegen in China, Russland, Indien und der Ukraine. Hier findet auch die höchste Produktion statt, gefolgt von den USA und Deutschland. Weitere große Kartoffelproduzenten in der EU sind Polen, die Niederlande und Frankreich.

Die Kartoffel ist eine der **ernährungsphysiologisch wertvollsten Nahrungsmittel** (◘ Abb. 10.6). Sie enthält neben Kohlenhydraten in Form von Stärke und ein wenig Protein, Ballaststoffe und zahlreiche Mineralstoffe und, wenn sie ganz in der Schale gekocht wird, auch viel Vitamin C und andere Vitamine. Dabei ist sie praktisch fettfrei. Auch der Ballaststoffgehalt und die Antioxidantien bestimmen die gesundheitlichen Wirkungen der Kartoffel. Dabei sind Kartoffeln, entgegen einer weit verbreiteten Meinung keine „Dickmacher", nur die frittierten fetthaltigen Zubereitungen haben dieses Etikett verdient. Zusammen mit dem guten Mineralstoffverhältnis stimulieren Kartoffeln die Verdauung und unterstützen die Regulation des Wasserhaushalts des Körpers.

Der **Kartoffelverzehr** ist ein direkter Indikator von Wohlstand: Je höher der Verbrauch der billigen Knollen, umso weniger können sich die Menschen Fleisch und alternative Beilagen leisten. Bis zum Höhepunkt der Industrialisierung um 1900 stieg der **durchschnittliche Kartoffelverbrauch** in Deutschland auf über 250 kg pro Kopf und Jahr (◘ Abb. 10.7). Große Teile der Bevölkerung ernährten sich demnach hauptsächlich von Kartoffeln. Er fiel dann nach dem Ersten Weltkrieg etwas, blieb aber hoch und stieg nach dem Zweiten Weltkrieg noch

Ähnliches Schicksal
Auch die Tomate als nahe Verwandte der Kartoffel gelang vor über 500 Jahren aus Mittel- und Südamerika nach Europa. Sie schmückte zunächst, genau wie die Kartoffel, wegen ihrer gelben Blüten über Jahrhunderte die Gärten von Adligen und Apothekern. Die Tomate galt als giftig, was bezüglich der Blätter richtig ist, aber auch als verführend und starkes Aphrodisiakum. Pommes d'amour nannten sie die Franzosen deshalb, Paradeiser (von Paradiesäpfeln) die Österreicher. Vor etwa 120 Jahren kam die Tomate vor allem in Süddeutschland in Suppen und Soßen, ab den 1950er Jahren aß man sie pur oder schnitt sie in den Salat. In der Zwischenzeit waren Tausende von Sorten entstanden: gelbe, rosafarbene, rote, violette und selbst schwarze.

Kilogramm je Kopf

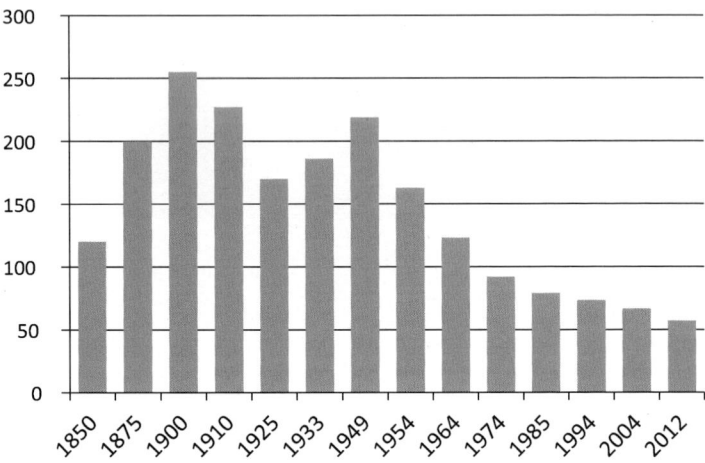

Abb. 10.7 Pro-Kopf-Kartoffelverbrauch in Deutschland von 1850 bis heute

einmal auf über 200 kg an. Seitdem vermindert er sich kontinuierlich und liegt heute bei 57 kg pro Kopf und Jahr, wobei es große regionale Unterschiede gibt. Damit befinden sich die Deutschen heute nur noch im hinteren Mittelfeld beim Kartoffelverbrauch. An der Spitze liegen die Weißrussen (181 kg pro Kopf und Jahr), die Kirgisen (143 kg) und die Ukrainer und Russen (131 kg). Aufgrund des abnehmenden Verbrauchs hat sich auch die Anbaufläche von Kartoffeln in Deutschland kontinuierlich verringert und liegt heute bei 241.200 ha (2013). Sinkender Kartoffelverbrauch als Wohlstandsanzeiger lässt sich auch in neueren Zeiten nachweisen: In der ehemaligen DDR wurden 1990 noch 340.000 ha mit Kartoffeln bestellt, im Jahre 2000 waren es nur noch 57.600 ha.

Bis 1950 wurden praktisch nur **Frischkartoffeln** verzehrt, meistens als Pell- oder Bratkartoffeln, Kartoffelsalat, -suppe, -klöße oder -puffer. Heute gilt das als eher bieder, langweilig und hausbacken, einfach unmodern. Die Kartoffel erinnert unbewusst an ärmere Zeiten und es ist in hektischen Zeiten für einen Singlehaushalt einfach unpraktisch, wenn es eine halbe Stunde dauert, bis Pellkartoffeln gar sind. Außerdem wurde früher ein großer Teil der Kartoffeln im Herbst vom Erzeuger direkt gekauft und im Keller eingelagert. Heute dagegen gibt es in modernen Haushalten kaum noch längerfristige Lagermöglichkeiten für Kartoffeln bei rund 4° C und Dunkelheit. Der Hauptteil der Kartoffeln wird deshalb in kleinen Mengen frisch gekauft und als Beilage zu warmen Mahlzeiten verzehrt („Was den Italienern die Pasta, sind den Deutschen die Kartoffeln …"), doch auch hier verdrängen „moderne" Beilagen, wie Reis und Nudeln, die Kartoffel. Zwei Drittel aller Speisekartoffeln werden als industriell verarbeitete Produkte wie Chips, Fritten, Püreepulver oder Tiefkühlgratin, verzehrt (■ Abb. 10.8).

Futterkartoffeln sind heute in der Regel nur noch ein Ventil für den Speisekartoffelmarkt bei Überproduktion. Durch den gleichzei-

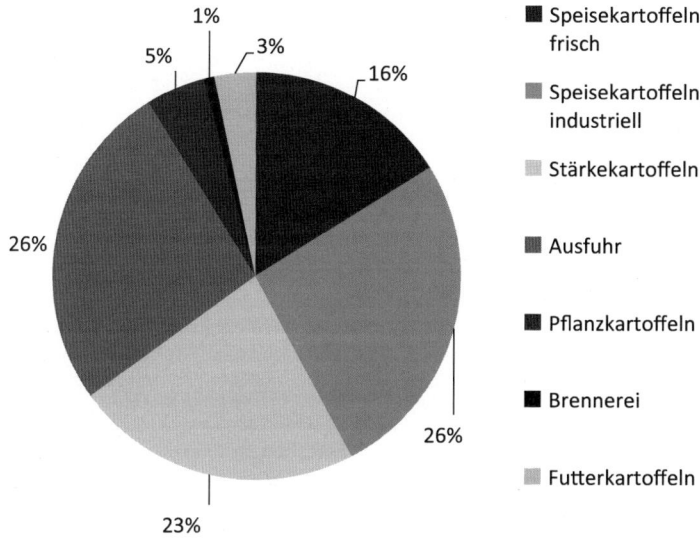

1%

3%

5%

16%

26%

26%

23%

■ Speisekartoffeln, frisch

■ Speisekartoffeln, industriell

▦ Stärkekartoffeln

■ Ausfuhr

■ Pflanzkartoffeln

■ Brennerei

▦ Futterkartoffeln

◨ **Abb. 10.8** Verwendung der Kartoffel in Deutschland 2012/13. (Nach AMI, 2013)

tigen Aufstieg des Maises in der deutschen Landwirtschaft fiel nach dem Zweiten Weltkrieg auch die Bedeutung der Kartoffel für die Tierernährung rapide. Mais war einfacher anzubauen und zu mechanisieren, musste nicht, wie die Kartoffel, vor der Fütterung gekocht werden und ersetzte deshalb zunehmend die arbeitsaufwändige Fütterung mit anderen Kulturen. Heute werden bei großen Ernten und einer Marktüberversorgung oder bei einer schlechten Qualität die Überschussmengen vornehmlich an Wiederkäuer verfüttert, weil die sie auch roh verdauen können. Schweine dagegen, die früher in kleinen Betrieben wesentlich mit Speiseresten und gekochten Kartoffeln ernährt wurden, erhalten heute überhaupt keine Kartoffeln mehr, sondern werden rationell flüssig gefüttert. **Brennereikartoffeln** werden in Deutschland in immer geringerem Umfang zu Branntwein verarbeitet. **Pflanzkartoffeln** sind speziell erzeugte und sorgfältig ausgewählte Kartoffeln, die frei von Krankheiten, insbesondere Anbaukrankheiten (wie Viren) und bakteriellen Krankheiten (z. B. Bakterienringfäule) sein müssen und für den Landwirt gedacht sind.

Die **Stärkeindustrie** ist nach dem Speisesektor der größte Kartoffelabnehmer im Inland (◨ Abb. 10.8), sie beansprucht 23 % der gesamten Ernte. Die Kartoffel liefert hohe Erträge pro Hektar, was den Rohstoff billig macht, ihre Stärke hat eine höhere Quellkraft und Viskosität als die ihrer Konkurrenten Mais oder Weizen, und sie besitzt die größten Stärkekörner aller vergleichbaren europäischen Kulturpflanzen. Die Stärke wird zur Herstellung von Ernährungserzeugnissen (Suppen, Soßenbinder, Pudding) sowie vorrangig von Papier und Pappe, Kleister und Leim, Baustoffe und Verpackungen, ja sogar für Waschpulver, Zahnpasta oder Tabletten verwendet. In den letzten Jahren hat es eine Fülle von neuen Produktentwicklungen auf Stärkebasis gegeben z. B.

Exkurs

Die Erfindung von Pommes und Chips

Die **Pommes frites** stammen, anders als der Name vermuten lässt, nicht aus Frankreich, sondern aus dem französischsprachigen Belgien. Einer Erzählung nach sollen sie in einem Jahr mit ausgesprochen schlechtem Fischfang erfunden worden sein. Die Belgier bevorzugten ihren Fisch normalerweise in reichlich Fett ausgebacken. Aus Ermangelung an Fisch frittierten sie einfach die Kartoffeln und legten so, ohne es zu ahnen, den Grundstein für die Entwicklung von Fast Food. In England heißen sie übrigens *chips* (*Fish 'n Chips*), in den USA wegen der vermeintlichen Herkunft *French fries*.

Erfinder der **Kartoffelchips** soll der amerikanische Koch George Crum gewesen sein. Dieser bereitete in einem feinen Ferienhotel in New York Pommes frites zu, die damals schon bei den Amerikanern sehr beliebt waren. Einmal beschwerte sich ein Gast darüber, dass die Pommes frites zu dick geschnitten seien, woraufhin Crum einen neue Portion dünner, geschnittener Pommes frites zubereitete. Aber auch die waren dem Gast zu dick. Die nächste Portion schnitt Crum nun aus Verärgerung so dünn und frittierte sie so knusprig, dass der Gast sie nicht mehr mit der Gabel aufspießen konnte. Doch statt sich zu beschweren, war der Gast begeistert und bald waren die dünnen Kartoffelchips der Renner. Kurze Zeit später wurden sie dann schon abgepackt verkauft. Weil der Name Chips in England schon von den Pommes frites besetzt war, heißen sie dort heute *crisps*.

---

biologisch abbaubare Biokunststoffe. Weit verbreitet sind inzwischen aufgeschäumte Verpackungschips, die auf Basis von Stärke hergestellt werden. Auch bei der Fertigung von Tragetaschen und -tüten, die auch als Sammelbeutel für kompostierbare Abfälle verwendet werden können, oder bei der Erzeugung von Transport- und Verzehrschalen für Lebensmittel, hat sich die Anwendung von Biokunststoffen bereits etabliert.

Die industrielle Verarbeitung stellt völlig **neue Anforderungen an Rohstoffpflanzen**. Eine Kartoffel, aus der Stärke gewonnen werden soll, muss vor allem einen hohen Stärkegehalt haben, die Stärkezusammensetzung soll optimal sein, und die Stärke muss für den industriellen Prozess von gleichmäßiger Qualität und Beschaffenheit sein. Stärke besteht aus den beiden Komponenten Amylose und Amylopektin. Die meisten der gewünschten Eigenschaften der Stärke beruhen auf Amylopektin. Die Trennung der beiden Stärkebestandteile für die industrielle Verarbeitung ist aufwändig und führt zu einer hohen Abwasserbelastung. Deshalb wird entsprechend den jeweiligen Bedürfnissen auf Rohstoffpflanzen mit hohem Amylose- bzw. Amylopektingehalt zurückgegriffen. Die Möglichkeiten, mithilfe konventioneller Methoden eine Kartoffel zu züchten, die nur das bevorzugte Amylopektin bildet, sind begrenzt, da die tetraploide Kulturkartoffel sehr komplizierte Vererbungsmuster aufweist. Es ist deshalb schwierig, eine oder gar mehrere gewünschte Eigenschaften einzukreuzen – zumal für viele Eigenschaften mehrere Gene zuständig sind.

Die **Gentechnik** hingegen ermöglichte es erstmals, Kartoffeln zu produzieren, die vorwiegend Amylopektin liefern. Für das Gen der Stärkesynthetase, ein Enzym, das an der Bildung der Amylose beteiligt ist, wurde eine spiegelbildliche Kopie (Antisense) in die Erbsubstanz der Kartoffel eingebaut (▶ Kap. 8), wodurch die genetische Information zur Produktion des Enzyms blockiert wird und die Amylosebildung gestoppt. Eine von der BASF gentechnisch-veränderte (gv)

Kartoffel mit dem Markennamen „Amflora" wurde Anfang März 2010 in der EU für den Anbau zugelassen. Anfang 2012 hat die BASF die Vermarktung der „Amflora" in Europa aufgrund mangelnder Akzeptanz der Gentechnik gestoppt, und dies, obwohl die Kartoffel nur für industrielle Zwecke vorgesehen war.

In jüngster Zeit ist es gelungen, auch ohne Einbringung von zusätzlichen Genen eine amylosefreie Kartoffel zu entwickeln. Die Methode heißt „TILLING" (*targeting induced local lesions in genomes*). Dabei werden im Genom mit Hilfe einer Chemikalie verstärkt Genmutationen ausgelöst. Mit molekularbiologischen Methoden können dann sehr schnell diejenigen Pflanzen ausfindig gemacht werden, die die gewünschte Erbgutveränderung aufweisen, in diesem Fall eine Blockade der Amyloseproduktion. Der Anbau von Sorten, die durch diese Technik erstellt wurden, benötigt keine spezielle Genehmigung, da das Genom der Kartoffel nicht gezielt verändert wurde. Mutationen kommen auch natürlicherweise vor, durch die Chemikalie wird nur die Mutationshäufigkeit erhöht.

Auch die Resistenz gegen Kraut- und Knollenfäule, dem pilzlichen Erreger, der die irische Hungerkatastrophe auslöste, kann heute durch Gentechnik erzeugt werden. Die Sorte „Fortuna" der BASF enthält zwei zusätzliche Gene aus einer Kartoffelwildart (*S. bulbocastanum*). Mit molekularbiologischen Methoden ließen sich die Gene ausfindig machen, die für die Resistenz verantwortlich sind. Sie wurden isoliert und auf gentechnischem Wege in die Kulturkartoffel eingebracht. Auf natürlichem Wege durch Kreuzung und züchterische Auslese war es jahrzehntelang nicht gelungen, aus dieser wilden Kartoffelart eine resistente Sorte zu entwickeln, die auch in anderen Merkmalen befriedigende Ergebnisse zeigt. Seit 2006 fanden in Schweden, den Niederlanden, Großbritannien, Deutschland und Irland Freilandversuche statt. 2011 beantragte *BASF Plant Science* die Zulassung der Fortuna-Kartoffel sowohl für den Anbau als auch für eine Verwendung als Lebens- und Futtermittel bei der zuständigen EU-Behörde. Im Januar 2012 zog sich der Konzern allerdings mit seinen Aktivitäten im Bereich der Biotechnologie aus Europa zurück und verlagerte *BASF Plant Science* in die USA. Eine Markteinführung der Fortuna- und Amflora-Kartoffeln in Europa wird aufgrund des heftigen Widerstands von Teilen der Bevölkerung nicht mehr angestrebt.

Zusammenfassung und Ausblick

Die Kultivierung der Kartoffel, die Techniken ihres Anbaus und ihrer Konservierung gehören zu den ältesten Kulturleistungen der Menschheit, die von den Einwohnern der Hohen Anden zwischen 8000 und 5000 v. Chr. erbracht wurden (Abb. 10.9). Die Kartoffelpflanze ist eine Staude, die rund 15 sprossbürtige Knollen bildet. Es gibt in Südamerika eine sehr große Zahl von knollentragenden Kartoffelformen, von denen mehrere kultiviert wurden. Taxonomen unterscheiden heute neun Gruppen der Art *Solanum tuberosum*. Die weltweit verbreitete Kulturkartoffel stammt von chilenischen Landrassen ab, weil nur sie unter den Langtagbedingungen

v. Chr.	
5000	Kultivierung der Kartoffel im Bereich des Titicacasees/Südamerika

n. Chr.	
16. Jh.	Kartoffeln aus Peru und Chile nach Europa
17.Jh.	Kartoffel als Zierpflanze in Mitteleuropa; Anbau in Irland, Großbritannien
18.Jh.	Verteilung von Saatkartoffeln in Preußen; „Kartoffelbefehle" zum Anbau
1845-50	Hungersnöte in Irland wegen Kartoffel-krankheit; Missernten in Westeuropa
1877	Einwanderung des Kartoffelkäfers; Gründung eines „Abwehrdienstes"
1900	Verzehr von über 250 Kilo Kartoffeln pro Kopf im Deutschen Reich
1989	Erste Freisetzungsversuche mit gentechnisch veränderten Kartoffeln
2011	Kartoffelgenom fast vollständig sequenziert, ca. 39.000 Gene
2013	80% der Kartoffelsorten mit Resistenzen gegen Virus- und Pilzkrankheiten sowie Schädlinge

Abb. 10.9 Zeittafel (Quelle des Bildes: www.pflanzenforschung.de)

Europas im Sommer Knollen bilden. In den Hohen Anden war die Kartoffel die Grundlage aller menschlichen Kulturen. Es gibt sie dort in unzähligen Formen und Varianten, in einem einzelnen Dorf wurden bis zu 163 visuell unterscheidbare Formen gefunden. In der modernen Landwirtschaft wird dagegen auf einem Feld immer nur eine einzige Kartoffelsorte angebaut, die durch Knollen vermehrt wurde, und deshalb aus genetisch identi-schen Pflanzen (Klone) besteht. Die Einführung der Kartoffel nach Europa gestaltete sich aufgrund von Vorurteilen („Lepraknolle"), der Giftigkeit von Kraut und Früchten, aber auch wegen agronomischer Probleme, als schwierig und erst rund 200 Jahre nach ihrer erstmaligen Einführung war sie überall als Nahrungspflanze verbreitet. Die Iren adoptierten sie zuerst als Volksnahrungsmittel, später wurde sie auch in Mitteleuropa zum Mo-tor der Industrialisierung. Die in den wachsenden Städten zusammen-gepferchten Industriearbeiter lebten vor allem von billigen Kartoffeln, die äußerst nahrhaft und vitaminreich sind. Damals wurden bis zu 250 kg Kartoffeln pro Kopf und Jahr verzehrt. Heute wird nur noch ein Drittel aller Speisekartoffeln frisch gegessen, der Rest kommt als Pommes frites, Chips, Püree etc. auf den Tisch. Eine zweite wichtige Verwendung ist ihr Einsatz in der Stärkeindustrie, wo sie zu Papier, Pappe, Kleister, Leim, Baustoffen, Verpackungschips und Biokunststoffen verarbeitet wird. Die Gentechnik ermöglicht heute eine weitere Optimierung des nachwachsenden Roh-stoffs Kartoffel.

Literatur

AMI (2013) Agrarmarkt Informations-Gesellschaft mbH. Internet: http://www.ami-in-formiert.de/

de Haan S (2009) Potato diversity at height: Multiple dimensions of farmer-driven *in-situ* conservation in the Andes. Diss Univ, Wageningen

Mitterauer M (2001) Die landwirtschaftlichen Grundlagen des europäischen Sonder-wegs. Ländlicher Raum 1. http://web.uni-frankfurt.de/fb09/vfg/Mitterauer-Son-derweg-Kopie.pdf

Simmonds NW (1976) Potatoes. *Solanum tuberosum* (Solanaceae). In: Simmonds NW (Hrsg) Evolution of Crop Plants. Longman Group Limited, London, S 279–283

Spooner DM, McLean K, Ramsay G, Waugh R, Bryan GJ (2005) A single domestication for potato based on multilocus amplified fragment length polymorphism geno-typing. Proc Nat Acad Sci US A 102:14694–14699

USDA (2013) United States Department of Agriculture. Agricultural Research Service. National Nutrient Database for Standard Reference, Release 26. Basic report: 11831, Potatoes, boiled, cooked in skin, flesh, with salt Internet: http://ndb. nal.usda.gov/ndb/foods/show/3495?fg=&man=&lfacet=&format=&count=&-max=25&offset=100&sort=&qlookup=Potatoes

Weiterführende Literatur

Ames M, Spooner DM (2008) DNA from herbarium specimens settles a controversy about origins of the European potato. Am J Bot 95(252):257

Anonym (2013) An der Spitze: Stärke-Kartoffeln nach Maß. http://www.biosicherheit. de/basisinfo/256.spitze-staerke-kartoffeln-mass.html

Anonym (2013) Strategien gegen einen trickreichen Erreger. http://www.biosicher-heit.de/forschung/kartoffel/355.strategien-trickreichen-erreger.html

Berg van den RG, Groendijk-Wilders H (im Druck) Taxonomy. In: The Potato: Botany, Production and Uses. CABI, Wallingford, UK

Hawkes JG (1990) The Potato: Evolution, Biodiversity and Genetic Resources. CABI, Wallingford, UK

Huamán Z, Spooner DM (2002) Reclassification of landrace populations of cultivated potatoes (*Solanum* sect. *Petota*). Am J Bot 89:947–965

Jacobs MMJ, van den Berg RG (2008) Molecular studies on the origin of the cultivated potato: A review. Acta Hortic 799:105–110

Massard JA (2009) 300 Jahre Kartoffel in Luxemburg (I). Europa entdeckt die Kartoffel. Lëtzebuerger Journal 62:015–021

Messer E (2000) Potatoes (White). In: Kiple KF, Ornelas KC (Hrsg) The Cambridge World History of Food, Bd. 1. Cambridge University Press, Cambridge

Ovchinnikova A, Krylova E, Gavrilenko T, Smekalova T, Zhuk M, Knapp S, Spooner DM (2011) Taxonomy of cultivated potatoes (*Solanum* section *Petota*: Solanaceae). Bot J Linn Soc 165:107–155

Ríos D, Ghislain M, Rodríguez F, Spooner DM (2007) What is the origin of the European potato? Evidence from Canary Island landraces. 4Crop Sci 7:1271–1280

Rodríguez F, Ghislain M, Clausen AM, Jansky SH, Spooner DM (2010) Hybrid origins of cultivated potatoes. Theor App Genet 21:1187–1198

Rothacker D (1992/1993) Zur Geschichte und Bedeutung der Kartoffel in Europa – Ein Geschenk der neuen Welt. Kataloge des OÖ Landesmuseums 61:213–252 (www. biologiezentrum.at)

Spooner D (2008) Roadmaps to the origins of potato. FAO publication "International Year of the Potato". http://www.fao.org/potato-2008/en/perspectives/spooner. html. Zugegriffen: 12. Januar 2014

Zukünftige Entwicklungen

Thomas Miedaner

T. Miedaner, *Kulturpflanzen*,
DOI 10.1007/978-3-642-55293-9_11, © Springer-Verlag Berlin Heidelberg 2014

Kulturpflanzen haben über die Jahrtausende in allen Erdteilen enorme kulturelle Veränderungen ausgelöst. Aber sie wurden auch selbst verändert, an menschliche Bedürfnisse angepasst, weiter entwickelt und es gibt keinen Grund zu glauben, dass es nicht auch in Zukunft neue Herausforderungen für unsere Kulturpflanzen gibt, die deshalb eine ständige Anpassung benötigen.

Veränderte Rahmenbedingungen
- Bevölkerungswachstum und steigender Nahrungsmittelbedarf
- Klimawandel
- Steigernder Bedarf an Bioenergie
- Nachhaltige Produktion und Umweltschutz
- Konsumentenverhalten
- Biotechnologische Entwicklungen

An erster Stelle der Agenda in den Agrarwissenschaften steht das **Bevölkerungswachstum**. Obwohl es immer noch zu viel Hunger in der Welt gibt, hat doch die absolute Zahl der Hungernden im letzten Jahrzehnt etwas abgenommen, obwohl die Bevölkerung im selben Zeitraum erheblich gewachsen ist. Seit 1980 leben 57 % mehr Menschen auf der Erde. Trotzdem ist der Pro-Kopf-Verbrauch an Grundnahrungsmitteln weltweit noch genauso hoch wie vor 30 Jahren, der Fleischkonsum ist sogar um 30 % gestiegen. Und dabei sank die Zahl der Hungernden seit 1990 von rund 1 Mrd. auf 870 Mio. Natürlich ist das immer noch zu viel und natürlich sind die Lebensmittel auf der Erde ungleich verteilt, aber wir machen heute rund 2,8 Mrd. Menschen zusätzlich satt. Und das ist eine Erfolgsgeschichte der Pflanzenproduktion! Allein die weltweite Getreideproduktion ist bisher um jährlich 2,2 % gestiegen. Wenn die Weltbevölkerung nach den derzeitigen Prognosen im Jahr 2050 auf 9,3 Mrd. steigen wird, muss die Produktivität aber noch weiter wachsen, um auch diese Menschen satt zu machen.

Eine **weltweite Untersuchung der Faktoren des Produktionszuwachses** zeigt Erstaunliches (◘ Abb. 11.1). Danach erfolgte die Steigerung der landwirtschaftlichen Produktivität in den 1960er Jahren („Grüne Revolution") vor allem durch eine Intensivierung des Kulturpflanzenbaus mit Mineraldünger, Pflanzenschutzmittel, Wachstumsregulatoren und an zweiter Stelle durch eine Flächenzunahme. Heute sieht es ganz anders aus. Eine Ausdehnung der landwirtschaftlichen Flächen ist nur noch in geringem Umfang möglich, eher werden sie durch zunehmende Verstädterung, weitere Industrialisierung und Vordringen von Steppe und Wüste, schrumpfen. Der Einsatz der Produktionsmittel Mineraldünger und Pflanzenschutz hat in Industrieländern sein Optimum erreicht, in den sich entwickelnden Ländern fehlt entweder das Kapital oder das nötige Wasser. Denn auch die Bewässerung lässt sich aus Wassermangel kaum noch ausdehnen bzw. würde erhebliche Bodenschäden (v. a. durch Versalzung) riskieren.

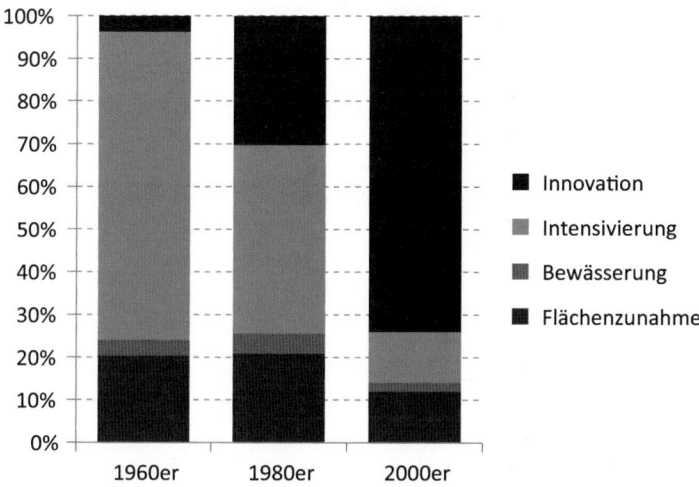

● **Abb. 11.1** Faktoren des landwirtschaftlichen Produktionswachstums in drei Zeiträumen. (Nach Fuglie und Wang 2012)

Was an Wachstumspotenzialen noch übrig blieb und in Zukunft bleibt, ist Innovation, und das sind vor allem die ländliche Entwicklung, technische Fortschritte und Pflanzenzüchtung.

Unsere Kulturpflanzen müssen also in Zukunft mehr leisten, müssen stresstoleranter sein, v. a. was Trocken- und Salzstress angeht, und resistent gegen neue Krankheitserreger und Schädlinge sein. Dies hängt nicht nur mit dem Zwang zur Mehrleistung zusammen, sondern auch mit dem prognostizierten **Klimawandel**. Bei aller Unsicherheit lässt sich doch heute schon klar vorhersagen, dass weltweit die Temperatur steigen wird, die Witterungsschwankungen und -extreme zunehmen werden und der Meeresspiegel ansteigt. Doch es gibt erhebliche regionale Unterschiede! Eine durchschnittliche weltweite Temperatursteigerung von 3° C – und davon muss man bei den fehlenden Investitionen in internationalen Klimaschutz heute realistischerweise ausgehen – bedeutet an vielen Orten um 6–8° C höhere Temperaturen und entsprechend mehr Wasserverbrauch der Pflanzen. Deutschland wird, ebenso wie ganz Nord- und Mitteleuropa weniger stark betroffen sein, hier könnte der Klimawandel durch den Temperaturanstieg im Frühjahr, den Anstieg der CO_2-Konzentration der Luft und erhöhte Niederschläge in den Sommermonaten sogar zu einer höheren Produktivität der Kulturpflanzen beitragen, v. a. von C_4-Pflanzen wie Mais und Sorghum. Allerdings werden auch bei uns die Wetterschwankungen größer, was regional Frühjahrs- und Sommertrockenheit, mehr Sommerstürme bis hin zu Wirbelstürmen und völlig verregnete Herbste bedeuten kann. Dies muss zu einer Anpassung des Pflanzenbaus führen. Die Kulturpflanzen müssen ertragsstabiler werden und mit Witterungsextremen besser zurechtkommen. Ob die Produktivität in Deutschland noch steigen wird, hängt auch davon, welche neuen Krankheiten und Schädlinge aufgrund der wärmeren Bedingungen

◻ Tab. 11.1 Steigende Produktivität in der Zuckerproduktion mit Zuckerrüben. (Nach v.d. Bussche 2013)

	Zuckerertrag	Stickstoffdünger	Diesel
1975	70 dt/ha	200 kg/ha	100 l/ha
2010	140 dt/ha	100 kg/ha	80 l/ha
Faktor	×2	×4	×2,5

von südlichen Gefilden einwandern bzw. wie unsere einheimischen Schaderreger auf den Temperaturanstieg reagieren. Blattläuse und in ihrem Gefolge Viruserkrankungen werden beispielsweise zunehmen, mildere Winter werden generell höhere Schäden durch tierische Schädlinge bringen, trockentolerante Schadpilze, wie Getreideroste, werden zunehmen. Wenn sich der Klimawandel langsam und stetig vollzieht, werden sich unsere Kulturpflanzen durch die intensive Pflanzenzüchtung und jährliche Auslese auf die Besten quasi automatisch anpassen. Höhere Ertragsstabilität und Widerstandsfähigkeit müssen jedoch durch gezielte Anstrengungen und höhere Investitionen der Züchter erreicht werden.

Unsere Kulturpflanzen produzieren heute nicht nur Lebensmittel und Futter, sondern auch **in erheblichem Umfang Bioenergie**. Bezogen auf die erneuerbaren Energien machen sie 11 % unserer Kraftstoffproduktion (Biodiesel), 13 % unserer Strom- und 48 % unserer Wärmegewinnung (Biomasse) aus. Sie sind damit deutlich stärker beteiligt als Windenergie (15 %), Photovoltaik (9 %) oder Wasserkraft (7 %). Nach realistischen Schätzungen bestehen auch noch erhebliche Reserven, beispielsweise bei der Nutzung von landwirtschaftlichen Reststoffen, Grüngutabfällen der Gemeinden etc. In diesem Zusammenhang, aber auch was die Lebensmittelproduktion angeht, wird immer stärker eine **nachhaltige Produktion und Umweltschutz** von der Landwirtschaft erwartet. Auch hier ist bereits viel geschehen. Um 1900 ernährte ein Landwirt vier Menschen und benötigte pro 100 Hektar 30 Arbeitskräfte. Heute benötigt er für dieselbe Fläche höchstens noch 3 Arbeitskräfte und ernährt 132 Menschen. Und dazu ist in den letzten Jahrzehnten der Bedarf an Produktionsmitteln deutlich gesunken, d. h. die Landwirtschaft ist wesentlich effizienter, flächensparender und nachhaltiger geworden (◻ Tab. 11.1). Wir produzieren gegenüber 1975 heute die doppelte Zuckermenge auf derselben Fläche, brauchen dabei nur die Hälfte des Stickstoffdüngers und sparen auch noch Diesel. Ein Feld für die Zukunft ist die weitere Einsparung von Pflanzenschutzmitteln im Getreide- und Kartoffelanbau.

Auch **zukünftiges Konsumentenverhalten** hat einen Einfluss auf die Art und Produktivität unserer Kulturpflanzen. Wichtige Schlagworte in diesem Zusammenhang sind: Fleischkonsum, Brotverzehr, Bierverbrauch, Gemüse- und Obstverbrauch. Sollte beispielsweise der Fleischkonsum in Deutschland weiterhin zunehmen, dann müssen noch mehr Futterweizen, Futtergerste, Roggen und Mais angebaut

werden, um die nötigen Futtermittel für Rinder, Schweine und Geflügel aufzubringen, und noch mehr Soja vom Weltmarkt importiert
werden. Sinkt der Brot- und Bierkonsum, wie in den letzten Jahren,
weiter, werden auch die Flächenanteile von Brotweizen und Braugerste
zurückgehen. Eine alternde Bevölkerung verzehrt weniger Nahrung,
die Agrarexporte Deutschlands könnten also in Zukunft steigen und
noch mehr zum Bruttosozialprodukt beitragen als derzeit.

In Zukunft werden wir andere Anbauverhältnisse und -bedingun-
gen unserer Kulturpflanzen erleben. Die Kulturpflanzen selbst werden
sich hin zu noch größerer Produktivität und Widerstandsfähigkeit gegen Witterungsunbilden und Krankheiten wandeln müssen. Dabei
kann die **moderne Biotechnologie** helfen, mit und ohne Gentechnik.
Gentechnik kann bisher nur Einzellösungen anbieten, wie etwa eine
schädlingsresistente Maissorte, eine etwas salztolerantere Reissorte
oder eine Rapssorte mit verändertem Fettsäuremuster, sie ersetzt aber
nicht die Pflanzenzüchtung, wo es auf eine optimale Kombination sehr
vieler, meist komplex vererbter Merkmale ankommt. Einen erheblichen Fortschritt könnte dagegen die **Genomanalyse [▶ Genomana-
lyse]** bieten. Immer mehr unserer Kulturpflanzen werden vollständig
sequenziert [▶ Sequenzierung], also die exakte Basenabfolge im
Zellkern ermittelt. Von den in diesem Buch genannten Kulturpflanzen gibt es bisher (weitgehend) vollständige Sequenzen von Gerste,
Mais, Kartoffel, Raps und Zuckerrübe, die Arbeit am Weizen ist mit-
tendrin. Dabei werden Gene identifiziert, die für die Entwicklung der
Pflanzen von zentraler Bedeutung sind, etwa bei der Speicherung von
Stärke oder Fettsäuren, der Entwicklung von Blüten und Früchten und
der Widerstandsfähigkeit gegen Schädlinge oder Krankheiten. Außerdem können diese Gendaten den Ursprung und die evolutionäre
Entwicklung der Kulturpflanzen näher beleuchten. Und das ist erst
der Anfang! Durch die neuen Techniken zur Sequenzierung können
heute pflanzliche Genome bereits für 70 €/Pflanze (teil-)sequenziert
werden. Bei Reis wurden von der Arbeitsgruppe um Huang 2010 erstmals 517 Sorten mit diesen Methoden gleichzeitig sequenziert und
die Grundlage der Vererbung von 14 Merkmalen untersucht, die für
morphologische und physiologische Merkmale, Ertragskomponenten,
Kornqualität und Kornfarbe zuständig sind. Durch den Vergleich der
Sequenzen sehr vieler Sorten können so für jedes Merkmal positive
Genvarianten gefunden und in der züchterischen Verbesserung viel
gezielter genutzt werden als bisher. Dies trifft auch für die Nutzung
der riesigen genetischen Vielfalt zu, die derzeit noch unentdeckt und
unerforscht in den weltweiten Genbanken schlummert. Denn von den
meisten der Hunderttausenden von Mustern, die von einer Kulturpflanze vorliegen, ist nicht viel mehr als die Nummer, der Name und
die Herkunft bekannt. Wenn nützliche Genvarianten in ihrer Basenabfolge erst einmal bekannt sind, können Tausende von Mustern rasch
und zielgerichtet durchforstet und sofort für die Weiterentwicklung
der Kulturpflanzen genutzt werden. Und das gelang ganz ohne Gentechnologie!

Genomanalyse: Identifizierung und umfassende Untersuchung mög-lichst aller Gene eines Organismus (Genom), ihrer Funktionen und ihrer Wechselwirkungen unterein-ander sowie ihrer Beziehung zum äußeren Erscheinungsbild

Sequenzierung: Bestimmung der Abfolge der Basensequenz in einem DNA-Molekül; heute durch vollautomatische Techniken

Zukünftige Sorten müssen bei allen Kulturpflanzen einen sicheren Ertrag bei steigenden Temperaturen und zunehmender Trockenheit bringen, sie müssen spezifischen Qualitätsansprüchen genügen und gegen neue Schädlinge und Krankheiten widerstandsfähig sein, um die Nahrungsversorgung einer wachsenden Bevölkerung zu gewährleisten. Durch die Aufklärung entscheidender Gensequenzen kann dies zielgerichteter und vor allem schneller gelingen. Auch Merkmale die durch das Zusammenspiel vieler Gene bedingt sind, können in Zukunft weiter optimiert werden. Der ständige Wandel wird auch in Zukunft die einzige Konstante bleiben, wie schon der griechische Philosoph Heraklit feststellte. Und in den letzten 10.000 Jahren haben die Kulturpflanzen bewiesen, wie radikal sie sich wandeln können – vom Wildgras der Steppen zur hochproduktiven Gerste, vom Unkraut zum Roggen, durch völlig unwahrscheinliche, natürliche Artkreuzungen zu Weizen, Hafer, Raps und Triticale, von der Futter- zur Zuckerrübe und von einem giftigen Kraut bis zur „tollen Knolle", der Kartoffel.

Literatur

Fuglie K, Wang SL (2012) New evidence points to robust but uneven productivity growth in global agriculture. Amber Waves, September 2012. Dept of Agriculture, Economic Research Service. http://www.ers.usda.gov/amber-waves/2012-september/global-agriculture.aspx

Huang X, Wei X, Sang T, Zhao Q, Feng Q, Zhao Y, Li C, Zhu C, Lu T, Zhang Z, Li M, Fan D, Guo Y, Wang A, Wang L, Deng L, Li W, Lu Y, Weng Q, Liu K, Huang T, Zhou T, Jing Y, Li W, Lin Z (2010) Genome-wide association studies of 14 agronomic traits in rice landraces. Nat Genet 42(11):961–969. doi:10.1038/ng.695

von dem Bussche P (2013) Moderne Pflanzenzüchtung im Fokus: Methoden von heute – Potenziale für morgen. Internet: http://www.cultivent.de/fileadmin/cultivent_mais/redakteure/dokumente/mais/artikel/2013/Einbeck_2_Moderen_Pflanzenzuechtung_im_Fokus_VON_DEM_BUSSCHE.pdf

Serviceteil

T. Miedaner, *Kulturpflanzen*,
DOI 10.1007/978-3-642-55293-9, © Springer-Verlag Berlin Heidelberg 2014

Stichwortverzeichnis